Python线性代数及编程实践

[日]塚田 真　金子 博　小林 美治　高桥 真映　野口 将人　著

杜娟　译

中国水利水电出版社
www.waterpub.com.cn
·北京·

内 容 提 要

线性代数是代数学甚至整个数学中非常重要的一个分支，是大中专院校理工科相关专业的必修课，也是学习机器学习、计算机图形学、游戏编程等的基础。但是由于线性代数太过抽象，会让许多人学完整门课程也不知其所以然。本书通过Python编程的方式让抽象的知识变得可视化，通过编程将线性代数应用于实践，解决具体的问题，可以帮助读者更好地理解线性代数。具体内容包括数学基础和Python、线性空间和线性映射、基和维数、矩阵、矩阵的初等变换和不变量、范数和内积、特征值和特征向量、若尔当标准型和矩阵的谱集、动力学系统、线性代数的应用与发展。

本书用编程的方式学习线性代数，特别适合大中专院校理工科专业学生，以及想学习机器学习、3D游戏制作等但数学基础薄弱的程序员参考学习。

图书在版编目（CIP）数据

Python线性代数及编程实践 /（日）塚田真等著；杜鹃译. -- 北京：中国水利水电出版社，2025.8

ISBN 978-7-5226-1824-1

Ⅰ. ①P… Ⅱ. ①塚… ②杜… Ⅲ. ①软件工具—程序设计—应用—线性代数 Ⅳ. ①O151.2-39

中国国家版本馆CIP数据核字（2023）第186111号

北京市版权局著作权合同登记号　图字：01-2023-0209

书　名	Python线性代数及编程实践 Python XIANXING DAISHU JI BIANCHENG SHIJIAN
作　者	［日］塚田 真　金子 博　小林 羑治　高桥 真映　野口 将人　著
译　者	杜娟　译
出版发行	中国水利水电出版社 （北京市海淀区玉渊潭南路 1 号 D 座 100038） 网址：www.waterpub.com.cn E-mail：zhiboshangshu@163.com 电话：（010）62572966-2205/2266/2201（营销中心）
经　售	北京科水图书销售有限公司 电话：（010）68545874、63202643 全国各地新华书店和相关出版物销售网点
排　版	北京智博尚书文化传媒有限公司
印　刷	北京富博印刷有限公司
规　格	190mm×235mm　16 开本　21 印张　336 千字
版　次	2025 年 8 月第 1 版　2025 年 8 月第 1 次印刷
印　数	0001—2000 册
定　价	89.80 元

写在出版前的话

我们知道，线性代数是大学理工科专业的一门基础课程。但是，很多刚升入大学的学生在开始学习线性代数时会感到很困惑，原因是对于“线性代数到底有什么用”根本不清楚，就被迫进入了学习状态。等升入高年级后，有机会将线性代数应用到具体的课题研究中，才第一次理解了线性代数的功能和作用。特别是模式信息处理和近年来备受关注的机器学习相关课题，就是一个很好的例子。通过这些研究，很多人会切身体会线性代数发挥的重要作用。因此，要想实现对线性代数的深刻理解，将理论学习与实践应用结合在一起的学习方法是最有效的。基于这个认识，本书的一个特点是围绕“线性代数的基础理论及其应用”这个核心来编写，这也让本书能够成为非常理想的教科书。

本书的另一个特点是将 Python 作为学习线性代数的工具。到目前为止，已经有很多用于机器学习的基础软件，读者可以轻松使用，但是这些基础软件提供的基本是 Python 的函数。因此，要想从事机器学习研究，必须熟练使用 Python，而且我认为今后 Python 在其他领域会越来越重要。在学习 Python 的过程中，通过具体例子进行学习是非常有效的方法，而最适合的学习对象就是线性代数，因为 Python 非常适合进行线性代数运算。本书旨在“通过线性代数学习 Python，通过 Python 学习线性代数”，让读者可以同时高效地学习两者。

本书的主题选择也体现了笔者的见解。其中关于奇异值分解、广义逆矩阵、马尔可夫随机场的解读就是很好的例子。这些内容对于机器学习和模式信息处理是非常重要的，但在一般的线性代数教科书中几乎没有涉及，这一点也提高了本书的价值。

我希望读者通过阅读本书，能够将线性代数和 Python 这两个强大的工具收入囊中，成为以后工作生活中得心应手的武器。

名古屋大学名誉教授、工学博士　石井 健一郎

前　　言

关于本书

本书是为想学习“线性代数应用”的读者准备的线性代数基础教科书。为了理解具体的应用，必须正确理解抽象的基础理论。

线性代数是关于向量和矩阵的理论。说到在高中就学过的向量，读者可能会想起在二维平面和三维空间等几何学上的应用，或者在力学、电磁学等物理学上的应用，但这些只是向量的一个方面。

利用向量和矩阵的计算统称为线性计算。多项式和三角函数等被认为是向量，微分和积分也是线性计算的一种。在物理学中，系统的状态是通过微分方程被公式化的，为了解决这个微分方程，会涉及线性代数中的特征值问题（第 7 章）。工程学中，在声音处理、图像处理、通信理论、控制理论等领域中都使用了称为傅里叶分析的方法，这与由向量之间的内积定义的正交性有密切的关系（第 6 章）。概率论和统计学中使用的计算主要是积分计算，通常与线性代数中的联立方程式和特征值问题联系在一起（第 10 章）。

如今，人工智能（AI）、大数据等术语随处可见，要了解这些领域，精通线性代数是非常必要的。在本书中，将从头开始构筑线性代数的理论，随时会涉及上述应用。

在大学的理工科相关专业中，微积分和线性代数是数学教学的两大支柱。关于微积分，可以很容易想象具体的例子，如微分可以想象成速度和加速度等；积分可以想象成面积和体积等。但是关于线性代数，矩阵的乘积、行列式、逆矩阵、特征值、特征向量等太抽象，不能在现实中找到对应的例子，读者也不知道这些内容有什么用。

而且，在学习线性代数时训练的计算能力对将来几乎没有帮助。不难想象，线性代数的应用领域经常需要在瞬间进行大规模的计算，这是人工计算无法完成的，这时计算机就可以发挥其强大功能。也许有的读者会想，只要掌握了人工计算的解题方法，就能编写出解决大规模计算问题的计算机程序。如今，已经有了各种各样的线性计算工具，大多数情况下，直接用这些工具就能解决问题，很多时候甚至不需要自己编写代码。

读者需要的能力在于“找出对解决问题有帮助的工具，并熟练地运用它”。为此，有必要了解线性代数应用的各种案例。此外，还必须了解这些工具能在每个案例中发挥作用的原理。

在本书的第 9 章、第 10 章就列举了几个这样的例子。而在第 1~8 章，构筑了基本完整的线性代数理论。笔者对每一个数学事实都尽可能地加上原创证明，几乎没有偷工减料。另外，在具体的数值计算中，使用了编程语言之一的 Python 来代替计算器进行说明。

为什么选择 Python

在选择本书的读者中，有些可能是被书名中的“Python”所吸引。那么，为什么本书选择 Python 呢？答案是因为 Python 中有很多方便的工具来处理线性计算，如可以使用分数库 fraction 直接处理分数，如果包含文字常量和变量，可以用文字格式来表示计算结果，并根据需要通过解方程式的形式来处理，这在介绍本书前半部分的数学意义时非常有用。

另外，Python 也有交互模式。使用这个交互模式，就像使用计算器一样，可以一边确认每一个计算步骤，一边进行公式变形。在计算过程中，还可以从视觉上观察二维向量和三维向量。而行列式、逆矩阵、特征值等线性代数特有的计算问题，也可以通过代码获得答案。事实上，大学里线性代数教科书上的很多练习题，都能用 Python 来获得答案。

如果有必要，还可以制作新的练习题，如果稍微下点功夫，也可以考虑用适合手工计算的问题来制作。实际上，本书的一位执笔者，多年来一直在用 Python 随机生成线性代数的问题，让所有学生解决不同数值的问题的形式来上课。不让计算的麻烦产生不公平这一点也在程序中考虑到了。

但是，只做这种例题（练习题）水平的计算，很难理解线性代数的真正意义。这时，就可以尝试处理声音、图像等规模（维度）较大的数据。对于这些数据文件，几乎不用考虑格式，就可以将其作为易于进行线性计算的向量化数据来读取。如果用线性代数中学过的方法对拍摄的图像和录制的声音进行加工，就会发现线性代数更有趣。

如果将本书中学到的知识运用到 Raspberry Pi 等微型电脑上，制造人工智能机器人也不是梦想。在微型电脑上运行本书介绍的 Python 代码，除了少数例外，几乎都能以实际的速度运行，这是很令人惊讶的。

本书的结构与阅读方法

本书各章的关系如下图所示。

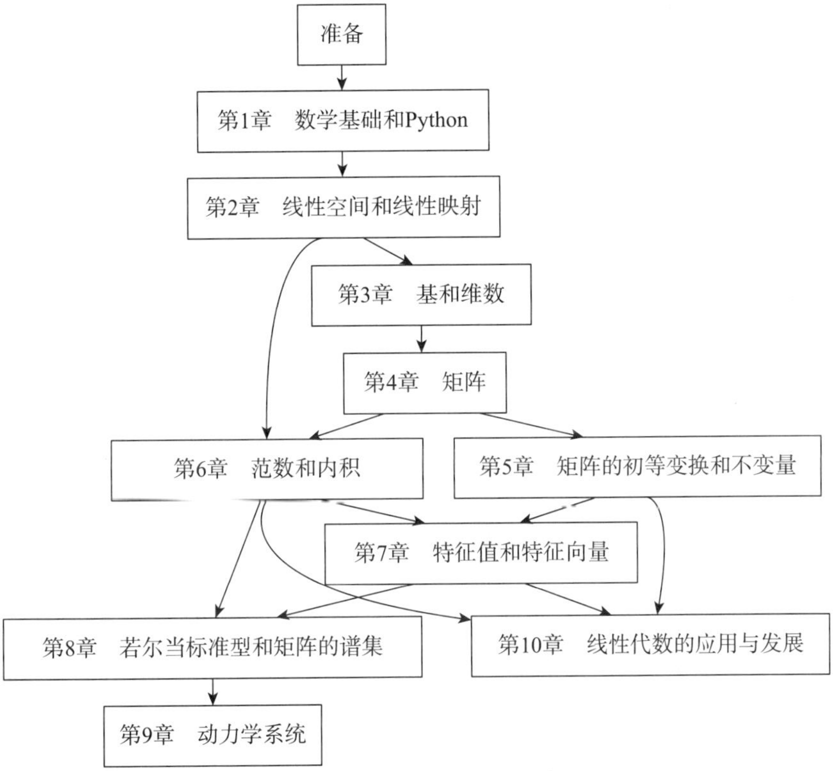

第 3~5 章以及第 7 章，包含了很多有限维线性空间特有的内容，这是线性代数的精髓。但是，在本书涉及的应用中，很多情况下应以无限维线性空间为背景来构筑理论，并据此可以向函数分析这一领域发展。第 6 章包含函数分析的一部分内容。笔者认为学完第 2 章后直接跳到第 6 章学习也是一种方法。特别是在第 5 章中要介绍行列式和逆矩阵的计算方法，所以跳过这里，或许可以避免因为烦琐的计算而讨厌线性代数的问题。

在第 6 章、第 7 章后，可以把内容比较难的第 8 章、第 9 章放在第 10 章后面学习。后面会说明理由。下面将简要说明每章的内容。

准备

安装 Python 等，为阅读本书做准备。如果已经做好准备，可直接阅读第 1 章。

第 1 章　数学基础和 Python

本章介绍展开线性空间的数学理论所需的数、集合和映射的最小限度。还可以在本章学习如何用 Python 表达这些数学概念。

第 2 章　线性空间和线性映射

本章介绍如何导入线性代数的舞台装置——线性空间和线性代数的主角线性映射。本书从抽象线性空间开始阐述线性代数。

第 3 章　基和维数

本章介绍基的概念。如果有基，那么抽象线性空间就可以看作由 n 个分量排列而成的 n 维向量，也可以认为基是线性空间的坐标系。可以说，在线性代数中如何选择合适的坐标系很重要。

第 4 章　矩阵

本章介绍如何用矩阵来表示线性映射。矩阵的乘积等运算的意义在本章将变得清晰明了。

第 5 章　矩阵的初等变换和不变量

本章介绍矩阵的初等变换和不变量。作为行列式和逆矩阵的计算，初等变换可以联合一次方程式的衍生方法灵活运用。矩阵就像将线性映射通过基表现出来的面孔，改变基就会显示不同的表情。但是，有一个特征量，即原始线性映射，应用于任何表达式都不会改变。本章也将学习使用初等变换求特征量的方法。

第 6 章　范数和内积

本章介绍范数、以向量和向量积为标量的内积。内积引入了向量正交的概念，并发展成傅里叶分析的方法。这在数学、物理学、工程学等领域发挥着巨大的作用。本章只介绍其中的一部分。

第 7 章　特征值和特征向量

本章介绍线性代数中最重要的矩阵特征值和特征向量。第 5 章介绍了线性映射所附带的特征量，但也有一些特征量是无法仅通过矩阵的初等变换组合得到的。如果把矩阵设为对角矩阵，那就很明显了，特征值就是这样的特征量之一。

第 8 章　若尔当标准型和矩阵的谱集

本章介绍如何将不能对角化的矩阵变形为若尔当标准型。矩阵的若尔当标准型是线性代数中矩阵理论的一个非常重要的组成部分。这个应用证明了应用数学中经常出现的弗罗贝尼乌斯 – 佩龙定理。

第 9 章　动力学系统

作为若尔当标准型的应用，本章以线性微分方程解的行为为例进行介绍。作为弗罗贝尼乌斯－佩龙定理的应用，本章以马尔可夫过程的遍历定理为例进行介绍。前者会随着时间发生决定性的变化，后者会发生概率性的变化，它们都属于称为动力学系统的领域。

第 10 章　线性代数的应用与发展

关于奇异值分解和广义逆矩阵，将介绍几个具体的应用例子。虽然列举的例子都只是入门部分，但为了能成为阅读讨论各个主题的专业书籍的基础，将只对涉及的本质部分进行严谨的介绍。

在日本，大学第一学年的线性代数教科书将一般的正方矩阵和若尔当标准型划分为一个部分，完全没有奇异值分解和广义逆矩阵。

在导入若尔当标准型的过程中，还需要掌握广义固有空间等新的知识，要充分理解它，还需要跨越另一个巨大的障碍。此外，第 9 章将尽可能详细地论述能够激发理解动机的应用案例，但其中一部分需要脱离线性代数范围的知识（如解析学等）。另外，奇异值分解和广义逆矩阵是线性代数的两大主题——联立方程式论和特征值问题的归结。关于特征值，只要了解比较容易处理的埃尔米特矩阵即可理解。而且，它可以适用于包括非正方矩阵在内的任何矩阵，如今，它比若尔当标准型的应用还要广泛。笔者认为，奇异值分解和广义逆矩阵是学习线性代数时从动机的角度出发必须了解的话题。

希望本书能够为线性代数的课程设计一剂良方。

本书写作所花费的时间远远超出了当初的预想。在此期间，欧姆社（Ohmsha）编辑部的桥本享祐先生一直耐心地关注着本书的编写进展，直到原稿完成。交稿就以超出笔者预想的速度完成了出版，在此表示由衷的感谢。此外，在编写本书的过程中，与笔者有多年交情的欧姆社的望月登志惠女士也一直鼓励笔者，在此一同表示感谢。另外，还要感谢 Smilebit 公司的矢作浩先生，他开设了 IT 数理研究所这个可以让人们享受智力游戏的空间。因为有了这个地方，笔者才得以顺利完成原稿的编写。

最后，感谢所有执笔者各自的家人，他们对所有执笔者在数学・游戏工作室的具体活动给予了热情的关注，有时还会在活动中给予帮助。

谨将本书献给已故的梅垣寿春先生和上坂吉则先生，他们是两位伟大的老师。

塚田 真・金子 博・小林 羑治・高桥 真映・野口 将人

资源下载及联系方式

本书配套资源包括代码文件和书中图片的彩色文件，读者可按以下方式下载。

（1）扫描“读者交流圈”二维码，加入交流圈即可获取本书资源的下载链接，本书的勘误等信息也会及时发布在交流圈中。

（2）扫描“人人都是程序猿”公众号，关注后，输入 xxds 并发送到公众号后台即可获取本书资源的下载链接。

（3）将获取的资源链接复制到浏览器的地址栏中，按 Enter 键，根据提示进行下载（只能通过计算机下载，手机不能下载）。

读者交流圈

“人人都是程序猿”公众号

使用时请注意以下几点。

- 购买本书的读者可以使用本书的程序。程序的著作权归塚田 真、金子 博、小林 羑治、高桥 真映、野口 将人及数学・游戏工作室所有。
- 本书及代码仅供学习使用。由于 Python 库的升级等原因可能会导致代码无法运行。对于因使用本程序而造成的直接或间接损害，由使用者个人负责，笔者及出版社不承担任何责任。

目　录

准　备

本书将介绍 Python 在 3 种计算机操作系统（Windows、Mac 和 Raspberry Pi）中的安装、程序编写和程序运行的过程，以便在实际使用 Python 时，能更好地利用本书。Python 的主要版本有 Python2 和 Python3，本书中使用的版本是 Python3。另外，本书还使用了 NumPy（矩阵计算）、SciPy（科学计算）、SymPy（公式处理）、Matplotlib（绘图）、PIL（图像处理）、VPython（三维图像和动画）库（括号内为该库的代表性功能）。

这里介绍的安装方法是编写本书时的方法，读者阅读时可能已经发生变化，请参考网络中的相关内容进行安装。关于 Python 的使用方法，本章将介绍学习本书之前的必备内容。

➢ 0.1　在 Windows 中安装

对于 Windows，本书推荐安装 Anaconda 系统。在 Anaconda 系统中，可以统一安装 Python 以及 NumPy、SciPy、SymPy、Matplotlib 和 PIL 等常用的库。进入 Anaconda 官方网站，单击 Python3.x version 的 Download 按钮进行安装。开始安装后，按照安装页面中的指示，有选项时选择推荐（Recommend）的选项并继续安装。安装结束后，查看 Windows 的开始菜单中是否有 Anaconda3 选项，以确认 Anaconda3 是否安装完成。

➢ 0.2　在 Mac 中安装

虽然在 Mac 中预装了 Python2.7，但本书中不会使用。这里重新安装 Python3。读者可以像在 Windows 中安装那样在 Mac 中安装 Anaconda 系统，但在这里将给读者介绍从 Python 的官方网站下载 Python 安装程序的方法，这也是安装 Python 最基本的方法。

在 Python 官网的页面上选择 Downloads 菜单后，适合本地计算机的 Python 安装程序按钮将自动显示，单击该按钮即可下载。下载的 pkg（包）文件将保存在“下载”文件夹中，双击已保存的安装文件即可打开。然后按照页面指示，有选项时建议选择推荐选项，单击“确定”按钮继续。

安装完成后，将启动终端[①]。接着，安装本书中使用的 Python 库。安装 Python 库的标准

① 可以在桌面选择 Finder 菜单栏中的“移动”选项，打开位于实用工具文件夹中的终端。

方法是使用 pip 命令。pip 命令如下：

```
python3 -m pip install --upgrade pip
python3 -m pip install numpy
python3 -m pip install scipy
python3 -m pip install sympy
python3 -m pip install matplotlib
python3 -m pip install pillow
```

第 1 行命令用来将 pip 设置为最新状态。从第 2 行开始是安装 NumPy、SciPy、SymPy、Matplotlib 和 PIL 各库的命令。如果有些库已经单独安装过，这种情况将会给出相关提示。全部完成后关闭终端。

➢ 0.3 在 Raspberry Pi 中安装

Raspberry Pi 的型号从 Zero 到 4 Model B 不等。无论哪种型号都可以通过安装 Raspberry Pi 的官方操作系统 Raspbian 来使用 Python。本书将以 Python3X 版本为基础进行讲解。下面安装本书使用的 Python 库。

在 Raspberry Pi 中安装程序的标准做法是使用 apt 命令。安装 Python 库时也可以使用 apt 命令。

```
sudo apt update
sudo apt upgrade
sudo apt install idle3
sudo apt install python3-numpy
sudo apt install python3-scipy
sudo apt install python3-sympy
sudo apt install python3-matplotlib
sudo apt install python3-pil
```

第 1 行命令用来检查 apt 中是否有更新信息；第 2 行命令用来将 apt 设置为最新状态；第 3 行命令用来安装 IDLE。从第 4 行开始是安装 NumPy、SciPy、SymPy、Matplotlib 和 PIL 各库的命令。若有些库已经预装，这种情况将收到相关提示。安装过程中如果提示确认信息，直接按 Enter 键即可。全部安装完成后，关闭终端。

➢ 0.4　Python的启动

在集成开发环境（integrated development environment，IDE）中使用Python很方便。通过前面的设置，可以使用名为IDLE的IDE，所以这里以使用IDLE为前提进行说明。

- **Windows**：打开Anaconda PowerShell Prompt，从命令行中启动IDLE命令；也可以使用Spyder这种新型的IDE①，两者在操作方面稍有区别。
- **Mac**：选择Finder菜单栏中的“移动”选项打开程序文件夹后，会出现Python3.x文件夹，双击其中的IDLE图标将其打开。
- **Raspberry Pi**：选择主菜单中“编程语言”选项的Python3（IDLE）打开，也可以选择相同菜单中的Thonny Python IDE选项将其打开。

IDLE有编辑窗口和shell窗口，前者用来编辑Python程序，后者用来和Python进行交互。一旦打开IDLE，shell窗口就会打开。显示在shell窗口中的“>>>”称为shell提示符。在shell提示符后，从键盘输入Python命令代码后按Enter（Return）键，命令将传到Python。这种使用Python的方法称为交互模式。

交互模式是高性能的计算器。在shell提示符后输入想要计算的四则运算公式，然后按Enter键。注意，shell提示符后的行首不允许有空格。运算符等前后允许插入空格以方便阅读。在按Enter键之前，可以用方向键、Backspace键或Delete键进行编辑。

交互模式下的运动示例：

```
>>> 1/2-(2+3)*0.5
-2.0
>>> a = 123
>>> x = 456
>>> a + x
579
```

尝试在shell窗口编写并执行程序。打开IDLE的shell窗口的File下拉列表，选择New File选项后，将会打开一个新窗口。该窗口称为编辑窗口，可以在这里编写Python程序。

---

① 可以在开始菜单的Anaconda选项下用Spyder打开。

程序：example01.py。

```
print(1 / 2 - (2 + 3)*0.5)
a , x = 123 , 456
print (a + x)
```

在程序中，不能在各行开头随意插入空格。为了便于阅读，本书在运算符的两侧添加了空格。和交互模式不同，在程序中使用 print 函数显示计算结果[①]。

若是在 Mac 系统中，要先激活 shell 窗口，再从 IDLE 菜单栏中打开编辑窗口。完成程序后，打开编辑窗口中的 Run 下拉列表，选择 Run Module 选项。或者按功能键 F5 运行。当提示是否保存文件时，单击 OK 按钮即可。确定文件名和要保存的文件夹，在这里命名为 example01.py，文件夹保存在桌面（Desktop）上。单击 OK 按钮后，将保存文件，计算结果将显示在 shell 窗口中。

运行结果：

```
-2.0
579
```

Python 的程序文件会自动加上 .py 扩展名。现在，先暂时退出 IDLE，关闭 shell 窗口和编辑窗口后，将退出 IDLE。

右击桌面上的 example01.py 图标后，将弹出下拉菜单。若是 Windows，选择 Edit with IDLE 菜单；若是 Mac 和 Raspberry Pi，则从“打开程序”菜单中选择 IDLE3.X，就可以用 IDLE 打开 example01.py 了。在编辑窗口打开并显示程序后，按功能键 F5 将再次显示相同的运行结果。在 IDLE 中执行 Python 程序（必须是执行后）时，可以在 shell 窗口的交互模式中查看程序定义的变量等。

运行结果：

```
>>> a, x, a + x
(123, 456, 579)
>>> a * x, a / x
(56088, 0.26973684210526316)
```

---

① 在交互模式下，如果只写表达式，则表达式被计算但不被显示，而且没有办法看到计算的结果。如果将计算结果代入变量中，当运行程序后进入交互模式时，就可以参考这个变量的值。

➢ 0.5　库的使用

在 Python 中，可以使用库[①] 添加新功能。无论是在交互模式还是在编辑模式中，使用库之前都要进行导入。下面将学习使用数学函数的标准库 math。

运行结果：

```
1 >>> from math import pi , sin , cos
2 >>> pi
3 3.141592653589793
4 >>> sin (pi)
5 1.2246467991473532e-16
6 >>> sin (pi / 2)
7 1.03
8 >>> cos (pi / 4)  **  2
9 0.5000000000000001
```

第 1 行 称为 import 语句。导入在 math 中定义的 pi、sin 和 cos 并使用。它们分别代表圆周率 π 、正弦函数 sin 和余弦函数 cos。

第 2 ~ 9 行 计算 π， $\sin\pi=0$， $\sin\frac{\pi}{2}=1$， $\cos^2\frac{\pi}{4}=\frac{1}{2}$。第 3 行显示的是 π，因为小数点后面的数字是无限延续下去且没有重复的，所以此处显示的是将小数点后面的数字四舍五入到指定有效数字位数的值。第 5 行表示 $1.2246467991473532 \times 10^{-16}$，应该为 0 的值但不是 0。同理，第 9 行也应为 0.5，但此时得到的值包含约 10^{-16} 的误差。

下面将尝试使用外部库 NumPy 和 Matplotlib。NumPy 库通过数值计算来支持本书中主要的向量和矩阵计算。Matplotlib 是用于显示函数图形等的库。这里将按照在 IDLE 中创建 example01.py 的方式创建名为 example02.py 的新文件。

程序：example02.py。

```
from numpy import linspace , pi , sin , cos , exp
import matplotlib . pyplot as plt

x = linspace (-pi , pi , 101)
```

① 在 Python 中，也使用模块这个术语，模块与库在定义上没有明显的区别，但通常把相对较大的对象称为库，而把相对较小的对象，如库中包含的库或自制的库称为模块。

```
5  for y in [x - 1 , x ** 2 , sin(x) , cos(x) , exp(x)]:
6      plt . plot (x , y)
7  plt . xlim (-pi , pi) , plt . ylim (-2 , 4) , plt . show()
```

第 1 行 导入 NumPy 中定义的 linspace、pi、sin、cos、exp①。

第 2 行 导入库②pyplot，它是 Matplotlib 中的一部分。有了这个声明，pyplot 中定义的名字均可以引用前缀 plt.。

第 4 行 x 将 $-\pi \sim \pi$ 的实数区间分为 100 等份，显示由包括其两端的 101 个点组成的等差数列，即

$$-\pi = x_0,\ x_1,\ \cdots,\ x_{100} = \pi$$

x_0，x_1，…，x_{100} 分别用 $x[0]$，$x[1]$，…，$x[100]$ 来表示。

第 5 ~ 6 行 创建 $y = x - 1$、$y = x^2$、$y = \sin x$、$y = \cos x$、$y = \exp(x)$ 的坐标图。x 为 NumPy 中定义的 array（以下称为数组）类的对象。例如，在 $y = x$ ** 2 中（* 表示幂），y 是表示

$$y_0 = x_0^2,\ y_1 = x_1^2,\ \cdots,\ y_{100} = x_{100}^2$$

的数列 y_0，y_1，…，y_{100}。plt.plot(x，y) 是连接

$$(x_0,\ y_0),\ (x_1,\ y_1),\ \cdots,\ (x_{100},\ y_{100})$$

各点的折线图。

第 7 行 指定 x 轴和 y 轴的绘制范围，并绘制在显示屏上，如图 0.1 所示。如该行所示，本书为减少程序代码的行数，通常将函数写为 1 行，并用逗号隔开。在 Python 中，也可以使用分号将多行描述为 1 行。在上面示例中，将逗号改成分号也会得到相同的运行结果。使用逗号时，也可以并列书写代码等。例如，程序 example01.py 的第 2 行可以写为以下形式。

```
a=123 ; x=456
```

下面尝试用数学计算的外部库 SymPy 来解方程式。

程序：example03.py。

```
import sympy
from sympy . abc import x , y
```

① 数学函数和常数在数值计算标准库 math 中也有定义，但在本书中主要使用 NumPy 中定义的函数和常数。

② 库有时是树形结构。

```
3
4 ans1 = sympy . solve ([ x + 2 * y - 1 , 4 * x + 5 * y - 2])
5 print ( ans1 )
6 ans2 = sympy . solve ([ x ** 2 + x + 1])
7 print ( ans2 )
8 ans3 = sympy . solve ([ x ** 2 + y ** 2 - 1 , x - y ])
9 print ( ans3 )
```

第 1 行 如果这样导入，那么 SymPy 中定义的名字都可以加上前缀 sympy 来使用。例如，在 SymPy 中定义的 solve，用法为 sympy.solve。

第 2 行 导入并使用方程式中用到的未知数符号 x 和 y。这不同于 Python 的变量。

第 4 行、第 5 行 解联立方程式。

第 6 行、第 7 行 解二次方程式。

第 8 行、第 9 行 解联立二次方程式。下面求圆 $x^2+y^2=1$ 与直线 $y=x$ 的交点。

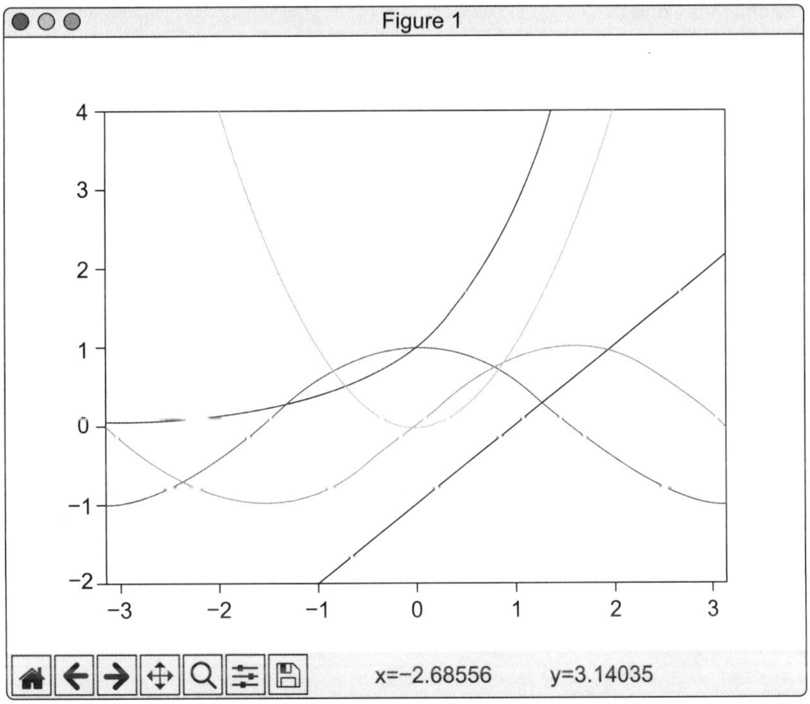

图 0.1　example02.py 的运行结果

运行结果：

```
{x: -1 / 3， y: 2 / 3}
[{x: -1 / 3 - sqrt(3) * I / 2}， {x: -1 / 2 + sqrt(3) * I / 2}]
[{x: -sqrt(2) / 2， y: sqrt(2) / 2}， {x: sqrt(2) / 2， y: sqrt(2) / 2}]
```

解不是通过数值，而是通过分数和根号的表达式形式得到的，并用以符号为键的字典形式表示。另外，当有两个解时，将以字典为元素的列表形式表示出来。在第 1 章中将详细介绍字典和列表。sqrt 表示平方根，I 表示虚数单位，它们是在 SymPy 库中定义的。

下面使用外部库 PIL 处理各种格式的图像文件。

程序：lena.py。

```
1  import PIL . Image as Img
2
3  im0 = Img . open ('lena . png')
4  print (im0 . size , im0 . mode)
5  im1 = im0 . convert ('L')
6  im1 . thumbnail ((100 , 100))
7  print (im1 . size , im1 . mode)
8  im1 . save ('lena . jpg')
```

第 1 行 将 PIL 库的模块 Image 以 Img 的名称导入。

第 3 行 读取图像文件。先自动判断图像文件的格式，再将图像与程序放在相同的文件夹中。如果将图像放在与程序不同的文件夹中时，则要指定路径，如 photos/lena.png 等。

第 4 行 显示被读取图像的大小和颜色信息。

第 5 行 从图像 im0 中重新创建图像 im1，它将颜色信息转换为灰度。

第 6 行 改变并重写图像 im1 的大小[①]。转换为指定大小，但不改变图像的长宽比。

第 8 行 保存图像。保存为文件扩展名格式的图像。

运行结果：

```
(512， 512) RGB
(100， 100) L
```

① 该方法称为破坏性方法。

原始图像和转换后的图像如图 0.2 所示。

图 0.2　原始图像（左）和转换后的图像（右）

➢ 0.6　VPython 的使用

VPython 是非常好的 Python 库，可以创建 VPython3D 图像和视频。

● **Windows:** 打开 Anaconda PowerShell Prompt，从命令行按照以下命令进行安装。

```
conda install -c vpython vpython
```

在 Anaconda 中，对已安装的 Python 重新安装外部库时，要使用 conda 命令。

● **Mac:** 打开终端，从命令行按照以下命令进行安装。

```
python3 -m pip install vpython
```

● **Raspberry Pi:** 由于 Raspberry Pi 4 Model B 的三维显示和视频显示更接近计算机，因此可以安装 VPython。因为没有准备可以用 apt 命令安装的软件包，所以在这种情况下要使用 pip 命令安装。

```
sudo python3 -m pip install --upgrade pip
sudo python3 -m pip install vpython
sudo python3 -m pip install --upgrade ipython
```

使用 apt 命令安装的最新库与使用 pip 命令安装的最新库的版本有时不同。因此有时库无法正常工作。正因如此，在第 3 行中才升级了 IPython①。若只是想运行 VPython，则不需要该升级；若为了使用 Jupyter Notebook，则需要升级。

① IPython 是使 Python 更方便的交互型的系统，是 Jupyter Notebook 的引擎。

由于性能方面的原因，Raspberry Pi 3 及更低的版本放弃安装 VPython。但是，由于 Raspbian 预装了 Mathematica，弥补了这些缺陷，绘制三维图像时，Raspbian 是一个很好的工具。

VPython 安装完毕后就可以使用。在该库中生成的图像将显示在 Web 浏览器中。

交互模式下的执行示例：

```
1 >>> from vpython import *
2 >>> B = box ()
3 >>> B . color = color . red
```

第 1 行 将打开 Web 浏览器。

第 2 行 在 Web 浏览器中绘制白色立方体。通过鼠标操作，可以调整画面大小（在屏幕的边缘或角落左击并拖动）、改变视角方向（在屏幕上按住右键拖动鼠标）、前后移动观察位置（在屏幕上同时单击左右键，或按住中键并拖动鼠标）。

第 3 行 改变立方体颜色（图 0.3）。

图 4 是在 Raspberry Pi 4 中执行 VPython 的示例。

图 0.3　使用 VPython 绘制的三维空间内立方体

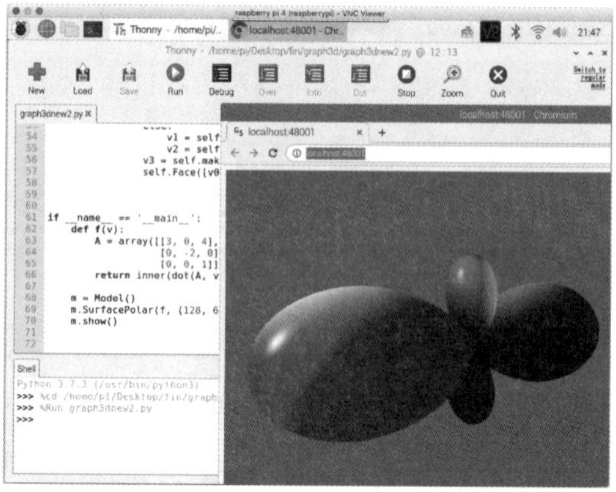

图 0.4　在 Raspberry Pi 4 中执行 VPython 的示例

➢ 0.7　Python 的语法

本节将使用程序 prime.py 计算一个列表，其元素是小于给定整数 N 的质数（也称为素数）。对于大于等于 2 且小于 N 的整数 n，程序会依次将其与已经找到的质数（初始状态为空）进行除法运算，如果可以整除，则判定 n 不是质数，否则 n 是质数，然后将其添加到质数列表中。

程序：prime.py。

```
def f (N):
    P = []
    for n in range (2 , N):
        q = 1
        for p in P:
            q = n % p
            if  q == 0:
                break
        if q:
            P . append (n)
    return p


if __name__ == '__main__':
    P = f (20)
    print (P)
```

行首空白处为缩进。Python 中通过缩进来表示嵌套的块结构。上述程序的块结构如图 0.5 所示。

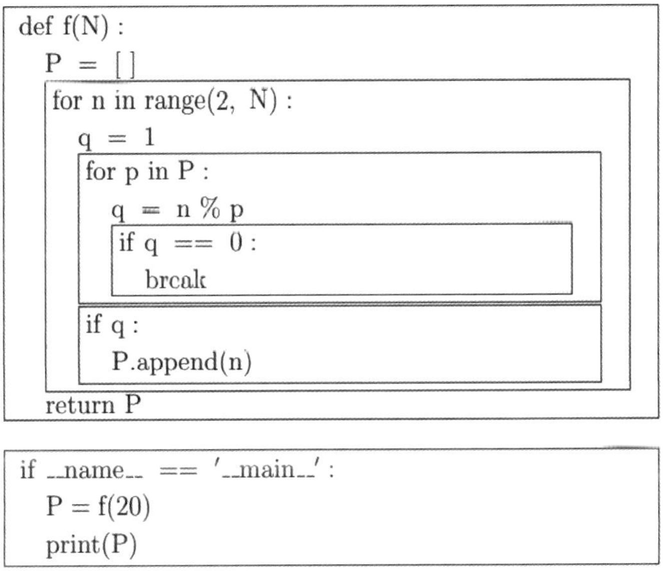

图 0.5　程序 prime.py 的块结构

IDLE 等 Python 集成开发环境的程序编辑器将自动推测输入时需缩进的位置，按 Enter

键后，光标会移动到下一行的合适位置。要输入第 9 行时，光标将自动处于与前一行相同程度的缩进位置，在这种情况下，可使用 Backspace 键删除前一个空格，返回到理想的缩进位置，即第 5 行 for 开始的位置。

第 1 行 定义 $f(N)$ 的一个块，该块的首行为 def 语句。f 是函数名，N 是形式参数。

第 2 行 P 是存储了已知质数的列表，初始值为空。

第 3 行 第 3 ～ 10 行表示一个重复的块，该块的首行为 for 语句。从下一行开始到块的最后一行，变量 n 会在 2 ～ N 的整数中进行循环。n 为循环计数器。

第 4 行 q 被设置为 1，如果这个值是 0，则 n 不是质数。

第 5 行 第 5 ～ 8 行是一个块，其中 for 循环的计数器 p 会遍历素数列表 P 中的每个元素，并循环执行从 for 语句下一行开始直至该代码块末尾的所有代码。

第 6 行 $n\%p$ 是计算 n 除以 p 的余数的公式，余数为 q。

第 7 行、第 8 行 这两行是一个块，首行为 if 语句。if 的右侧为条件句，该条件为真时，执行从 if 语句的下一行到块的最后一行的块。条件语句 $q == 0$ 中使用的 == 等号，与代入的 = 不同。若 q 为 0，则根据第 8 行中的 break 语句退出最内侧块（第 5 ～ 8 行的块）。

第 9 行、第 10 行 这两行是一个块，开头是 if 语句。此处，块的缩进程度与前一个 for 语句开头的块相同。如果通过 break 中断语句或循环计数器 p 移动全部数值则通过前一个块到达该块。前一种情况下，q 值为 0；后一种情况下，q 为非 0 数。在 Python 中，为非 0 数时布尔值为 True。若 q 的布尔值为 True，则将整数 n 作为新质数添加到列表 P 中。

第 11 行 return 语句，返回完成的质数列表 P。

第 12 行、第 13 行 可以添加空行以便读取程序代码。特别是定义函数时，建议留两行空行，如本例所示[①]。

第 14 ~ 16 行 函数不会因为定义后就运行。该程序中实际运行的是第 14 行中由 if 语句开始的块。该 if 语句是 Python 中的一个惯用句，该程序不是作为库（即没有导入到其他程序中），而是作为主程序运行时，条件句 __name__ == '__main__' 为真时，从 if 语句的下一行到块的末尾运行。没有规定要求必须在程序中把函数的定义部分和主程序分开写。将第 14 ～ 16 行替换为以下内容，即去掉 if 语句一行，不缩进，那么当该程序导入到其他程序时，该行仍被运行。

```
P = f(20)
print (P)
```

① 不一定非要留一个空行，但 PEP8 编码建议这样做。

第 15 行 通过调用 $f(20)$（20 为实际参数，简称实参），实参值将传递给形式参数简称形参①，然后才运行函数定义的内容。由 return 语句返回的值为返回值。将返回值代入变量 P 中。第 15 行显示 P 值。

在 IDLE 编辑窗口中用功能键 F5 运行该程序时，shell 窗口将显示小于 20 的质数列表。在 shell 窗口中可以在交互模式下调用程序中定义的函数，也可以查看或修改变量值。如果用不同的实参调用函数 f，将重新计算小于实参的质数。只要不重新定义变量值，则变量值与程序中定义的相同。

在 IDLE 编辑窗口中执行 prime.py 后，在 shell 窗口中显示的结果如下。

```
[2，3，5，7，11，13，17，19]
>>> f(50)
[2，3，5，7，11，13，17，19，23，29，31，37，41，43，47]
>>> P
[2，3，5，7，11，13，17，19]
```

➤ 0.8　import 语句

例如，在日本“海を渡る”是指古代人乘船渡海的意思，还是现在的年轻人去国外留学的意思？这是因情况而定的。在 Python 中，告诉用户在这里使用这个名字，称为导入（import）。就像上述例子，即使是相同的名字，如果定义的位置不同，功能也可能会不同。定义了名字的位置称为库（或模块）。有几种导入库（模块）的方法。第一种是类似于在 example02.py 中导入 NumPy 的方法。

```
from numpy import linspace，pi，sin，cos，exp
```

若在 import 后面列出库中定义的名称，则可以直接使用所列的名称。在交互模式下，也可以使用 import 语句。标准库 math 中使用的示例也采用相同方法。

---

① 以数学术语为例，函数的定义 $f(x) \underset{=}{\text{def}}\, x^2$ 中使用的变量不一定是 x，也可以是 $f(t) \underset{=}{\text{def}}\, t^2$，因为是临时定义的形式，所以称为形式参数（形参），当计算 $f(20)$ 和 $f(x+1)$ 时，实际传入（代入）的数字 20 或表达式 $x+1$ 称为实参。

如果一一列出所有要使用的库中定义的名称很麻烦，在 VPyhon 说明中还有一种在交互模式下使用的导入方法。

```
from vpython import *
```

虽然这种方法很方便，但存在重写预定义名字的风险，或者同时使用几个库时会出现名字冲突的现象。为避免出现这种问题，可以使用所有库中定义的名字。这是在 SymPy 示例 example03.py 中用到的方法。

```
import sympy
```

如果像 sympy.solve 这样使用该方法，那么加上前缀 sympy 即可使用 SymPy 中定义的全部名字。

需要导入的名字过长时，可以使用 example02.py 中用于 matplotlib.pyplot 的方法。

```
import matplotlib. pyplot as plt
```

适当缩写可以恰当命名库名称，并将其名称作为前缀，并像 plt.plot 一样使用。

如果要用自己制作的 prime.py 作为库来使用制作质数列表的函数 f，可以在与 prime.py 相同的文件夹中，创建下述 3 种导入方法不同的文件，并确认是否顺利运行。

程序：test l.py。

```
from prime import f
print(f(50))
```

程序：test 2.py。

```
import prime
print (prime.f(50))
```

程序：test 3.py。

```
import prime as pr
print(pr.f(50))
```

➢ 0.9 Jupyter Notebook 的使用

Jupyter Notebook 是一个可以创建嵌入 Python 代码的文档工具，并且嵌入代码可以在文档中执行，图表等也可以显示在文档中。此外，也可以写入像数学教科书中的公式等（图 0.6）。

如果在 Windows 中安装 Anaconda，可以通过选择开始菜单的 Anaconda3 下的 JupyterNotebook 选项来启动。

如果在 Mac 中安装了 VPython，Jupyter Notebook 也会被安装。打开终端，用

```
python3 -m notebook
```

来启动。如果没有安装 VPython，则用 pip 命令

```
python3 -m pip install jupyter
```

来安装。

在 Raspberry Pi 中安装 VPython 时，Jupyter Notebook 也会被安装。打开终端，用

```
python3 -m notebook
```

来启动。如果没有安装 VPython，则用 apt 命令

```
sudo apt install python3-notebook
```

来安装。

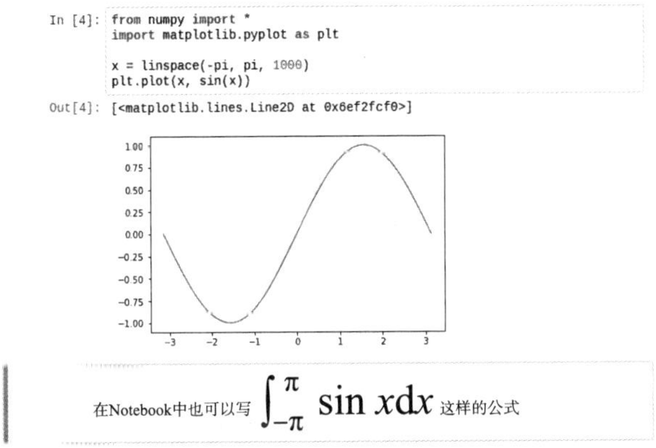

图 0.6　Jupyter Notebook

第 1 次启动 Notebook 前，最好先创建一个用于工作的文件夹。在这里，以在主目录中创建的名为 notebook 的文件夹为前提进行讨论。启动 Notebook 后，计算机主目录内容将显示在打开的第 1 个标签上。找到并单击已创建的 notebook/ 文件夹的链接。接下来，如图 0.7 所示，单击右边的 New 按钮，打开下拉菜单，选择 Python3 选项。

添加并打开标题为 Untitled 的新工作表。从页面中的菜单栏中选择 File 选项，打开下拉

菜单，选择 Rename 选项来修改页面标题。在这里，设为 MylstNotebook（图 0.8）。

In[ ]: 右侧的对话框称为单元格。在单元格中可以写入 Python 代码。

▶ 单元格的使用示例

```
print (1 + (2 + 3) * 0.5)

a = 123
x = 456
print (a + x)
```

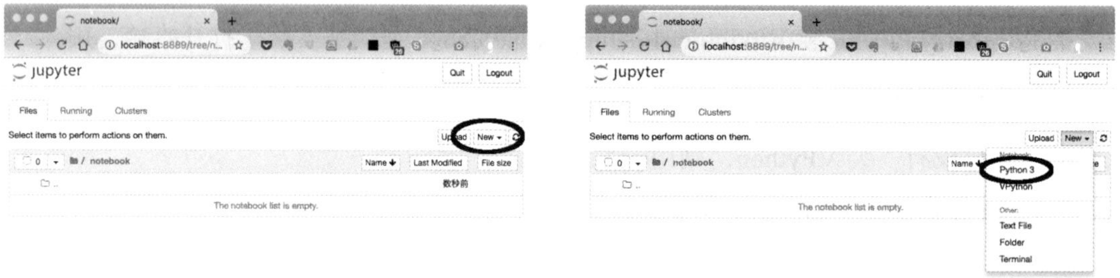

图 0.7　选择 Python3

图 0.8　更改要创建的 Notebook 名

写完程序后，按住 Shift 键的同时按 Enter 键（以下简称按 Shift+Enter 组合键），则执行程序。交互模式下也能进行计算。如果在单元格中输入 *a*，并按 Shift+Enter 组合键，变量 *a* 的值将显示出来。如果从菜单栏中选择 File → Save and Checkpoint（或单击软盘上图标）选项后，前面的计算过程将保存。回到 notebook/ 页面可以确认文件 MylstNotebook.ipynb 是否完成。关闭 Notebook，在页面上方右侧有 Quit 按钮，单击此按钮可以关闭标签。

打开 Notebook，移动到 notebook/ 文件夹，创建新 Notebook。用 Rename 将名称修改为 My2ndNotebook。

在单元格中运行以下程序：

```
from vpython import*
B = box()
```

运行后，立方体将被绘制在页面内。随后，在新单元格中输入：

```
B.color = color.red
```

按 Shift+Enter 组合键后，立方体颜色将变色。然后输入：

```
B.pos = vec(1,1,1)
```

再按 Shift+Enter 组合键，立方体中心将从三维空间的原点移动到坐标点 (1, 1, 1)。由于使用了自动缩放功能，立方体看起来会更小（图 0.9）。

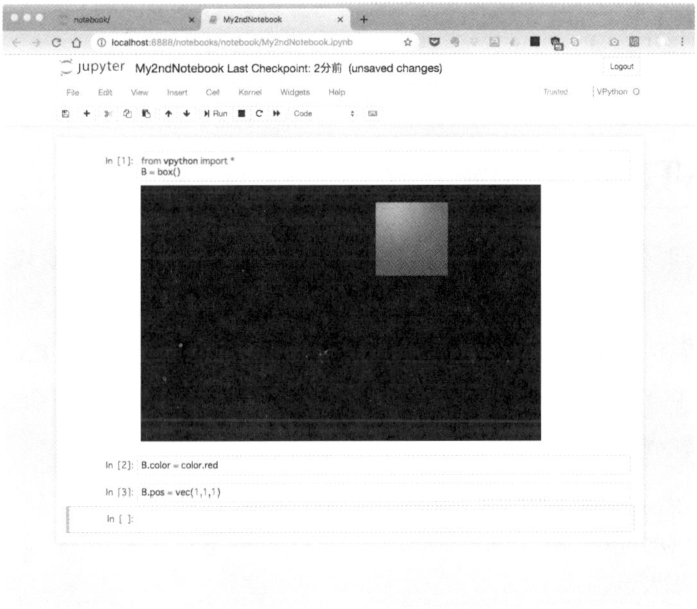

图 0.9　在 Notebook 中使用 VPython

图 0.10 是在 Raspberry Pi 4 中启动 Notebook 并执行 VPython 的示例。

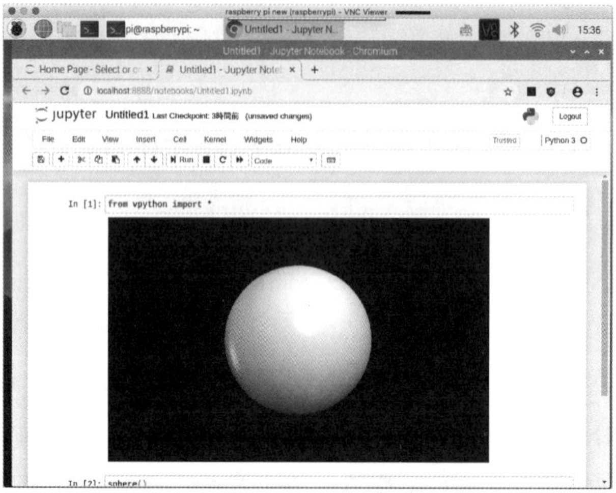

图 0.10　在 Raspberry Pi 4 中启动 Notebook 并执行 VPython 的示例

➢ 0.10　LATEX 等其他工具

在本书中，有时会使用 Python 生成线性代数的练习题。其中一些是以 LATEX 形式输出的。关于 LATEX，因为篇幅有限，所以这里不详细说明，在相关书籍和网络中可以找到很多相关信息作为参考（Mathcha 是不用安装 LATEX 也能在线使用 LATEX 的网络）。在这里需要对 Raspberry Pi 作一些说明。日语版 LATEX 可以按照以下一系列命令进行安装（下载和安装时需要花费一些时间）。

```
sudo apt install texlive-lang-cjk
sudo apt install texlive-latex-extra
sudo apt install texworks
sudo apt install latexmk
```

这样就可以使用 LATEX 系统了。TeXworks 是一个拥有专属编辑器的集成环境。若不使用日语，则可照原样使用。

若使用日语对应的 LATEX，则需要改变 TeXworks 的设置。如图 0.11 所示，需要用 latexmk 来定义新的排版方法。详情可在网上搜索“texworks 设置”并参考。

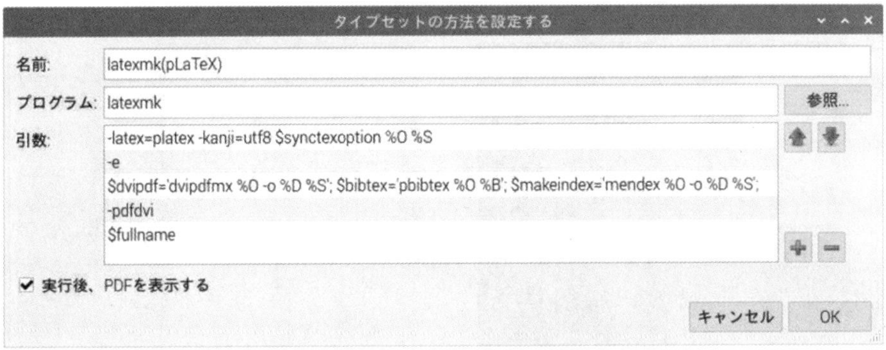

图 0.11　TeXworks 的设置

下面介绍修改公式并将其输出为 pdf 的方法。启动 TeXworks［图 0.12（a）］，在编辑页面写入以下内容［图 0.12（b）］，然后单击左上角的排版按钮，用 pdfLaTeX 进行排版。此时会提示要保存的文件夹和文件名，将文件夹保存在 Desktop，将文件名保存为 template.tex 后，会出现排版后的公式页面。此时保存的源文件 template.tex 和排版后的图像文件 template.pdf 已出现在桌面上。

```
\documentclass{standalone}
\usepackage{amssymb,amsmath}
\begin{document}

$\begin{bmatrix}1&2&3\\4&5&6\\7&8&9\\\end{bmatrix}$

\end{document}
```

对于用 Python 创建并以 LATEX 形式输出的问题，双击 template.tex 图标后在 TeXworks 中打开，覆盖在 $ 和 $ 之间 Python 输出的 LATEX 代码，并用其他名称保存并排版。图像将被修改，并保存为 pdf 文件。转换图像文件的格式时，最好使用 imagemagick 库。可以按照以下方法安装。

```
Sudo apt install imagemagick
```

本书各章关系在前言中是以图的形式展示的，该图是用 graphviz 工具创建的，这是在 Python 中创建有向图的工具。需要安装以下库。

```
Sudo apt install python3-graphviz
```

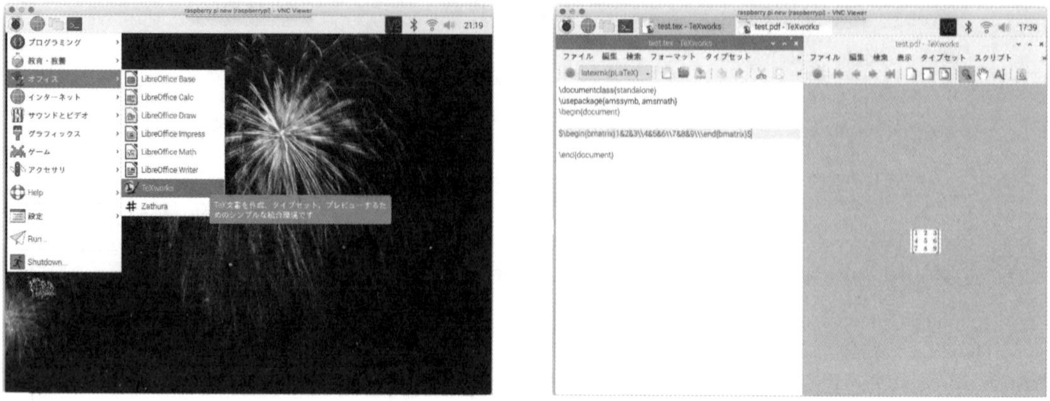

（a）启动 TeXworks （b）编辑页面

图 0.12 在 Raspberry Pi 中的 LATEX 的使用示例

以下是用于创建图表的 Python 程序。

程序：diagram.py。

```
from graphviz import Digraph

G = Digraph (format = 'pdf')
G . attr( 'node' , shape = 'box')

G . node ( 'ch0' , ' 准备 )
G . node ( 'ch1' , ' 第 1 章 数学基础和 Python')
G . node ( 'ch2' , ' 第 2 章 线性空间和线性映射 ')
G . node ( 'ch3' , ' 第 3 章 基和维数 ')
G . node ( 'ch4' , ' 第 4 章 矩阵 ')
G . node ( 'ch5' , ' 第 5 章 矩阵的初等变换和不变量 ')
G . node ( 'ch6' , ' 第 6 章 范数和内积 ')
G . node ( 'ch7' , ' 第 7 章 特征值和特征向量 ')
G . node ( 'ch8' , ' 第 8 章 若尔当标准型和矩阵的谱集 ')
G . node ( 'ch9' , ' 第 9 章 动力学系统 ')
G . node ( 'ch10' , ' 第 10 章 线性代数的应用与发展 ')

G . edge ( 'ch0' , 'ch1')
G . edge ( 'ch1' , 'ch2')
G . edge ('ch2' , 'ch3')
G . edge ('ch2' , 'ch6')
G . edge ('ch3' , 'ch4')
```

```
23 G . edge ('ch4' , 'ch5')
24 G . edge ('ch4' , 'ch6')
25 G . edge ('ch5' , 'ch7')
26 G . edge ('ch5' , 'ch10')
27 G . edge ('ch6' , 'ch7')
28 G . edge ('ch6' , 'ch8')
29 G . edge ('ch6' , 'ch10')
30 G . edge ('ch7' , 'ch8')
31 G . edge ('ch7' , 'ch10')
32 G . edge ('ch8' , 'ch9')
33
34 G . render ('diagram')
```

第 1 行 创建有向图。

第 3 行 图像以 pdf 文件的形式输出。

第 4 行 节点（节）的形状为四边形。

第 6 ~ 16 行 节点的标签为各章标题。

第 18 ~ 32 行 定义了连接节与节之间的边（箭头）。

第 34 行 指定要输出的图像文件名。可以在指定的文件名中创建带有图像格式扩展名的文件。

在本书中，图是用 Python 的 PyX 库绘制的，以便更好地说明数学问题。使用该库时，可以绘制直线和圆形等图形，也可以在图形中插入 LATEX 公式。PyX 库用以下方法安装。

```
sudo apt install python3-pyx
```

第 1 章将举例说明如何使用 PyX 库中的程序。

第 1 章　数学基础和 Python

本章将介绍学习线性代数所需的数学基础，即命题、数（实数和复数）、集合、映射等概念。同时，也会介绍这些概念在 Python 中是如何表示的。

1.1　命题

在数学中陈述“事情”[①] 的语句称为命题。命题正确时，称其为真；命题错误时，称其为假。真和假称为命题的真值。“存在偶数质数”的真值为真，“存在一个有理数，它的平方可以得到 2”的真值为假。假设 P 和 Q 是命题。此时，not P（读作“非 P”），P and Q（读作“是 P 且 Q”），以及 P or Q（读作“是 P 或 Q”）均为命题，其真值由表 1.1 和表 1.2 所示的真值表决定。

表 1.1　真值表（1）

P	not P
假	真
真	假

表 1.2　真值表（2）

P	Q	P and Q	P or Q
假	假	假	假
假	真	假	真
真	假	假	真
真	真	真	真

在 Python 中，真值称为布尔值，如果真值为真，用 True 表示；如果为假，用 False 表示。

命题逻辑中的德·摩根定律是指，任何时候

$$\text{not}(P \text{ or } Q)$$

的真值均与

$$(\text{not } P)\text{and}(\text{not } Q)$$

的真值一致（表 1.3）。

---

① 无论是正确还是错误，它都是判断的对象。和 1.3 节中的集合元素的“事物”是有区别的。

表 1.3　德 · 摩根定律（1）

P	Q	not P	not Q	P and Q	not（P or Q）	（not P）and（not Q）
假	假	真	真	假	真	真
假	真	真	假	假	真	真
真	假	假	真	假	真	真
真	真	假	假	真	假	假

下面编写一个能验证表 1.3 中的真值表的程序。

程序：demorgan1.py。

```
1  for P in [False, True]:
2      for Q in [False, True]:
3          print(P, Q, not P, not Q, P and Q,
4               not( P and Q), (not P) or (not Q))
```

第 3 行、第 4 行 是 Python 编写的一行代码。可在括号中适当的位置换行。

▶ 运行结果

```
False False True True False True True
False True True False False True True
True False False True False True True
True True False False True True False
```

问题 1.1 在表 1.4 的真值表中填空，该表显示了另一个命题逻辑的德 · 摩根定律。另外，再用 Python 验证一下。

表 1.4　德 · 摩根定律（2）

P	Q	not P	not Q	P and Q	not（P or Q）	（not P）and（not Q）
假	假	真	真	假		
假	真	真	假	假		
真	假	假	真	假		
真	真	假	假	真		

当真值随变量 x 值变化而变化时，如“x 是大于 2 的整数”和“x 是质数”等称为命题

函数。假设 $P(x)$ 和 $Q(x)$ 分别代表某个命题函数。不管 x 值为多少，当 $P(x)$ 的真值为真时，并且 $Q(x)$ 的真值也一定为真时，则 $P(x)$ 和 $Q(x)$ 之间的关系用

$$P(x) \Rightarrow Q(x)$$

来表示。$\Rightarrow$ 读作“那么”。另外，不管 x 值为多少，当 $P(x)$ 和 $Q(x)$ 的真值始终一致时，就说 $P(x)$ 和 $Q(x)$ 为“等价的”（或者“必要充分”），用

$$P(x) \Leftrightarrow Q(x)$$

来表示。

➢ 1.2　实数和复数

实数和复数满足以下性质[①]：

（1）$x+y=y+x$。

（2）$(x+y)+z=x+(y+z)$。

（3）$x+0=x$。

（4）$x+(-x)=0$。

（5）$xy=yx$。

（6）$(xy)z=x(yz)$。

（7）$1x=x$。

（8）$x \neq 0 \Rightarrow \frac{1}{x} \cdot x=1$。

（9）$x(y+z)=xy+xz$。

当用实数 x 和 y 表示 $z=x+\mathrm{i}y$（i 是虚数单位）时，x 称为复数 z 的实部，用 $\mathrm{Re}\,z$ 表示；y 称为复数 z 的虚部，用 $\mathrm{Im}\,z$ 表示。定义为

① 这些证明从以自然数为特征的 Peano 公理出发扩展到自然数、整数、有理数、实数及复数情况，需要很长时间。

$$|z| \underline{\underline{\mathrm{def}}} \sqrt{x^2+y^2}$$

$$\bar{z} \underline{\underline{\mathrm{def}}} x-\mathrm{i}y$$

其中，$\underline{\underline{\mathrm{def}}}$ 表示左边是用右边的表达式定义的；$|z|$是 z 的绝对值；$\bar{z}$ 是 z 的共轭复数。在这种情况下，以下表达式成立：

（1）$|z|^2 = z\bar{z}$。

（2）$|z_1 z_2| = |z_1||z_2|$。

（3）$z=\bar{z} \Leftrightarrow z \in \mathbb{R}$。

（4）$\overline{z_1+z_2} = \bar{z}_1 + \bar{z}_2$。

（5）$\overline{z_1 \cdot z_2} = \bar{z}_1 \cdot \bar{z}_2$。

（6）$|z_1+z_2| \leqslant |z_1|+|z_2|$。

问题 1.2 证明以上（1）～（6）表达式。

复数无论何时都可以用

$$z = |z|(\cos\theta + \sin\theta)$$

来表示，称为 z 的极形式显示。在这种情况下，θ 称为 z 的辐角（$z=0$时，不定义辐角）。

三角函数 $\sin x$、$\cos x$ 以及指数函数 e^x 分别通过麦克劳林级数展开，则

$$\sin x = \frac{x}{1!} - \frac{x^3}{3!} + \frac{x^5}{5!} - \frac{x^7}{7!} + \cdots$$

$$\cos x = 1 - \frac{x^2}{2!} + \frac{x^4}{4!} - \frac{x^6}{6!} + \cdots$$

$$\mathrm{e}^x = 1 + \frac{x}{1!} + \frac{x^2}{2!} + \frac{x^3}{3!} + \frac{x^4}{4!} + \cdots$$

可以表示为图 1.1 所示的形式。

问题 1.3 使用 Matplotlib 绘制每个展开式的第 3 项之前的展开式的图表。

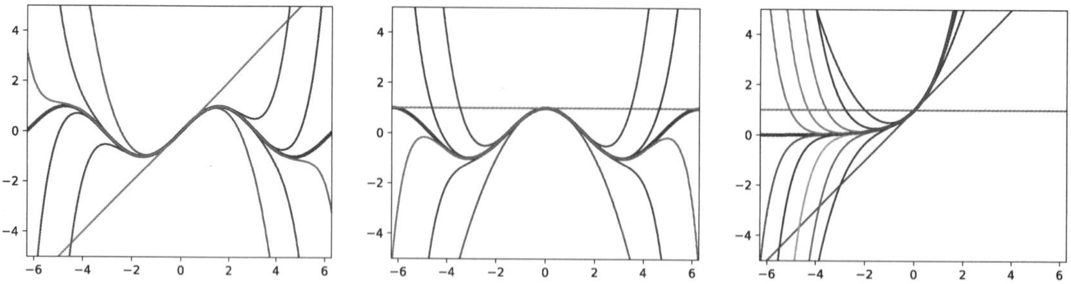

图 1.1　从左到右依次为 $\sin x$、$\cos x$、e^x 的麦克劳林级数的收敛情况

将 $x=\mathrm{i}\theta$ 代入 e^x 的麦克劳林级数展开式中，将 i^2 替换为 −1，则得到公式

$$\mathrm{e}^{\mathrm{i}\theta}=\cos\theta+\mathrm{i}\sin\theta+\cdots \tag{1.1}$$

该公式称为欧拉公式。（关于收敛的讨论，请参考其他与微积分相关的图书）。复数的极形式显示可以写成以下形式。

$$z=|z|e^{i\theta}$$

问题 1.4 假设式（1.1）是 $e^{i\theta}$ 的定义。证明以下内容：

（1）用三角函数的加法定理推导出 $\mathrm{e}^{\mathrm{i}(\theta_1+\theta_2)}=\mathrm{e}^{\mathrm{i}\theta_1}\mathrm{e}^{\mathrm{i}\theta_2}$。

（2）假设 n 是自然数。用数学归纳法证明棣莫弗定理 $\left(\mathrm{e}^{\mathrm{i}\theta}\right)^n=\mathrm{e}^{in\theta}$。

（3）证明对于自然数 n，正好有 n 个复数 z 满足 $z^n=1$。

在 Python 中可以处理整数和实数。因为整数和实数在计算机中的存储方式不同，并分别用整型和浮点型进行区分，所以它们能处理的数值范围也有所不同，但目前在进行四则运算时，不需要刻意区分使用。当后续遇到必须注意的情况时再进行详细讨论。

复数也可以作为标准使用。虚数单位使用 1j。针对 $x\ \underline{\underline{\mathrm{def}}}\ 1+2\mathrm{i}$，求实部 $\mathrm{Re}\,x$，虚部 $\mathrm{Im}\,x$，绝对值 $|x|$ 以及共轭复数 $\bar{x}$，求值代码如下。

```
>>> x = 1 + 2 j
>>>  x. real ,  x. imag ,  abs( x ),  x. conjugate ()
(1.0 , 2.0 , 2.23606797749979 , (1 - 2 j))
```

下面用 $y \xlongequal{\text{def}} 3+4\mathrm{i}$ 公式进行 $x+y$ 、xy、 $\dfrac{x}{y}$ 复数运算，代码如下。

```
>>> y = 3 + 4 j
>>> x + y, x * y, x / y
((4+6 j),  ( -5+10 j),  (0.44+ 0.08 j))
```

以下代码使用 ** 进行幂运算。用 e = 2.718281828459045， π=3.141592653589793，计算 $\mathrm{e}^{\pi\mathrm{i}}$。

```
>>> 2.718281828459045 ** 3 .141592653589793 j
( -1+ 1.2246467991473532 e-16 j)
```

虚部的误差接近 0，为 $1.2246467991473532 \times 10^{-16}$。在 NumPy 中虽然定义了圆周率 π 和自然对数的底数 e，但这些常量本身也包含误差。

```
>>> from numpy import pi , e
>>> e**( pi * 1 j)
( -1+ 1.2246467991473532 e-16 j)
```

➢ 1.3　集合

将多个“对象”集中在一起，使其成为一个整体，这个整体称为集合，集合中的每一个“对象”称为集合的元素或要素。集合的表示方法有两种。第一种是将集合中的“对象”全部排列在一起，如

$$\{2,\ 3,\ 5,\ 7\}、\{\text{水星，金星，地球，火星，木星，土星，天王星，海王星}\}$$

等表示方法，称为外延标记法（也称为列举法，是表现集合外延的一种表示方法）。第二种是用 $\{n \mid n$ 是小于 10 的质数$\}$、$\{x \mid x$ 是太阳系的行星$\}$ 等集合元素具有的性质来表示，称为包容性记法。

$$\left\{\frac{m}{n} \mid m\text{ 是整数，}n \geqslant 1\right\}$$

该集合是所有分数的集合，即所有有理数的集合。

构成集合的对象称为元素或要素。x 是集合 A 的元素，写成

$$x \in A$$

读作 x 属于 A。not ($x \in A$) 写成 $x \notin A$ 。没有元素的集合称为空集，用 z 表示。

包括空集在内，由有限个元素组成的集合称为有限集，非有限集称为无限集。上面 4 个集合的例子均为有限集。在以后的例子中，所有有理数的集合是无限集。

可用特殊符号表示频繁出现的集合。大于或等于 1 的整数是自然数，整个自然数的集合用 $\mathbb{N}$ 表示。这种表示虽然不明显 [①]，但

$$\mathbb{N} = \{1,\ 2,\ 3,\ \cdots,\ n,\ \cdots\}$$

整个实数的集合用 $\mathbb{R}$ 表示，整个复数的集合用 $\mathbb{C}$ 来表示。则

$$\mathbb{C} = \left\{x + y\mathrm{i} \mid x \in \mathbb{R} \text{ and } y \in \mathbb{R}\right\}$$

$\mathbb{N}$ 、$\mathbb{R}$ 和 $\mathbb{C}$ 均为无限集。$\mathbb{R}$ 可以用几条直线来表示，$\mathbb{C}$ 可以用复平面来表示（图 1.2）。$\mathbb{C}$ 的子集 $\left\{z \middle| |z| \leqslant 1\right\}$ 称为复平面的单位圆。

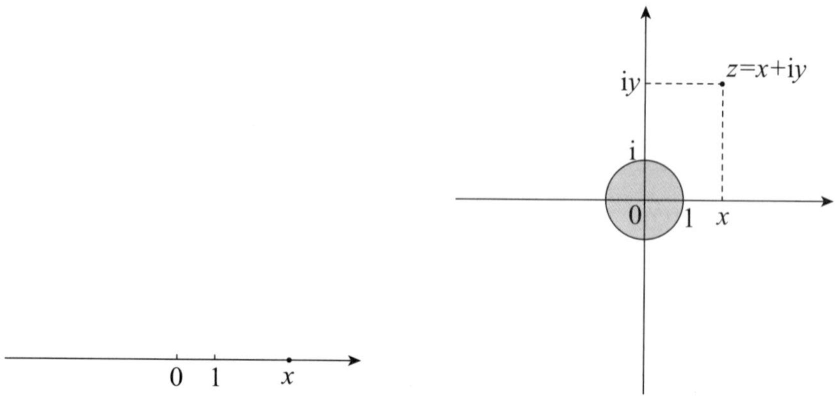

（a）几条直线　　（b）复平面及单位圆

图 1.2　几条直线和复平面及单位圆

对于集合 A 和集合 B，$x \in A \Rightarrow x \in B$，即集合 A 的元素也是集合 B 的元素时，集合 A 是集合 B 的子集，用 $A \subseteq B$ 表示。任何时候 $\phi \subseteq A$ 都成立。当 $x \in A \Leftrightarrow x \in B$ 时，即集合 A 的元素与集合 B 的元素完全一致时，集合 A 等于集合 B，用 $A = B$ 表示。

对于集合 A，有

① 未定义符号中使用了⋯和变量 n。

$$2^A \underline{\underline{\text{def}}} \{X \mid X \subseteq A\}$$

则 2^A 称为 A 的幂集，如

$$2^{\phi} = \{\phi\}, \quad 2^{\{1\}} = \{\phi, \{1\}\}, \quad 2^{\{1,2\}} = \{\phi, \{1\}, \{2\}, \{1, 2\}\}$$

问题 1.5 用外延标记法表示幂集 $2^{\{1,2,3\}}$。另外，用 2^n 表示由 n 个元素组成的集合幂集的元素数量。

对于集合 A 和 B，有

$$A \cup B \underline{\underline{\text{def}}} \{x \mid x \in A \text{ or } x \in B\}$$

$$A \cap B \underline{\underline{\text{def}}} \{x \mid x \in A \text{ and } x \in B\}$$

$$A \setminus B \underline{\underline{\text{def}}} \{x \mid x \in A \text{ and } x \notin B\}$$

分别称为并集、交集、差集，则

$$x \in A \cup B \Leftrightarrow x \in A \text{ or } x \in B$$

$$x \in A \cap B \Leftrightarrow x \in A \text{ and } x \in B$$

$$x \in A \setminus B \Leftrightarrow x \in A \text{ and not } (x \in B)$$

成立。

有时，在使用集合解决具体问题时，只需固定某个集合 U，并只考虑其集合的元素和子集即可。在这种情况下，集合 U 称为整个集合。例如，若讨论的是质数，则将 $\mathbb{N}$ 作为整个集合，若讨论的是有理数和无理数时，则将 $\mathbb{R}$ 作为整个集合。当将 U 作为整个集合时，对于 $A \subseteq U$，$U \setminus A$ 为 A 的补集，用 $\complement_U A$ 表示。则

$$x \in \complement_U A \Leftrightarrow \text{not } (x \in A)$$

以下称为集合运算的德 · 摩根定律的公式成立，即

$$\complement_U (A \cap B) = \complement_U A \cup \complement_U B,$$

$$\complement_U (A \cup B) = \complement_U A \cap \complement_U B$$

问题 1.6 从命题逻辑的德・摩根定律推出集合运算的德・摩根定律。

即使在 Python 中，集合也可以将元素以排在一起的形式表示出来。下面是在交互模式下运行的示例。

```
>>> A = {2 , 3 , 5 , 7}; A
{2 , 3 , 5 , 7}
>>> B = {3 , 6 , 9 , 6 , 3}; B
{9 , 3 , 6}
>>> set()
set()
```

集合 {1，2，3} 有时写成 set([1，2，3])。集合 B 中的重复元素已被去除。空集用 set() 表示。注意，{} 有不同含义[①]。上面的输入行使用了分号（ ; ），在 Python 中，可以将多个命令行用分号连在一起写成一行。在本书中，为节约版面，在交互模式下经常使用这种方式。

```
>>> B == {3 , 6 , 9}
True
```

即使元素的排列顺序不同，也被视为相同的集合。所属符号 ∈ 使用 in。

```
>>> 2 in A
True
>>> 2 in B
False
```

并集和交集分别使用 | 和 &。

```
>>> A  &  B
{3}
>>> A  |  B
{2,  3,  5,  6,  7,  9}
>>>  ( A  &  B). issubset(A)
True
>>>  A. issubset( A  |  B)
True
```

在 Python 中，集合 X 是集合 Y 的子集表示为 X.issubset(Y)。也可以说，issubset 是集合类的方法。

① {} 在 Python 中表示一个项目为空的字典。

```
>>> A | B == A.union(B)
True
>>> A & B == A.intersection(B)
True
```

并集和交集也可以通过集合类的方法来表示。

在 Python 中，集合是集合类的对象。集合类的对象仅限于有限数量的元素。在数学中，可以认为它是所有质数的集合，但不能用集合类的对象来表示。只有有限元素的集合才能使用类似 Python 中集合的包容性表示法，代码如下。

```
>>> {x for x in range(2, 10) if all([x%n for n in range(2, x)])}
{2, 3, 5, 7}
```

以上代码表示在 $2 \leqslant x < 10$ 的整数 x 中，是 $2 \leqslant n < x$ 中的所有整数 n 不能整除（即质数）的集合。这种表示在 Python 中称为集合的内涵表示。

$\mathbb{R}$ 的子集称为区间。对于 $a, b \in \mathbb{R}$，有

$$[a, b] \ \underline{\underline{\text{def}}}\ \{x \mid a \leqslant x \leqslant b\}$$

$$(a, b) \ \underline{\underline{\text{def}}}\ \{x \mid a < x < b\}$$

$$(a, b] \ \underline{\underline{\text{def}}}\ \{x \mid a < x \leqslant b\}$$

$$[a, b) \ \underline{\underline{\text{def}}}\ \{x \mid a \leqslant x < b\}$$

其中，$[a, b]$ 称为闭区间；(a, b) 称为开区间[1]；$(a, b]$ 和 $[a, b)$ 称为半开区间。另外，这些也称为有限区间。此外，有

$$(-\infty, a) \ \underline{\underline{\text{def}}}\ \{x \mid x < a\}$$

$$[a, \infty) \ \underline{\underline{\text{def}}}\ \{x \mid a \leqslant x\}$$

$$(-\infty, a] \ \underline{\underline{\text{def}}}\ \{x \mid x \leqslant a\}$$

$$(a, \infty) \ \underline{\underline{\text{def}}}\ \{x \mid a < x\}$$

设 $(-\infty, \infty) \ \underline{\underline{\text{def}}}\ \mathbb{R}$，则该区间称为无限区间。$-\infty$ 和 ∞ 不是数字。

---

① 因为与有序对的符号相同，容易混淆，所以也常把开区间 (a, b) 写成 $]a, b[$ 等。

1.4 有序对和元组

将元素 x 和 y 配对为 (x, y) 称为有序对。由 n 个元素 x_1，x_2，…，x_n 排列而成的（x_1，x_2，…，x_n）称为 n 重元组。在这种情况下，有序对中的 x 和 y、n 重元组中的 x_1，x_2，…，x_n 分别称为有序对和 n 重元组的成分。特别是 $(x_1, x_2, \cdots, x_n)$ 中的 x_i 称为第 i 个成分。处于不同排列顺序的成分被视为不同的对象。相同成分有时会重复出现。作为集合 $\{1，2\} = \{2，1\} = \{1，2，1\}$，但有序对 $(1,2)$ 和 $(2,1)$，以及 3 重元组 $(1,2,1)$ 都是不同的对象。

从集合 X 中选择一个元素 x，从集合 Y 中选择一个元素 y，构成一个有序对 (x,y)，将所有这样的有序对组的集合用 $X \times Y$ 表示，称为集合 X 和集合 Y 的直积（也称笛卡儿积）。同理，也可以考虑从集合 X_1，X_2，…，X_n 中分别选择元素形成的 n 重元组（x_1，x_2，…，x_n）的集合 $X_1 \times X_2$，…，$X_{n-1} \times X_n$，如果集合 X_1，X_2，…，X_n 的元素个数分别是 k_1，k_2，…，k_n 时，那么 $X_1 \times X_2$，…，$X_{n-1} \times X_n$ 的元素个数共有 $k_1 \times k_2 \times \cdots \times k_n$；是 $X_1 = X_2 = \cdots = X_n = X$ 时，$X_1 \times X_2$，…，$X_{n-1} \times X_n$ 写成 X^n。如果 X 元素个数为 k 时，X^n 的元素个数一共有 k^n。

$\mathbb{R} \times \mathbb{R} = \mathbb{R}^2$ 是 xy 坐标平面（二维平面）的所有点 (x, y) 的集合。xyz 坐标空间（三维空间）的所有点可以视为 $\mathbb{R}^3$。虽然 $\mathbb{R}^1$ 的元素只有一个成分 (x)，但视为与 x 相同。因此，认为 $\mathbb{R}^1 = \mathbb{R}$。

在 Python 中，任何有序对和 n 重元组都是元组。

```
>>> x = (1 , 2); x
(1 , 2)
>>> y = (2 , 1); y
(2 , 1)
>>> z = (1 , 2 , 1); z
(1 , 2 , 1)
```

设 $x \,\underline{\underline{\text{def}}}\, (1, 2)$、$y \,\underline{\underline{\text{def}}}\, (2, 1)$、$z \,\underline{\underline{\text{def}}}\, (1, 2, 1)$。

```
>>> x == y, x == z, y == z
( False ,  False ,  False)
```

验证 $x = y$，$x = z$，$y = z$ 是否成立。

```
>>> set(x) == set(y), set(x) == set(z), set(y) == set(z)
( True , True , True)
>>> set(x), set(y), set(z)
```

```
({1 , 2}, {1 , 2}, {1 , 2})
```

若设为集合 $\varnothing$，它们全部相等。可以指定位置来引用元组成分。

元组第一个成分的位置是 0，每向后移动一个位置，成分的位置就增加 1。a[4] 表示错误。

```
>>> a = (2 , 3 , 5 , 7); a
(2 , 3 , 5 , 7)
>>> a[0] , a[1] , a[2] , a[3]
(2 , 3 , 5 , 7)
```

元组末尾成分的位置是 –1，位置每向前移动一个位置，成分就减 –1。a[–5] 表示错误。

```
>>> a[-1], a[-2], a[-3], a[-4]
(7 , 5 , 3 , 2)
```

在 Python 中，成分为一个的元组写成 (1,)。若写成 (1)，圆括号被视为代表公式的优先顺序，和 1 相同。与数学不同，在 Python 中，具有一个成分的元组与其他元组不同。

```
>>> x = (1 ,); x
(1 ,)
>>> x[0]
1
```

1.5　映射和函数

假设 X 和 Y 均为非空集。对于 X 的各元素 x，仅与 Y 中的一个元素 y 对应的对应方法叫作 X 到 Y 的映射。映射被视为一个实体，必要时可命名为 f、g、h 并引用。命名了 f 的映射中，$x \in X$ 对应的 Y 的元素则用 $f(x)$ 表示。f 是 X 到 Y 的映射，用

$$f : X \to Y$$

表示，定义为

$$Y^X \underset{=\!=}{\text{def}} \{ f \mid f : X \to Y \}$$

这是因为，如果 X 的元素数量是 x，Y 的元素数量是 y，则 Y^X 的元素数量为 y^x。

在数学中，映射和函数的意思基本相同。Y 是 $\mathbb{R}$ 或 $\mathbb{C}$ 时，f 经常称为函数。在 Python 中，数学的映射称为函数（function 类的对象），而不称为映射。有一些函数在数学中可以定义，

但在 Python 中无法定义。例如，不可能定义一个函数$f:\mathbb{R}\to\mathbb{R}$，$x$ 是有理数时，$f(x)=1$；x 是无理数时，$f(x)=0$。另外，Python 中的函数包括其他编程语言中的过程[①]。print 函数就是其中之一，调用 print (x) 后，参数 x 的内容将输出到 shell 窗口等。

下面分析一些数学中的函数定义以及对应的 Python 表示。

（1）使用简单表达式的定义为

$$f(x) \underline{\underline{\mathrm{def}}} x^2-1$$

其代码如下。

```
def  f(x)
     return x**2 - 1
```

（2）不同情况下的定义为

$$g(x) \underline{\underline{\mathrm{def}}} \begin{cases} 0, & x<0 \\ 1, & \text{其他} \end{cases}$$

其代码如下。

```
def g(x):
    if x < 0:
        return 0
    else:
        return 1
```

（3）无名函数的定义为

$$x \mapsto x^2-1$$

其代码如下。

```
lambda  x:  x**2  -  1
```

无名函数在不需要一一为函数命名时使用。在 Python 中，该表达称作 Lambda 表达式[②]。无名函数的写法很容易把对应关系看作映射关系，有时也想用它来命名和定义函数。在数学中，$f(x) \underline{\underline{\mathrm{def}}} x^2$ 通常被写成$f:x\mapsto x^2$。在 Python 中，def f(x):returnx**2–1 可以写

① 有时也称为子程序或次级程序。

② 该名称的来源：在计算理论领域有拉姆达（Lambda）计算概念，它使用的符号是 $\lambda x.(x+1)(x-1)$ 等。

成 f=lambdax:x**2−1。

像阶乘那样的函数是通过数学归纳法定义的，在 Python 中用递归法[①]定义。

$$f(n) \underline{\underline{\text{def}}} \begin{cases} 1, & n=0 \\ nf(n-1), & \text{其他} \end{cases}$$

```
>>> f = lambda n: 1 if n==0 else n * f(n -1)
>>> [ f( n) for n in range (11)]
[1 , 1 , 2 , 6 , 24 , 120 , 720 , 5040 , 40320 , 362880 , 3628800]
```

其中，1 if n==0 else n * f(n−1) 称为三元运算符。

对于映射 $f: X \to Y$，笛卡儿积 $X \times Y$ 的子集

$$\{(x, y) \mid x \in X \text{ and } y = f(x)\}$$

称为 f 图，如果 f 和 g 这两个映射的图相等，则 $f = g$。

$f: X \to Y$ 时，则 X 为 f 的定义域。另外，对于 $A \subset X$，定义

$$\begin{aligned} f(A) \underline{\underline{\text{def}}} & \{f(x) \mid x \in A\} \\ = & \{y \mid y = f(x) \quad x \in A \text{存在}\} \end{aligned}$$

这称为 A 的 f 图。特别是，V 的图称为 f 的值域，用 range(f) 表示。另外，对于 $B \subset Y$，定义

$$f^{-1}(B) \underline{\underline{\text{def}}} \{x \mid f(x) \in B\}$$

这称为 B 的 f 的逆像。

当 $f: X \to Y$ 的值域等于 Y 时，则称 f 是在 Y 上的映射或满射。另外，当满足条件 $x_1 \neq x_2 \Rightarrow f(x_1) \neq f(x_2)$ 或等效的 $f(x_1) = f(x_2) \Rightarrow x_1 = x_2$ 时，则 f 称为一对一映射或单射。

$f: X \to Y$ 是一对一的映射（双射）时，可以考虑 $f(x) \mapsto x$，即 Y 到 X 的映射。该映射用 f^{-1} 表示，称为 f 的逆映射。对于 $f: X \to Y$ 及 $g: Y \to Z$，$h: x \mapsto g(f(x))$ 等于 $h: X \to Z$。该 h 称为 f 和 g 的合成映射，用 $g \circ f$ 表示。

当 $g: X \to Y$ 和 $f: Y \to Z$ 均为双射时，假设 $z = (f \circ g)(x)$，由于

---

① 在函数中，调用自己的函数叫作递归。

$$(g^{-1}\circ f^{-1})(z)=g^{-1}(f^{-1}(f(g(x))))=g^{-1}(g(x))=x$$

则 $(f\circ g)^{-1}=g^{-1}\circ f^{-1}$。

$f:x\mapsto x$ 的 $f:X\to X$ 称为 X 上的不等式映射。不等式映射有逆映射，就是它自己。另外，如果 $f:X\to Y$ 有逆映射，则 $f^{-1}\circ f$ 是 X 上的不等式映射，$f\circ f^{-1}$ 是 Y 上的不等式映射。因此，$(f^{-1})^{-1}=f$。

➢ 1.6　Python 中的类和对象

在 Python 中，任何“事物”都可以称为对象。将具有相同结构的对象组合在一起的抽象概念称为类。例如，3.14 是 float 类对象的形式。实际的对象以浮点数这种数据形式的二进制数存储在内存中，并且与 int 类的对象整数的存储方法不同。

在 Python 中有几种有元素的对象。已介绍的集合和元组就是其中的例子[①]。带有元素的对象可以分为按顺序排列的对象（如元组）和不按顺序排列的对象（如集合）。字符串和列表是元素按顺序排列的对象的典型代表。这些对象元素可以用编号来引用，排列顺序是第 0 个、第 1 个、第 2 个等，以此类推。该编号称为下标或索引。另外，从后面起，如第 –1 个、第 –2 个、第 –3 个，也可以用负数下标来引用。

字符串（string）及其使用示例

```
>>> A = 'Hello  Python !'; A
' Hello  Python !'
>>> print( A)
Hello  Python !
>>> print( A[0],  A[1],  A[2],  A [3])
H e l l
>>> print( A[-1],  A[-2],  A[-3],  A [ -4])
! n o h
```

字符串用单引号（’）或者双引号（”）括起来。可以像元组一样以下标方式来引用。

① 在数学中，集合的组成元素是“元素”，向量等其他有序的组成元素是“成分”（在数列中称为“项”）。然而，在 Python 中，通常使用“元素”这一术语。

▶ 列表（list）及其使用示例

```
>>>  B  =  ['Earth',  'Mars',  'Jupiter'];  B
['Earth',  'Mars',  'Jupiter']
>>>  print( B[0],  B[1],  B [2])
Earth  Mars  Jupiter
>>>  print( B[-1],  B[-2],  B [ -3])
Jupiter  Mars  Earth
>>>  B. append ('Saturn');  B
['Earth',  'Mars',  'Jupiter',  'Saturn']
```

列表用 [] 括起来。可以通过下标来引用元素。append 是列表类的方法。通过在列表末尾添加新元素，可以修改列表 B 的部分内容。

我们使用的辞典，如英日辞典或英汉辞典，词条的排列很重要。Python 字典的类对元素的排列没有顺序。引用元素时使用键。如今使用的字典中，有词汇及其说明，如“Python：一种编程语言”，但构成字典标题的词汇是关键。

字典（dictionary）及其使用示例：

```
>>> C = {'Earth': '3rd' , 'Mars': '4th' , 'Jupiter': '5th' } ;  C
{'Earth': '3rd' , 'Mars': '4th' , 'Jupiter': '5th' }
>>> C ['Earth']
'3rd'
>>> C ['Saturn'] = '6th' ; C
{'Earth': '3rd' , 'Mars': '4th' , 'Jupiter': '5th' , 'Saturn': '6th'}
```

字典用 {} 括起来。将键作为元素，其键对应的值用冒号（:）排列。可以用键来引用键的对应值。通过添加新键及其键的对应值，可以修改字典 C 的部分内容。

具有元素的对象的元素可以用与集合相同的 in 方式来查找是否有元素。另外，ƒ通过和 or 语句结合形成循环计数器。

程序：planet.py。

```
C  =  { ' Earth ':  ' 3 rd ',  ' Mars ':  ' 4 th ',  ' Jupiter ':  ' 5 th '}
for  x  in  C:
     print( f'{ x}  is  the  { C[ x]}  planet  in  the  solar  system .')
print ()
for  x  in  sorted ( C):
     print( f'{ x}  is  the  { C[ x]}  planet  in  the  solar  system .')
```

第 2 行 x 移动字典 C 键。

第 3 行 f'{x} is the {C[x]} planet in the solar system.' 称为格式化字符串，将 x 以及 C[x] 的值嵌入到用 {} 括起来的部分，生成字符串。

第 5 行 字典中键的排列是由计算机决定的，因此想以某种方式排列时，可使用 sorted 函数。在这个例子中，这个问题变成字典式顺序。可以通过 sorted 函数的参数来修改其他排列顺序。

运行结果：

```
Earth is the 3rd planet in the solar system.
Mars is the 4th planet in the solar system.
Jupiter is the 5th planet in the solar system.
Earth is the 3rd planet in the solar system.
Jupiter is the 5th planet in the solar system.
Mars is the 4th planet in the solar system.
```

在上述说明中，使用了列表类方法、字符串类方法等。在说明集合时，也用了集合类方法。方法是指对该类对象进行操作的函数。列表类方法 append 修改了列表内容。即使在字典中，通过 C['Saturn'] = '6th' 也可以修改字典 C 的内容。列表、集合和字典称为可修改的对象，因为对象生成后，可以部分或全部修改。元组和字符串称为不可修改的对象，因为对象生成后，内容不能修改。表示整数、实数和复数等的代表类对象也不可修改。

➢ 1.7 列表、数组及矩阵

列表是将 n 个事物按顺序进行排列。这种情况下，n 称为列表长度。

在数学中，n 重元组和列表的用法区别大致如下。在使用了 n 重元组的上下文中，n 是一定的，并且第 i 个成分是某个确定的集合元素时，即 n 重元组被认为是某个特定 n 重笛卡儿积的元素时使用。相比之下，使用了列表的上下文中，长度可变，特别是在不是特别关注它是哪个 n 重笛卡儿积元素的情况下使用。n 重元组用 () 括起来，列表用 [] 括起来。[] 被认为是没有元素的列表，称为空列表。列表元素也可以是列表和集合。例如，{1，2} 的排列可以将元素用列表表示为

$$[[],\ [1],\ [2],\ [1,\ 2],\ [2,\ 1]]$$

用集合表示为

$$[\{\},\ \{1\},\ \{2\},\ \{1,\ 2\}]$$

在 Python 中，元组和列表的区别仅在于，元组是不可修改的对象，而列表是可以修改的对象。

```
>>> A = (1 , 2 , 3); A
(1 , 2 , 3)
>>> B = [1 , 2 , 3]; B
[1 , 2 , 3]
>>> B[0]=0;B.append(4);B
[0 , 2 , 3 , 4]
>>> A[0] , A[2] , A[0] + A[2]
(1 , 3 , 4)
```

元组用 () 括起来。列表用 [] 括起来。列表 B 可以改写元素或添加元素，但元组 A 若这样做会出现错误。引用元组和列表的第 i 个元素时，用 A[i−1] 或 B[i−1]。这是因为下标是从 0 开始的，不是从 1 开始的。

对于 k_1，k_2，⋯，$k_n \in \mathbb{N}$，有

$$I = \{1, 2, \cdots, k_1\} \times \{1, 2, \cdots, k_2\} \times \cdots \times \{1, 2, \cdots, k_n\}$$

$A: I \to \mathbb{K}$ 称为 n 维数组。$A((i_1, i_2, \cdots, i_n))$ 用 $a_{i_1, i_2, \cdots, i_n}$ 表示，得

$$A = [\![a_{i_1, i_2, \cdots, i_n}]\!]_{i_1=1}^{k_1}, {}_{i_2=1}^{k_2}, \cdots, {}_{i_n=1}^{k_n}$$

其中，$(a_1, a_2, \cdots, a_k)$ 称为 A 的 $i_1, i_2, \cdots, i_n$ 成分（或者元素）；$i_1, i_2, \cdots, i_n$ 称为下标（索引）。

数组 $[\![a_i]\!]_{i=1}^{k}$ 可以视为 n 重元组（a_1，a_2，⋯，a_k）。可表示为二维数组，即 $[\![a_{ij}]\!]_{i=1}^{k}, {}_{j=1}^{l}$

$$\begin{bmatrix} a_{11} & a_{12} & \cdots & a_{1l} \\ a_{21} & a_{22} & \cdots & a_{2l} \\ \vdots & \vdots & & \vdots \\ a_{kl} & a_{k2} & \cdots & a_{kl} \end{bmatrix}$$

表示为纵横排列的元素称为①(k, l) 型矩阵。矩阵的横向排列称为行，从上到下分别为第 1 行、第 2 行、第 3 行。矩阵纵向排列称为列，从左到右分别为第 1 列、第 2 列、第 3 列。上面的矩阵称为 3 行 3 列的矩阵。

在很多编程语言中，都有称为数组的数据结构，可以用数组来表示矩阵。Python 中没有

---

① a_{ij} 应该写为 $a_{i,j}$，但按照惯例，只有在不产生误导的情况下才会这样写。

特定的数组类。因为通常可以通过嵌套列表来表示矩阵。

程序：matrix.py。

```
1 A = [[1 , 2 , 3], [4 , 5 , 6], [7 , 8 , 9]]
2 for i in range (3):
3 for j in range (3):
4     print( f' A[{ i}][{ j}]=={ A[ i][ j]}',  end=',  ')
5 print ()
```

第 1 行 A 是有三个元素的列表，元素均为列表。

第 4 行 print 函数通常在结尾处发送换行代码，但如果定义了 end，则换行代码被其字符串取代。

第 5 行 没有参数的 print 函数将发送换行代码。

运行结果：

```
A [0][0]==1 , A [0][1]==2 , A [0][2]==3 ,
A [1][0]==4 , A [1][1]==5 , A [1][2]==6 ,
A [2][0]==7 , A [2][1]==8 , A [2][2]==9 ,
```

正常的编程语言会要求数组元素为相同数据类型。在 Python 中，由于替换成了列表，因此数组元素可以具有不同的数据类型。可以用如第 1 列是学生名字的字符串，第 2 列是学号的整数值等方法。虽然有这样的灵活性，但 Python 的处理系统是解释器这点会导致使用列表进行矩阵计算时，随着矩阵尺寸变大，计算速度也会变慢。

使用 NumPy 可以快速计算矩阵和函数，并为向量和矩阵计算提供方便的函数和方法，使代码更容易编写（容易阅读）。NumPy 中定义了 array（以下称为数组）类。图像数据是由大矩阵表示的数据之一。下面用 NumPy 将图像数据作为数组来处理。

程序：lena1.py。

```
import PIL . Image as Img
from numpy import array

im1 = Img . open ('lena.png') . convert ('L')
im1 . thumbnail ((100 , 100))
A = array (im1)
m , n = A . shape
B = A < 128
h = max (m , n)
x0 , y0 = m / h , n / h
```

```
11
12
13 def f (i , j):
14     return (x0 * (-1 + 2 * j/(n - 1)) , y0 * (1 - 2 * i / (m - 1)))
15
16
17 P = [ f(i , j) for i in range(m) for j in range(n) if B[i , j]]
18 with open(' lena. txt' , ' w') as fd:
19     fd. write( repr( P))
```

第 1 行 将模块 PIL.Image 命名为 Img，并导入。

第 2 行 从库 NumPy 中使用 array 来创建数组。

第 4 行、第 5 行 从 png 形式的图像文件 lena.png 中读取数据，并转换为灰度，作为 im1，然后缩小图像。

第 6 行 从图像数据 im1 中生成数组，表示为 A。数组是数据结构，与用列表表示的矩阵相比，数组有更方便的功能。A 的内容如下。

```
>>> A
array ([[161 , 161 , 159 , … , 115 , 143 , 160]
        [158 , 158 , 156 , … , 125 , 107 ,  73]
        [156 , 155 , 156 , … , 100 ,  52 ,  43]
        … ,
        [ 55 ,  61 ,  84 , … ,  58 ,  55 ,  52]
        [ 51 ,  53 ,  75 , … ,  54 ,  59 ,  74]
        [ 48 ,  50 ,  66 , … ,  54 ,  78 ,  99]] , dtype = uint8 )
>>>  A[0 , 0)
161
```

由于在 shell 窗口中显示时文件内容过大，因此省略部分内容。dtype = uint8 是指元素的数据型是 8 位没有符号的整数（0～256 的整数），表示灰度值。0 为纯黑，255 为纯白。在数组中，元素类型都是一样的。数组元素用 *A*[*i*，*j*] 来引用。与列表和元组相同，下标从 0 开始。

第 7 行 A 的列数为 m，行数为 n。

第 8 行 A<128 时，将数组 A 中的所有元素都与 128 进行比较，如果小于 128，则为 True，否则为 False，返回具有与 A 相同类型（行数和列数）元素布尔值的数组。A 元素的灰度是布尔值，阈值是 128，数组是 B。B 的内容如下。

```
>>>  m,  n
(100 , 100)
```

```
>>> B
array ([[ False , False , False , ..., True , False , False],
        [ False , False , False , ... , True , True , True],
        [ False , False , False , ..., True , True , True],
        ...,
        [ True , True , True ,  ..., True , True , True],
        [ True , True , True ,  ..., True , True , True],
        [ True , True , True , ..., True , True , True ]])
```

第 13 行、第 14 行 将图像的第 i 行、第 j 列的像素定义为与 xy 坐标平面的 $-1\leqslant x\leqslant 1$，$-1\leqslant y\leqslant 1$ 的点 (x, y) 对应的函数。将 $(x, j)\mapsto(x, y)$ 转换为

$$(0, 0)\mapsto(-x_0, y_0)$$

$$(0, n)\mapsto(x_0, y_0)$$

$$(m, 0)\mapsto(-x_0, -y_0)$$

$$(m, n)\mapsto(x_0, -y_0)$$

如图 1.3 所示。坐标的转换公式为

$$f:(i, j)\mapsto\left(x_0\left(1+\frac{2j}{n-1}\right), y_0\left(1-\frac{2iy_0}{m-1}\right)\right)$$

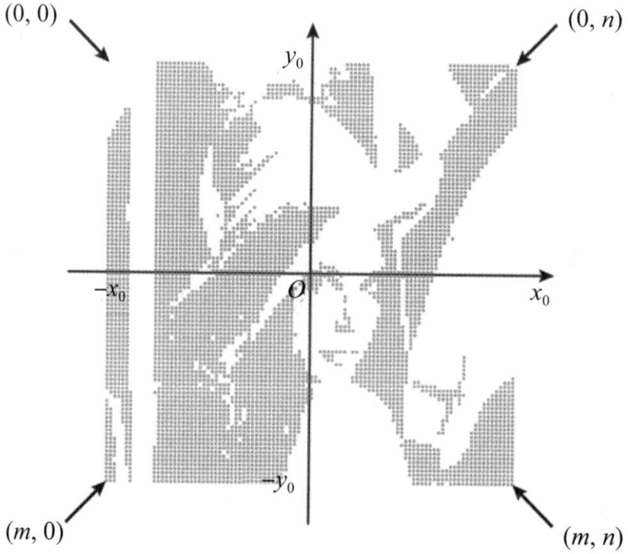

图 1.3　图像和 xy 坐标平面的对应关系

若图片为正方形，即如果 $m = n = 100$ ，则 $x_0 = y_0 = 1$；否则，长边正好在 $-1 \sim 1$ 之间，代码如下。

```
>>> f(0 , 0)
(-1.0 , 1.0)
>>> f(0 , 99)
(1.0 , 1.0)
>>> f(99 , 0)
(-1.0 , -1.0)
>>> f(99 , 99)
(1.0 , -1.0)
```

第 17 行 扫描 B 来创建列表 P，该元素的布尔值为 True 的点的坐标 (x, y) 为元素。

第 18 行、第 19 行使用 repr 函数将列表 P 转换为字符串，并写入 lena.txt 文本文件中。'w' 表示以写入模式打开文件。用于将对象转换为字符串的函数还有 str，使用 str 生成的字符串更便于人类阅读，但这个字符串无法作为 Python 代码进行解析。而使用 repr 函数转换得到的字符串，可以通过 eval 函数将其还原为原来的对象。

```
>>> A = array ([1 , 2 , 3]); A
array ([1 , 2 , 3])
>>> print (A)
[1 , 2 , 3]
>>> str (A)
'[1 , 2 , 3]'
>>> repr (A)
'array ([1 , 2 , 3])'
>>> eval ('array ([1 , 2 , 3])')
array ([1 , 2 , 3])
```

程序 lena2.py 用于读取文本文件 lena.txt 并显示二值化后的图。

程序：lena2.py。

```
import matplotlib . pyplot as plt

with open (' lena . txt ' , ' r ') as fd:
    P = eval (fd . read())
x , y = zip (*P)
plt . scatter (x , y , s = 3)
plt . axis (' scaled ') , plt . xlim (-1 , 1) , plt . ylim ( -1 , 1) , plt . show ()
```

第 3 行、第 4 行 'r' 表示以读取模式打开文件。在 lena1.py 中，使用 repr 将数据转换为字符串后，可以通过 eval 函数将该字符串还原为原来的列表。

第 5 行 P 是二维坐标的列表，则

$$[(x_1,\ y_1),\ (x_2,\ y_2),\ \cdots,\ (x_n,\ y_n)]$$

可拆分为只有 x 坐标的列表 $[x_1,\ x_2,\ \cdots,\ x_n]$ 和只有 y 坐标的列表 $[y_1,\ y_2,\ \cdots,\ y_n]$，分别命名为 X 和 Y。

第 6 行、第 7 行 在 Matplotlib 中创建散点图。$s = 3$ 是指坐标为（x_i，y_i）的点的尺寸。plt.axis('scaled') 将图片的长宽比调整为与 x 坐标范围和 y 坐标范围的比率一致，并显示为图 1.4（a），图 1.4（b）是部分放大内容。

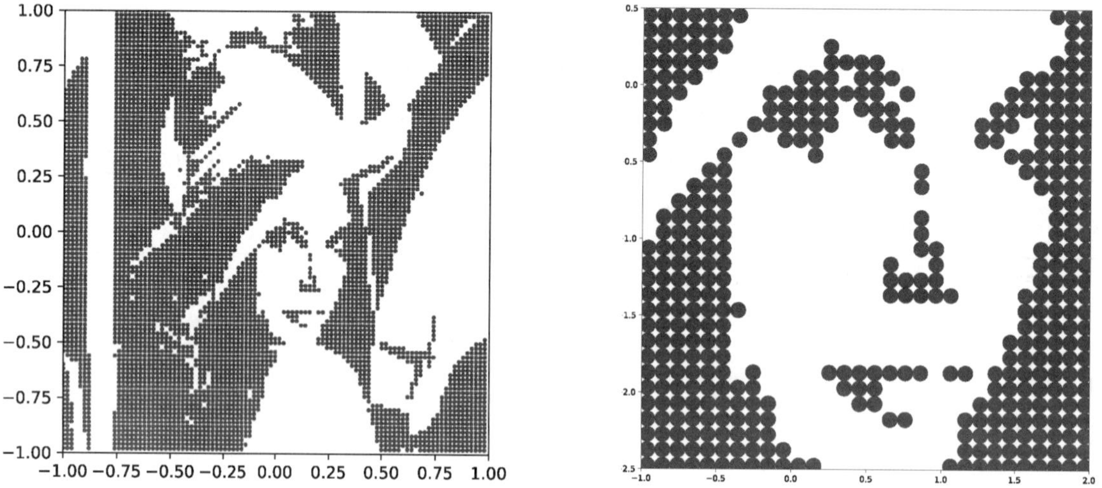

（a）完整图片　　（b）部分放大内容

图 1.4　二值化的平面图像

做一个 GUI[①] 工具来创建并保存写在二维平面上的文字等线条图形。在该程序中，将文字作为复平面 $-1 \leqslant \mathrm{Re}(z) \leqslant 1$ 且 $-1 \leqslant \mathrm{Im}(z) \leqslant 1$ 写在 $z \in \mathbb{C}$ 区域中，将轨迹作为复数元素的列表（复数数列）保存在文件中（图 1.5）。

① GUI，即 Graphical User Interface 的缩写，是一个可以用鼠标等方式操纵屏幕来与计算机互动的程序。

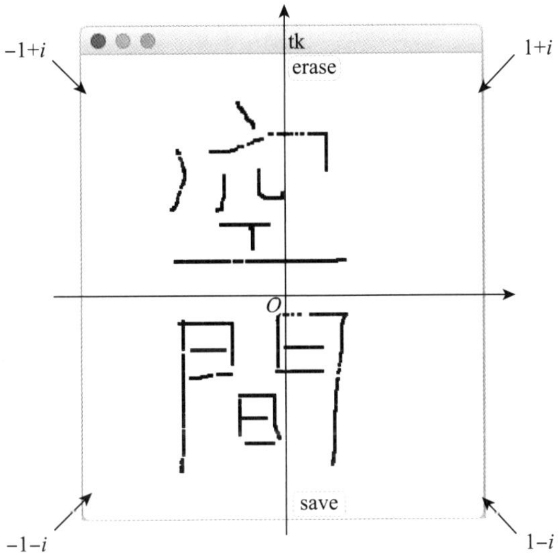

图 1.5　创建复平面上的线条图形的 GUI

程序：tablet.py。

```
from tkinter import Tk, Button, Canvas


def point(x, y):
    return C.create_oval(x - 1, y - 1, x + 1, y + 1, fill='black')


def PushButton(event):
    x, y = event.x, event.y
    Segs.append([((x, y), point(x, y))])


def DragMouse(event):
    x, y = event.x, event.y
    Segs[-1].append(((x, y), point(x, y)))


def Erase():
    if Segs != []:
        seg = Segs.pop()
        for p in seg:
```

```
22              C. delete( p[1])
23
24
25 def Save ():
26     if Segs !=  []:
27         L = []
28         for  seg  in  Segs:
29             for (x, y), _ in seg:
30                 L. append (( x  -  160)  /  160  +  1 j  *  (160  -  y)  /  160)
31             with  open( filename ,  ' w')  as  fd:
32                 fd. write( repr( L))
33             print('saved !')
34
35
36 filename  =  'tablet. txt'
37 Segs = []
38 tk =  Tk ()
39 Button ( tk ,  text=" erase",  command = Erase ). pack ()
40 C  =  Canvas( tk ,  width =320 ,  height =320)
41 C. pack ()
42 C. bind(" <Button -1 >",  Push Button )
43 C. bind(" <B1 - Motion >",  DragMouse)
44 Button ( tk ,  text=" save",  command = Save ). pack ()
45 tk. mainloop ()
```

第 1 行 使用 tkinter 作为创建 GUI 的库。在 tk 类对象中，配置并单击可操作的按钮的 Button 类对象，拖动鼠标可描绘线条图形的画布的 Canvas 类对象。

第 4 ~ 33 行 定义一个检测到鼠标操作时要执行的函数。

第 36 行 该文件名是单击 save 按钮时，要保存的数据的文件名。

第 37 行 这是一个列表，其元素是线段，其中一个线段是记录拖动鼠标时鼠标指针位置的坐标和写在画布上的点的对象的列表。单击 erase 按钮时，最后一个线段被删除。单击 save 按钮时，Segs 的位置坐标数据转换为复数，并形成一个列表保存在文件中。

第 38 ~ 44 行 在页面上创建一个窗口，将画布和按钮放入其中，并根据鼠标动作决定调用哪个函数。

第 45 行 进入无限循环，等待鼠标动作的发生。只要创建的窗口不关闭，程序就不结束，该操作称为事件驱动型（事件驱动）编程，即程序描述当“事情”发生时，要做什么，并等待该“事情”的发生。

有时，手写数字数据被视为灰度平面图形而不是线条图形。图 1.6 显示了 MNIST 的一部分手写数字数据，这些经常被用于机器学习实验。

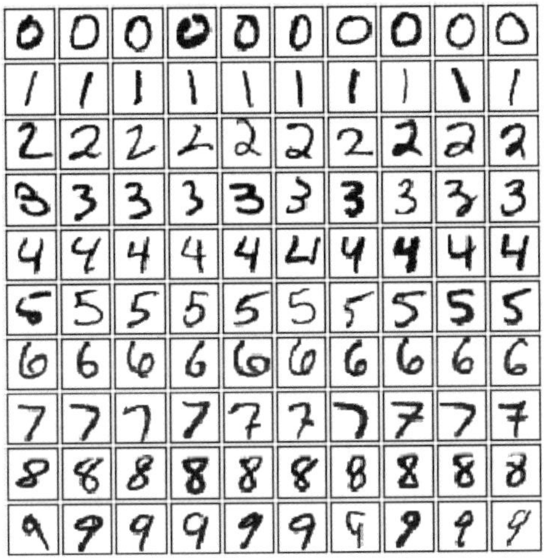

图 1.6　MNIST 的一部分手写数字数据

MNIST 包括以下 4 个文件（本书附有电子版）。

- train–images–idx3–ubyte.gz: training set images (9912422 bytes)。
- train–labels–idx1–ubyte.gz: training set labels (28881 bytes)。
- t10k–images–idx3–ubyte.gz: test set images (1648877 bytes)。
- t10k–labels–idx1–ubyte.gz: test set labels (4542 bytes)。

以上文件解压后放在与要创建的程序 mnist.py 相同的文件夹中。文件名分别为 train–images.bin、train–labels.bin、test–images.bin、test–labels.bin。其中，train–images.bin（test–images.bin）文件共有 60 000 张（10 000 张）图像。每张图像的标签（图像所代表的数字）在 train–labels.bin（test–labels.bin）文件中。通常情况下，train–* 文件用于机器学习，test–* 文件用于验证学习结果。这些是二进制文件，但在页面末尾会写出是哪种数据形式，如以下程序内容。

程序：mnist.py。

```
import numpy as np
import matplotlib.pyplot as plt

N = 10000
with open('test-images.bin', 'rb') as f1:
```

```
6         X = np. fromfile( f1 , ' uint8 ', -1)[16:]
7   X = X. reshape (( N, 28 , 28))
8   with open(' test - labels. bin ', ' rb ') as f2 :
9       Y = np. fromfile( f2 , ' uint8 ', -1)[8:]
10  D = { y: [] for y in set( Y)}
11  for x, y in zip(X, Y):
12      D[ y]. append ( x)
13  print ([ len( D[ y]) for y in sorted ( D )])
14
15  fig , ax = plt. subplots (10 , 10)
16  for y in D:
17      for k in range (10):
18          A = 255 - D[ y][ k]
19          ax[ y][ k]. imshow (A, ' gray ')
20          ax[ y][ k]. tick_params( labelbottom = False , labelleft = False ,
21                                 color = ' white ')
22  plt. show ()
```

第 4 行 N 是数据数量。

第 5 行、第 6 行 读取图像的二进制文件。将文件数据以 uint8（即无符号的 8 位整数）形式读取，直到文件的结尾（如果将整数值设为 -1，则读取的字节数等于文件的长变）。文件的前 16 个字节是文件头，因此只将数据部分存储在数组 X 中。

第 7 行 X 是元素数为 $N\times 28\times 28$ 的一维数组，因此将其转换为三维数组。

第 8 行、第 9 行 读取标签的二进制文件。从第 8 个字节开始，排列着 0～9 的 1 字节数据。

第 10 行 创建字典，其标签为键。键的项是 n，是以 n 格式编写的所有模式的列表。第 1 个列表是空列表。set(Y) 是从数组 Y 中删除了重复元素的集合。实际上应该是 0～9 的整数。

第 11 ~ 13 行 zip(X, Y) 是一个列表，元素是元组 (x，y)，由 X 的元素 x 和 Y 的元素 y 依次创建。由于图像 x 的标签是 y，因此将图像 x 添加到字典标签 y 的项目列表中。这样就完成了将图像按标签分类的字典 D。查找每个标签中保存了多少张图像。字典键的排列用 sorted 函数进行排序，其顺序 (0，1，2，…) 以列表形式显示图像数量。测试数据中，每个标签 (0～9) 的图像数量如下。

```
[980 , 1135 , 1032 , 1010 , 982 , 892 , 958 , 1028 , 974 , 1009]
```

第 15 ~ 22 行 为 0～9 的标签显示前 10 个模式的图像。第 15 行为在一个图中为嵌入多个图做准备。将图排列为 10 行 10 列。

第 18 行 将图像黑白反转后的图像设为 A。

第19行 用灰度绘制 A。

第20行、第21行 不显示图表的刻度等。

第22行 输出如图1.6所示。图1.2和图1.3是用PyX创建的。说明复平面时使用程序comp.py（图1.2）。

程序：comp.py。

```
1   from pyx import *
2
3   C = canvas . canvas ()
4   text . set (text . LatexRunner)
5   text . preamble (r ' \usepackage { amsmath , amsfonts , amssymb}' )
6   C . stroke (path . circle (0 , 0 , 1),
7           [style . linewidth . thick , deco . filled ([color . gray (0.75)])])
8   C . stroke (path . line (-5 , 0 , 5 , 0),
9           [style . linewidth . THick , deco . earrow . Large])
10  C . stroke (path . line (0 , -5 , 0 , 5),
11          [style . linewidth . THick , deco . earrow . Large])
12  C . stroke (path . line (1 , -0.1 , 1 , 0.1))
13  C . stroke (path . line (-0.1 , 1 , 0.1 , 1))
14  C . text (-0.1 , -0.1 , r " \huge 0 ",
15          [text . halign . right , text . valign . top])
16  C . text (1 , -0.2 , r " \huge 1 ",
17          [text . halign . left , text . valign . top])
18  C . text (-0.2 , 1 , r " \huge $i$",
19          [text . halign . right , text . valign . bottom])
20  C . stroke (path . circle (2 , 3 , 0.05),
21          [deco . filled ([color . grey . black])])
22  C . text (2.1 , 3.1 , r " \huge $z = x+iy$",
23          [text . halign . left , text . valign . bottom])
24  C . stroke (path . line (2 , 3 , 2 , 0),
25          [style . linewidth . thick , style . linestyle . dashed])
26  C . stroke (path . line (2 , 3 , 0 , 3),
27          [style . linewidth . thick , style . linestyle . dashed])
28  C . text (2 , -0.3 , r " \huge $x$",
29          [text . halign . center , text . valign . top])
30  C . text(-0.1 , 3 , r " \huge $iy$",
31          [text . halign . right , text . valign . middle])
32  C . writePDFfile( ' comp . pdf ')
```

第 2 章　线性空间和线性映射

本章将学习线性代数的平台——线性空间和线性代数的主角（线性映射）。线性空间是向量的集合。在高中数学中学习的平面向量和空间向量只是向量的几个例子。下面还将学习向量的其他例子，如多项式和三角函数等函数、图像和弦。然后通过 Python 来学习这些向量。

在本章中，要习惯使用线性代数的抽象论证（抽象线性空间）。抽象论证是科学思维最重要的工具之一，通过统一看似不同的事物来改善论点。在接下来的章节中，抽象论证将逐渐具体化。用人工或计算机计算的方法更加清晰。

➢ 2.1　线性空间

在本书中，用 $\mathbb{K}$ 来表示所有实数的集合 $\mathbb{R}$ 或所有复数的集合 $\mathbb{C}$ 。$\mathbb{K}$ 的元素称为标量。

设 V 是一个集合，满足以下（1）～（5）的所有条件，V 称为 $\mathbb{K}$ 上的线性空间或向量空间，V 的元素称为向量[①]。

（1）对于任意向量 $\boldsymbol{x}$，$\boldsymbol{y}$，可以确定称为向量和的二元运算 $\boldsymbol{x}+\boldsymbol{y}\in V$（向量和是封闭的）。

（2）对于任意向量 $\boldsymbol{x}$ 和任意标量 a，可以确定称为标量倍数的二元运算 $a\boldsymbol{x}\in V$（标量倍数是封闭的）。

（3）可以确定叫作零向量的常数 $\boldsymbol{0}\in V$（有零向量）。

（4）对于任意向量 $\boldsymbol{x}$，可以确定称为反向量的单项运算 $-\boldsymbol{x}\in V$（反向量是封闭的）。

（5）以上确定的向量和、标量倍数、零向量和反向量满足称为线性空间公理[②]的条件：

（a）$\boldsymbol{x}+\boldsymbol{y}=\boldsymbol{y}+\boldsymbol{x}$ 。

---

① 向量用粗体表示以便于区别于标量。

② 在即将展开的线性代数中，这些属性称为公理，因为它们是理论的出发点。然而，为了证明一个空间是一个线性空间，必须在确定向量和、标量倍数、零向量和反向量的基础上证明这些公理成立。

（b）$(\boldsymbol{x}+\boldsymbol{y})+\boldsymbol{z}=\boldsymbol{x}+(\boldsymbol{y}+\boldsymbol{z})$。

（c）$\boldsymbol{x}+\boldsymbol{0}=\boldsymbol{x}$。

（d）$\boldsymbol{x}+(-\boldsymbol{x})=\boldsymbol{0}$。

（e）$a(\boldsymbol{x}+\boldsymbol{y})=a\boldsymbol{x}+a\boldsymbol{y}$。

（f）$(a+b)\boldsymbol{x}=a\boldsymbol{x}+b\boldsymbol{x}$。

（g）$(ab)\boldsymbol{x}=a(b\boldsymbol{x})$。

（h）$1\boldsymbol{x}=\boldsymbol{x}$。

$\mathbb{R}$ 上的线性空间又称实线性空间，只允许实数和向量相乘。$\mathbb{C}$ 上的线性空间又称复线性空间，只允许复数与向量相乘。特别是，$\mathbb{R}$ 是实线性空间，$\mathbb{C}$ 是复线性空间。复数是向量，实数是标量，将实数和复数的乘积作为标量倍数，$\mathbb{C}$ 也被认为是实线性空间。另外，若把实数视为向量，复数视为标量，把复数和实数的乘积视为标量倍数，则 $\mathbb{R}$ 不是复线性空间，因为标量倍数在 $\mathbb{R}$ 中不封闭。

例 1　一个平面中（或空间内）的有向线段之间，相互平行移动且起点和终点也完全一致时，认为它们具有相同大小和方向。这个量用 $\vec{\boldsymbol{x}}$、$\vec{\boldsymbol{y}}$、$\vec{\boldsymbol{z}}$ 来表示。图 2.1 显示了向量和 $\vec{\boldsymbol{x}}+\vec{\boldsymbol{y}}$ 的确定方法，并说明 $\vec{\boldsymbol{x}}+\vec{\boldsymbol{y}}$ 等于 $\vec{\boldsymbol{y}}+\vec{\boldsymbol{x}}$［线性空间公理（a）］。

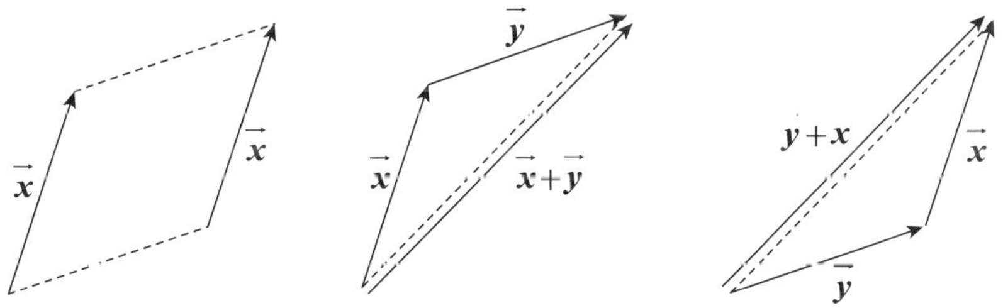

图 2.1　向量和

当 $a>0$ 时，标量倍数 $a\vec{\boldsymbol{x}}$ 不改变方向且扩大 a 倍；当 $a<0$ 时，标量倍数 $a\vec{\boldsymbol{x}}$ 方向正相反且扩大 $|a|$ 倍。当 $a=0$ 时，$a\vec{\boldsymbol{x}}$ 的大小为 0，这种情况下，它是没有特殊方向的量，用 $\vec{0}$ 表示。当 $a=-1$ 时，$a\vec{\boldsymbol{x}}$ 为 $-\vec{\boldsymbol{x}}$。这样就确定了向量和、标量倍数、零向量和反向量。标量倍数是实数倍数，这个整体向量是实线性空间。

问题 2.1 在例 1 中，请思考线性空间公理（b）～公理（h）的条件的几何意义。

用 Matplotlib 来直观地验证 $\vec{\boldsymbol{x}}+\vec{\boldsymbol{y}}=\vec{\boldsymbol{y}}+\vec{\boldsymbol{x}}$ 在二维空间的向量是成立的。

程序：vec2d.py。

```
1  from numpy import array
2  import matplotlib.pyplot as plt
3
4  o, x, y = array([0, 0]), array([3, 2]), array([1, 2])
5  arrows = [(o, x + y, 'b'), (o, x, 'r'), (x, y, 'g'),
6            (o, y, 'g'), (y, x, 'r')]
7  for p, v, c in arrows:
8      plt.quiver(p[0], p[1], v[0], v[1],
9                 color = c, units = 'xy', scale = 1)
10 plt.axis('scaled'), plt.xlim(0, 5), plt.ylim(0, 5), plt.show()
```

第 4 行 将向量 $\vec{\boldsymbol{o}}=(0,0)$、$\vec{\boldsymbol{x}}=(3,2)$、$\vec{\boldsymbol{y}}=(1,2)$ 用数组 o、x、y 来表示。

第 5 行、第 6 行 是一个要绘制箭头的向量列表。起点、向量、颜色这三组是确定箭头的参数。

第 7 ~ 9 行 绘制列表 arrows 中的箭头。使用函数 quiver 绘制 Matplotlib 的箭头。使用函数 quiver 时，前 4 个实参称为位置参数，后三个参数（color、units、scale）称为名称参数，= 符号右边是实参。给出位置参数的顺序是有意义的。名称参数也可以改变顺序，因为名称是有意义的。units = 'xy' 给出了箭头的大小，箭头大小用 x 坐标和 y 坐标指定。scale = 1 是绘制箭头时的缩放尺寸。数值越大，箭头绘制得越小。

第 10 行 绘制出图 2.2（a）。

下面用 VPython 来直观地验证 $(\vec{x}+\vec{y})+\vec{z}=\vec{x}+(\vec{y}+\vec{z})$ 在三维空间的向量是成立的。

程序：vec3d.py。

```
from vpython import vec, arrow, mag

o = vec(0, 0, 0)
x, y, z = vec(1, 0, 0), vec(0, 1, 0), vec(0, 0, 1)
arrows = [(o, x + y), (x, y + z), (o, x + y + z), (o, x), (y, x),
          (z, x), (y + z, x), (o, y), (x, y), (z, y), (x + z, y),
          (o, z), (x, z), (y, z), (x + y, z)]
```

```
8  for p , v in arrows:
9      arrow (pos = p , axis = v , color = v , shaftwidth = mag (v) / 50)
```

第 3 行、第 4 行 使用 VPython 的 vector 类：用 $\boldsymbol{o}$ 表示 $\vec{\boldsymbol{o}}=(0,0,0)$，$\boldsymbol{x}$、$\boldsymbol{y}$、$\boldsymbol{z}$ 分别表示 $\vec{\boldsymbol{x}}=(1,0,0)$，$\vec{\boldsymbol{y}}=(0,1,0)$，$\vec{\boldsymbol{z}}=(0,0,1)$。

第 5 ~ 7 行 绘制箭头的向量列表。起点和向量对是确定箭头的参数。

第 8 行、第 9 行 绘制 arrows 列表中的箭头。向量的颜色和轴的厚度由向量成分和大小决定。图 2.2（b）为用鼠标改变视角的图形。

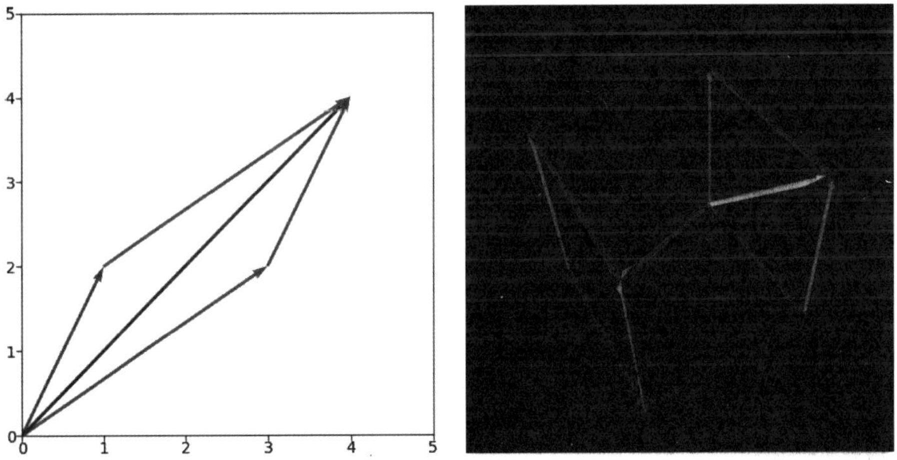

（a）绘制的图形　　（b）用鼠标改变视角的图形

图 2.2　平面向量和空间向量

问题 2.2 在上述程序中验证线性空间公理。

从线性空间公理可立即推出下述结论[1]。

（1）$\boldsymbol{x}+\boldsymbol{y}=\boldsymbol{z}\Rightarrow\boldsymbol{y}=\boldsymbol{z}-\boldsymbol{x}$［注：$\boldsymbol{z}-\boldsymbol{x}$ 即：$\boldsymbol{z}+(-\boldsymbol{x})$］。

$\because\ \boldsymbol{x}+\boldsymbol{y}=\boldsymbol{z}$

$\boldsymbol{y}=\boldsymbol{y}+0$　　［线性空间公理（c）］

① 对于“如果 P，那么 $Q\Rightarrow R$”的说法，P 是前提，Q 是假设，R 是结论。在这种情况下的论证中，P 和 Q 被认为是真实的，R 是通过证明得出的。有时没有前提，有时省略了前提。在下面的论证中省略了 $\boldsymbol{x}$、$\boldsymbol{y}$ 和 $\boldsymbol{z}$ 是某个线性空间的向量这一前提条件。

$= \boldsymbol{y}+(\boldsymbol{x}+(-\boldsymbol{x}))$ ［线性空间公理（d）］

$= (\boldsymbol{y}+\boldsymbol{x})+(-\boldsymbol{x})$ ［线性空间公理（b）］

$= (\boldsymbol{x}+\boldsymbol{y})+(-\boldsymbol{x})$ ［线性空间公理（a）］

$= \boldsymbol{z}+(-\boldsymbol{x})$ （根据假设）

（2）$a \neq 0$ 时，$a\boldsymbol{x}=\boldsymbol{y} \Rightarrow \boldsymbol{x}=\dfrac{\boldsymbol{y}}{a}$。（注意：$\dfrac{\boldsymbol{y}}{a}$ 意思是 $\dfrac{1}{a}\boldsymbol{y}$）

$\because a \neq 0$，$a\boldsymbol{x}=\boldsymbol{y}$

$\boldsymbol{x}=1\boldsymbol{x}$ ［线性空间公理（h）］

$=\left(\dfrac{1}{a}\cdot a\right)\boldsymbol{x}$ （数的性质）

$=\dfrac{1}{a}(a\boldsymbol{x})$ ［线性空间公理（g）］

$=\dfrac{1}{a}\boldsymbol{y}$ （根据假设）

（3）（零向量的唯一性）$\boldsymbol{x}+\boldsymbol{y}=\boldsymbol{x} \Rightarrow \boldsymbol{y}=\mathbf{0}$。

$\because \boldsymbol{x}+\boldsymbol{y}=\boldsymbol{x}$、结论（1），$\therefore \boldsymbol{y}=\boldsymbol{x}+(-\boldsymbol{x})=\mathbf{0}$。

（4）$0\boldsymbol{x}=\mathbf{0}$。

$\because \boldsymbol{x}+0\boldsymbol{x}=1\boldsymbol{x}+0\boldsymbol{x}=(1+0)\boldsymbol{x}=1\boldsymbol{x}=\boldsymbol{x}$，$\therefore 0\boldsymbol{x}=\mathbf{0}$。

（5）$a\mathbf{0}=\mathbf{0}$。

$\because$结论（4），$\therefore$有 $a\mathbf{0}=a(0\mathbf{0})=(0a)\mathbf{0}=0\mathbf{0}=\mathbf{0}$。

（6）（反向量的唯一性）$\boldsymbol{x}+\boldsymbol{y}=\mathbf{0} \Rightarrow \boldsymbol{y}=-\boldsymbol{x}$。

$\because \boldsymbol{x}+\boldsymbol{y}=\mathbf{0}$、结论（1），$\therefore \boldsymbol{y}=\mathbf{0}+(-\boldsymbol{x})=(-\boldsymbol{x})+\mathbf{0}=-\boldsymbol{x}$。

（7）$(-1)\boldsymbol{x}=-\boldsymbol{x}$。

$\because \boldsymbol{x}+(-1)\boldsymbol{x}=1\boldsymbol{x}+(-1)\boldsymbol{x}=(1+(-1))\boldsymbol{x}=0\boldsymbol{x}=\mathbf{0}$，$\therefore -\boldsymbol{x}=(-1)\boldsymbol{x}$。

（8）$-(-\boldsymbol{x})=\boldsymbol{x}$。

$\because (-\boldsymbol{x})+\boldsymbol{x}=\boldsymbol{x}+(-\boldsymbol{x})=\mathbf{0}$，$\therefore -(-\boldsymbol{x})=\boldsymbol{x}$。

（9）$a\boldsymbol{x}=\mathbf{0} \Rightarrow a=0 \text{ or } \boldsymbol{x}=\mathbf{0}$。

$\because\ a\boldsymbol{x}=\boldsymbol{0}$，若 $a=0$，则结论正确；若 $a\neq 0$，则从结论（2）和结论（5）可得出 $\boldsymbol{x}=\frac{1}{a}\boldsymbol{0}=\boldsymbol{0}$，结论也是正确的，$\therefore$ 在任何情况下，结论都正确。

问题 2.3 证明以下内容。

（1）$\boldsymbol{x}+\boldsymbol{x}=2\boldsymbol{x}$。（提示：使用线性空间公理（f）和公理（h））

（2）$\overbrace{\boldsymbol{x}+\boldsymbol{x}+\cdots+\boldsymbol{x}}^{n个}=n\boldsymbol{x}$。（提示：使用数学归纳法）

（3）如果 $ab\neq 0$，则 $\frac{\boldsymbol{x}}{a}+\frac{\boldsymbol{y}}{b}=\frac{b\boldsymbol{x}+a\boldsymbol{y}}{ab}$。

（4）当 $\boldsymbol{x}\neq\boldsymbol{0}$ 时，如果 $a\boldsymbol{x}=\boldsymbol{x}$，则 $a=1$。

（5）当 $\boldsymbol{x}\neq\boldsymbol{0}$ 时，如果 $a\boldsymbol{x}=b\boldsymbol{x}$，则 $a=b$。

$\mathbb{K}^n$ 是 $\mathbb{K}$ 上的线性空间。这里声明如下：$\mathbb{K}^n$ 的元素 $\vec{\boldsymbol{x}}=(x_1,x_2,\cdots,x_n)$ 被认为是向量时，则

$$\vec{\boldsymbol{x}}=\begin{bmatrix}x_1\\x_2\\\vdots\\x_n\end{bmatrix}$$

有时被垂直标记为元素，由于版面有限（为节约行数），有时写成 $(x_1,x_2,\cdots,x_n)$ 的形式。向量和被确定为

$$\begin{bmatrix}x_1\\x_2\\\vdots\\x_n\end{bmatrix}+\begin{bmatrix}y_1\\y_2\\\vdots\\y_n\end{bmatrix}\ \underline{\underline{\mathrm{def}}}\ \begin{bmatrix}x_1+y_1\\x_2+y_2\\\vdots\\x_n+y_n\end{bmatrix}$$

在这种情况下，垂直书写比水平书写更容易看到向量。标量倍数是

$$a(x_1,x_2,\cdots,x_n)\ \underline{\underline{\mathrm{def}}}\ (ax_1,ax_2,\cdots,ax_n)$$

零向量用

$$(0,0,\cdots,0)$$

确定。反向量用

$$-(x_1, x_2, \cdots, x_n) \underline{\underline{\text{def}}} (-x_1, -x_2, \cdots, -x_n)$$

确定。这里由于版面有限并排写在一起。线性空间公理（a）通过下述方式验证。

$$\begin{aligned}\begin{bmatrix} x_1 \\ x_2 \\ \vdots \\ x_n \end{bmatrix} + \begin{bmatrix} y_1 \\ y_2 \\ \vdots \\ y_n \end{bmatrix} &= \begin{bmatrix} x_1 + y_1 \\ x_2 + y_2 \\ \vdots \\ x_n + y_n \end{bmatrix} && \text{（向量和的定义）} \\ &= \begin{bmatrix} y_1 + x_1 \\ y_2 + x_2 \\ \vdots \\ y_n + x_n \end{bmatrix} && \text{（数的性质）} \\ &= \begin{bmatrix} y_1 \\ y_2 \\ \vdots \\ y_n \end{bmatrix} + \begin{bmatrix} x_1 \\ x_2 \\ \vdots \\ x_n \end{bmatrix} && \text{（向量和的定义）}\end{aligned}$$

问题 2.4 验证 $\mathbb{K}^n$ 是否满足线性空间公理（b）～公理（h）。

xy 坐标平面的点 (x, y) 与 $\mathbb{R}^2$ 的向量一一对应，xyz 坐标空间的点 (x, y, z) 与 $\mathbb{R}^3$ 的向量一一对应［图 2.3（a）和图 2.3（b）］。$n \geqslant 4$ 时，$\mathbb{R}^n$ 的元素不能用方向和点来表示，但可以表示为 $1 \leqslant i \leqslant n$ 整数的 i 对应到 x_i 的函数图［图 2.3（c）］。

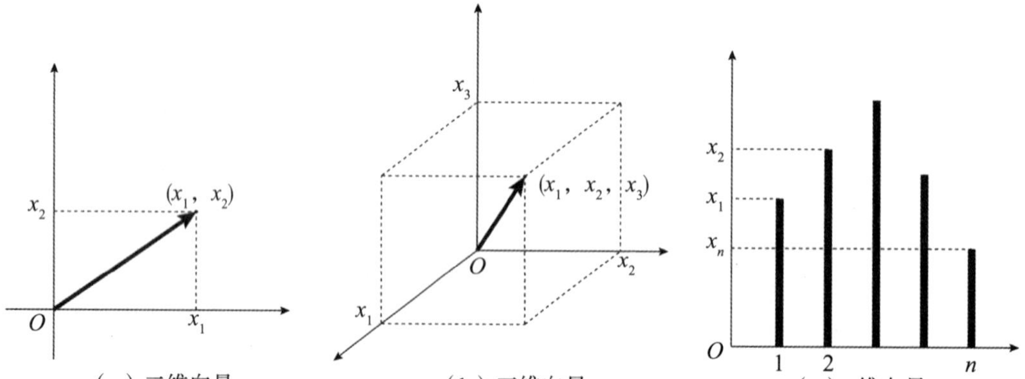

（a）二维向量 （b）三维向量 （c）n维向量

图 2.3 向量图

对于非空集 X，定义在 X 上，并在 $\mathbb{K}$ 中取值的函数的整体 $\mathbb{K}^X$ 是 $\mathbb{K}$ 上的线性空间。对于函数 f，$g \in \mathbb{K}^X$，则

$$f+g: x \mapsto f(x)+g(x)$$

是向量和。对于 $a \in \mathbb{K}$，则

$$af: x \mapsto af(x)$$

是标量倍数。常数函数

$$0: x \mapsto 0$$

为零向量，则

$$-f: x \mapsto -f(x)$$

是 f 的反向量。线性空间公理（a）通过以下方式验证。设 $x \in X$ 是任意的。

$$\begin{aligned}(f+g)(x) &= f(x)+g(x) && \text{（向量和的定义）}\\ &= g(x)+f(x) && \text{（数的性质）}\\ &= (g+f)(x) && \text{（向量和的定义）}\end{aligned}$$

问题 2.5 验证 $\mathbb{K}^X$ 是否满足线性空间公理（b）～公理（h）。

设 f，$g \in \mathbb{R}^{[-\pi,\pi]}$，如

$$f(x) \underline{\underline{\mathrm{def}}}\, x^2+x+1$$

$$g(x) \underline{\underline{\mathrm{def}}}\, 3\sin x+4\cos x$$

下面用 Matplotlib 绘制图形，包括向量和（$f+g$），标量倍数（$2f$），反向量（$-f$），如图 2.4 所示。

程序：func.py。

```
from numpy import pi, sin, cos, linspace
import matplotlib.pyplot as plt

```

```
4   f = lambda x: x **2 + x + 1
5   g = lambda x: 3 * sin ( x) + 4 * cos (x)
6   x = linspace (- pi , pi , 101)
7   plt . plot([- pi , pi], [0 , 0])
8   for y in [ f(x), g(x), f(x) + g(x)]:
9       plt . plot(x, y)
10  plt . show ()
```

第 4 行、第 5 行 定义函数 $f=x^2+x+1$ 和 $g=3\sin(x)+4\cos(x)$ ①。

第 6 行 设 x 是 101 个点的数组，将区间 $[-\pi,\pi]$ 分成 100 个相等的部分。

第 7 行 用直线连接 $(-\pi,0)$ 和 $(\pi,0)$，绘制 $y=0$ 的直线。

第 8 行、第 9 行 创建 f、g 和 $f+g$ 的图［图 2.4（a）］。$f(x)$、$g(x)$ 和 $f(x)+g(x)$ 分别应用于 x 的每个元素的函数 f、g 和 $f+g$ 的数组 ②。将 $g(x)$ 和 $f(x)+g(x)$ 分别改为 $2f(x)$ 和 $-f(x)$ 后创建 $2f$ 和 $-f$ 的图［图 2.4（b）］。另外，由于零向量是完全为 0 的函数，因此 x 轴是零向量的图。

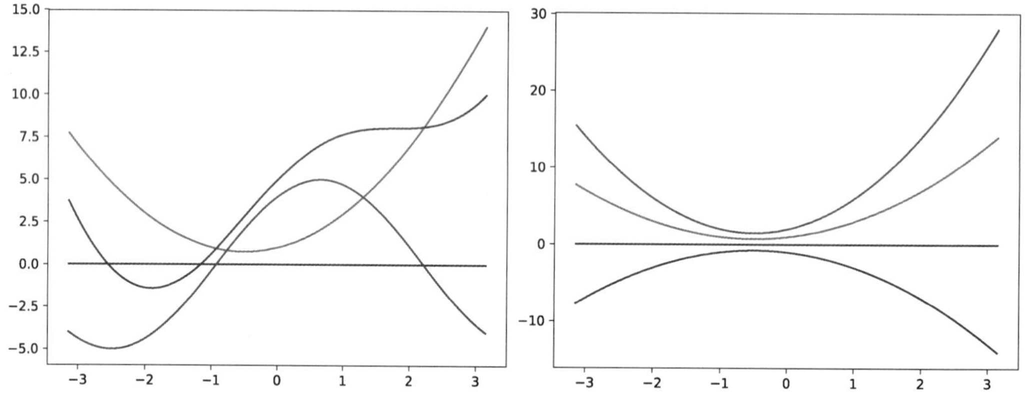

（a）f、g 和 $f+g$ 的图　　（b）$2f$ 和 $-f$ 的图

图 2.4　$\mathbb{R}^{[-\pi,\pi]}$ 的向量和、标量倍数、零向量、反向量

定义在 $[0,2\pi]$ 上并在 $\mathbb{C}$ 中取值的函数的整个 $\mathbb{C}^{[0,2\pi]}$ 是复线性空间。这里 $f_n\in\mathbb{C}^{[0,2\pi]}$ 是

① 文件 PEP 8 规定了 Python 的规范性编码风格。虽然不推荐这种使用 Lambda 表达式的函数定义，但在本书中会经常使用。

② 称为广播。

$f_n: t \mapsto e^{int}\ (n=0, \pm 1, \pm 2, \cdots)$。$t$ 从 0 到 2π 变化时的 $f_n(t)=\mathrm{Re}\, f_n(t)+\mathrm{i}\,\mathrm{Im}\, f_n(t)$ 可以绘制一个在三维空间中取值的函数

$$t \mapsto (t, \mathrm{Re}\, f_n(t), \mathrm{Im}\, f_n(t))$$

的图形。

程序：comp.py。

```
1  from numpy import exp, pi, linspace
2  import matplotlib.pyplot as plt
3  from mpl_toolkits.mplot3d import Axes3D
4
5  f = lambda n, x: exp(1j * n * x)
6  x = linspace(0, 2 * pi, 1001)
7  ax = Axes3D(plt.figure())
8  for n in range(-2, 3):
9      ax.plot(x, f(n, x).real, f(n, x).imag)
10 plt.show()
```

第 3 行 用 Axes3D 绘制立体图形。

第 5 行 定义复数值函数 $f_n: x \mapsto e^{2\pi inx}$。

第 6 行 变量 x 的移动范围为包含将 0 和 2π 等分为 1 000 份后的各值（包括两端）。

第 7 行 设置三维图。

第 8 ~ 10 行 绘制 $n=-2$，-1，0，1，2 对应的 $x \mapsto f_n(x)$ 的图。三维空间中垂直于 x 轴的平面视为复平面（图 2.5）。

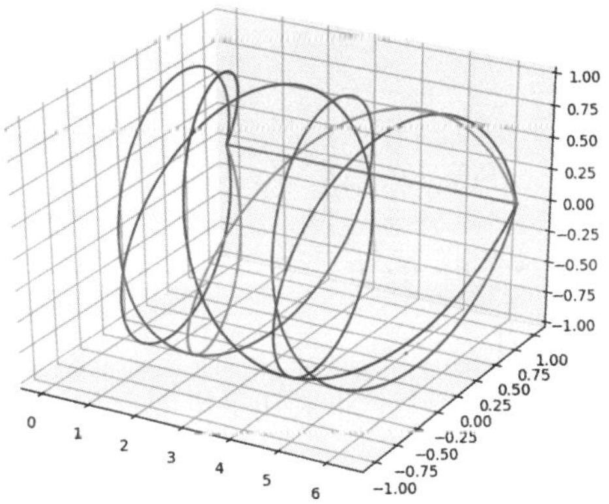

图 2.5　$\mathbb{C}^{[0, 2\pi]}$ 的向量

问题 2.6 在上述程序中，改变 n 的移动范围并观察函数形状。特别是移动 n 到 500 和 1000 附近。

➢ 2.2 子空间

V 为 $\mathbb{K}$ 上的线性空间。V 的子集 W 是 V 的子空间，是指 V 上已定义的向量和、标量倍数、零向量、反向量和 W 本身是 $\mathbb{K}$ 上的线性空间，即满足线性空间公理（a）～公理（h）在 V 中成立，因此不需要重新验证在 W 中是否成立。

（1）对于任意 $\boldsymbol{x}$，$\boldsymbol{y} \in W$，$\boldsymbol{x}+\boldsymbol{y} \in W$。

（2）对于任意 $a \in \mathbb{K}$ 和任意 $\boldsymbol{x} \in W$，$a \in W$。

（3）$\boldsymbol{0} \in W$。

（4）对于任意 $\boldsymbol{x} \in W$，$-\boldsymbol{x} \in W$。

（5）对于任意 a，$b \in \mathbb{K}$ 和任意 $\boldsymbol{x}$，$\boldsymbol{y} \in W$，$a\boldsymbol{x}+b\boldsymbol{y} \in W$。

条件（1）说明 W 对向量和是封闭的。条件（2）说明 W 对标量倍数是封闭的。条件（3）是在 W 为非空集的条件下，由条件（2）推导为 $a=0$。条件（4）也由条件（2）推导为 $a=-1$。如问题 2.7 所示，在 W 为非空集的条件下，上述所有条件可以合并为一个。

问题 2.7 证明在 W 为非空集的条件下，条件（1）和条件（2）等同于条件（5）。同时证明子空间 W 对于任意 a_1，a_2，⋯，$a_n \in \mathbb{K}$ 和任意 $\boldsymbol{x}_1$，$\boldsymbol{x}_2$，⋯，$\boldsymbol{x}_n \in W$，满足

$$a_1\boldsymbol{x}_1 + a_2\boldsymbol{x}_2 + \cdots + a_n\boldsymbol{x}_n \in W$$

V 本身是 V 的子空间。另外，$\boldsymbol{0}+\boldsymbol{0}=\boldsymbol{0}$，对于任意 $a \in \mathbb{K}$，$a\boldsymbol{0}=\boldsymbol{0}$，因此 $\{\boldsymbol{0}\}$ 也是 V 的子空间。这两个子空间称为非平凡子空间。

$\mathbb{R}^2$ 的子空间仅限于通过原点的直线上非平凡子空间之外的子空间。$\mathbb{R}^3$ 的子空间仅限于通过原点的直线和通过原点的平面上除了非平凡子空间之外的子空间。但在数学上还不清楚

什么是直线和平面[①]。

问题 2.8 证明 $\bigcap_{i\in I} W_i$ 是 V 的子空间。

假设 W_1 和 W_2 是 V 的子空间。此时，$W_1 \cap W_2$ 是 V 的一个子空间。这是因为，$\mathbf{0} \in W_1$ 且 $\mathbf{0} \in W_2$，所以 $\mathbf{0} \in W_1 \cap W_2$。假设 a，$b \in \mathbb{K}$ 和 $\boldsymbol{x}$，$\boldsymbol{y} \in W_1 \cap W_2$ 是任意的。因为 $\boldsymbol{x}$，$\boldsymbol{y} \in W_1$，W_1 是子空间，所以 $a\boldsymbol{x} + b\boldsymbol{y} \in W_1$。同样，也可以说 $a\boldsymbol{x} + b\boldsymbol{y} \in W_2$。因此，$a\boldsymbol{x} + b\boldsymbol{y} \in W_1 \cap W_2$，$W_1 \cap W_2$ 是子空间。

然后设 $\{W_i \mid i \in I\}$ 是要素为 V 的子空间的非空集合[②]。定义为

$$\bigcap_{i\in I} W_i \overset{\text{def}}{=\!=\!=} \{\boldsymbol{x} \mid \text{对于任意的 } i \in I，\boldsymbol{x} \in W_i\}。$$

特别是 $I = \{1, 2, \cdots, n\}$ 时，

$$\bigcap_{i\in I} W_i = W_1 \cap W_2 \cap \cdots \cap W_n$$

这时，$\bigcap_{i\in I} W_i$ 是 V 的子空间。

问题 2.9 读者可尝试从几何学角度理解关于 $\mathbb{R}^2$ 和 $\mathbb{R}^3$ 的子空间。

问题 2.10 设 V 为 $\mathbb{K}$ 上的线性空间。证明 $S \subseteq V$，$S \subseteq W \subseteq V$ 都存在子空间 W，对集合的包含关系来说是最小的。

提示： 设 $\{W_i \mid i \in I\}$ 是整个子空间集合，该集合包括 S 子集合。$W_0 = \bigcap_{i\in I} W_1$ 是最小的子空间，如果 $W \subseteq W_0$ 且 $W \subseteq \{W_1 \mid i \in I\}$，则最小子空间是 $W = W_0$。

问题 2.11 读者可尝试证明对于 V 的子空间 W，$\complement_V W$ 绝对不是 V 的子空间。另外，对于 V 的子空间 W_1 和 W_2，$W_1 \cup W_2$ 和 $W_1 \backslash W_2$ 是否是子空间。

---

① 第 3 章介绍了线性空间在维度和基方面的表现。

② 如果很难理解一个元素为子空间的集合，$V = \mathbb{R}^2$ 或 $\mathbb{R}^3$，那么可以想象一个元素为通过原点的一些直线或平面的集合。

➤ 2.3 线性映射

设 V 和 W 为 $\mathbb{K}$ 上的线性空间。当 f 是 V 上的向量和、标量倍数、零向量、反向量这种线性结构全部反映在 W 时[①]，即在以下条件成立时，映射 $f:V\to W$ 是线性映射。

（1）对于任意 $\boldsymbol{x}$，$\boldsymbol{y}\in V$，$\boldsymbol{f}(\boldsymbol{x}+\boldsymbol{y})=\boldsymbol{f}(\boldsymbol{x})+\boldsymbol{f}(\boldsymbol{y})$。

（2）对于任意 $a\in\mathbb{K}$ 和 $\boldsymbol{x}\in V$，$\boldsymbol{f}(a\boldsymbol{x})=a\boldsymbol{f}(\boldsymbol{x})$。

（3）$\boldsymbol{f}(\boldsymbol{0}_V)=\boldsymbol{0}_W$。

（4）对于任意 $\boldsymbol{x}\in V$，$\boldsymbol{f}(-\boldsymbol{x})=-\boldsymbol{f}(\boldsymbol{x})$。

其中，$\boldsymbol{0}_V$ 代表 V 的零向量；$\boldsymbol{0}_W$ 代表 W 的零向量。根据条件（1）$\boldsymbol{f}$ 保存向量和（图 2.6）。根据条件（2）$\boldsymbol{f}$ 保存标量倍数。条件（3）为 $a=0$，是由条件（2）推导出来的。条件（4）为 $a=-1$，也由条件（2）推导出来。如问题 2.12 所示，上述所有条件可以合并为一个条件。

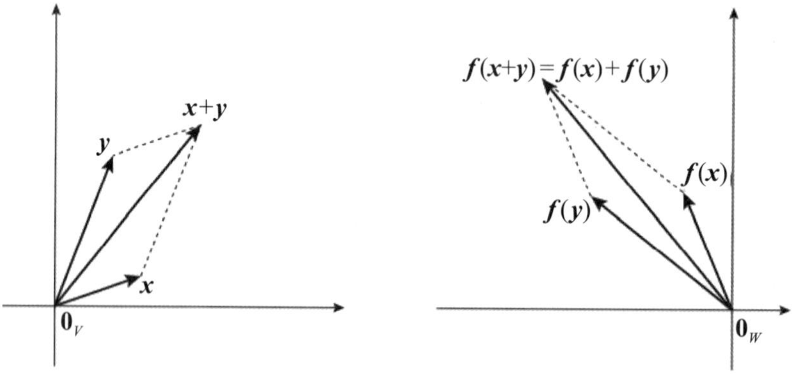

图 2.6 保存向量和

问题 2.12 证明条件（1）和条件（2）等同于以下内容。

① 即保留了线性结构。

对于任意 a，$b\in\mathbb{K}$ 和任意 $\boldsymbol{x}$，$\boldsymbol{y}\in V$，有 $\boldsymbol{f}(a\boldsymbol{x}+b\boldsymbol{y})=a\boldsymbol{f}(\boldsymbol{x})+b\boldsymbol{f}(\boldsymbol{y})$

另外，证明线性映射 $\boldsymbol{f}$ 对于任意 a_1，a_2，…，$a_n\in\mathbb{K}$ 和任意 $\boldsymbol{x}_1$，$\boldsymbol{x}_2$，…，$\boldsymbol{x}_n\in W$，满足

$$\boldsymbol{f}(a_1\boldsymbol{x}_1+a_2\boldsymbol{x}_2+\cdots+a_n\boldsymbol{x}_n)=a_1\boldsymbol{f}(\boldsymbol{x}_1)+a_2\boldsymbol{f}(\boldsymbol{x}_2)+\cdots+a_n\boldsymbol{f}(\boldsymbol{x}_n)$$

设 V，W 为 $\mathbb{K}$ 上的线性空间。对于线性映射 $\boldsymbol{f}$，$\boldsymbol{g}:V\to W$，$\boldsymbol{f}+\boldsymbol{g}:\boldsymbol{x}\mapsto\boldsymbol{f}(\boldsymbol{x})+\boldsymbol{g}(\boldsymbol{x})$ 称为线性映射的和。另外，对于 $a\in\mathbb{K}$ 和线性映射 $\boldsymbol{f}:V\to W$，$a\boldsymbol{f}:\boldsymbol{x}\mapsto a\boldsymbol{f}(\boldsymbol{x})$ 称为线性映射的标量倍数。

设 U，V，W 为 $\mathbb{K}$ 上的线性空间。对于线性映射 $\boldsymbol{f}:V\to W$ 和 $\boldsymbol{g}:U\to V$，合成映射 $\boldsymbol{f}\circ\boldsymbol{g}\mapsto\boldsymbol{f}(\boldsymbol{g}(x))$ 称为线性映射的合成。

线性映射的和、标量倍数和合成映射均为线性映射。线性映射的和是线性映射的事实由以下内容证实。

$$\begin{aligned}
(\boldsymbol{f}+\boldsymbol{g})(a\boldsymbol{x}+b\boldsymbol{y})&=\boldsymbol{f}(a\boldsymbol{x}+b\boldsymbol{y})+\boldsymbol{g}(a\boldsymbol{x}+b\boldsymbol{y}) && \text{（线性映射的和定义）}\\
&=a\boldsymbol{f}(\boldsymbol{x})+b\boldsymbol{f}(\boldsymbol{y})+a\boldsymbol{g}(x)+b\boldsymbol{g}(\boldsymbol{y}) && \text{（}\boldsymbol{f}\text{、}\boldsymbol{g}\text{ 是线性映射）}\\
&=a(\boldsymbol{f}(\boldsymbol{x})+\boldsymbol{g}(x))+b(\boldsymbol{f}(\boldsymbol{y})+\boldsymbol{g}(\boldsymbol{y})) && \text{（线性空间公理）}\\
&=a(\boldsymbol{f}+\boldsymbol{g})(\boldsymbol{x})+b(\boldsymbol{f}+\boldsymbol{g})(\boldsymbol{y}) && \text{（线性映射的和定义）}
\end{aligned}$$

问题 2.13 验证线性映射的标量倍数与合成映射也是线性映射。

线性映射 $\boldsymbol{f}:V\to W$ 是双射时，$\boldsymbol{f}$ 称为线性同构映射，V 和 W 称为同构。线性同构映射的逆映射 $\boldsymbol{f}^{-1}:W\to V$ 也是线性同构映射。$\boldsymbol{f}^{-1}$ 线性作为 $\boldsymbol{y}=\boldsymbol{f}(\boldsymbol{x})$，$\boldsymbol{w}=\boldsymbol{f}(\boldsymbol{u})$，可以通过

$$\begin{aligned}
\boldsymbol{f}^{-1}(a\boldsymbol{y}+b\boldsymbol{w})&=\boldsymbol{f}^{-1}(a\boldsymbol{f}(\boldsymbol{x})+b\boldsymbol{f}(\boldsymbol{v})) && \text{（根据假设）}\\
&=\boldsymbol{f}^{-1}(\boldsymbol{f}(a\boldsymbol{x}+b\boldsymbol{v})) && \text{（}\boldsymbol{f}\text{ 是线性映射）}\\
&=a\boldsymbol{x}+b\boldsymbol{v} && \text{（}\boldsymbol{f}^{-1}\text{ 是 }\boldsymbol{f}\text{ 的逆映射）}\\
&=a\boldsymbol{f}^{-1}(\boldsymbol{f}(\boldsymbol{x}))+b\boldsymbol{f}^{-1}(\boldsymbol{f}(\boldsymbol{v})) && \text{（}\boldsymbol{f}^{-1}\text{ 是 }\boldsymbol{f}\text{ 的逆映射）}\\
&=a\boldsymbol{f}^{-1}(\boldsymbol{y})+b\boldsymbol{f}^{-1}(\boldsymbol{w}) && \text{（根据假设）}
\end{aligned}$$

来表示。

假设$\boldsymbol{f}: V \to W$是$\mathbb{K}$的线性映射，$\boldsymbol{f}$值域用 range($\boldsymbol{f}$) 来表示。range($\boldsymbol{f}$) 是 W 的子空间。这是因为 range($\boldsymbol{f}$)$\subseteq W$，$\boldsymbol{f}(\mathbf{0}_V)=\mathbf{0}_W$ 使得 $\mathbf{0}_W \in$ range($\boldsymbol{f}$)，range($\boldsymbol{f}$) 是 W 的非空子集。设 a，$b \in \mathbb{K}$ 和 $\boldsymbol{y}_1$，$\boldsymbol{y}_2 \in$ range($\boldsymbol{f}$) 是任意的。$\boldsymbol{y}_1=\boldsymbol{f}(\boldsymbol{x}_1)$，$\boldsymbol{y}_2=\boldsymbol{f}(\boldsymbol{x}_2)$，存在 $\boldsymbol{y}_1$，$\boldsymbol{y}_2 \in V$。此时

$$a\boldsymbol{y}_1+b\boldsymbol{y}_2=a\boldsymbol{f}(\boldsymbol{x}_1)+b\boldsymbol{f}(\boldsymbol{x}_2)=\boldsymbol{f}(a\boldsymbol{x}_1+b\boldsymbol{x}_2)$$

因此，可以说 $a\boldsymbol{y}_1+b\boldsymbol{y}_2 \in \text{range}(\boldsymbol{f})$。

另外，定义

$$\text{kernel}(\boldsymbol{f}) \underline{\underline{\text{def}}} \{\boldsymbol{x} \mid \boldsymbol{f}(\boldsymbol{x})=\mathbf{0}_W\}$$

为$\boldsymbol{f}$的核（图 2.7）。kernel($\boldsymbol{f}$) 是$\boldsymbol{f}$对 $\{\mathbf{0}_W\}$ 的镜像，kernel($\boldsymbol{f}$) 也是 V 的子空间。这是因为 kernel($\boldsymbol{f}$)$\subseteq V$，$f(\mathbf{0}_V)=\mathbf{0}_W$ 使得 $\mathbf{0}_V \in$ kernel($\boldsymbol{f}$)，kernel($\boldsymbol{f}$) 是 V 的非空子集。设 a，$b \in \mathbb{K}$ 和 $\boldsymbol{x}_1$，$\boldsymbol{x}_2 \in$ kernel($\boldsymbol{f}$) 是任意的。因为$\boldsymbol{f}(\boldsymbol{x}_1)=\boldsymbol{f}(\boldsymbol{x}_2)=\mathbf{0}_W$，所以

$$\boldsymbol{f}(a\boldsymbol{x}_1+b\boldsymbol{x}_2)=a\boldsymbol{f}(\boldsymbol{x}_1)+b\boldsymbol{f}(\boldsymbol{x}_2)=a\mathbf{0}_W+b\mathbf{0}_W=\mathbf{0}_W$$

因此，$a\boldsymbol{x}_1+b\boldsymbol{x}_2 \in \text{kernel}(\boldsymbol{f})$。

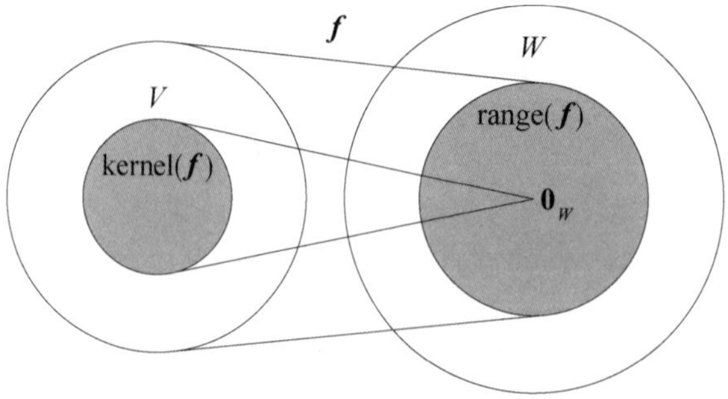

图 2.7　核和值域

对于线性映射$\boldsymbol{f}: V \to W$的值域和核，以下情况成立：

（1）$\boldsymbol{f}$是满射的 $\Leftrightarrow \mathrm{range}(\boldsymbol{f}) = W$。

（2）$\boldsymbol{f}$是单射的 $\Leftrightarrow \mathrm{kernel}(\boldsymbol{f}) = \{\mathbf{0}_V\}$。

情况（1）是满射定义的内容。下面证明情况（2）。设$\boldsymbol{f}$为单射，若 $\boldsymbol{x} \in \mathrm{kernel}(\boldsymbol{f})$，则 $\boldsymbol{f}(\boldsymbol{x}) = \mathbf{0}_W$。另外，因为$\boldsymbol{f}(\mathbf{0}_V) = \mathbf{0}_W$，$\boldsymbol{f}(\boldsymbol{x}) = \boldsymbol{f}(\mathbf{0}_V)$，$\boldsymbol{f}$是单射，所以$\boldsymbol{x} = \mathbf{0}_V$。反过来，假设 $\mathrm{kernel}(\boldsymbol{f}) = \{\mathbf{0}_V\}$。$\boldsymbol{x}$，$\boldsymbol{y} \in V$是$\boldsymbol{f}(\boldsymbol{x}) = \boldsymbol{f}(\boldsymbol{y})$时，因为

$$\boldsymbol{f}(\boldsymbol{x} - \boldsymbol{y}) = \boldsymbol{f}(\boldsymbol{x}) - \boldsymbol{f}(\boldsymbol{y}) = \mathbf{0}_W$$

根据以上假设，$\boldsymbol{x} - \boldsymbol{y} = \mathbf{0}_V$，即$\boldsymbol{x} = \boldsymbol{y}$。

问题 2.14 设 a，b，c，$d \in \mathbb{R}$ 为常数。对于$(x, y) \in \mathbb{R}^2$，有

$$\begin{cases} u = ax + by \\ v = cx + dy \end{cases}$$

对应于满足$(u, v) \in \mathbb{R}^2$的映射设为$\boldsymbol{f}$。证明$\boldsymbol{f}: \mathbb{R}^2 \to \mathbb{R}^2$是线性映射。另外，对于$(a, b, c, d) = (1, 2, 2, 3)$和$(a, b, c, d) = (1, 2, 2, 4)$的情况，求$\boldsymbol{f}$的核与值域。

问题 2.15 根据常数函数，可知一次函数和二次函数的整体 $V = \{ax^2 + bx + c \mid a, b, c \in \mathbb{R}\}$，解答以下问题。

（1）证明 V 是线性空间。

（2）证明 $W = \{ax + b \mid a, b \in \mathbb{R}\}$ 是子空间。

（3）对于$f \in V$，$D(f)$表示f的微分f'。例如，$D(1) = 0$，$D(x) = 1$，$D(x^2) = 2x$，证明$D: V \to V$是线性映射。

（4）求出 $\mathrm{range}(D)$ 和 $\mathrm{kernel}(D)$。

➢ 2.4 应用：观察声音

声音是由空气的振动产生的，它可以看作是空气压力（声压）随时间变化的函数。在线性代数中，我们使用向量来表达和理解声音。向量和是两个音符同时演奏时的声音，标量倍数用来提高或降低音量；零向量表示无声；反向量是相位相反的声音，人耳无法分辨。如果一个音与其反向量的音相加结果应该是零向量，即变为无声。该原理被应用于降噪耳机。耳机中的麦克风接收到外界的噪音后，实时生成一个相位相反（即反向量）的声音信号，并与原噪音叠加，从而达到抵消噪音的效果。使用外部库 SciPy 来处理声音。

在录音文件中找到带有 wav 扩展名的 wav 形式的文件[①]。该录音文件播放长度是几秒。请将文件名 sample.wav 的部分替换为你找到的实际使用的文件名。

程序：sound2.py。

```
1   import scipy.io.wavfile as wav
2   import numpy as np
3   import matplotlib.pyplot as plt
4
5   rate, Data = wav.read('sample.wav')
6   print(rate, Data.shape)
7   t = len(Data) / rate
8   dt = 1 / rate
9   print(t, dt)
10  x = np.arange(0, t, dt)
11  y = Data / 32768
12
13  if len(Data.shape) == 1:
14      plt.plot(x, y)
15      plt.xlim(0, t), plt.ylim(-1, 1), plt.show()
16  elif len(Data.shape) == 2:
17      fig, ax = plt.subplots(2)
18      for i in range(2):
19          ax[i].plot(x, y[:, i])
20          ax[i].set_xlim(0, t), ax[i].set_ylim(-1, 1)
21  plt.show()
```

第 1 行 声音数据中有多种文件格式，这里使用 wav 形式的文件。SciPy 库是用于数据科

① 应用程序 Audacity 可以将声音录制成 WAV 文件。适用于 Windows 和 Mac 的 Audacity 可以从 Audacity 主页下载。Raspberry Pi 可以使用 apt 命令安装，软件包名称为 audacity。

学的库，便于做信号处理和统计处理等，可以轻松处理 wav 形式的文件。

第 5 行 读取文件 sample.wav[①]。rate 是每秒读取的样本数（采样频率）;Data 是声音数据。

第 6 ~ 9 行 检查 rate 和 Data 的形状。

若显示为

22050（32768，）
1.486077097505669　4.5351473922902495e–05

则其录音的采样频率是 22050Hz，即把每秒分割成 22050 个时间间隔进行拾音。Data 是一维数组，有 31744 个音（单声道）进行排列。录音时间是 32768/22050，是大约 1.5 s 的录音数据。另外，每个采样音符的高度被记录为 16 位整数值。因此，被量化成 –32768 ～ 32768 的整数值。若显示为

44100（41472，2）
0.9404081632653061　2.2675736961451248e–05

则其录音的采样率是 44100Hz。Data 是二维数组，有 41472 个分左右两个音（立体音）进行排列。录音时间是 41472/44100，约为 0.9s。

第 10 行 x 是 0 ～ t 的 dt 间隔时间的数列，不包括 t。np.linspace（0，t，n，endpoint = False）也得到了相同数列。

第 11 行 y 将用 –32768 ～ 32768 的整数表示的声压力转换为 –1 ～ 1 的实数。

第 13 ~ 21 行 用单声道和立体音进行不同的处理。在 elif 语句前一个 if 语句不成立，elif 后面的条件句成立时，块被执行。

图 2.8 是一个波形示例。可以用 xlim 函数或 set_xlim 函数将时间轴部分放大进行观察。

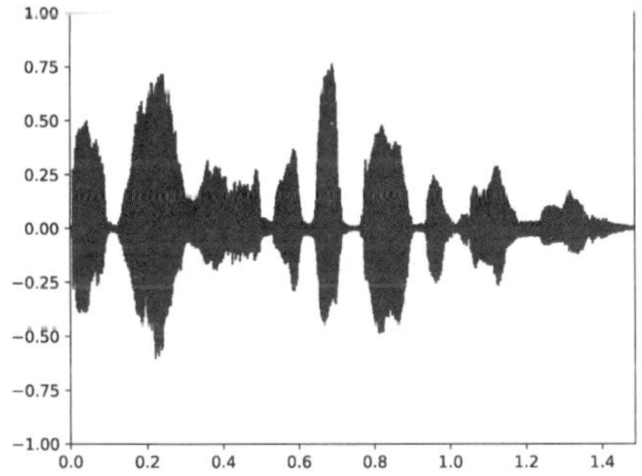

（a）单声道

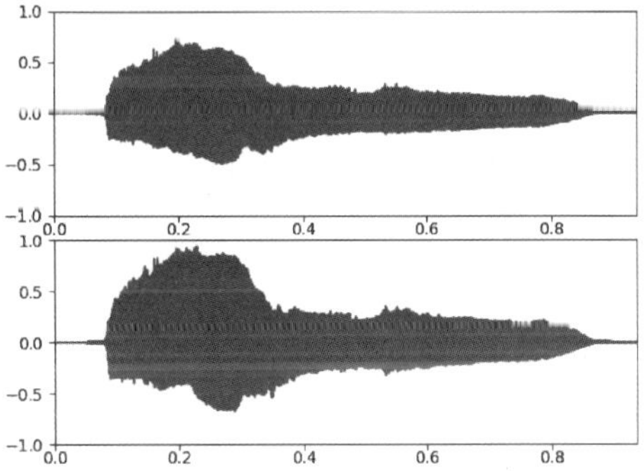

（b）立体声

图 2.8　观察声音波形（2）

① 使用自己的 wav 文件的名称。

下面的程序制作了 domiso 音符，并将其重叠做成了和弦，然后保存为长度 2s 的 wav 文件。将 do 音、mi 音、so 音、domiso 的和弦在 1 ～ 1+100*dt* 的波形绘制成图，如图 2.9 所示。

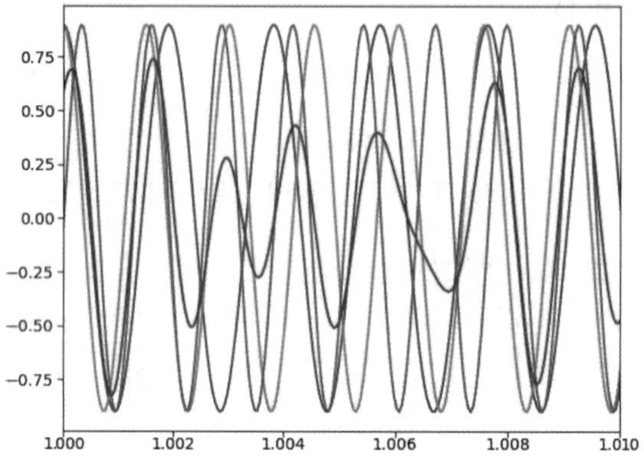

图 2.9　domiso 和弦的一部分

程序：chord.py。

```
from numpy import arange , pi , sin
import scipy . io . wavfile as wav
import matplotlib . pyplot as plt

xmax , rate = 2 , 22050
x = arange (0 , xmax , 1 / rate)


def f(hz):
    return [sin (2 * pi * hz * x) * 0.9 for n in range (-2 , 3)]


A = f (440 . 000000)
B = f (493 . 883301)
C = f (523 . 251131)
D = f (587 . 329536)
E = f (659 . 255114)
F = f (698 . 456463)
G = f (783 .990872)
CEG = ( C [2] + E [2] + G [2]) / 3
Data = ( CEG * 32768 ). astype (' int16 ')
wav . write (' CEG . wav ', rate , Data )
for y in [ C[2], E[2], G[2], CEG ]:
```

```
24         plt. plot(x,  y)
25 plt . xlim (1 ,  1.01) ,  plt. show ()
```

第 5 行 设 xmax 为声音长度（s）。rate 是采样频率。

第 6 行 x 是一个元素数组，其元素小于 xmax 的等差数列，将 0 作为第 1 项，公差为采样周期。

第 9 行、第 10 行 对于频率单位为 Hz 的音阶，将上下两个八度声源作为数组返回。为了让振幅小于 1，将结果乘以 0.9。

第 13 ~ 19 行 从 A(la) 中制作 G(so) 的声源。

第 20 行 制作和弦。为确保最大的绝对值不超过 1，将结果除以 3。

第 21 行 将 −1 ～ 1 的实数值转换为 −32768 ～ 32768 的整数值（16 位整数）。该处理称为量化。

第 22 行 保存为 wav 文件。

第 23 ~ 25 行 将 C[2]、E[2]、G[2] 音与这些和弦 1 ～ 0.01 s 的波形绘制成图（图 2.9）。

第 3 章　基和维数

本章将学习生成子空间概念以及线性独立性，它们在线性代数中发挥了重要作用。由此产生的基和维数概念是用于解析线性空间的便利工具，并随之出现了一些重要定理。

本章学习的内容都与联立方程式密切相关。在 Python 中，可以将联立方程式作为数值解，也可以作为公式解（分数保留为分数，或者可以包括字符）。若应用于某件事，则可以使用前者；若考虑数学意义，则可以使用后者。两者可以像计算器一样使用。

➢ 3.1　有限维数线性空间

设 V 是 $\mathbb{K}$ 上的线性空间。对于 $\boldsymbol{a}_1$，$\boldsymbol{a}_2$，⋯，$\boldsymbol{a}_n \in V$，任意 x_1，x_2，⋯，$x_n \in \mathbb{K}$ 的表示

$$x_1\boldsymbol{a}_1 + x_2\boldsymbol{a}_2 + \cdots + x_n\boldsymbol{a}_n$$

称为 $\boldsymbol{a}_1$，$\boldsymbol{a}_2$，⋯，$\boldsymbol{a}_n$ 的线性组合。设 $\boldsymbol{a}_1$，$\boldsymbol{a}_2$，⋯，$\boldsymbol{a}_n$ 的线性组合的整个集合为 W。W 是 $\{\boldsymbol{a}_1, \boldsymbol{a}_2, \cdots, \boldsymbol{a}_n\}$ 作为子集包含的最小子空间。可以通过以下内容证明。

$$\boldsymbol{a}_i = 0\boldsymbol{a}_1 + \cdots + 1\boldsymbol{a}_i + \cdots + 0\boldsymbol{a}_n \in W \quad (i = 1, 2, \cdots, n)$$

由于各 $\boldsymbol{a}_i$ 可以通过 $\boldsymbol{a}_1, \boldsymbol{a}_2, \cdots, \boldsymbol{a}_n$ 的线性组合来表示，因此 W 包括 $\{\boldsymbol{a}_1, \boldsymbol{a}_2, \cdots, \boldsymbol{a}_n\}$。$\alpha$，$\beta \in \mathbb{K}$ 是任意的。

$$\begin{aligned}&\alpha(x_1\boldsymbol{a}_1 + x_2\boldsymbol{a}_2 + \cdots + x_n\boldsymbol{a}_n) + \beta(y_1\boldsymbol{a}_1 + y_2\boldsymbol{a}_2 + \cdots + y_n\boldsymbol{a}_n)\\&= (\alpha x_1 + \beta y_1)\boldsymbol{a}_1 + (\alpha x_2 + \beta y_2)\boldsymbol{a}_2 + \cdots + (\alpha x_n + \beta y_n)\boldsymbol{a}_n \in W\end{aligned}$$

因此可以说 W 是 V 的子空间。思考 $\{\boldsymbol{a}_1, \boldsymbol{a}_2, \cdots, \boldsymbol{a}_n\} \subseteq W'$ 的 V 的任意子空间 W'。W' 是子空间，因此可以说对于任意 x_1，x_2，⋯，$x_n \in \mathbb{K}$，$W \subseteq W'$ 是 $x_1\boldsymbol{a}_1 + x_2\boldsymbol{a}_2 + \cdots + x_n\boldsymbol{a}_n \in W'$。因此，可以说 W 在子集的包含关系中是最小的。

W 称为 $\{\boldsymbol{a}_1, \boldsymbol{a}_2, \cdots, \boldsymbol{a}_n\}$ 生成（或张开）的子空间，用

$$\langle \boldsymbol{a}_1, \boldsymbol{a}_2, \cdots, \boldsymbol{a}_n \rangle$$

表示。

V 由有限个向量生成时，V 称为有限维数线性空间。本书处理的线性空间基本是有限维数线性空间。在有限维数线性空间 V 中，找到生成 V 的 $\{\boldsymbol{a}_1, \boldsymbol{a}_2, \cdots, \boldsymbol{a}_n\}$ 并尽量寻找 n 很重要。找到 n（称为维数）时，线性空间 V 中的与线性代数相关的所有计算都可以转换为 $\mathbb{K}^n$ 的计算。

下面分析在三维空间中从两个向量中生成的子空间，并随机创建这两个向量的 1000 个线性组合。

程序：linconbi.py。

```
1  from vpython import vec, arrow, color, points
2  from numpy.random import normal
3
4  x = vec(*normal(0, 1, 3))
5  arrow(pos=vec(0, 0, 0), axis=x, color=color.red)
6  y = vec(*normal(0, 1, 3))
7  arrow(pos=vec(0, 0, 0), axis=y, color=color.red)
8  W = [a * x + b * y for (a, b) in normal(0, 1, (1000, 2))]
9  points(pos=W, radius=2)
```

第 2 行 使用 normal 从 NumPy 中生成随机数，这些随机数遵循定义了各种随机数的 random 模块[①]中定义的正态分布。

第 4 ~ 7 行 使用 normal(0，1，3) 生成一个数组，其中每个元素都是独立的，并且遵循标准正态分布（平均值是 0，标准偏差是 1）。vec 函数需要 3 个参数，当 p 是长度为 3 的列表（或者元组、数组）时，若以 vec(*p) 的形式调用，则 p 的 3 个元素被分解，vec 函数传递给 3 个参数。这样，三维空间的向量随机生成 x 及 y，这些向量用箭头绘制出来。

第 8 行 根据二维标准正态分布，创建 1000 个 (a，b)，并创建线性组合 $a*x+b*y$。虽然 normal(0，1，(1000，2)) 是一个表示 1000 行、2 列的矩阵，但在这里被视为一个长度为

① 在 Python 中，库和模块意思几乎相同，没有明显的区别，但一个模块往往是一个相对较小的库，或者是一个库的一个子集。

1000 的数组，元素长度为 2，这与集合的内涵标记相同，创建一个线性组合的列表，用列表内涵进行标记。

第 9 行 这些向量是用点绘制的（图 3.1）。如果用鼠标改变角度，会发现 1000 个点都位于一个平面上，X 和 Y 的向量也位于这个平面上。

图 3.1 在三维空间中两个的向量的线性组合

设 $\vec{p}=(1,2)$。在二维坐标平面 $\mathbb{R}^2$ 上，$\vec{p}$ 的标量倍数 $x\vec{p}=(x,2x)$ 都位于直线 $l:y=2x$ 上。因此，$\langle\vec{p}\rangle$ 变成该直线 l。还有一个点 $\vec{q}=(2,3)$，不在直线 l 上。因为假设 $(x,y)\in\mathbb{R}^2$ 用 $\vec{p}$ 和 $\vec{q}$ 的线性组合来表示，则

$$\begin{bmatrix}x\\y\end{bmatrix}=a\begin{bmatrix}1\\2\end{bmatrix}+b\begin{bmatrix}2\\3\end{bmatrix}$$

得到联立方程式

$$\begin{cases}x=a+2b\\y=2a+3b\end{cases}$$

对 a，b 进行求解，可得

$$\begin{cases}a=-3x+2y\\b=2x-y\end{cases}$$

对于任意 $(x,y)\in\mathbb{R}^2$，若这样确定 a、b，则必须用 $\vec{p}$ 和 $\vec{q}$ 的线性组合来表示，因此 $\langle\vec{p},\vec{q}\rangle$ 变为 $\mathbb{R}^2$。在 SymPy 中解这个联立方程式。

程序：eqn1.py。

```
1 from sympy import solve
2 from sympy.abc import a, b, x, y
3
4 ans = solve([a + 2*b - x, 2*a + 3*b - y], [a, b])
```

第 2 行 导入常数和未知数中使用的符号。

第 4 行 在 solve 函数中，对于想求解的联立方程式，将公式分别转化为等于 0 的公式，并以列表形式排列左边。在第 2 个列表中将显示未知数的内容。

运行结果：

```
>>> ans
{b: 2*x - y, a: -3*x + 2*y}
>>> ans[a]
-3*x + 2*y
>>> ans[b] 2*x - y
```

联立方程式的解 ans 是一个以未知数为键的字典。

设 $\vec{p}=(1,2,3)$。在三维坐标平面 $\mathbb{R}^3$ 上，$\vec{p}$ 的标量倍数 $x\vec{p}=(x,2x,3x)$ 是经过原点和 $\vec{p}$ 的直线（设为 l），$\langle\vec{p}\rangle$ 是直线 l。还有一个点 $\vec{q}=(2,3,4)$ 不在直线 l 上。用 $\vec{p}$ 和 $\vec{q}$ 的标量倍数来表示，则因为假设［$(x,y,z)\in\mathbb{R}^3$］

$$\begin{bmatrix}x\\y\\z\end{bmatrix}=a\begin{bmatrix}1\\2\\3\end{bmatrix}+b\begin{bmatrix}2\\3\\4\end{bmatrix}$$

因此必须满足联立方程式

$$\begin{cases}x=a+2b\\y=2a+3b\\z=3a+4b\end{cases}$$

消去 a，可从以下联立方程式

$$\begin{cases}2x-y=b\\3x-z=2b\end{cases}$$

得出 $2(2x-y)=3x-z$，即

$$x-2y+z=0 \tag{3.1}$$

的关系式。式（3.1）是通过原点的平面 $C: x-2y+z=0$ 的方程式，这个平面是 $\langle \vec{p}, \vec{q} \rangle$。下面在 SymPy 中求解。

程序：eqn2.py。

```
1  from sympy import solve
2  from sympy.abc import a, b, x, y, z
3
4  ans = solve([a + 2*b - x, 2*a + 3*b - y, 3*a + 4*b - z], [a, b])
```

运行结果：

```
>>> ans
[]
```

在以上代码中，对于任意 x，y，z 无解。将 x 加入变量中，将第 4 行中的 $[a, b]$ 部分改为 $[a, b, x]$，再执行一次。结果如下：

```
>>> ans
{x: 2*y - z, b: 3*y - 2*z, a: -4*y + 3*z}
```

这表示

$$\begin{cases} x=2y-z \\ b=3y-2z \\ a=-4y+3z \end{cases}$$

第 1 个方程式是平面 C 的方程式。

设 $\vec{r}=(3,4,5)$，由于满足 $3=2\times4-5$ 和平面 C 的方程式，所以 $\vec{r}$ 在平面 C 上。因此，$\langle \vec{p}, \vec{q}, \vec{r} \rangle = \langle \vec{p}, \vec{q} \rangle$。

设 $\vec{r}=(3,1,2)$。因为 $3\neq2\times1-2$，所以这个 $\vec{r}$ 不在平面 C 上。由

$$\begin{bmatrix} x \\ y \\ z \end{bmatrix} = a\begin{bmatrix} 1 \\ 2 \\ 3 \end{bmatrix} + b\begin{bmatrix} 2 \\ 3 \\ 4 \end{bmatrix} + c\begin{bmatrix} 3 \\ 1 \\ 2 \end{bmatrix}$$

$$\begin{cases} x = a + 2b + 3c \\ y = 2a + 3b + c \\ z = 3a + 4b + 2c \end{cases}$$

得出

$$\begin{cases} a = -\frac{2}{3}x - \frac{8}{3}y + \frac{7}{3}z \\ b = \frac{1}{3}x + \frac{7}{3}y - \frac{5}{3}z \\ c = \frac{1}{3}x - \frac{2}{3}y + \frac{1}{3}z \end{cases}$$

如果这样确定 a，b，c，由于可以写成 $\vec{p}$，$\vec{q}$，$\vec{r}$ 的线性组合，因此任意 $(x, y, z) \in \mathbb{R}^3$ 都是 $\langle \vec{p}, \vec{q}, \vec{r} \rangle = \mathbb{R}^3$。在 SymPy 中解联立方程式。

程序：eqn3.py。

```
from sympy import solve
from sympy.abc import a, b, c, x, y, z

ans = solve([a + 2*b + 3*c - x, 2*a + 3*b + c - y,
             3*a + 4*b + 2*c - z], [a, b, c])
```

运行结果：

```
>>> M = [ans[key] for key in [a, b, c]]
>>> M
[-2*x/3 - 8*y/3 + 7*z/3, x/3 + 7*y/3 - 5*z/3, x/3 - 2*y/3 + z/3]
>>> N = [m.subs([[x, 2], [y, 3], [z, 5]]) for m in M]
>>> N
[7/3, 2/3, 1/3]
>>> [n.evalf(2) for n in N]
[2.3, -0.67, 0.33]
```

运行结果解释如下。

第 1 ~ 3 行 a，b，c 的解是 x，y，z 公式。

第 4 ~ 6 行 代入 $x=2$，$y=3$，$z=5$ 求解。解是分数。

第 7 行、第 8 行 分数用小数来表示。用 evalf 函数的参数指定有效位数。

问题 3.1 将下述各 $\vec{x}$ 用 A 的向量的线性组合来表示。另外，用 SymPy 求解并验证计算是否正确。然后，（1）用 Matplotlib；（2）用 VPython 的箭头绘制 $\vec{x}$ 和 A 的向量。

（1）$\vec{x}=(17,-10)$，$A=\{(5,-4),(4,-5)\}$。

（2）$\vec{x}=(-16,1,10)$，$A=\{(1,0,0),(1,1,0),(1,1,1)\}$。

➢ 3.2 线性独立和线性回归

设 $\{\boldsymbol{a}_1,\boldsymbol{a}_2,\cdots,\boldsymbol{a}_n\}\subseteq V$。这种情况下，可以将

$$0\boldsymbol{a}_1+0\boldsymbol{a}_2+\cdots+0\boldsymbol{a}_n=\boldsymbol{0}$$

变为

$$x_1\boldsymbol{a}_1+x_2\boldsymbol{a}_2+\cdots+x_n\boldsymbol{a}_n=\boldsymbol{0}$$

只有 $x_1=x_2=\cdots=x_n=0$ 时，$\{\boldsymbol{a}_1,\boldsymbol{a}_2,\cdots,\boldsymbol{a}_n\}$ 是线性独立的。例如，设 $\boldsymbol{a}\neq\boldsymbol{0}$，$\{\boldsymbol{a}\}$ 是线性独立[①]的，则 $\{2\boldsymbol{a},3\boldsymbol{a}\}$ 不是线性独立的。由于

$$3\times2\boldsymbol{a}+(-2)\times3\boldsymbol{a}=\boldsymbol{0}$$

所以变为 $x_1\times2\boldsymbol{a}+x_2\times3\boldsymbol{a}=\boldsymbol{0}$，但不一定只是 $x_1=x_2=0$。

当 $\{\boldsymbol{a}_1,\boldsymbol{a}_2,\cdots,\boldsymbol{a}_n\}$ 不是线性独立的时，$\{\boldsymbol{a}_1,\boldsymbol{a}_2,\cdots,\boldsymbol{a}_n\}$ 称为线性回归。

① 第 2 章证明 $a\neq0$ 时 $xa=0\Rightarrow x=0$。

下面验证 $\{(1,2),(2,3)\} \subseteq \mathbb{R}^2$ 是不是线性独立的。设

$$x\begin{bmatrix}1\\2\end{bmatrix}+y\begin{bmatrix}2\\3\end{bmatrix}=\begin{bmatrix}0\\0\end{bmatrix}$$

此时，联立方程式为

$$\begin{cases}x+2y=0\\2x+3y=0\end{cases}$$

可以解为 $x=y=0$，且没有其他解，$\{(1,2),(2,3)\}$ 是线性独立的。

程序：eqn4.py。

```
from sympy import solve
from sympy.abc import x, y

ans = solve([x + 2*y, 2*x + 3*y], [x, y])
print(ans)
```

运行结果：

```
{x: 0, y: 0}
```

$\{(1,2),(2,4)\} \subseteq \mathbb{R}^2$ 是怎么回事呢？这归结为联立方程式

$$\begin{cases}x+2y=0\\2x+4y=0\end{cases}$$

该联立方程式除了 $x=y=0$ 之外，还有 $x=2$，$y=-1$ 等解。因此，$\{(1,2),(2,4)\}$ 是线性回归。

程序：eqn5.py。

```
from sympy import solve
from sympy.abc import x, y

ans = solve([x + 2*y, 2*x + 4*y], [x, y])
print( ans ))
```

运行结果：

```
{ x: -2 * y}
```

这说明解是 $x=-2/y$。y 是任意的。

在下述程序中，在二维平面上画三个向量 $\vec{a}=(1,2)$、$\vec{b}=(2,3)$、$\vec{c}=(2,4)$［图 3.2（a）］。向量 $\vec{a}$ 和 $\vec{c}$ 位于通过原点的同一直线上，$\vec{b}$ 指向不同的方向。

程序：arrow2d.py。

```
import matplotlib . pyplot as plt

o, a, b, c = (0 , 0), (1 , 2), (2 , 3), (2 , 4)
arrows = [[ o, a, 'r', 0.1] , [o, b, 'g', 0.05] , [o, c, 'b', 0 .05 ]]
for p, v, c, w in arrows :
    plt. quiver( p[0], p[1], v[0], v[1], units = ' xy ',
                scale = 1 , color = c, width = w)
plt. axis (' scaled '), plt. xlim (0 , 5), plt. ylim (0 , 5), plt. show ())
```

$A=\{(1,2,3),(2,3,4),(3,4,5)\}$ 和 $B=\{(1,2,3),(2,3,1),(3,1,2)\}$ 是怎么回事呢？A 的线性独立性可归结为解联立方程式

$$\begin{cases} x+2y+3z=0 \\ 2x+3y+4z=0 \\ 3x+4y+5z=0 \end{cases} \tag{3.2}$$

B 的线性独立性可归结为解联立方程式

$$\begin{cases} x+2y+3z=0 \\ 2x+3y+z=0 \\ 3x+y+2z=0 \end{cases} \tag{3.3}$$

问题 3.2 读者可手动解式（3.2）和式（3.3），并判断 A 和 B 的线性独立性。

下面在计算机上求解。

程序：eqn6.py。

```
from sympy import solve
```

```
from sympy . abc  import  x,  y,  z

ans1  =  solve ([ x  +  2 * y  +  3 * z,  2 * x  +  3 * y  +  4 * z,  3 * x  +  4 * y  +  5 * z],
                [x, y, z])
print  ( ans1 )

ans2  =  solve ([ x  +  2 * y  +  3 * z,  2 * x  +  3 * y  +  z,  3 * x  +  y  +  2 * z],
                [x, y, z])
print( ans2 )
```

运行结果:

```
{ x: z, y: -2 * z}
{ x: 0 , z: 0 , y: 0}
```

式（3.2）中的 z 是任意的，$x=z$，$y=-2z$ 是解。实际上，举例来说，若 $z=1$，则 $x=1$，$y=-2$，是式（3.2）的一个解。因此 A 是线性回归，因为解不限于 $x=y=z=0$。式（3.3）只有一个解，即 $x=y=z=0$，因此 B 是线性独立的。

在下述程序中，绘制三维空间的 4 个向量 (1，2，3)、(2，3，4)、(3，4，5) 以及 (3，1，2)［图 3.2（b）］。虽然前三个向量处于相同平面上，但最后一个向量不在同一平面上。

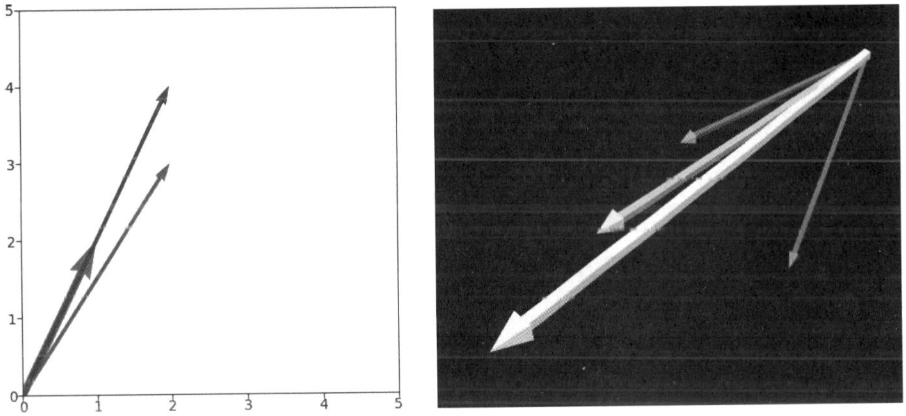

（a）arrow2d.py　　（b）arrow3d.py

图 3.2　向量的二维图和三维图

程序 : arrow3d.py。

```
from  vpython  import  vec ,  arrow ,  mag
```

```
o = vec (0 , 0 , 0)
for  p  in  [(1 ,  2 ,  3),  (2 ,  3 ,  4),  (3 ,  4 ,  5),  (3 ,  1 ,  2)]:
v = vec (* p)
arrow ( pos =o,  axis = v,  color = v,  shaftwidth = mag ( v)   *   0.02)
```

设 X 是线性独立的。此时，假设

$$x_1\boldsymbol{a}_1+x_2\boldsymbol{a}_2+\cdots+x_n\boldsymbol{a}_n=y_1\boldsymbol{a}_1+y_2\boldsymbol{a}_2+\cdots+y_n\boldsymbol{a}_n$$

则

$$(x_1-y_1)\boldsymbol{a}_1+(x_2-y_2)\boldsymbol{a}_2+\cdots+(x_n-y_n)\boldsymbol{a}_n=\boldsymbol{0}$$

因此，由于 X 是线性独立的，则

$$x_1-y_1=x_2-y_2=\cdots=x_n-y_n=0$$

即 $(x_1, x_2, \cdots, x_n)=(y_1, y_2, \cdots, y_n)$。也就是说，如果 X 是线性独立的，那么线性组合的系数是唯一的，除了向量排列顺序的不同。

设 X 是线性相关，那么，除了 $x_1=x_2=\cdots=x_n=0$ 之外，还存在一组不全为 0 的标量 x_1，x_2，$\cdots$，x_n，使得

$$x_1\boldsymbol{a}_1+x_2\boldsymbol{a}_2+\cdots+x_n\boldsymbol{a}_n=\boldsymbol{0}$$

因为在 x_1，x_2，$\cdots$，x_n 中，至少有一个不是 0，我们可以不失一般性地将其中不为 0 的元素设为 x_1[①]。此时，可以写为

$$\boldsymbol{a}_1=\frac{-x_2}{x_1}\boldsymbol{a}_2+\cdots+\frac{-x_n}{x_1}\boldsymbol{a}_n$$

反之，在 $\boldsymbol{a}_1$，$\boldsymbol{a}_2$，$\cdots$，$\boldsymbol{a}_n$ 中，一个可以写成其他向量的线性组合的向量，作为 $\boldsymbol{a}_1$ 不失去普遍性[②]。因为

① 线性独立和线性回归并不取决于向量的排序方式。因此，如果有必要，可以重新排列向量，使 $x_1\neq0$。

② 同样，如果有必要，可以重新排列向量。

$$\boldsymbol{a}_1 = x_2\boldsymbol{a}_2 + \cdots + x_n\boldsymbol{a}_n$$

所以变为

$$(-1)\boldsymbol{a}_1 + x_2\boldsymbol{a}_2 + \cdots + x_n\boldsymbol{a}_n = 0$$

X 是线性回归。也就是说，X 是线性回归的等同于“X 中存在可以写成其他向量的线性组合的向量”。换句话说，X 是线性独立的等同于“X 中的任何向量都不可能属于其他向量生成的子空间，除了该向量”。

➢ 3.3　基及其表示

设 $X = \{\boldsymbol{a}_1, \boldsymbol{a}_2, \cdots, \boldsymbol{a}_n\} \subseteq V$，$X$ 是线性独立的且同时生成 V 时，X 称为 V 的基。

问题 2.3 证明下述事实。

（1）若在基中加入任意一个向量，则该基不是基。

（2）若从基中移除任意一个向量，则该基不是基。

在 $\mathbb{K}^n$ 中，假设

$$\begin{aligned}\vec{e}_1 &= (1, 0, 0, \cdots, 0)\\ \vec{e}_2 &= (0, 1, 0, \cdots, 0)\\ &\vdots\\ \vec{e}_n &= (0, 0, 0, \cdots, 1)\end{aligned}$$

则 $\{\vec{e}_1, \vec{e}_2, \cdots, \vec{e}_n\}$ 是基。这个基称为 $\mathbb{K}^n$ 的标准基。

若 V 中存在基，将属于该基的向量顺序 $\boldsymbol{a}_1$，$\boldsymbol{a}_2$，$\cdots$，$\boldsymbol{a}_n$ 进行固定。对于任意 $\boldsymbol{x} \in V$，可以表示为

$$\boldsymbol{x} = x_1\boldsymbol{a}_1 + x_2\boldsymbol{a}_2 + \cdots + x_n\boldsymbol{a}_n$$

而且这个表示是唯一的。此时，这个表示称为 $\boldsymbol{x}$ 在基 X 上的展开。由该展开系数 x_1，x_2，…，x_n 形成的

$$\vec{x}=(x_1, x_2, \cdots, x_n)\in\mathbb{K}^n$$

称为 $\boldsymbol{x}$ 在 V 的基 X 上的表示。

考虑 $\boldsymbol{f}_X:\boldsymbol{x}\mapsto\vec{x}$，它将向量与表示相对应。$\boldsymbol{f}_X:V\to\mathbb{K}^n$ 是双射。假设 $\boldsymbol{f}_X(x)=\vec{x}$、$\boldsymbol{f}_X(\boldsymbol{y})=\vec{y}$，由

$$\begin{aligned}s\boldsymbol{x}+t\boldsymbol{y}&=s(x_1\boldsymbol{a}_1+x_2\boldsymbol{a}_2+\cdots+x_n\boldsymbol{a}_n)+t(y_1\boldsymbol{a}_1+y_2\boldsymbol{a}_2+\cdots+y_n\boldsymbol{a}_n)\\&=(sx_1+ty_1)\boldsymbol{a}_1+(sx_2+ty_2)\boldsymbol{a}_2+\cdots+(sx_n+ty_n)\boldsymbol{a}_n\end{aligned}$$

$$\begin{aligned}\boldsymbol{f}_X(s\boldsymbol{x}+t\boldsymbol{y})&=(sx_1+ty_1, sx_2+ty_2, \cdots, sx_n+ty_n)\\&=s\vec{x}+y\vec{y}=s\boldsymbol{f}_X(x)+t\boldsymbol{f}_X(\boldsymbol{y})\end{aligned}$$

可知 $\boldsymbol{f}$ 是线性映射。因此，$\boldsymbol{f}_X$ 是线性同构映射，V 和 $\mathbb{K}^n$ 是同构。有时 $\boldsymbol{f}_X$ 也可以称为 V 在 X 上的表示。

问题 3.3 设 $\boldsymbol{f}:V\to W$ 为线性同构映射假设。证明下述事实：

（1）若 $\{\boldsymbol{v}_1, \boldsymbol{v}_2, \cdots, \boldsymbol{v}_k\}$ 生成 V，则 $\{\boldsymbol{f}(\boldsymbol{v}_1), \boldsymbol{f}(\boldsymbol{v}_2), \cdots, \boldsymbol{f}(\boldsymbol{v}_k)\}$ 生成 W。

（2）若 $\{\boldsymbol{v}_1, \boldsymbol{v}_2, \cdots, \boldsymbol{v}_k\}$ 是线性独立的，则 $\{\boldsymbol{f}(\boldsymbol{v}_1), \boldsymbol{f}(\boldsymbol{v}_2), \cdots, \boldsymbol{f}(\boldsymbol{v}_k)\}$ 是 W，也是线性独立的。

（3）若 $\{\boldsymbol{v}_1, \boldsymbol{v}_2, \cdots, \boldsymbol{v}_k\}$ 是 V 的基，则 $\{\boldsymbol{f}(\boldsymbol{v}_1), \boldsymbol{f}(\boldsymbol{v}_2), \cdots, \boldsymbol{f}(\boldsymbol{v}_k)\}$ 是 W 的基。

在 VPython 中，在三维空间内随机取两个向量 $\vec{a}$ 和 $\vec{b}$。概率为 1，$A=\{\vec{a}, \vec{b}\}$ 是线性独立的。在第 1 章中使用 PIL 对图像进行二值化处理，并将数据保存为 xy 坐标平面的点的列表。对于其数据中的点 (x, y)，有

$$\vec{w}=x\vec{a}+y\vec{b}$$

在三维空间绘制点。

程序：lena3.py。

```
1   from vpython import canvas, vec, curve, arrow, color, points
2   from numpy import array, linspace, sin, cos, pi, random
3
4   canvas ( background = color. white ,  foreground = color. black )
5   for v in [vec (1, 0, 0), vec (0, 1, 0), vec (0, 0, 1)]:
6       curve ( pos = [-v, v], color = v)
7
8   with open (' lena . txt', 'r') as fd:
9       XY = eval( fd. read ())
10
11  random . seed (123)
12  a = vec (* random . normal (0, 1, 3))
13  arrow ( pos = vec (0, 0, 0), axis = a, shaftwidth = 0.1)
14  b = vec (* random . normal (0, 1, 3))
15  arrow ( pos = vec (0, 0, 0), axis = b, shaftwidth = 0.1)
16  P = [x * a + y * b for (x, y) in XY]
17  Q = [cos (t) * a + sin (t) * b for t in linspace (0, 2 * pi, 101)]
18  points ( pos = P, radius = 2, color = color. cyan )
19  curve ( pos = Q, color = color. magenta )
```

第 4 行 将三维空间的黑白反过来以便看到结果。

第 5 行、第 6 行 显示代表 x 轴、y 轴、z 轴的线段。

第 8 行、第 9 行 从第 1 章创建的文件 lena.txt 中读取二维平面的点 (x, y) 的列表并设为 XY。

第 11 行 给出随机数种子。如果给出相同种子（在本例中为 123），总是得到随机数相同的系列，使用随机数进行的实验结果也将相同①。

第 12 ~ 15 行 随机生成 $\vec{a}$ 和 $\vec{b}$ 两个向量，并用箭头表示。两个向量的概率是 1，是线性独立的。

第 16 行 假设 P 是将该列表中的点 (x, y) 转换为 $x\vec{a}+y\vec{b}$ 的列表。

第 17 行 Q 是点 (x, y) 在以原点为中心半径为 1 的圆周上（实际上是正 100 角形的定

① 如果不调用函数 seed，每次都会得到不同的结果，因为种子是从计算机的内部时钟中提取的。

点）移动时 $x\vec{a}+y\vec{b}$ 的列表。

第 18 行 P 中的向量用点来描绘。

第 19 行 Q 中的向量用连接点的曲线描绘。

运行结果如图 3.3 所示。读者可以改变几次随机数种子进行练习。

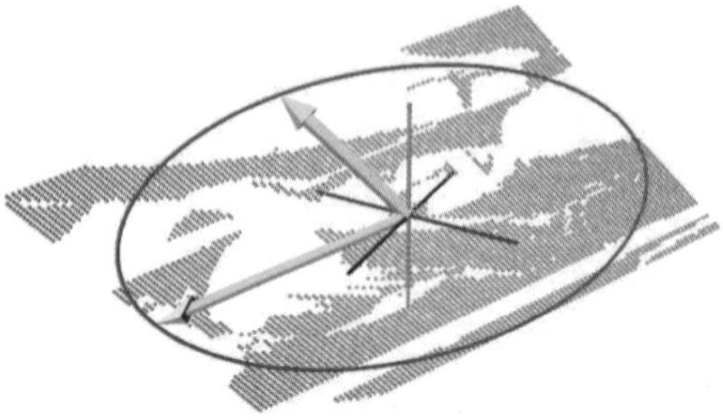

图 3.3 运行结果

问题 3.4 设 V 是以 x 为变量的最多二阶实数系数的整个多项式。读者可尝试证明

$$\{x^2+2x+3\,,\,2x^2+3x+1\,,\,3x^2+x+2\}$$

是 V 的基。另外，通过该基将 x^2-2x+1 表示为 $\mathbb{R}^3$ 向量。

➢ 3.4 维数和阶数

到目前为止，已经证明了线性空间和线性映射的各种属性。这些都可以从定义中通过简单的步骤来证明，但不能称之为定理。本节将首次出现两个定理，这是线性代数学的基本定理，也是重要的定理。

定理 3.1 如果线性空间 V 有基，其元素是 m 个向量，那么线性独立的向量集合的元素个数总是小于或等于 m。特别是属于任何基的向量个数都等于 m。

证明： 设 $A_0=\{\boldsymbol{a}_1\,,\boldsymbol{a}_2\,,\cdots,\boldsymbol{a}_m\}$ 为基，$B_0=\{\boldsymbol{b}_1\,,\boldsymbol{b}_2\,,\cdots,\boldsymbol{b}_n\}$ 是 V 的线性独立。由于 A_0 生成 V，因此可以写为

$$\boldsymbol{b}_1=x_1\boldsymbol{a}_1+x_2\boldsymbol{a}_2+\cdots+x_m\boldsymbol{a}_m \tag{3.4}$$

x_1，x_2，$\cdots$，x_m 中的一些值是非零的。如果有必要，将 $\boldsymbol{a}_1$，$\boldsymbol{a}_2$，$\cdots$，$\boldsymbol{a}_m$ 进行排序，作为 $x_1\neq 0$

不失去普遍性。从 A_0 中去掉 $\boldsymbol{a}_1$，改为添加 $\boldsymbol{b}_1$，则 $A_1=\{\boldsymbol{b}_1, \boldsymbol{a}_2, \cdots, \boldsymbol{a}_m\}$，$B_1=\{\boldsymbol{b}_2, \cdots, \boldsymbol{b}_n\}$。由于 $x_1 \neq 0$，$\boldsymbol{a}_1$ 可以用 A_1 的线性组合来表示。因此，从 A_0 生成 V 可以推出 A_1 也生成 V。设

$$y_1\boldsymbol{b}_1+y_2\boldsymbol{a}_2+\cdots+y_m\boldsymbol{a}_m=\boldsymbol{0} \tag{3.5}$$

将式（3.5）代入式（3.4），由于有

$$y_1(x_1\boldsymbol{a}_1+x_2\boldsymbol{a}_2+\cdots+x_m\boldsymbol{a}_m)+y_2\boldsymbol{a}_2+\cdots+y_m\boldsymbol{a}_m=0$$

整理后有

$$(x_1y_1)\boldsymbol{a}_1+(x_2y_1+y_2)\boldsymbol{a}_2+\cdots+(x_my_1+y_m)\boldsymbol{a}_m=0$$

由 A_0 是线性独立的，可得

$$x_1y_1=x_2y_2+y_2=\cdots=x_my_1+y_m=0$$

由于 $x_1 \neq 0$，一定是 $y_1=0$，因此也可知 $y_2=\cdots=y_m=0$。所以，A_1 是线性独立的，是 V 的基。

对于基 A_1 和线性独立集合 B_1 也做相同处理。由于 A_1 生成 V，因此可以表示为

$$\boldsymbol{b}_2=z_1\boldsymbol{b}_1+z_2\boldsymbol{a}_2+\cdots+z_m\boldsymbol{a}_m \tag{3.6}$$

不可能有 $z_2=z_3=\cdots=z_m=0$。如果有必要，将 $\boldsymbol{a}_2$，$\boldsymbol{a}_3$，⋯，$\boldsymbol{a}_m$ 进行排序，作为 $z_2 \neq 0$ 不失去普遍性。从 A_1 中将 $\boldsymbol{a}_2$ 去掉，改为添加 $\boldsymbol{b}_2$，则 $A_2=\{\boldsymbol{b}_1, \boldsymbol{b}_2, \boldsymbol{a}_3, \cdots, \boldsymbol{a}_m\}$，$B_2=\{\boldsymbol{b}_3, \cdots, \boldsymbol{b}_n\}$。由于 $z_2 \neq 0$，$\boldsymbol{a}_2$ 可以用 A_2 的线性组合来表示，因此从 A_1 生成 V，可以推出 A_2 也生成 V，将

$$u_1\boldsymbol{b}_1+u_2\boldsymbol{b}_2+u_2\boldsymbol{a}_3+\cdots+u_m\boldsymbol{a}_m=\boldsymbol{0}$$

代入式（3.6），由

$$u_1\boldsymbol{b}_1+u_2(z_1\boldsymbol{b}_1+z_2\boldsymbol{a}_2+\cdots+z_m\boldsymbol{a}_m)+u_3\boldsymbol{a}_3+\cdots+u_m\boldsymbol{a}_m=\boldsymbol{0}$$

整理有

$$(u_1+u_2z_1)\boldsymbol{b}_1+(u_2z_2)\boldsymbol{a}_2+(u_2z_3+u_3)\boldsymbol{a}_3+\cdots+(u_2z_m+u_m)\boldsymbol{a}_m=\boldsymbol{0}$$

由 A_0 是线性独立的，可得

$$u_1+u_2z_1=u_2z_2=u_2z_3+u_3=\cdots=u_2z_m+u_m=0$$

$z_2\neq 0$，一定是 $u_2=0$，因此 $u_1=u_3=\cdots=u_m=0$，可知 A_2 是线性独立的，是 V 的基。

若重复这个讨论，则依次得出 V 的基是 A_1，A_2，⋯，并以下述内容结束。

（1）$m<n$ 时：$A_m=\{\boldsymbol{b}_1,\boldsymbol{b}_2,\cdots,\boldsymbol{b}_m\}$，$B_m=\{\boldsymbol{b}_{m+1},\cdots,\boldsymbol{b}_n\}$。

（2）$m=n$ 时：$A_m=\{\boldsymbol{b}_1,\boldsymbol{b}_2,\cdots,\boldsymbol{b}_n\}$，$B_m=\{\}$。

（3）$m>n$ 时：$A_n=\{\boldsymbol{b}_1,\boldsymbol{b}_2,\cdots,\boldsymbol{b}_n,\boldsymbol{a}_{n+1},\cdots,\boldsymbol{a}_m\}$，$B_n=\{\}$。

在内容（1）中，A_m 生成 V，所以 $\boldsymbol{b}_{m+1}$ 可以写成 A_m 的线性组合，这与 B_0 是线性独立的相矛盾。内容（2）或内容（3）成立，所以 $n\leqslant m$。设 B_0 是 V 的基。在内容（3）中，$B_0\subsetneqq A_n$ 生成 V，所以 $\boldsymbol{a}_{n+1}$ 可以写为 B_0 的线性组合，这是矛盾的。因此 $m=n$。

当 V 有一个以 m 个向量为元素的基时，用 $m=\dim V$ 来表示，称为 V 的维。$\mathbb{R}^n$ 是实线性空间，是 n 维的。虽然 $\mathbb{C}^n$ 作为复线性空间是 n 维的，但其为实线性空间时，是 $2n$ 维的。

若 V 是有限维数，则 V 一定有有限个基。实际上，设 A 生成 V。若 A 不是线性独立的，则 A 中有些向量被写为其他向量的线性组合。即使把它从 A 中去掉，A 仍然生成 V。继续这个操作，当 A 是线性独立的时，可以得到基。

若 V 是有限维数，则线性独立的向量集合中包含 V 的一个基。实际上，设 $A\subseteq V$ 是线性独立的。若 A 不生成 V，则 V 中有些向量不能写为 A 的线性组合，即使将其添加到 A 中，A 仍是线性独立的。重复该操作，A 的元素个数将不会超过 V 的维。当该操作无法继续时，A 将生成 V，是 V 的基。

可以从 V 中找到由任意一个由很多线性独立的向量组成的集合时，V 称为无限维线性空间。无限维线性空间绝不会由有限个向量生成。无限维线性空间的例子是整个无限数列和整个多项式。

$A=\{\boldsymbol{a}_1, \boldsymbol{a}_2, \cdots, \boldsymbol{a}_n\}$ 生成的子空间的维数称为 A 的阶数，用 rank$A$ 表示。从前述内容可以得出以下结论。

（1）rank$A \leqslant n$。

（2）若 A 是线性独立的，则 rank$A = n$。

（3）若 A 是线性回归，则 rank$A < n$。

假设 V 是有限维数，则 dim$V = m$，可得出以下结论。

（1）rank$A \leqslant m$。

（2）若 A 生成 V，则 rank$A = m$。

（3）若 A 不生成 V，则 rank $A < m$。

特别是，当 $m = n$ 时，A 生成 V 等同于 A 是线性独立的。

利用上述事实，可以用阶数来检查给出的向量集合是否是线性独立的，是否生成 V。在后面章节中将讨论求阶数的方法，由于 NumPy 中定义了求 linalg.matrix_rank 阶数的函数，所以下面介绍使用 NumPy 进行计算的方法。

程序：rank.py。

```
1   from numpy.linalg import matrix_rank
2
3
4   def f(*x): return matrix_rank(x)
5
6
7   a, b, c = (1, 2), (2, 3), (2, 4)
8   print(f(a, b), f(b, c), f(a, c), f(a, b, c))
9   a, b, c, d = (1, 2, 3), (2, 3, 4), (3, 4, 5), (3, 4, 4)
10  print(f(a, b), f(a, b, c), f(a, b, d), f(a, b, c, d))
```

第 4 行 f 是将任意个向量作为参数的函数，将实参的排列作为列表传递给形参 x。例如，若调用 $f(a, b, c)$，则返回 $x = [a, b, c]$ 对应的 matrix_rank(x)。

第 7 行、第 8 行 给出向量以及这些向量的列表，并计算阶数。函数f的实参是向量列表。

运行结果：

```
2 2 1 2
2 2 3 3
```

对于$\vec{a}=(1,2)$、$\vec{b}=(2,3)$、$\vec{c}=(2,4)$、则$\{\vec{a},\vec{b}\}$、$\{\vec{b},\vec{c}\}$、$\{\vec{a},\vec{c}\}$及$\{\vec{a},\vec{b},\vec{c}\}$的阶数分别为 2、2、1、2。对于$\vec{a}=(1,2,3)$、$\vec{b}=(2,3,4)$、$\vec{c}=(3,4,5)$、$\vec{d}=(3,4,4)$，则$\{\vec{a},\vec{b}\}$、$\{\vec{a},\vec{b},\vec{c}\}$、$\{\vec{a},\vec{b},\vec{d}\}$、$\{\vec{a},\vec{b},\vec{c},\vec{d}\}$的阶数分别为 2、2、3、3。

在与线性映射的像和核的维数相关的下述定理和证明中，几乎包括了目前为止出现的所有线性空间相关概念，证明基本就是一条路径，不需要考虑太多问题。

定理 3.2（维数定理） $\boldsymbol{f}:V\to W$为线性映射。V是有限维数时，以下内容成立。

$$\dim V=\dim\operatorname{kernel}(\boldsymbol{f})+\dim\operatorname{range}(\boldsymbol{f})$$

证明： 设V的基为$\{\boldsymbol{v}_1,\boldsymbol{v}_2,\cdots,\boldsymbol{v}_n\}$，$\{\boldsymbol{z}_1,\boldsymbol{z}_2,\cdots,\boldsymbol{z}_k\}$为$\operatorname{kernel}(\boldsymbol{f})$的基。由于$\{\boldsymbol{f}(\boldsymbol{v}_1),\boldsymbol{f}(\boldsymbol{v}_2),\cdots,\boldsymbol{f}(\boldsymbol{v}_n)\}$生成$\operatorname{range}(\boldsymbol{f})$，因此$\operatorname{range}(\boldsymbol{f})$也是有限维数。$\{\boldsymbol{y}_1,\boldsymbol{y}_2,\cdots,\boldsymbol{y}_l\}$为$\operatorname{range}(\boldsymbol{f})$的基。若满足

$$\boldsymbol{y}_1=\boldsymbol{f}(\boldsymbol{x}_1),\ \boldsymbol{y}_2=\boldsymbol{f}(\boldsymbol{x}_2),\ \cdots,\ \boldsymbol{y}_l=\boldsymbol{f}(\boldsymbol{x}_l)$$

则存在$\{\boldsymbol{x}_1,\boldsymbol{x}_2,\cdots,\boldsymbol{x}_l\}\subseteq V$。证明$S=\{\boldsymbol{z}_1,\boldsymbol{z}_2,\cdots,\boldsymbol{z}_k,\boldsymbol{x}_1,\boldsymbol{x}_2,\cdots,\boldsymbol{x}_l\}$是$V$的基。

证明S生成V。设$\boldsymbol{v}\in V$是任意的，由于$\boldsymbol{f}(\boldsymbol{v})\in\operatorname{range}(\boldsymbol{f})$，因此从$\{\boldsymbol{y}_1,\boldsymbol{y}_2,\cdots,\boldsymbol{y}_l\}$生成$\operatorname{range}(\boldsymbol{f})$中，存在$a_1,a_2,\cdots,a_l\in\mathbb{K}$，可以写成

$$\boldsymbol{f}(\boldsymbol{v})=a_1\boldsymbol{y}_1+a_2\boldsymbol{y}_2+\cdots+a_l\boldsymbol{y}_l$$

这种情况下，由于

$$\begin{aligned}
&\boldsymbol{f}(\boldsymbol{v}-(a_1\boldsymbol{x}_1+a_2\boldsymbol{x}_2+\cdots+a_l\boldsymbol{x}_l))\\
&=\boldsymbol{f}(\boldsymbol{v})-\boldsymbol{f}(a_1\boldsymbol{x}_1+a_2\boldsymbol{x}_2+\cdots+a_l\boldsymbol{x}_l)\\
&=\boldsymbol{f}(\boldsymbol{v})-(a_1\boldsymbol{f}(\boldsymbol{x}_1)+a_2\boldsymbol{f}(\boldsymbol{x}_2)+\cdots+a_l\boldsymbol{f}(\boldsymbol{x}_2))\\
&=\boldsymbol{f}(\boldsymbol{v})-(a_1\boldsymbol{y}_1+a_2\boldsymbol{y}_2+\cdots+a_l\boldsymbol{y}_l)\\
&=\boldsymbol{0}_W
\end{aligned}$$

因此可知 $\boldsymbol{v}-(a_1\boldsymbol{x}+a_2\boldsymbol{x}_2+\cdots+a_l\boldsymbol{x}_l)\in\mathrm{kernel}(\boldsymbol{f})$。由 $\{\boldsymbol{z}_1, \boldsymbol{z}_2, \cdots, \boldsymbol{z}_k\}$ 可生成 kernel($\boldsymbol{f}$)，可知 $b_1, b_2, \cdots, b_k\in\mathbb{K}$，可以表示为

$$\boldsymbol{v}-(a_1\boldsymbol{x}_1+a_2\boldsymbol{x}_2+\cdots+a_l\boldsymbol{x}_l)=b_1\boldsymbol{z}_1+b_2\boldsymbol{z}_2+\cdots+b_k\boldsymbol{z}_k$$

因此有

$$\boldsymbol{v}=a_1\boldsymbol{x}_1+a_2\boldsymbol{x}_2+\cdots+a_l\boldsymbol{x}_l+b_1\boldsymbol{z}_1+b_2\boldsymbol{z}_2+\cdots+b_k\boldsymbol{z}_k$$

由此证明了 S 生成 V。下面证明线性独立性。设

$$a_1\boldsymbol{x}_1+a_2\boldsymbol{x}_2+\cdots+a_l\boldsymbol{x}_l+b_1\boldsymbol{z}_1+b_2\boldsymbol{z}_2+\cdots+b_k\boldsymbol{z}_k=\boldsymbol{0}_V$$

将 $\boldsymbol{f}$ 应用于两边，由于有

$$a_1\boldsymbol{y}_1+a_2\boldsymbol{y}_2+\cdots+a_l\boldsymbol{y}_l=\boldsymbol{0}_W$$

$\{\boldsymbol{y}_1, \boldsymbol{y}_2, \cdots, \boldsymbol{y}_l\}$ 的线性独立性来自 $a_1=a_2=\cdots=a_l=0$。因此，

$$b_1\boldsymbol{z}_1+b_2\boldsymbol{z}_2+\cdots+b_k\boldsymbol{z}_k=\boldsymbol{0}_V$$

由 $\{\boldsymbol{z}_1, \boldsymbol{z}_2, \cdots, \boldsymbol{z}_k\}$ 的线性独立性，可知 $b_1=b_2=\cdots=b_k=0$。

➢ 3.5 与维数相关的注意事项

n 维数组 $[\![a_{i_1 i_2 \cdots i_n}]\!]_{i_1=1}^{k_1}{}_{i_2=1}^{k_2}\cdots{}_{i_n=1}^{k_n}$ 中 n 维的意思是，将数组的元素 $a_{i_1 i_2 \cdots i_n}$ 对应于 n 维空间的点 $(i_1, i_2, \cdots, i_n)$，换句话说，就是将元素在 n 维空间中进行排列。一维数组是元素排成 1 列的数列；二维数组是元素在二维平面中横向和纵向排列的矩阵；三维数组是具有横向、纵向和高度的元素排列。

在 NumPy 中，n 维数组可以用数组来表示。在下面的例子中，A 是一维数组（三维向量）；B 是二维数组（2 行 3 列的矩阵）；C 是三维数组。B 也可以视为元素为三维向量的长度为 2 的数组，C 也可以视为元素为二维数组的长度为 2 的数组。B 也可以视为 6 维向量。同理，C 也可以视为 8 维向量。使用维数这个术语，需要注意用它来指代的对象。

程序 : dim.py。

```
from numpy import array

A = array ([1, 2, 3])
B = array ([[1, 2, 3], [4, 5, 6]])
C = array ([[[1, 2], [3, 4]], [[5, 6], [7, 8]]])
```

运行示例:

```
>>> A[0], A[1], A [2]
(1 , 2 , 3)
>>> B[0, 0], B[1, 2]
(1 , 6)
>>> C[0, 0, 0], C[1, 1, 1]
(1 , 8)
>>> B [0]
array ([1, 2, 3])
>>> C [0]
array ([[1, 2],
        [3, 4]])
```

作为多维数组的应用，可参考多维正态分布。使用程序 random2d.py 绘制了在二维平面上服从二维标准正态分布的 1000 个点，使用程序 random3d.py 绘制了在三维平面上服从三维标准正态分布的 1000 个点，如图 3.4 所示。

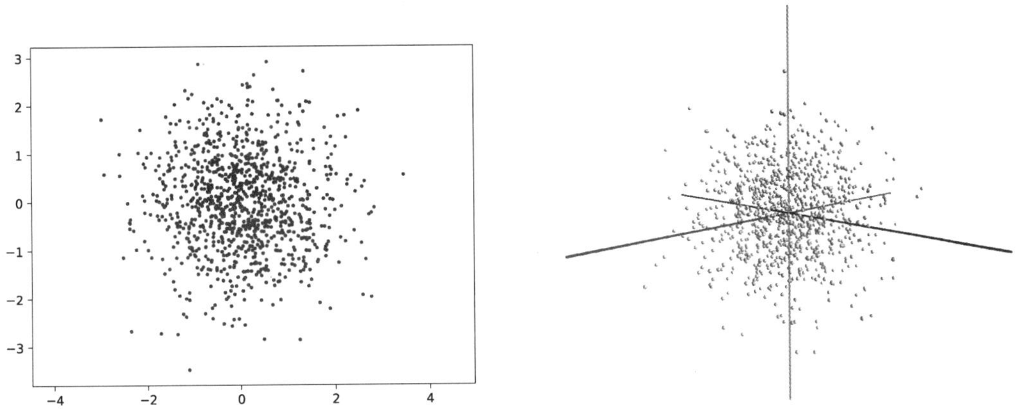

（a）二维标准正态分布　　（b）三维标准正态分布

图 3.4　二维标准正态分布以及三维标准正态分布

程序：random2d.py。

```
1  import matplotlib . pyplot as plt
2  from numpy . random import normal
3
4  P = normal (0 , 1 , (1000 , 2))
5  plt. scatter( P[:, 0], P[:, 1], s = 4)
6  plt. axis (' equal '), plt. show ()
```

第 4 行 P 是 1000 × 2 的二维数组，但可以认为是 1000 个二维向量。

第 5 行 plt.scatter 是制作二维散点图的函数。P 是 1000 行 2 列的矩阵，P[:, 0] 是取出了矩阵的第 1 列的长度是 1000 的一维数组，P[:, 1] 是取出了矩阵的第 2 列的长度是 1000 的一维数组。这是 NumPy 特有的切片[①]的使用方法。

程序：random3d.py。

```
from vpython import canvas , color , vec , curve , points
from numpy . random import normal

canvas ( background = color. white , foreground = color. black )
for v in [ vec (5 , 0 , 0), vec (0 , 5 , 0), vec (0 , 0 , 5)]:
    curve ( pos = [-v, v], color = v)
P = normal (0 , 1 , (1000 , 3))
points ( pos = [ vec (* p) for p in P], radius = 4)
```

① 对于由列表、元组、字符串和数组等下标指定了元素的类对象，将其中一部分进行切割叫作切片。

第 7 行 P 是 1000 行 3 列的矩阵，但可以认为是 1000 个 1 列的三维向量。

最后，补充一个关于无限维数的说明。设有无限数列为 $\{x_n\}_{n=1}^{\infty}$ 和 $\{y_n\}_{n=1}^{\infty}$，通过

$$\{x_n\}_{n=1}^{\infty} + \{y_n\}_{n=1}^{\infty} \underline{\underline{\text{def}}} \{x_n + y_n\}_{n=1}^{\infty}$$

及向量和

$$a\{x_n\}_{n=1}^{\infty} \underline{\underline{\text{def}}} \{ax_n\}_{n=1}^{\infty}$$

可以定义标量倍数，因此将无限数列都集合起来的集合是线性空间。在这个线性空间中，可得

$$\begin{matrix} 1, & 0, & 0, & \cdots, & 0, & \cdots \\ 0, & 1, & 0, & \cdots, & 0, & \cdots \\ 0, & 0, & 1, & \cdots, & 0, & \cdots \\ \vdots & \vdots & \vdots & \ddots & \vdots & \\ 0, & 0, & 0, & \cdots, & 1, & \cdots \\ \vdots & \vdots & \vdots & \ddots & \vdots & \end{matrix}$$

取出的二维排列的无限个数（无限矩阵）的第 1 行的无限数列为 $\boldsymbol{e}_1$，取出的第 2 行的无限数列为 $\boldsymbol{e}_2$，取出的第 3 行的无限数列为 $\boldsymbol{e}_3$，$\cdots$，$\boldsymbol{e}_n$ 是无限数列。其中，只有第 n 项是 1，其他都是 0。该数列在 $\{\boldsymbol{e}_1, \boldsymbol{e}_2, \cdots, \boldsymbol{e}_{n-1}\}$ 的线性组合中无法表示。对于任意 $n \in \mathbb{N}$，$\{\boldsymbol{e}_1, \boldsymbol{e}_2, \cdots, \boldsymbol{e}_n\}$ 是线性独立的。因此，将无限数列全部集合起来的是线性空间，这是无限维线性空间。读者可能会认为，任何无限数列 $\{x_n\}_{n=1}^{\infty}$ 可以写为

$$x_1\boldsymbol{e}_1 + x_2\boldsymbol{e}_2 + x_3\boldsymbol{e}_3 + \cdots + x_n\boldsymbol{e}_n + \cdots = \sum_{n=1}^{\infty} x_n\boldsymbol{e}_n$$

但是将向量无限加在一起，还没有被定义。需要明确什么是向量的极限。

多项式的整体也是无限维线性空间。因为对于任意 $n \in \mathbb{N}$，$\{1, x, x^2, x^3, \cdots, x^n\}$ 是线性独立的。多项式的无限和有泰勒展开，在这种情况下，也不是无限次相加，而是必须作为极限来考虑。

第4章　矩阵

本章将学习线性映射的矩阵表示和自然定义的矩阵运算。线性代数的主要主题是通过很好地选择基，将给定线性映射的矩阵表示简化为尽可能简单的矩阵计算，并通过从矩阵表示找到不依赖于基数选择的线性映射的性质。

Python 介绍了 NumPy 中的矩阵计算，NumPy 实际上是数值计算的标准库。此外，本章还将讨论如何使用 SymPy 来处理矩阵的公式。针对不同的问题，应将数值计算和公式区别使用。

4.1　矩阵的操作

考虑 $\mathbb{K}$ 元素排列的二维数组 (m, n) 型矩阵

$$A=\begin{bmatrix} a_{11} & a_{12} & \cdots & a_{1n} \\ a_{21} & a_{22} & \cdots & a_{2n} \\ \vdots & \vdots & & \vdots \\ a_{m1} & a_{m2} & \cdots & a_{mn} \end{bmatrix}$$

依次取出该矩阵的列 $\boldsymbol{a}_1, \boldsymbol{a}_2, \cdots, \boldsymbol{a}_n$，表示为 $\boldsymbol{A}=\begin{bmatrix}\boldsymbol{a}_1 & \boldsymbol{a}_2 & \cdots & \boldsymbol{a}_n\end{bmatrix}$

对于相同的 (m, n) 型矩阵 $\boldsymbol{A}$ 和 $\boldsymbol{B}$，在所有 (i, j) 成分之间彼此相等时，有 $\boldsymbol{A}=\boldsymbol{B}$。

在 Python 中，NumPy 数组是矩阵计算的标准方式。示例代码如下。

```
>>> from numpy import array
>>> A = [[1 , 2 , 3], [4 , 5 , 6]]; A
[[1 , 2 , 3], [4 , 5 , 6]]
>>> A = array ( A); A
array ([[1 , 2 , 3],
        [4 , 5 , 6]])
>>> print( A)
[[1 2 3]
 [4 5 6]]
>>> A. tolist ()
[[1 , 2 , 3], [4 , 5 , 6]]
```

第 2 行 用列表来表示矩阵 $\boldsymbol{A}=\begin{bmatrix}1 & 2 & 3\\4 & 5 & 6\end{bmatrix}$。列表只表示矩阵元素的序列，需要读者自己实现以便能够计算本章之后描述的各种矩阵计算。

第 4 行 将由列表表示的矩阵转换为数组。将对象转换为类的对象称为投射，array 是投射函数之一[①]。

第 7 ~ 9 行 使用 print 函数时，会显示矩阵内容。

第 10 行、第 11 行 从数组创建列表时需要使用数组的 tolist 方法。

```
12 >>> B = A.copy(); B
13 array([[1, 2, 3],
14        [4, 5, 6]])
15 >>> A == B
16 array([[ True,  True,  True],
17        [ True,  True,  True ]])
18 >>> (A == B).all()
19 True
20 >>> B[0, 1] = 1
21 >>> (A == B).all()
22 False
```

第 12 行 复制 A 来创建具有相同内容的另一个数组 B。假设该行 B=A，那么 A 和 B 是指同一个对象，对 A 的元素的调整也将反映到 B 中，反之亦然[②]。这是由于数组是可转化的对象。

第 15 ~ 17 行 A==B 是数组之间的比较，但它返回逐个元素进行比较的布尔数组。

第 18 ~ 22 行 要判断矩阵是否相等，可以使用 all 方法。所有元素的布尔值为 True 时，返回 True。若用 any 方法代替 all 方法，即使只存在一个布尔值是 True 的元素，也返回 True。

问题 4.1 验证在第 10 行用投射函数 list(A) 将数组转换为列表时会发生什么。另外，验证将第 12 行设为 B=A 时，结果会如何变化。

① list、tuple、set、int、str 等也是投射函数。

② 就像在笔记本的同一位置上写出的单一的矩阵，或者在其他地方用笔重新写的矩阵。

在本书中为了便于阐述，$\mathbb{K}^n$ 的向量写为 $\vec{x}=(x_1, x_2, \cdots, x_n)$，或者写为 $\boldsymbol{x}=\begin{bmatrix} x_1 \\ x_2 \\ \vdots \\ x_n \end{bmatrix}$。$\boldsymbol{x}$ 是 $(n, 1)$ 型矩阵，称为列向量。对于它，可以将 $(1, n)$ 型矩阵 $\begin{bmatrix} x_1 & x_2 & \cdots & x_n \end{bmatrix}$ 称为行向量。在 NumPy 中，处理方式如下。

```
1  >>> from numpy import array
2  >>> A = array ([1 , 2 , 3]); A
3  array ([1 , 2 , 3])
4  >>> B = A. reshape ((1 , 3)); B
5  array ([[1 , 2 , 3]])
6  >>> C = B. reshape ((3 , 1)); C
7  array ([[1] ,
8         [2],
9         [3]])
10 >>> A [0] = 0; A
11 array ([0 , 2 , 3])
12 >>> B
13 array ([[0 , 2 , 3]])
14 >>> C
15 array ([[0] ,
16        [2],
17        [3]])
```

对干向量 (1，2，3)，如第 3 行所示，矩阵行向量

$$\begin{bmatrix} 1 & 2 & 3 \end{bmatrix}$$

以及列向量

$$\begin{bmatrix} 1 \\ 2 \\ 3 \end{bmatrix}$$

分别表示为第 5 行及第 7 ～ 9 行（或者表示为 array([[1]，[2]，[3]]）。这些可以通过数组的 reshape 方法互相转换。但是，需要注意的是，如第 10 ～ 17 行所示，由于在 reshape 方法中，即使被转换，对应的元素也指向同一对象，因此即使更改 A、B、C 中的任意一个，其更改也将反映在其他两项中。如果不希望反映出来，则需要做一个复制。

全部为 $\mathbb{K}$ 元素的相同型的矩阵都是 $\mathbb{K}$ 上的线性空间。定义为 (m,n) 型矩阵 $\boldsymbol{A}=\begin{bmatrix}\boldsymbol{a}_1 & \boldsymbol{a}_2 & \cdots & \boldsymbol{a}_n\end{bmatrix}$，$\boldsymbol{B}=\begin{bmatrix}\boldsymbol{b}_1 & \boldsymbol{b}_2 & \cdots & \boldsymbol{b}_n\end{bmatrix}$ 以及 $c\in\mathbb{K}$ 定义为

$$\boldsymbol{A}+\boldsymbol{B} \underset{=\!=}{\text{def}} \begin{bmatrix}\boldsymbol{a}_1+\boldsymbol{b}_1 & \boldsymbol{a}_2+\boldsymbol{b}_2 & \cdots & \boldsymbol{a}_n+\boldsymbol{b}_n\end{bmatrix}$$
$$c\boldsymbol{A} \underset{=\!=}{\text{def}} \begin{bmatrix}c\boldsymbol{a}_1 & c\boldsymbol{a}_2 & \cdots & c\boldsymbol{a}_n\end{bmatrix}$$

也就是说，向量和是相应元素之间的总和，而标量倍数是所有成分的总和乘以标量。

NumPy 中的矩阵和标量倍数可以用以下公式表示。

```
1  >>> from numpy import array, zeros
2  >>> A = array([[1, 2, 3], [4, 5, 6]])
3  >>> B = array([[1, 3, 5], [2, 4, 6]])
4  >>> A + B
5  array([[2, 5, 8]
6         [6, 9, 12]])
7  >>> 2 * A
8  array([[2, 4, 6]
9         [8, 10, 12]])
```

第 2 行、第 3 行 假设 A 和 B 为列表，则以下的计算无法顺利进行。

第 4 ~ 6 行 计算矩阵的和。

第 7 ~ 9 行 计算矩阵的标量倍数。也可以计算 $A\times 2$ 和 $A/2$ 等。在这个例子中，也可以计算 $A*B$[①]，但请注意，其结果与需要考虑的矩阵积不同。

问题 4.2 如果将下述程序输出的 LATEX[②] 的公式模式的代码进行排版，会得出矩阵的和的计算问题。请解答该问题。

程序：latex1.py。

```
from numpy.random import randint, choice
from sympy import Matrix, latex

```

① 与矩阵的和一样，它是一个分量的积。这样的积称为矩阵的 Schur 积或 Adamant 积。还有许多其他矩阵的产物。

② “准备”中介绍了如何使用 LATEX。

```
m, n = randint(2, 4, 2)
X = [-3,-2,-1,1,2,3,4,5]
A = Matrix(choice(X, (m, n)))
B = Matrix(choice(X, (m, n)))
print(f'{latex(A)} + {latex(B)} = ')
```

➢ 4.2　矩阵和线性映射

给定线性映射 $\boldsymbol{f}: V \to W$ 时，对于全部 $\boldsymbol{x} \in V$，不可能在 $\boldsymbol{y}=\boldsymbol{f}(\boldsymbol{x})$ 关系中计算出 $\boldsymbol{y} \in W$ [①]。如果能用 $\boldsymbol{x}$ 来表示 $\boldsymbol{f}(\boldsymbol{x})$，就更方便了，如 $f(\boldsymbol{x})=a\boldsymbol{x}+b$。

设 V 和 W 是有限维度线性空间，分别有基 $\{\boldsymbol{v}_1, \boldsymbol{v}_2, \cdots, \boldsymbol{v}_n\}$ 及其 $\{\boldsymbol{w}_1, \boldsymbol{w}_2, \cdots, \boldsymbol{w}_m\}$。由于 $\boldsymbol{f}(\boldsymbol{v}_1), \boldsymbol{f}(\boldsymbol{v}_2), \cdots, \boldsymbol{f}(\boldsymbol{v}_n)$ 是 W 的向量，因此通过 W 的基 $\{\boldsymbol{w}_1, \boldsymbol{w}_2, \cdots, \boldsymbol{w}_m\}$，可以表示为

$$
\begin{aligned}
\boldsymbol{f}(\boldsymbol{v}_1) &= a_{11}\boldsymbol{w}_1 + a_{21}\boldsymbol{w}_2 + \cdots + a_{m1}\boldsymbol{w}_m \\
\boldsymbol{f}(\boldsymbol{v}_2) &= a_{12}\boldsymbol{w}_1 + a_{22}\boldsymbol{w}_2 + \cdots + a_{m2}\boldsymbol{w}_m \\
&\vdots \\
\boldsymbol{f}(\boldsymbol{v}_n) &= a_{1n}\boldsymbol{w}_1 + a_{2n}\boldsymbol{w}_2 + \cdots + a_{mn}\boldsymbol{w}_m
\end{aligned}
$$

设

$$
\boldsymbol{a}_1 \overset{\text{def}}{=\!=} \begin{bmatrix} a_{11} \\ a_{21} \\ \vdots \\ a_{m1} \end{bmatrix},\quad \boldsymbol{a}_2 \overset{\text{def}}{=\!=} \begin{bmatrix} a_{12} \\ a_{22} \\ \vdots \\ a_{m2} \end{bmatrix},\quad \cdots,\quad \boldsymbol{a}_n \overset{\text{def}}{=\!=} \begin{bmatrix} a_{1n} \\ a_{2n} \\ \vdots \\ a_{mn} \end{bmatrix}
$$

此时，各 $\boldsymbol{a}_j$ 是通过 $\boldsymbol{f}(\boldsymbol{v}_j)$ 的基 $\{\boldsymbol{w}_1, \boldsymbol{w}_2, \cdots, \boldsymbol{w}_m\}$ 的表示 $(j=1, 2, \cdots, n)$。设 $\boldsymbol{x} \in V$ 是任意的，$\boldsymbol{y}=\boldsymbol{f}(x)$。此时，$\boldsymbol{x}$ 通过基 $\{\boldsymbol{v}_1, \boldsymbol{v}_2, \cdots, \boldsymbol{v}_n\}$ 的表示为 $\vec{x}=(x_1, x_2, \cdots, x_n) \in \mathbb{K}^n$，$\boldsymbol{y}$ 通过基 $\{\boldsymbol{w}_1, \boldsymbol{w}_2, \cdots, \boldsymbol{w}_m\}$ 的表示为 $\vec{y}=(y_1, y_2, \cdots, y_m) \in \mathbb{R}^m$。由于

① 即使在有限维度中，也有无限多的 V 的向量。

$$\boldsymbol{x} = x_1\boldsymbol{v}_1 + x_2\boldsymbol{v}_2 + \cdots + x_n\boldsymbol{v}_n$$

$$\boldsymbol{y} = y_1\boldsymbol{w}_1 + y_2\boldsymbol{w}_2 + \cdots + y_m\boldsymbol{w}_m$$

所以有

$$\begin{aligned} y_1\boldsymbol{w}_1 + y_2\boldsymbol{w}_2 + \cdots + y_m\boldsymbol{w}_m &= \boldsymbol{f}(x_1\boldsymbol{v}_1 + x_2\boldsymbol{v}_2 + \cdots + x_n\boldsymbol{v}_n) \\ &= x_1\boldsymbol{f}(\boldsymbol{v}_1) + x_2\boldsymbol{f}(\boldsymbol{v}_2) + \cdots + x_n\boldsymbol{f}(\boldsymbol{v}_n) \\ &= (a_{11}x_1 + a_{12}x_2 + \cdots + a_{1n}x_n)\boldsymbol{w}_1 \\ &\quad + (a_{21}x_1 + a_{22}x_2 + \cdots + a_{2n}x_n)\boldsymbol{w}_2 \\ &\quad \vdots \\ &\quad + (a_{m1}x_1 + a_{m2}x_2 + \cdots + a_{mn}x_n)\boldsymbol{w}_m \end{aligned}$$

成立。从 $\{\boldsymbol{w}_1, \boldsymbol{w}_2, \cdots, \boldsymbol{w}_m\}$ 的线性独立性可以得出

$$\begin{bmatrix} y_1 \\ y_2 \\ \vdots \\ y_n \end{bmatrix} = \begin{bmatrix} a_{11}x_1 + a_{12} + \cdots + a_{1n}x_n \\ a_{21}x_1 + a_{22} + \cdots + a_{2n}x_n \\ \vdots \\ a_{m1}x_1 + a_{m2} + \cdots + a_{mn}x_n \end{bmatrix}$$

方程式 $\boldsymbol{A} \overset{\text{def}}{=\!=} [\boldsymbol{a}_1 \quad \boldsymbol{a}_2 \quad \cdots \quad \boldsymbol{a}_n]$ 若可以写成

$$\boldsymbol{A}\vec{x} \overset{\text{def}}{=\!=} x_1\boldsymbol{a}_1 + x_2\boldsymbol{a}_2 + \cdots + x_n\boldsymbol{a}_n$$

则可以表示为 $\vec{y} = \boldsymbol{A}\vec{x}$。它叫作 $\boldsymbol{y} = \boldsymbol{f}(\boldsymbol{x})$ 的（或者线性映射 $\boldsymbol{f}$ 的）矩阵表示。将线性映射 $\boldsymbol{y} = \boldsymbol{f}(\boldsymbol{x})$ 的关系中 $\boldsymbol{x} \in V$ 以及 $\boldsymbol{y} \in W$ 分别设为 $\vec{x} \in \mathbb{K}^n$、$\vec{y} \in \mathbb{K}^m$ 时，存在 $\vec{y} = \boldsymbol{A}\vec{x}$ 的关系。

线性映射的矩阵可以概括为以下内容。给定 $\boldsymbol{x} \in V$ 时，求 $\boldsymbol{y} = \boldsymbol{f}(x)$。

（1）考虑 V、W 的基 $\{\boldsymbol{v}_1, \boldsymbol{v}_2, \cdots, \boldsymbol{v}_n\}$ 以及 $\{\boldsymbol{w}_1, \boldsymbol{w}_2, \cdots, \boldsymbol{w}_m\}$。

（2）求 $\boldsymbol{f}(\boldsymbol{v}_j)$ 通过基 $\{\boldsymbol{w}_1, \boldsymbol{w}_2, \cdots, \boldsymbol{w}_m\}$ 的表示 $\boldsymbol{a}_j$（$j = 1, 2, \cdots, n$）。

（3）将 $\boldsymbol{x} \in V$ 通过基 $\{\boldsymbol{v}_1, \boldsymbol{v}_2, \cdots, \boldsymbol{v}_n\}$ 的表示设为 $\vec{x} \in \mathbb{K}^n$。

（4）当 $\boldsymbol{A} = [\boldsymbol{a}_1 \quad \boldsymbol{a}_2 \quad \cdots \quad \boldsymbol{a}_n]$，计算 $\vec{y} = \boldsymbol{A}\vec{x}$。

（5）假设$\vec{y}=(y_1, y_2, \cdots, y_m)$，则$\boldsymbol{y}=y_1\boldsymbol{w}_1+y_2\boldsymbol{w}_2+\cdots+y_m\boldsymbol{w}_m$。

假设 $V=\mathbb{K}^n$ 和 $W=\mathbb{K}^m$，每个基都是标准基。线性映射$\boldsymbol{f}:V\to W$的矩阵表示$\boldsymbol{A}$满足任意的$\boldsymbol{x}\in V$，都有$\boldsymbol{f}(\boldsymbol{x})=\boldsymbol{Ax}$。反之，对于给定的$(m,n)$型矩阵$\boldsymbol{A}$，根据$\boldsymbol{f}(\boldsymbol{x})\overset{\text{def}}{=\!=}\boldsymbol{Ax}(\boldsymbol{x}\in V)$，定义线性映射$\boldsymbol{f}:V\to W$，并且$\boldsymbol{f}$的矩阵表示就是$\boldsymbol{A}$本身。也就是说，$(m,n)$型矩阵和从$\mathbb{K}^n$到$\mathbb{K}^m$的线性映射是一一对应的。因此，对于$(m,n)$型矩阵$\boldsymbol{A}$和矩阵$\boldsymbol{B}$，$\boldsymbol{A}=\boldsymbol{B}$的充分和必要条件是对于任意$\boldsymbol{x}\in\mathbb{K}^n$，$\boldsymbol{Ax}=\boldsymbol{Bx}$成立，即它们在线性映射的意义下相等。另外，根据

$$\begin{aligned}(a\boldsymbol{A}+b\boldsymbol{B})\boldsymbol{x}&=\begin{bmatrix}a\boldsymbol{a}_1+b\boldsymbol{b}_1 & a\boldsymbol{a}_2+b\boldsymbol{b}_2 & \cdots & a\boldsymbol{a}_n+b\boldsymbol{b}_n\end{bmatrix}\boldsymbol{x}\\&=x_1(a\boldsymbol{a}_1+b\boldsymbol{b}_1)+x_2(a\boldsymbol{a}_2+b\boldsymbol{b}_2)+\cdots+x_n(a\boldsymbol{a}_n+b\boldsymbol{b}_n)\\&=a(x_1\boldsymbol{a}_1+x_2\boldsymbol{a}_2+x_n\boldsymbol{a}_n)+b(x_1\boldsymbol{b}_1+x_2\boldsymbol{a}_2+x_n\boldsymbol{b}_n)\\&=a([\boldsymbol{a}_1\quad\boldsymbol{a}_2\quad\cdots\quad\boldsymbol{a}_n]x)+b([\boldsymbol{b}_1\quad\boldsymbol{b}_2\quad\cdots\quad\boldsymbol{b}_n]x)\\&=a(A\boldsymbol{x})+b(B\boldsymbol{x})\end{aligned}$$

可知矩阵的线性组合被视为线性映射时的线性组合。

问题 4.3 通过二维标准正态分布生成 1000 个向量，然后将这些向量乘以下面的矩阵（1）或矩阵（2）。同样，用下面的矩阵（3）或矩阵（4）对应三维标准正态分布进行实验：

$$(1)\begin{bmatrix}1&2\\2&3\end{bmatrix},\ (2)\begin{bmatrix}1&2\\2&4\end{bmatrix},\ (3)\begin{bmatrix}1&2&3\\2&3&4\\3&4&5\end{bmatrix},\ (4)\begin{bmatrix}1&2&3\\2&3&1\\3&1&2\end{bmatrix}$$

假设V和W都是由最多为 3 次的实系数多项式创建的线性空间。考虑将$\{1, x, x^2, x^3\}$作为基。多项式$a_3x^3+a_2x^2+a_1x+a_0$的表示是$(a_0, a_1, a_2, a_3)\in\mathbb{R}^4$。多项式的微分$\dfrac{\mathrm{d}}{\mathrm{d}x}$是从$V$到$W$的线性映射，该线性映射将基转移到

$$\begin{aligned}1&\mapsto 0+0x+0x^2+0x^3\\x&\mapsto 1+0x+0x^2+0x^3\\x^2&\mapsto 0+2x+0x^2+0x^3\\x^3&\mapsto 0+0x+3x^2+0x^3\end{aligned}$$

因此微分

$$b_3x^3+b_2x^2+b_1x+b_0=\frac{\mathrm{d}}{\mathrm{d}x}(a_3x^3+a_2x^2+a_1x+a_0)$$

的矩阵表示如下。

$$\begin{bmatrix} b_0 \\ b_1 \\ b_2 \\ b_3 \end{bmatrix}=\begin{bmatrix} 0 & 1 & 0 & 0 \\ 0 & 0 & 2 & 0 \\ 0 & 0 & 0 & 3 \\ 0 & 0 & 0 & 0 \end{bmatrix}\begin{bmatrix} a_0 \\ a_1 \\ a_2 \\ a_3 \end{bmatrix}$$

问题 4.4 设 V 是高达 5 次的多项式的整体，W 是高达 3 次的多项式的整体。在这种情况下，求出二阶微分 $\frac{\mathrm{d}^2}{\mathrm{d}x^2}$ 的矩阵表示。

在 NumPy 中，矩阵和向量积对应的运算应使用函数 dot 或数组的 dot 方法[1]。具体使用方法如下。

```
1 >>> from numpy import array, dot
2 >>> y = dot ([[1 , 2], [3 , 4]], [5 , 6]); y
3 array ([17 , 39])
4 >>> A = array ([[1 , 2], [3 , 4]])
5 >>> A. dot([5 , 6])
6 array ([17 , 39])
7 >>> A. dot ([[5] , [6]])
8 array ([[17] ,
9         [39]])
```

第 1 行 使用数组的 dot 方法时，不需要导入 dot 函数，一般来说，导入一个类的名称时，可以使用该类的方法。

第 2 行、第 3 行 用 dot 函数计算矩阵 $\begin{bmatrix} 1 & 2 \\ 3 & 4 \end{bmatrix}$ 和向量（5，6）的积。实参可以是数组或列表。返回值是用数组表示的向量（17，39）。

---

① dot 函数的使用形式为 dot(A，B)，而 dot 方法的使用形式为 A.dot(B)。

第 4 行、第 6 行 将 A 投射到数组，用 dot 方法做同样的计算。

第 7 ~ 9 行 用 dot 方法计算矩阵和列向量的积。返回值是由数组表示的列向量 $\begin{bmatrix} 17 \\ 39 \end{bmatrix}$。使用 dot 函数也是如此。

设 $\boldsymbol{f}$ 是 $\mathbb{R}^2$ 以原点为中心逆时针旋转的映射，$\boldsymbol{f}$ 是线性映射。将该线性映射的矩阵表示用上述步骤求出。$\mathbb{R}^2$ 的向量从开始被表示为列向量。过程如下。

（1）$\mathbb{R}^2$ 的基是标准基。

（2）$\boldsymbol{f}\left(\begin{bmatrix} 1 \\ 0 \end{bmatrix}\right)=\begin{bmatrix} \cos\theta \\ \sin\theta \end{bmatrix}$，$\boldsymbol{f}\left(\begin{bmatrix} 0 \\ 1 \end{bmatrix}\right)=\begin{bmatrix} -\sin\theta \\ \cos\theta \end{bmatrix}$。

（3）设 $\boldsymbol{x}=\begin{bmatrix} x \\ y \end{bmatrix}$。

（4）用 $\boldsymbol{A}=\begin{bmatrix} \cos\theta & -\sin\theta \\ \sin\theta & \cos\theta \end{bmatrix}$ 计算 $\boldsymbol{y}=\boldsymbol{A}\boldsymbol{x}$。

（5）$\boldsymbol{y}=\begin{bmatrix} x\cos\theta-y\sin\theta \\ x\sin\theta+y\cos\theta \end{bmatrix}$。

因此，可以看到，点 (x, y) 通过旋转被转移到点 $(x\cos\theta-y\sin\theta, x\sin\theta+y\cos\theta)$。

程序：lena4.py。

```
from numpy import array, pi, sin, cos
import matplotlib.pyplot as plt

t = pi / 4
A = array([[cos(t), -sin(t)], [sin(t), cos(t)]])

with open('lena.txt', 'r') as fd:
    P = eval(fd.read())

```

```
10 Q = [A.dot(p) for p in P]
11 x, y = zip(*Q)
12 plt.scatter(x, y, s = 1)
13 plt.axis('equal'), plt.show()
```

第 5 行 将数组 A 设置为以原点为中心逆时针旋转角度为 t 的旋转矩阵。

第 7 行、第 8 行 读取由二维向量表示的点的列表，设为 P。

第 10 行 设让 P 点旋转的列表为 Q。

第 11 行、第 12 行 将 Q 点绘制到坐标平面上。

第 13 行 lena4.py 的运行结果如图 4.1 所示。

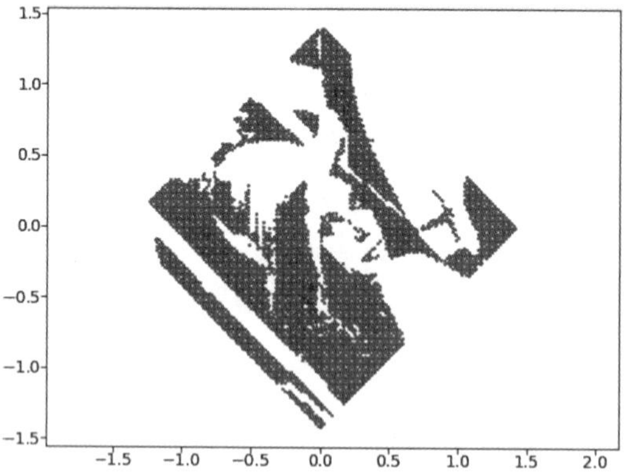

图 4.1　lena4.py 的运行结果

问题 4.5 求出以下线性映射的矩阵表示。

（1）$\mathbb{K}^2$ 到 $\mathbb{K}^2$ 的线性映射 $(x, y) \mapsto (y, x)$。

（2）$\mathbb{K}^2$ 到 $\mathbb{K}^3$ 的线性映射 $(x, y) \mapsto (x+y, x, y)$。

（3）$\mathbb{K}^3$ 到 $\mathbb{K}^2$ 的线性映射 $(x, y, z) \mapsto (x+y, y+z)$。

➢ 4.3　线性映射的合成和矩阵乘积

设 (l, m) 型矩阵 $\boldsymbol{A}$ 和 (m, n) 型矩阵 $\boldsymbol{B}$ 分别为

$$\boldsymbol{A} = \begin{bmatrix} \boldsymbol{a}_1 & \boldsymbol{a}_2 & \cdots & \boldsymbol{a}_m \end{bmatrix},\quad \boldsymbol{B} = \begin{bmatrix} \boldsymbol{b}_1 & \boldsymbol{b}_2 & \cdots & \boldsymbol{b}_n \end{bmatrix}$$

设 $\boldsymbol{x}\in\mathbb{K}^n$，将 $\boldsymbol{x}$ 移动到 $\boldsymbol{Bx}=\boldsymbol{y}\in\mathbb{K}^m$，进一步将 $\boldsymbol{y}$ 移动到 $\boldsymbol{Ay}=\boldsymbol{z}\in\mathbb{K}^l$。对于线性映射 $\boldsymbol{g}:\boldsymbol{x}\mapsto\boldsymbol{y}$ 和线性映射 $\boldsymbol{f}:\boldsymbol{y}\mapsto\boldsymbol{z}$，其合成映射 $\boldsymbol{f}\circ\boldsymbol{g}:\boldsymbol{x}\mapsto\boldsymbol{z}$ 的矩阵表示为

$$
\begin{aligned}
\boldsymbol{z}=\boldsymbol{Ay}&=\boldsymbol{A}(\boldsymbol{Bx})\\
&=\boldsymbol{A}(x_1\boldsymbol{b}_1+x_2\boldsymbol{b}_2+\cdots+x_n\boldsymbol{b}_n)\\
&=x_1\boldsymbol{Ab}_1+x_2\boldsymbol{Ab}_2+\cdots+x_n\boldsymbol{Ab}_n\\
&=\begin{bmatrix}\boldsymbol{Ab}_1 & \boldsymbol{Ab}_2 & \cdots & \boldsymbol{Ab}_n\end{bmatrix}\boldsymbol{x}
\end{aligned}
$$

其中，定义为

$$\boldsymbol{AB}\ \underline{\underline{\mathrm{def}}}\ \begin{bmatrix}\boldsymbol{Ab}_1 & \boldsymbol{Ab}_2 & \cdots & \boldsymbol{Ab}_n\end{bmatrix}$$

这称为 $\boldsymbol{A}$ 和 $\boldsymbol{B}$ 的矩阵积，即

$$(\boldsymbol{AB})\boldsymbol{x}=\boldsymbol{A}(\boldsymbol{Bx})$$

成立。矩阵积可以说是将矩阵看成线性映射时的映射的合成映射。

$\boldsymbol{AB}$ 的 (i,j) 成分是分别取出 $\boldsymbol{A}$ 的第 i 行排列的数字 a_{i1}，a_{i2}，$\cdots$，a_{im}，以及 $\boldsymbol{B}$ 的第 j 列排列的数字 b_{1j}，b_{2j}，$\cdots$，b_{mj}，按顺序相乘得到总和[①]

$$a_{i1}b_{1j}+a_{i2}b_{2j}+\cdots+a_{im}b_{mj}$$

只有当矩阵 $\boldsymbol{A}$ 的列数和矩阵 $\boldsymbol{B}$ 的行数相等时，矩阵积 $\boldsymbol{AB}$ 才被定义，$\boldsymbol{AB}$ 的行数和 $\boldsymbol{A}$ 的行数相等，$\boldsymbol{AB}$ 的列数和 $\boldsymbol{B}$ 的列数相等。

在 NumPy 中，可以使用 dot 函数、数组类的 dot 方法及 matrix 类的方法计算矩阵积，代码如下。

```
>>> import numpy as np
>>> A = [[1 , 2 , 3] , [4 , 5 , 6]]
>>> B = [[1 , 2] , [3 , 4] , [5 , 6]]
>>> np . dot (A , B)
array ([[22 , 28],
        [49 , 64]])
>>> np. array ( A). dot( B)
array ([[22 , 28],
        [49 , 64]])
```

① 记住要用 $\boldsymbol{A}$ 的行数乘以 $\boldsymbol{B}$ 的列数。

```
10 >>> np. matrix (A)  *  np. matrix (B)
11 matrix ([[22 ,  28],
12          [49 , 64]])
```

第 2 行、第 3 行 设 $\boldsymbol{A}=\begin{bmatrix}1 & 2 & 3\\4 & 5 & 6\end{bmatrix}$和 $\boldsymbol{B}=\begin{bmatrix}1 & 2\\3 & 4\\5 & 6\end{bmatrix}$。

第 4 ~ 6 行 用 dot 函数来计算 $\boldsymbol{AB}$。

第 7 ~ 9 行 使用数组类的 dot 方法来计算 $\boldsymbol{AB}$。

第 10 ~ 12 行 使用 matrix 类的方法来计算 $\boldsymbol{AB}$，可以使用积的二元运算符。

问题 4.6 请从下述矩阵中取出两个，计算可定义的矩阵积。

$$\boldsymbol{A}=\begin{bmatrix}1 & 2\\3 & 4\end{bmatrix},\quad \boldsymbol{B}=\begin{bmatrix}1 & 2 & 3\\4 & 5 & 6\end{bmatrix},\quad \boldsymbol{C}=\begin{bmatrix}1 & 2\\3 & 4\\5 & 6\end{bmatrix},\quad \boldsymbol{D}=\begin{bmatrix}1 & 2 & 3\\4 & 5 & 6\\7 & 8 & 9\end{bmatrix}$$

由以下程序输出该问题的正确答案。

程序：problems.py。

```
1  from numpy import array
2
3  A = array ([[1 , 2], [3 , 4]])
4  B = array ([[1 , 2 , 3], [4 , 5 , 6]])
5  C = array ([[1 , 2], [3 , 4], [5 , 6]])
6  D = array ([[1 , 2 , 3], [4 , 5 , 6], [7 , 8 , 9]])
7
8  for X in (A, B, C, D):
9      for Y in (A, B, C, D):
10         if X. shape [1] == Y. shape [0]:
11             print( f'{ X} \ n{ Y} \ n = { X. dot( Y )} \ n')
```

第 8 ~ 11 行 在对从元组 (A，B，C，D) 中取出的 X 和 Y 定义矩阵积时，其乘积将以容易计算的方式显示出来。

用 Python 解答线性代数的计算问题时，在 NumPy 中会将分数变成小数，可能不能使用字符表达式。在这种情况下，可以使用 SymPy。

```
>>> from sympy import Matrix
```

```
2   >>> from sympy.abc import a, b, c, d
3   >>> A = Matrix([[1, 2], [3, 4]])
4   >>> A/2
5   Matrix([
6   [1/2, 1],
7   [3/2, 2]])
8   >>> B = Matrix([[a, b], [c, d]])
9   >>> B/2
10  Matrix([
11  [a/2, b/2],
12  [c/2, d/2]])
13  >>> A + B
14  Matrix([
15  [a + 2, b + 2]
16  [c + 3, d + 4]])
17  >>> A * B
18  Matrix([
19  [  a + 2 * c,    b + 2 * d]
20  [3 * a + 4 * c, 3 * a + 4 * d]])
```

第 1 行 在 SymPy 中，使用了 Matrix 类。

第 2 行 是在字符表达式中使用的变量或常数名称。

第 3 行 定义了矩阵，其成分均为整数。若将该行写成以下形式

```
A = Matrix([[1., 2.], [3., 4.]])
```

元素被看作实数，下列结果会改变。

第 4 行 结果是分数。

第 8 ～ 20 行 将字符用于计算中。

若用整数作为 Matrix 的元素，结果将是分数，但如果单纯写为 2/3，并不是分数。可参考下述使用方法。

```
>>> from sympy import Integer, Rational
>>> 2 / 3
0.6666666666666666
>>> Integer(2) / 3
2/3
>>> Rational(2, 3)
2/3
```

$\mathbb{R}^2$ 上以原点为中心的角度 $\alpha+\beta$ 的旋转是角度 β 的旋转和角度 α 的旋转的合成，因此

$$\begin{bmatrix}\cos(\alpha+\beta) & -\sin(\alpha+\beta)\\ \sin(\alpha+\beta) & \cos(\alpha+\beta)\end{bmatrix}=\begin{bmatrix}\cos\alpha & -\sin\alpha\\ \sin\alpha & \cos\alpha\end{bmatrix}\begin{bmatrix}\cos\beta & -\sin\beta\\ \sin\beta & \cos\beta\end{bmatrix}$$
$$=\begin{bmatrix}\cos\alpha\cos\beta-\sin\alpha\sin\beta & -\cos\alpha\sin\beta-\sin\alpha\cos\beta\\ \sin\alpha\cos\beta+\cos\alpha\sin\beta & -\sin\alpha\sin\beta+\cos\alpha\cos\beta\end{bmatrix}$$

通过该合成可以得到三角函数的加法定理。

所有成分都是 0 的矩阵称为零矩阵，(m,n) 型的零矩阵写成 $\boldsymbol{O}_{(m,n)}$，但在不会混淆的情况下，可用 $\boldsymbol{O}$ 表示。零矩阵是 $\boldsymbol{x}\mapsto\boldsymbol{0}$ 的矩阵表示，它将线性空间 V 的任何向量映射到线性空间 W 的零向量上，这不取决于基底的获取方式。

对角成分全部为 1，其他成分为 0 的方阵称为单位矩阵。n 次方阵可写成 $\boldsymbol{I}_n$，在不会混淆的情况下用 $\boldsymbol{I}$ 表示。单位矩阵是不等式映射 $\boldsymbol{x}\mapsto\boldsymbol{x}$ 的矩阵表示，它将线性空间 V 的任意向量转移到自身，并不取决于基的获取方式，只要定义域的基和值域的基是相同的。关于定义域的基和值域的基不同的问题，将在基转换章节介绍。

NumPy 和 SymPy 中的零矩阵、单位矩阵的表示方法如下。

```
>>> import numpy as np
>>> import sympy as sp
>>> np. zeros ((2 ,3))
array ([[0. , 0., 0.],
        [0., 0., 0.]])
>>> sp. zeros (2 ,3)
Matrix ([
[0 , 0 , 0],
[0 , 0 , 0]])
>>> np. eye (3)
array ([[1. , 0., 0.],
        [0., 1., 0.],
        [0., 0., 1.]])
>>> sp. eye (3)
Matrix ([
[1 , 0 , 0],
[0 , 1 , 0],
[0 , 0 , 1]])
```

在矩阵之间的运算中，以下运算法则成立（仅限于可以进行运算时）：

（1）$\boldsymbol{A}+\boldsymbol{B}=\boldsymbol{B}+\boldsymbol{A}$。

（2）$(\boldsymbol{A}+\boldsymbol{B})+\boldsymbol{C}=\boldsymbol{A}+(\boldsymbol{B}+\boldsymbol{C})$。

（3）$\boldsymbol{A}+\boldsymbol{O}=\boldsymbol{A}$。

（4）$\boldsymbol{A}$ 为 (m, n) 型矩阵时，$\boldsymbol{A}\boldsymbol{I}_n=\boldsymbol{A}$ 且 $\boldsymbol{I}_m\boldsymbol{A}=\boldsymbol{A}$。

（5）$(\boldsymbol{AB})\boldsymbol{C}=\boldsymbol{A}(\boldsymbol{BC})$。

（6）$\boldsymbol{A}(\boldsymbol{B}+\boldsymbol{C})=\boldsymbol{AB}+\boldsymbol{AC}$，$(\boldsymbol{A}+\boldsymbol{B})\boldsymbol{C}=\boldsymbol{AC}+\boldsymbol{BC}$。

如果关注矩阵的成分，运算法则（1）～运算法则（4）的证明可以归结为标量的性质。运算法则（5）和运算法则（6）也可以通过矩阵的计算进行证明，不难但很费时。一个好的证明是将矩阵视为线性映射。运算法则（5）表示，对于任意向量 x，由于矩阵积是线性映射的合成，因此

$$((\boldsymbol{AB})\boldsymbol{C})\boldsymbol{x}=(\boldsymbol{AB})(\boldsymbol{Cx})=\boldsymbol{A}(\boldsymbol{B}(\boldsymbol{Cx}))=\boldsymbol{A}((\boldsymbol{BC})\boldsymbol{x})=(\boldsymbol{A}(\boldsymbol{BC}))\boldsymbol{x}$$

成立。运算法则（6）的第一个公式表示，对于任意向量 $\boldsymbol{x}$，矩阵的乘积是线性映射的组合，矩阵的和是线性映射的和，因此

$$\begin{aligned}(\boldsymbol{A}(\boldsymbol{B}+\boldsymbol{C})\boldsymbol{x})&=\boldsymbol{A}((\boldsymbol{B}+\boldsymbol{C})\boldsymbol{x})=\boldsymbol{A}(\boldsymbol{Bx}+\boldsymbol{Cx})\\&=\boldsymbol{A}(\boldsymbol{Bx})+\boldsymbol{A}(\boldsymbol{Cx})=(\boldsymbol{AB})\boldsymbol{x}+(\boldsymbol{AC})\boldsymbol{x}=(\boldsymbol{AB}+\boldsymbol{AC})\boldsymbol{x}\end{aligned}$$

成立。第二个公式亦同。

设 l 是在 xy 坐标平面上通过原点与 x 轴成 θ 角的直线。将点 (x, y) 转移到相对 l 对称的点 (x', y') 的线性映射的矩阵表示，按照下述方法求解。

（1）求出在 x 轴上叠加 l 的旋转的矩阵表示。

（2）求出关于 x 轴转移到线对称的点的线性转换的矩阵。

（3）求出 l 上叠加 x 轴的旋转的矩阵。

（4）计算上面求出的三个矩阵积。

此外，还要求出转移到 (x, y) 和到 l 上最短的点 (x'', y'') 的矩阵。可利用

$$\frac{(x, y)+(x', y')}{2}=(x'', y'')$$

程序：mat_product1.py。

```
1  from sympy import var, Matrix, sin, cos, eye
2  from sympy.abc import theta
3
4  A = Matrix([[ cos(theta),  sin(theta)],
5              [-sin(theta), cos(theta)]])
6  B = Matrix([[1,0],
7              [0,-1]])
8  C = Matrix([[ cos(theta), -sin(theta)],
9              [ sin(theta), cos(theta)]])
10 D = C * B * A
11 E = (eye(2) + D) / 2
```

第 2 行 在 sympy.abc 上，将小写希腊字母定义为符号；并设旋转角 θ 为符号 theta。

第 4 行、第 5 行 将 l 叠加在 x 轴的旋转的矩阵设为 $\boldsymbol{A}$。

第 6 行、第 7 行 定义矩阵 $\boldsymbol{B}$，用于环绕 x 轴。

第 8 行、第 9 行 将 x 轴叠加到 l 的旋转矩阵，定位为 $\boldsymbol{C}$。

第 10 行 $\boldsymbol{D}=\boldsymbol{C}\times\boldsymbol{B}\times\boldsymbol{A}$[①] 是矩阵，表示和直线 l 相关的环绕。

第 11 行 设 $\boldsymbol{E}=(\boldsymbol{I}+\boldsymbol{D})/2$。$\boldsymbol{I}$ 是单位矩阵。$\boldsymbol{E}$ 满足以下内容。

$$\boldsymbol{E}\begin{bmatrix}x\\y\end{bmatrix}=\frac{1}{2}\left(\boldsymbol{I}\begin{bmatrix}x\\y\end{bmatrix}+\boldsymbol{D}\begin{bmatrix}x\\y\end{bmatrix}\right)=\frac{1}{2}\left(\begin{bmatrix}x\\y\end{bmatrix}+\begin{bmatrix}x'\\y'\end{bmatrix}\right)=\begin{bmatrix}x''\\y''\end{bmatrix}$$

```
12 >>> D
13 Matrix([
14 [-sin(theta)**2 + cos(theta)**2,       2*sin(theta)*cos(theta)],
15 [       2*sin(theta)*cos(theta), sin(theta)**2 - cos(theta)**2]])
16 >>> D.simplify()
```

① 请注意矩阵的乘积顺序。

```
17 >>> D
18 Matrix ([
19 [ cos (2 * theta), sin (2 * theta )],
20 [ sin (2 * theta), - cos (2 * theta )]])
```

第 13 ~ 15 行 矩阵积仍在计算中，尚未整理 ***D***。矩阵的加法运算法则使公式更容易阅读。

第 16 ~ 20 行 simplify 是一个简化公式的方法（是破坏性的方法），其不返回值，而改写 ***D*** 本身。

```
21 >>> E. simplify (); E
22 Matrix ([
23 [ cos( theta ) ** 2 , sin (2 * theta ) / 2] ,
24 [ sin (2 * theta ) / 2 , sin( theta ) ** 2]])
```

用 NumPy 进行相同的计算，并进行数值计算，然后在 *xy* 坐标平面上作图。矩阵使用了 Matrix，也写入了文字。

程序：mat_product2.py。

```
1  from numpy import matrix , sin , cos , tan , pi , eye
2  import matplotlib . pyplot as plt
3
4  t = pi / 6
5  A = matrix ([[ cos( t), sin( t)], [- sin( t), cos( t)]])
6  B = matrix ([[1 , 0], [0 , -1]])
7  C = matrix ([[ cos( t), - sin( t)], [ sin( t), cos( t)]])
8  D = C * B * A
9  E = ( eye (2)+ D) / 2
10 x = matrix ([[5] , [5]])
11 y = D * x
12 z = E * x
13
14 plt. plot ([0 , 10], [0 , 10 * tan( t)])
15 plt. plot ([ x[0 , 0], y[0 , 0]], [ x[1 , 0], y[1 , 0]])
16 plt. plot ([ x[0 , 0], z[0 , 0]], [ x[1 , 0], z[1 , 0]])
17 plt. text( x[0 , 0], x[1 , 0], ' x', fontsize =18)
18 plt. text( y[0 , 0], y[1 , 0], ' y', fontsize =18)
19 plt. text( z[0 , 0], z[1 , 0], ' z', fontsize =18)
20 plt. axis(' scaled '), plt. xlim (0 , 10), plt. ylim (0 , 6), plt. show ()
```

第 10 ~ 12 行 *x* 被定义为列向量［(2，1) 型矩阵］。

第 17 ~ 19 行 在图上写入文字。指定写入位置（默认是文字的左下角）的坐标，写入 ***D*** 的文字，并调整字体大小，如图 4.2 所示。

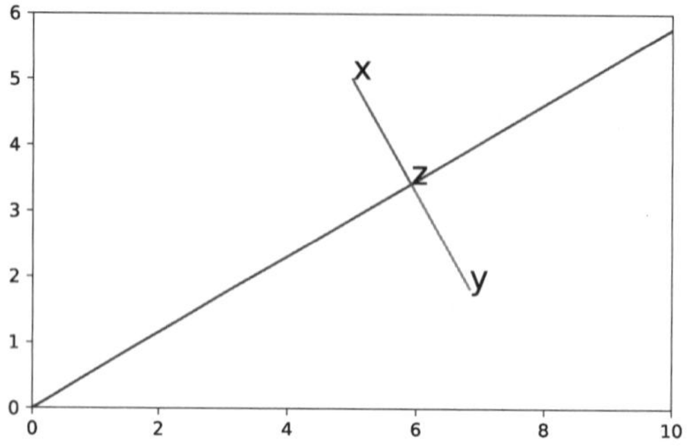

图 4.2 使用 NumPy 和 Matplotlib 后的输出结果

问题 4.7 将以下程序输出的 LATEX 公式模式的代码进行编译时，会遇到矩阵积的计算问题。读者可尝试解答该问题。

程序：latex2.py。

```
from numpy.random import randint, choice
from sympy import Matrix, latex

m, el, n = randint(2, 4, 3)
X = [-3, -2, -1, 1, 2, 3, 4, 5]
A = Matrix(choice(X, (m, el)))
B = Matrix(choice(X, (el, n)))
print(f'{latex(A)}{latex(B)} = ')
```

➢ 4.4 逆矩阵、基的转换和矩阵相似性

(n, n) 型矩阵称为 $\boldsymbol{n}$ 阶方阵。矩阵的 (i, i) 元素称为对角元素。在方阵中，对角元素之外的元素均为 0 的矩阵称为对角矩阵。对于方阵 $\boldsymbol{A}$，通过归纳性

$$\boldsymbol{A}^0 \stackrel{\text{def}}{=\!=} \boldsymbol{I},\quad \boldsymbol{A}^{p+1} \stackrel{\text{def}}{=\!=} \boldsymbol{A}\boldsymbol{A}^p \quad (p=0,1,2,\cdots)$$

来定义矩阵的幂。对于对角矩阵，矩阵的 p 次方是对角元素的 p 次方。

设 $\boldsymbol{A}=[\boldsymbol{a}_1 \quad \boldsymbol{a}_2 \quad \cdots \quad \boldsymbol{a}_n]$ 为 n 阶方阵。将 $\boldsymbol{A}$ 看作是从 $\mathbb{K}^n$ 到 $\mathbb{K}^n$ 的线性映射时，则

$$\begin{aligned}\boldsymbol{A}\text{ 是满射} &\Leftrightarrow \operatorname{range}(\boldsymbol{A})=\mathbb{K}^n \\ &\Leftrightarrow \{\boldsymbol{a}_1, \boldsymbol{a}_2, \cdots, \boldsymbol{a}_n\}\text{ 生成 }\mathbb{K}^n \\ &\Leftrightarrow \operatorname{rank}\{\boldsymbol{a}_1, \boldsymbol{a}_2, \cdots, \boldsymbol{a}_n\}=n \\ &\Leftrightarrow \{\boldsymbol{a}_1, \boldsymbol{a}_2, \cdots, \boldsymbol{a}_n\}\text{ 是线性独立的} \\ &\Leftrightarrow \operatorname{kernel}(\boldsymbol{A})=\{\boldsymbol{0}\} \\ &\Leftrightarrow \boldsymbol{A}\text{ 是单射}\end{aligned}$$

成立，即可用满射或单射中的一个条件来导出双射。作为线性映射，当 $\boldsymbol{A}$ 是双射时，$\boldsymbol{A}$ 为正则矩阵。若 $\boldsymbol{A}$ 不是方阵，则不能是正则矩阵。

问题 4.8 通过检查以下矩阵的列向量是否为线性独立来验证是否为正则矩阵。

$$(1)\begin{bmatrix}1 & 2\\ 2 & 3\end{bmatrix},(2)\begin{bmatrix}1 & 2\\ 2 & 4\end{bmatrix},(3)\begin{bmatrix}1 & 2 & 3\\ 2 & 3 & 4\\ 3 & 4 & 5\end{bmatrix},(4)\begin{bmatrix}1 & 2 & 3\\ 2 & 3 & 1\\ 3 & 1 & 2\end{bmatrix}。$$

设 $\boldsymbol{A}$ 是正则矩阵。用 $\boldsymbol{f}$ 表示 $\boldsymbol{x}\mapsto\boldsymbol{Ax}$ 时，存在 $\boldsymbol{f}:\mathbb{K}^n\to\mathbb{K}^n$ 的逆映射 $\boldsymbol{f}^{-1}:\mathbb{K}^n\to\mathbb{K}^n$。$\boldsymbol{f}^{-1}\circ\boldsymbol{f}$ 及 $\boldsymbol{f}\circ\boldsymbol{f}^{-1}$ 均为 $\mathbb{K}^n$ 上的不等式映射，因此若将 $\boldsymbol{f}^{-1}$ 的矩阵表示为 $\boldsymbol{A}^{-1}$，则

$$\boldsymbol{A}\boldsymbol{A}^{-1}=\boldsymbol{A}^{-1}\boldsymbol{A}=\boldsymbol{I}$$

成立。$\boldsymbol{A}^{-1}$ 称为 $\boldsymbol{A}$ 的逆矩阵。当所有对角元素均不为 0 时，对角矩阵是正则矩阵，逆矩阵是将所有对角元素设为倒数的矩阵。

$\boldsymbol{A}$ 是方阵时，如果存在满足 $\boldsymbol{BA}=\boldsymbol{I}$ 或 $\boldsymbol{AB}=\boldsymbol{I}$ 的矩阵 $\boldsymbol{B}$，则 $\boldsymbol{A}$ 是正则矩阵，$\boldsymbol{B}=\boldsymbol{A}^{-1}$。首先，设满足 $\boldsymbol{BA}=\boldsymbol{I}$。对于任意 $\boldsymbol{x}=\mathbb{K}^n$，如果 $\boldsymbol{y}=\boldsymbol{Ax}$，则 $\boldsymbol{x}=\boldsymbol{BAx}=\boldsymbol{By}$，因此 $\boldsymbol{y}\mapsto\boldsymbol{By}$ 是满射，同时也是单射，存在 $\boldsymbol{B}^{-1}$。在 $\boldsymbol{BA}=\boldsymbol{I}$ 左边乘以 $\boldsymbol{B}^{-1}$，由于 $\boldsymbol{A}=\boldsymbol{B}^{-1}$，因此 $\boldsymbol{A}$ 是正则矩阵。在 $\boldsymbol{BA}=\boldsymbol{I}$ 右边乘以 $\boldsymbol{A}^{-1}$，得出 $\boldsymbol{B}=\boldsymbol{A}^{-1}$。然后，假设 $\boldsymbol{AB}=\boldsymbol{I}$，对于任意 $\boldsymbol{y}=\mathbb{K}^n$，如果 $\boldsymbol{x}=\boldsymbol{By}$，则 $\boldsymbol{y}=\boldsymbol{ABy}=\boldsymbol{Ax}$，因此 $\boldsymbol{x}\mapsto\boldsymbol{Ax}$ 是满射，同时也是单射，$\boldsymbol{A}$ 是正则矩阵。在 $\boldsymbol{AB}=\boldsymbol{I}$ 左边乘以

$\boldsymbol{A}^{-1}$，得出 $\boldsymbol{B}=\boldsymbol{A}^{-1}$。从该结果中，可以很容易导出逆矩阵对正则矩阵是唯一的，对任何正则矩阵 $\boldsymbol{A}$ 及 $\boldsymbol{B}$ 有以下运算法则：

（1）$(\boldsymbol{A}^{-1})^{-1}=\boldsymbol{A}$。

（2）$(\boldsymbol{AB})^{-1}=\boldsymbol{B}^{-1}\boldsymbol{A}^{-1}$。

$\boldsymbol{A}$，$\boldsymbol{B}$ 不是方阵时，可能出现 $\boldsymbol{AB}=\boldsymbol{I}$ 的情况。例如

$$\begin{bmatrix}1 & 2 & 3\\ 2 & 3 & 4\end{bmatrix}\begin{bmatrix}a & b\\ c & d\\ e & f\end{bmatrix}=\begin{bmatrix}1 & 0\\ 0 & 1\end{bmatrix}$$

求出满足的 a、b、c、d、e、f。

程序 :mat_product3.py。

```
1  from sympy import Matrix, solve, eye
2  from sympy.abc import a, b, c, d, e, f
3
4  A = Matrix ([[1, 2, 3], [2, 3, 4]])
5  B = Matrix ([[ a, b], [c, d], [e, f]])
6  ans = solve( A* B - eye(2), [a, b, c, d, e, f])
```

第 6 行 解方程式。结果如下。

```
>>> ans
{ d: -2* f - 1 , c: 2 - 2* e, b: f + 2 , a: e - 3}
```

将结果代入 $\boldsymbol{B}$ 中，计算 $\boldsymbol{AB}$。

```
>>> ans
{ d: -2* f - 1 , c: 2 - 2* e, b: f + 2 , a: e - 3}
>>> C = B. subs( ans); C
Matrix ([
[        e  - 3 , f  + 2],
[2 -  2 *  e, -2* f  - 1],
[        e,          f]])
>>> A * C
Matrix ([
[1 , 0],
[0 , 1]])
```

通过计算，矩阵变为了单位矩阵。

问题 4.9 验证对于上述的 A 和 B，$BA = I$ 不是真的。

NumPy 的 linalg 模块中有一个函数 inv，用于计算逆矩阵。另外，通过矩阵类，可以用与数学表达式相似的方式使用 -1 和平方。

```
1  >>> A = [[1 , 2], [2 , 1]]
2  >>> from numpy.linalg import inv
3  >>> inv( A )
4  array ([[ -0.33333333 , 0.66666667],
5         [ 0.66666667, -0.33333333]])
6  >>> from numpy import matrix
7  >>> matrix ( A ) ** ( -1)
8  matrix ([[ -0.33333333 , 0.66666667 ],
9          [ 0.66666667, -0.33333333]])
10 >>> matrix ( A ) ** 2
11 matrix ([[5 , 4],
12         [4 , 5]])
```

下面是使用 SymPy 进行逆矩阵计算以及平方运算的例子。

```
1  >>> from sympy import Matrix , S
2  >>> Matrlx ([[1 , 2], [2 , 1]]) ** (-1)
3  Matrix ([
4  [-1/3 , 2/3],
5  [ 2/3 , -1/3]])
6  >>> A = Matrix ([[ S(' a'), S(' b')], [ S(' c'), S(' d')]])
7  >>> A ** ( -1)
8  Matrix ([
9  [ d/( a * d - b * c), -b/( a * d - b * c)],
10 [- c/( a * d - b * c), a/( a * d - b * c)]])
11 >>> A ** 2
12 Matrix ([
13 [ a ** 2 + b * c, a * b + b * d],
14 [ a * c + c * d, b * c + d ** 2]])
```

第 1 行 使用函数 S 来定义符号。

将 $\{v_1, v_2, \cdots, v_n\}$ 作为 $\mathbb{K}^n$ 的基时，可通过该基求出 $x = (x_1, x_2, \cdots, x_n) \in \mathbb{K}^n$ 的表达

式，即

$$\boldsymbol{x}=x_1'\boldsymbol{v}_1+x_2'\boldsymbol{v}_2+\cdots+x_n'\boldsymbol{v}_n$$

的右边可以用 $\boldsymbol{V}\boldsymbol{x}'$ 表示。其中，$\boldsymbol{V}=\begin{bmatrix}\boldsymbol{v}_1 & \boldsymbol{v}_2 & \cdots & \boldsymbol{v}_n\end{bmatrix}$。因此，只需算出

$$\boldsymbol{x}'=\boldsymbol{V}^{-1}\boldsymbol{x}$$

如果方阵 $\boldsymbol{A}$ 和 $\boldsymbol{B}$ 通过正则矩阵 $\boldsymbol{V}$ 具有

$$\boldsymbol{B}=\boldsymbol{V}^{-1}\boldsymbol{A}\boldsymbol{V}$$

的关系，则方阵 $\boldsymbol{A}$ 和 $\boldsymbol{B}$ 是相似的。此时，对于 $\boldsymbol{x}$，$\boldsymbol{y}\in\mathbb{K}^n$，设

$$\boldsymbol{y}=\boldsymbol{A}\boldsymbol{x}$$

此时，等号两边分别左乘 $\boldsymbol{V}^{-1}$，即 $\boldsymbol{V}^{-1}\boldsymbol{y}=\boldsymbol{V}^{-1}\boldsymbol{A}\boldsymbol{x}$，注意：$\boldsymbol{V}\boldsymbol{V}^{-1}=\boldsymbol{I}$，可得出

$$\boldsymbol{V}^{-1}\boldsymbol{y}=\boldsymbol{V}^{-1}\boldsymbol{A}\boldsymbol{V}\boldsymbol{V}^{-1}\boldsymbol{x}$$

因此，用基 $\{\boldsymbol{v}_1, \boldsymbol{v}_2, \cdots, v_n\}$ 表示时，$\boldsymbol{x}$ 和 $\boldsymbol{y}$ 的表现分别为 $\boldsymbol{x}'$ 和 $\boldsymbol{y}'$，$\boldsymbol{y}=\boldsymbol{A}\boldsymbol{x}$ 的关系表示为

$$\boldsymbol{y}'=\boldsymbol{B}\boldsymbol{x}'$$

通过转换基，矩阵表示从方阵 $\boldsymbol{A}$ 变成 $\boldsymbol{B}$。

问题 4.10 设 $\boldsymbol{A}$ 和 $\boldsymbol{B}$ 为正则矩阵。回答以下问题。

（1）对于非负整数 p，$(\boldsymbol{A}^p)^{-1}=(\boldsymbol{A}^{-1})^p$ 成立。

（2）对于非负整数 p，定义为 $\boldsymbol{A}^{-p} \underline{\underline{\text{def}}} =(\boldsymbol{A}^p)^{-1}$。此时，对于任意整数 p、q，根据指数法则 $\boldsymbol{A}^p\boldsymbol{A}^q=\boldsymbol{A}^{p+q}$ 成立。

（3）$\boldsymbol{A}$ 和 $\boldsymbol{B}$ 相似时，对于任意整数 p，$\boldsymbol{A}^p$ 和 $\boldsymbol{B}^p$ 是相似的。

➢ 4.5　复共轭矩阵

对于 (m, n) 型矩阵，

$$A=\begin{bmatrix} a_{11} & a_{12} & \cdots & a_{1n} \\ a_{21} & a_{22} & \cdots & a_{2n} \\ \vdots & \vdots & & \vdots \\ a_{m1} & a_{m2} & \cdots & a_{mn} \end{bmatrix}$$

定义 (n, m) 型矩阵

$$A^{\mathrm{T}} \underset{=\!=}{\mathrm{def}} \begin{bmatrix} a_{11} & a_{12} & \cdots & a_{m1} \\ a_{12} & a_{22} & \cdots & a_{m2} \\ \vdots & \vdots & & \vdots \\ a_{1n} & a_{2m} & \cdots & a_{mn} \end{bmatrix}, \quad A^{*} \underset{=\!=}{\mathrm{def}} \begin{bmatrix} \overline{a_{11}} & \overline{a_{21}} & \cdots & \overline{a_{m1}} \\ \overline{a_{12}} & \overline{a_{22}} & \cdots & \overline{a_{m2}} \\ \vdots & \vdots & & \vdots \\ \overline{a_{1n}} & \overline{a_{2m}} & \cdots & \overline{a_{mn}} \end{bmatrix}$$

分别称为 A 的转置矩阵和伴随矩阵（或复共轭矩阵）。通过简单的计算，可以得出下述情况成立。但这意味着定义左边的矩阵运算时，右边的矩阵运算也可以定义并且相等。

（1）$(aA+bB)^{\mathrm{T}}=aA^{\mathrm{T}}+bB^{\mathrm{T}}$，$(aA+bB)^{*}=\bar{a}A^{*}+\bar{b}B^{*}$。

（2）$(AB)^{\mathrm{T}}=B^{\mathrm{T}}A^{\mathrm{T}}$，$(AB)^{*}=B^{*}A^{*}$。

当 A 是正则矩阵时，通过设 $AB=I$ 并使用运算法则（2），可以得到下列内容。

（3）$(A^{-1})^{\mathrm{T}}=(A^{\mathrm{T}})^{-1}$，$(A^{-1})^{*}=(A^{*})^{-1}$。

在 Python 程序中使用转置矩阵和复共轭矩阵的示例如下。

```
>>> from  numpy  import  *
>>> A = array ([[1 + 2J, 2  +  3J, 3  +  4 j],
              [2 + 3j, 3 + 4j, 4 + 5 j]])
>>> A. T
array ([[1. + 2. j,   2. + 3. j],
        [2. + 3. j,   3. + 4. j],
        [3. + 4. j,   4. + 5. j]])
>>> A.conj()
```

```
array([[1.-2.j , 2.-3.j , 3.-4.j],
        [2.-3.j , 3.-4.j , 4.-5.j]])
>>> A = matrix(A); A
matrix ([[1. + 2.j , 2. + 3.j , 3. + 4.j],
          [2. + 3.j , 3. + 4.j , 4. + 5.j]])
>>> A.H
matrix([[1.-2.j , 2.-3.j],
         [2.-3.j , 3.-4.j],
         [3.-4.j , 4.-5.j]])
```

转置矩阵中也可以使用 A.transpose()。A.conj() 和 A.conjugate() 相同。伴随矩阵可以先转置后复共轭，也可以先复共轭后转置。如果使用 Matrix，那么伴随矩阵可以写成 A.H（H 是 Hermite 的首字母）。

用 SymPy 进行的转置矩阵和伴随矩阵的示例如下。

```
>>> A  =  Matrix ([[1  +  2j,   2  +  3j, 3  + 4 j],
                          [2 + 3j, 3 + 4j, 4 + 5 j]]); A
Matrix ([
[1.0 +  2.0* I, 2.0 + 3.0* I, 3.0 + 4.0* I],
[2.0 +  3.0* I, 3.0 + 4.0* I, 4.0 + 5.0* I]])
>>>  A. T
Matrix ([
[1.0 +  2.0* I, 2.0 + 3.0* I],
[2.0 +  3.0* I, 3.0 + 4.0* I],
[3.0 + 4.0* I, 4.0 + 5.0* I]])
>>> A. C
Matrix ([
[1.0 - 2.0* I, 2.0 - 3.0* I, 3.0 - 4.0* I],
[2.0 - 3.0* I, 3.0 - 4.0* I, 4.0 - 5.0* I]])
>>> A. H
Matrix ([
[1.0 - 2.0* I, 2.0 - 3.0* I],
[2.0 - 3.0* I, 3.0 - 4.0* I],
[3.0 - 4.0* I, 4.0 - 5.0* I]])
```

在 SymPy 的 Matrix（M 是大写字母）中，是转置矩阵 A.T，伴随矩阵 A.H。另外，在 SymPy 中，I 表示虚数单位，也可以使用 1j，但类型不同。

➢ 4.6　测量计算矩阵所需的时间

定义一个计算用列表表示的矩阵积的函数，并测量计算所需的时间。

程序：mat_product4.py。

```
1   def  matrix_multiply (A,  B):
2        m,  el ,  n  =  len( A),  len( A [0]) ,  len( B [0])
3        C  =  [[ sum ([ A[ i][ k]   *   B[ k][ j]   for   k   in   range( el)])
4                 for  j   in   range( n)]   for   i   in   range( m)]
5         return C
6
7
8   if  __name__  ==  '__main__':
9        from  numpy . random  import  normal
10       import  matplotlib . pyplot  as  plt
11       from  time  import  time
12
13       N  =  range (10 , 210 , 10)
14       T  =  []
15       for  n  in  N:
16            A  =  normal (0 ,  1 ,  (n,  n)). tolist ()
17            t0  =  time ()
18             matrix_multiply (A,  A)
19             t1  =  time ()
20             print(n,  end = ',  ')
21             T. append ( t1  -  t0 )
22        plt. plot(N,  T),  plt. show ()
```

第 1 ~ 5 行 定义计算矩阵积的函数 matrix_multiply。其中第 3 行和第 4 行，使用列表推导式创建表示 (i, j) 项是 $\sum_{k=1}^{l} a_{ik} b_{kj}$ 的矩阵的列表 C。在列表 C 的计算中，$A[i][k] \times B[k][j]$ 的乘法运算进行 n^3 次。可以预估执行该函数大约需要与 n^3 成比例的时间[①]。另外，计算该函数所需的必要的内存几乎被列表 C 占据，字节数与 n^2 成比例。在计算 n 阶方阵之间的乘积中，时间计算量（时间复杂度）是 n^3，空间计算量（空间复杂度）是 n^2。

---

① 在计算机中，乘法比加法需要更多时间。

第 8 ~ 22 行 从内部库 time，导入时钟函数 time 用于测量时间。对于 $n = 20, 30, \cdots, 200$，使用 NumPy 来测量求方阵 A 的 n 次方所需的时间，该矩阵的各成分遵循标准正态分布。调用 matrix_multiply 函数之前和之后测量的时差就是需计算的时间，单位是 s。结果如图 4.3（a）所示。随着 n 的增加，计算时间也增加。如上所述，该曲线是三次函数。

在 NumPy 中，矩阵计算调用的是用 C 语言编写的且被编译成机器语言的函数，所以和用解释器 Python 的代码编写的矩阵计算相比，速度要快。其中，将 $n = 100, 200, \cdots, 2000$ 改变为和上述一样，测量随机生成的 n 阶方阵 A 所需的时间，求 A 的平方所需的时间及求 A 的逆矩阵所需的时间[①]。结果如图 4.3（b）所示。随机创建矩阵 A 的时间、计算 A 的平方的时间和计算 A 的逆矩阵的时间分别设为 $f(n)$、$g(n)$、$h(n)$。$f(n)$ 是二次函数，$g(n)$ 和 $h(n)$ 是三次函数。

问题 4.11 绘制并观察 $\dfrac{g(n)}{f(n)}$ 和 $\dfrac{h(n)}{g(n)}$ 的图形。前者预计是一次函数，后者是常数函数，但是真的如此吗？如果有必要，读者可计算到 $n = 3000$。

程序：mat_product5.py。

```
1   from numpy.random import normal
2   from numpy.linalg import inv
3   import matplotlib.pyplot as plt
4   from time import time
5
6   N = range(100, 2100, 100)
7   T = [[], [], []]
8
9   for n in N:
10      t0 = time()
11      A = normal(0, 1, (n, n))
12      t1 = time()
13      A.dot(A)
14      t2 = time()
15      inv(A)
16      t3 = time()
```

[①] 逆矩阵存在的概率为 1。

```
    print(n, end=', ')
    t = ( t0 , t1 , t2 , t3 )
    for i in range (3):
        T[ i]. append ( t[ i + 1] - t[ i])

label = [' f( x)', ' g( x)', ' h( x)']
for i in range (3):
    plt. plot(N, T[ i])
    plt. text( N[-1], T[ i][-1], label[ i], fontsize =18)
plt. show ()
```

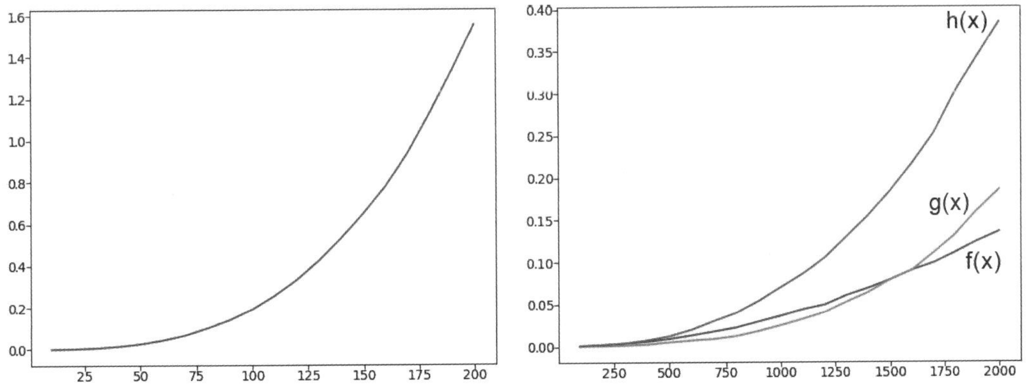

（a）使用列表进行计算的时间　　（b）使用数组进行计算的时间

图 4.3 分别使用列表和数组进行计算的时间

第 5 章　矩阵的初等变换和不变量

(m,n) 型矩阵 $\boldsymbol{A}$ 是指从 n 维线性空间 V 到 m 维线性空间 W 的线性映射 $\boldsymbol{f}$ 在 V 的基和 W 的基上的表示。矩阵 $\boldsymbol{A}$ 的形状取决于 V 的基和 W 的基的形状，但不依赖基的形状的量称为不变量。本章将学习矩阵不变量（阶数）和行列式，以及值的求法（初等变换）。初等变换对于联立方程式的解法和逆矩阵的计算也很有用。

如果想用纸笔来计算并记录，那么用初等变换计算会很烦琐且容易出错，所以使用 Python 中的计算方法。另外，也有一些程序可以生成练习问题及其答案，可以尝试利用它进行手算解答问题。

➢ 5.1　初等矩阵和初等变换

单位矩阵的第 i 行（或第 j 列）加上第 j 行（或第 i 列）乘以 s（$\in\mathbb{K}$）得到的矩阵设为

$$\boldsymbol{E}_1^{(i,j,s)} \ \underline{\underline{\mathrm{def}}}\ \begin{bmatrix} 1 & \cdots & 0 & \cdots & 0 & \cdots & 0 \\ \vdots & \ddots & \vdots & & \vdots & & \vdots \\ 0 & \cdots & 1 & \cdots & s & \cdots & 0 \\ \vdots & & \vdots & \ddots & \vdots & & \vdots \\ 0 & \cdots & 0 & \cdots & 1 & \cdots & 0 \\ \vdots & & \vdots & & \vdots & \ddots & \vdots \\ 0 & \cdots & 0 & \cdots & 0 & \cdots & 1 \end{bmatrix} \quad 或 \quad \begin{bmatrix} 1 & \cdots & 0 & \cdots & 0 & \cdots & 0 \\ \vdots & \ddots & \vdots & & \vdots & & \vdots \\ 0 & \cdots & 1 & \cdots & 0 & \cdots & 0 \\ \vdots & & \vdots & \ddots & \vdots & & \vdots \\ 0 & \cdots & s & \cdots & 1 & \cdots & 0 \\ \vdots & & \vdots & & \vdots & \ddots & \vdots \\ 0 & \cdots & 0 & \cdots & 0 & \cdots & 1 \end{bmatrix}$$

（左边矩阵是 $i<j$，右边矩阵是 $i>j$ 时）。另外，将单位矩阵的第 i 行（列）和第 j 行（列）进行互换后的矩阵，以及单位矩阵的第 i 行（列）乘以 s 倍（但 $s\neq 0$）后的矩阵为

$$\boldsymbol{E}_2^{(i,j)} \ \underline{\underline{\mathrm{def}}}\ \begin{bmatrix} 1 & \cdots & 0 & \cdots & 0 & \cdots & 0 \\ \vdots & \ddots & \vdots & & \vdots & & \vdots \\ 0 & \cdots & 1 & \cdots & 1 & \cdots & 0 \\ \vdots & & \vdots & \ddots & \vdots & & \vdots \\ 0 & \cdots & 1 & \cdots & 0 & \cdots & 0 \\ \vdots & & \vdots & & \vdots & \ddots & \vdots \\ 0 & \cdots & 0 & \cdots & 0 & \cdots & 1 \end{bmatrix} \quad 或 \quad \boldsymbol{E}_3^{(i,s)} \ \underline{\underline{\mathrm{def}}}\ \begin{bmatrix} 1 & \cdots & 0 & \cdots & 0 & \cdots & 0 \\ \vdots & \ddots & \vdots & & \vdots & & \vdots \\ 0 & \cdots & s & \cdots & \cdot & \cdots & 0 \\ \vdots & & \vdots & \ddots & \vdots & & \vdots \\ \cdot & \cdot & \cdot & \cdot & \cdot & \cdot & \cdot \\ \vdots & & \vdots & & \vdots & \ddots & \vdots \\ 0 & \cdots & 0 & \cdots & \cdot & \cdots & 1 \end{bmatrix}$$

这三种类型的矩阵称为初等矩阵。

问题 5.1 验证初等矩阵均为正则矩阵，逆矩阵也是初等矩阵。

问题 5.2 在 $\mathbb{R}^2$ 中，检验若将初等矩阵作为线性映射适用于向量 (x,y) 时会发生什么。另外，检验如果矩阵 $\begin{bmatrix} a & b \\ c & d \end{bmatrix}$ 与初等矩阵从左或从右相乘，c、d 将如何变化。

先分析 $\mathbb{R}^3$ 中初等矩阵的作用。

$$E_1^{(1,2,2)} = \begin{bmatrix} 1 & 2 & 0 \\ 0 & 1 & 0 \\ 0 & 0 & 1 \end{bmatrix}, \quad E_2^{(1,2)} = \begin{bmatrix} 0 & 1 & 0 \\ 1 & 0 & 0 \\ 0 & 0 & 1 \end{bmatrix}, \quad E_3^{(1,?)} = \begin{bmatrix} 2 & 0 & 0 \\ 0 & 1 & 0 \\ 0 & 0 & 1 \end{bmatrix}$$

下面先分析有 $(0,0,0)$，$(0,0,1)$，$(0,1,0)$，$(0,1,1)$，$(1,0,0)$，$(1,0,1)$，$(1,1,0)$，$(1,1,1)$ 这 8 个顶点的单位立方体在这些初等矩阵中是如何变换的。

程序 :elementary_vp.py。

```
1   from vpython import *
2   import numpy as np
3
4   o = vec (0, 0, 0)
5   x, y, z = vec (1, 0, 0), vec (0, 1, 0), vec (0, 0, 1)
6   X, Y, Z = [o, y, z, y+z], [o, z, x, z+x], [o, x, y, x+y]
7   box ( pos =( x+y+z )/2)
8   for v in [x, y, z]:
9       curve ( pos =[-v, 3* v], color=v)
10
11
12  def T(A, u): return vec (* np. dot(A, ( u.x, u.y, u. z )))
13
14
15  E = [[1, 0, 0], [0, 1, 0], [0, 0, 1]]
16  E1 = [[1, 2, 0], [0, 1, 0], [0, 0, 1]]
17  E2 = [[0, 1, 0], [1, 0, 0], [0, 0, 1]]
18  E3 = [[2, 0, 0], [0, 1, 0], [0, 0, 1]]
```

```
19 for u, U in [( x, X), (y, Y), (z, Z )]:
20     for v in U:
21         A = E1
22         curve ( pos =[ T(A, v), T(A, u+v)], color=u)
```

第 4 行 零向量用 $\boldsymbol{o}$ 来表示。

第 5 行 标准基的向量分别用 $\boldsymbol{x}$、$\boldsymbol{y}$、$\boldsymbol{z}$ 来表示。

第 6 行 在单位立方体的面上，有 3 个包括原点的正方形。与 x，y，z 轴正交的正方形顶点列表分别用 X、Y、Z 表示。

第 7 行 绘制单位立方体。

第 8 行、第 9 行 用不同的颜色绘制坐标轴。

第 12 行 定义函数，将矩阵 $\boldsymbol{A}$ 与向量 $\boldsymbol{u}$ 相乘。

第 15 行 $\boldsymbol{E}$ 代表单位矩阵。

第 16 ~ 18 行 代表 3 种初等矩阵 $\boldsymbol{E}_1$、$\boldsymbol{E}_2$、$\boldsymbol{E}_3$。

第 19 ~ 22 行 立方体边缘的颜色与平行坐标轴的颜色相同。设 $\boldsymbol{A}=\boldsymbol{E}$，用各自的初等矩阵来代替单位矩阵，并运行程序，可以看到，立方体是如何变换的（图 5.1）。在 $\boldsymbol{E}_1(i,j,c)$ 中，单位立方体变换为平行四面体，但底面积和高度不变，因此体积保持不变。在 $\boldsymbol{E}_2(i,j)$ 中，只有单位立方体边缘被交换。在 $\boldsymbol{E}_3(i,c)$ 中，单位立方体变换为直方体，体积乘以 c。

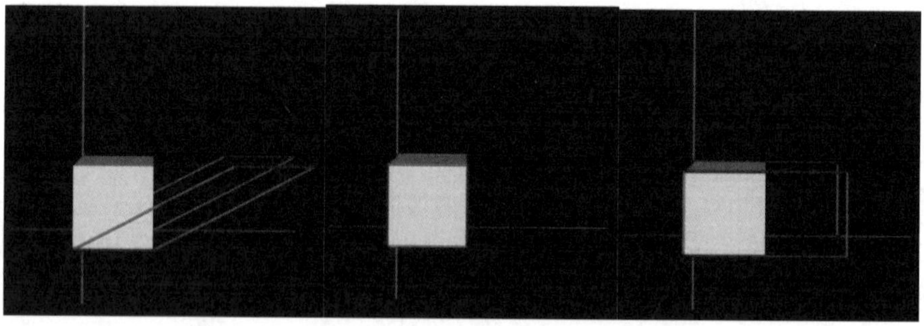

图 5.1　初等矩阵导致的单位立方体的变化

在 $\mathbb{K}^n$ 中，顶点中包括标准基的单位立方体称为单位超立方体。$\mathbb{K}^n$ 中的体积概念将单位超立方体的体积测量为 1。以下矩阵不变量的一个行列式由矩阵表示单位超立方体的变换量。

从另一个角度来思考初等矩阵的含义。

程序：elementary_sp.py。

```
1  from sympy import Matrix, var
2
3  var('x y a11 a12 a13 a21 a22 a23 a31 a32 a33')
4  E1 = Matrix([[1, x, 0], [0, 1, 0], [0, 0, 1]])
5  E2 = Matrix([[0, 1, 0], [1, 0, 0], [0, 0, 1]])
6  E3 = Matrix([[1, 0, 0], [0, y, 0], [0, 0, 1]])
7  A = Matrix([[a11, a12, a13], [a21, a22, a23], [a31, a32, a33]])
```

第 3 行 统一创建 Symbol 类的对象及其名字[①]。

第 4 ~ 7 行 对包括上述定义的符号在内的矩阵进行定义。$\boldsymbol{E}_1$、$\boldsymbol{E}_2$、$\boldsymbol{E}_3$、$\boldsymbol{A}$ 分别代表以下矩阵。

$$\boldsymbol{E}_1=\begin{bmatrix}1 & x & 0\\ 0 & 1 & 0\\ 0 & 0 & 1\end{bmatrix},\ \boldsymbol{E}_2=\begin{bmatrix}0 & 1 & 0\\ 1 & 0 & 0\\ 0 & 0 & 1\end{bmatrix},\ \boldsymbol{E}_3=\begin{bmatrix}1 & 0 & 0\\ 0 & y & 0\\ 0 & 0 & 1\end{bmatrix},\ \boldsymbol{A}=\begin{bmatrix}a_{11} & a_{12} & a_{13}\\ a_{21} & a_{22} & a_{23}\\ a_{31} & a_{32} & a_{33}\end{bmatrix}$$

运行该程序后，在交互模式下进行以下计算。从右边乘以初等矩阵。接下来从右边乘以初等矩阵。

```
>>> E1 * A
Matrix([
[a11 + a21*x, a12 + a22*x, a13 + a23*x, ],
[        a21,         a22,         a23],
[        a31,         a32,         a33]])
>>> E2 * A
Matrix([
[a21, a22, a23],
[a11, a12, a13],
[a31, a32, a33]])
>>> E3 * A
Matrix([
[    a11,     a12,     a13],
[  a21*y,   a22*y,   a23*y],
[    a31,     a32,     a33]])
>>> A * E1
```

① 详情请见 4.7 节。

```
Matrix ([
[ a11 , a11 * x +  a12 , a13 ],
[ a21 , a21 * x +  a22 , a23 ],
[ a31 , a31 * x +  a32 , a33 ]])
>>> A * E2
Matrix ([
[ a12 , a11 , a13],
[ a22 , a21 , a23],
[ a32 , a31 , a33],
>>> A * E3
Matrix ([
[ a11 , a12 * y, a13 ],
[ a21 , a22 * y, a23 ],
[ a31 , a32 * y, a33 ]])
```

一般可以说明以下内容。

（1）从左边乘以初等矩阵后，会出现称为行的初等变换的以下操作。

1）某一行的标量乘以另一行的标量。
2）某一行与另一行交换。
3）某一行乘以非 0 标量。

（2）从右边乘以初等矩阵后，会出现被为列的初等变换的以下操作。

1）某一列的标量乘以另一行的标量。
2）某一列与另一列交换。
3）某一列乘以非 0 标量。

两者合在一起，称矩阵的初等变换。

在 Python 中，可以通过改写 ***A*** 的方法进行初等变换，***A*** 是可更改对象。

```
>>>  B  =  A. copy ();  B [1 ,:]  *=  x;  B
Matrix ([ [    a11 ,
[   a11,   a12,    a13],
[ a21 * x,  a22 *x, a23 * x],
[   a31,   a32,    a33 ]])
```

若改写 $\boldsymbol{A}$，会影响后面的基本操作的说明，所以会制作副本并将基本操作应用于该副本。为节约版面，将 $\boldsymbol{A}$ 的副本代入 $\boldsymbol{B}$、$\boldsymbol{B}$ 的改写和 $\boldsymbol{B}$ 的显示这三个命令用分号（ ; ）隔开，写在一行。$\boldsymbol{B}$[1,:] 是提取 $\boldsymbol{B}$ 第 2 行之后的行向量。用乘赋值运算符（*=）将该行乘以 x①。

```
>>> B = A.copy(); B[:,2] *= x; B
Matrix([
[a11, a12, a13 * x],
[a21, a22, a23 * x],
[a31, a32, a33 * x]])
```

$\boldsymbol{B}$[:,2] 提取了 $\boldsymbol{B}$ 的第 3 列的列向量。用乘赋值运算符 *= 将该列乘以 x。

```
>>> B = A.copy(); B[0,:], B[1,:] = B[1,:], B[0,:]; B
Matrix([
[a21, a22, a23],
[a11, a12, a13],
[a31, a32, a33]])
```

以上代码替换 $\boldsymbol{B}$ 的第 2 行和第 3 行。

```
>>> B = A.copy(); B[:,1], B[:,2] = B[:,2], B[:,1]; B
Matrix([
[a11, a13, a12],
[a21, a23, a22],
[a31, a33, a32]])
```

以上代码替换 $\boldsymbol{B}$ 的第 2 列和第 3 列。

```
>>> B = A.copy(); B[0,:] += y * B[1,:]; B
Matrix([
[a11 + a21*y, a12 + a22*y, a13 + a23*y],
[        a21,         a22,         a23],
[        a31,         a32,         a33]])
```

在以上代码中，$\boldsymbol{B}$ 的第 2 行乘以 $\boldsymbol{y}$，再用赋值运算符 += 加到第 1 行。

```
>>> B = A.copy(); B[:,1] += y * B[:,2]; B
Matrix([
[a11, a12 + a13*y, a13],
[a21, a22 + a23*y, a23],
```

① 与将变量 a 和把表示变量 a 的值加倍的赋值语句 a=a*2 写成 a*=2 类似。在 Python 中，将 *= 称为乘赋值运算符。赋值运算符还包括 +=、−=、/= 等。数学中本来就没有 $\boldsymbol{a}=\boldsymbol{a}\times 2$ 这样的赋值。

```
[ a31 , a32 + a33 *y, a33 ]])
```

以上代码用 $\boldsymbol{B}$ 的第 3 列乘以 $\boldsymbol{y}$，再用赋值运算符 += 加到第 2 列。

在 NumPy 中也可以用类似的方式进行初等变换，但行（或列）的交换方式如下。

```
>>> from  numpy  import  array
>>> A  =  array ([[1,  2,  3],  [4,  5,  6],  [7,  8,  9]])
>>> B  =  A. copy ();  B[[0,  1],  :]  =  B[[1,  0],  :];  B
array ([[4,  5,  6],
        [1,  2,  3],
        [7,  8,  9]])
```

在以上代码中，**B**[[0,1],:] 代表 $\boldsymbol{B}$ 的第 1 行和第 2 行。**B**[[1,0],:] 代表 $\boldsymbol{B}$ 的第 2 行和第 1 行。因此，这两行是互换的。

```
>>> B  =  A. copy ();  B[:,  [1,  2]]  =  B[:,  [2,  1]];  B
array ([[1,  3,  2],
        [4,  6,  5],
        [7,  9,  8]])
```

在以上代码中，**B**[:,[1,2]] 代表 $\boldsymbol{B}$ 的第 2 列和第 3 列。**B**[:,[2,1]] 代表 $\boldsymbol{B}$ 的第 3 列和第 2 列。因此，这两列是互换的。

➢ 5.2　矩阵的阶数

(m, n) 型矩阵 $\boldsymbol{A}=\begin{bmatrix}\boldsymbol{a}_1 & \boldsymbol{a}_2 & \cdots & \boldsymbol{a}_n\end{bmatrix}$ 的列向量，以及提取的 $\{\boldsymbol{a}_1, \boldsymbol{a}_2, \cdots, \boldsymbol{a}_n\}$ 所生成的 $\mathbb{K}^m$ 的子空间，等于 $\mathbb{K}^n$ 到 $\mathbb{K}^m$ 的线性映射 $\boldsymbol{x} \mapsto \boldsymbol{A}\boldsymbol{x}$ 的值域。该子空间用 $\mathrm{range}(\boldsymbol{A})$ 表示。$\mathrm{range}(\boldsymbol{A})$ 的维称为矩阵 $\boldsymbol{A}$ 的阶数。计算矩阵的阶乘时可以使用初等变换。由于初等矩阵是正则矩阵（作为线性映射的双射），因此矩阵 $\boldsymbol{A}$ 从左（或右）乘以初等矩阵得出的矩阵的阶数与 $\boldsymbol{A}$ 的阶数相同。也就是说，$\boldsymbol{A}$ 的初等变换不会改变阶数。

容易看出，以下矩阵的阶数是 k（$*$ 处的部分数字可以是任意数字）。

$$\begin{bmatrix} a_{11} & * & * & * & \cdots & * \\ 0 & \ddots & \ddots & \vdots & \cdots & * \\ 0 & \ddots & a_{kk} & * & \cdots & * \\ 0 & \cdots & 0 & 0 & \cdots & 0 \\ \vdots & \cdots & \vdots & \vdots & \cdots & \vdots \\ 0 & \cdots & 0 & 0 & \cdots & 0 \end{bmatrix} \qquad (a_{11}a_{22}\cdots a_{kk} \neq 0)$$

如何通过初等变换将 $\boldsymbol{A}$ 变换为这种形式。下面用具体例子来分析。

$$\begin{bmatrix} 1 & 2 & 3 \\ 2 & 3 & 4 \\ 3 & 4 & 5 \end{bmatrix} \xrightarrow{\text{第2行}-\text{第1行}\times 2} \begin{bmatrix} 1 & 2 & 3 \\ 0 & -1 & -2 \\ 3 & 4 & 5 \end{bmatrix} \xrightarrow{\text{第3行}-\text{第1行}\times 3} \begin{bmatrix} 1 & 2 & 3 \\ 0 & -1 & -2 \\ 0 & -2 & -4 \end{bmatrix}$$

首先，将第 1 列对角线以下的数字设为 0。

$$\begin{bmatrix} 1 & 2 & 3 \\ 0 & -1 & -2 \\ 0 & -2 & -4 \end{bmatrix} \xrightarrow{\text{第3行}-\text{第2行}\times 2} \begin{bmatrix} 1 & 2 & 3 \\ 0 & -1 & -2 \\ 0 & 0 & 0 \end{bmatrix}$$

接下来，将第 2 列对角线以下的数字设为 0。现在可以看到矩阵已经达到了所期望的形式，因此，可以确定阶数为 2。在初等变换中，将矩阵的第 i 列的 (i, i) 成分以下的数字设为 0 操作后，继续设 $i = 1, 2, \cdots$。这里的 (i, i) 成分称为主元，有时主元可能为 0。在这种情况下，带有主元的行与其下面的行，或者带有主元的列与其右边的列进行互换。

$$\begin{bmatrix} 1 & 2 & 3 \\ 0 & 0 & 4 \\ 0 & 0 & 5 \end{bmatrix} \xrightarrow{\text{第2列与第3列互换}} \begin{bmatrix} 1 & 3 & 2 \\ 0 & 4 & 0 \\ 0 & 5 & 0 \end{bmatrix} \xrightarrow{\text{第3行}-\text{第2行}\times\frac{5}{4}} \begin{bmatrix} 1 & 2 & 3 \\ 0 & 4 & 0 \\ 0 & 0 & 0 \end{bmatrix}$$

为了在 NumPy 中计算阶数，可以使用 linalg 模块中定义的 matrix rank 函数，在第 3 章中已介绍过。

```
>>> from numpy import *
>>> A = array ([[1, 2, 3], [2, 3, 4], [3, 4, 5]])
>>> linalg . matrix_rank ( A)
2
```

在 SymPy 中，使用 Matrix 类的 rank 方法示例。

```
>>> from sympy import *
>>> A = Matrix ([[1, 2, 3], [2, 3, 4], [3, 4, 5]])
```

```
>>> A. rank ()
2
```

问题 5.3 请证明以下关于阶数的事实。

（1）对于 (m, n) 型矩阵 $\boldsymbol{A}$， $\mathrm{rank}(\boldsymbol{A}) \leqslant \min\{m, n\}$ 。

（2）对于矩阵积 $\boldsymbol{AB}$ 的阶数， $\mathrm{rank}(\boldsymbol{AB}) \leqslant \min\{\mathrm{rank}(\boldsymbol{A}), \mathrm{rank}(\boldsymbol{B})\}$ 。

问题 5.4 下面是计算矩阵的阶数问题的程序。

程序：prob_rank.py。

```
1  from numpy.random import seed, choice, permutation
2  from sympy import Matrix
3
4
5  def f(P, m1, m2, n):
6      if n > min(m1, m2):
7          return Matrix(choice(P, (m1, m2)))
8      else:
9          while True:
10             X, Y = choice(P, (m1, n)), choice(P, (n, m2))
11             A = Matrix(X.dot(Y))
12             if A.rank() == n:
13                 return A
14
15
16 m1, m2 = 3, 4
17 seed(2020)
18 for i in permutation(max(m1, m2)):
19     print(f([-3, -2, -1, 1, 2, 3], m1, m2, i+1))
```

第 5 ~ 13 行 该函数将随机生成阶数是 n 的 m_1 行 m_2 列的矩阵。如果 n 的值大于 m_1 和 m_2 的最小值，那么阶数永远不会是 n。在这种情况下，将随机生成并返回元素为 P 的 m_1 行 n 列的矩阵。该矩阵的阶数小于 m_1 和 m_2 的最小值。否则，在 m_1 行 m_2 列的矩阵中创建一个阶数为 n 的矩阵。随机抽取作为 P 元素的数字，并创建 m_1 行 n 列的矩阵 $\boldsymbol{X}$ 和 n 行 m_1 列的矩阵 $\boldsymbol{Y}$，将两者相乘形成 $\boldsymbol{A}$。$\boldsymbol{A}$ 的阶数小于或等于 n。返回通过重新创建得到的 $\boldsymbol{A}$，直到阶数正好为 n。

第 16 行 给出要生成的矩阵类型。

第 17 行 如果随机更改数的来源，会出现不同的问题。

第 18 行、第 19 行 生成几个不同阶数的问题。在 f 函数的第 1 个参数中，给出相对较小的绝对值，便于计算。0 被排除在外，以避免出现一行或列的元素都为 0 的问题。

运行示例：

```
Matrix ([[4, 5, -5, 4], [8, 1, -17, 16], [0, -3, -3, 0]])
Matrix ([[-10, 4, -8, -8], [7, -2, 8, 4], [0, -1, -3, 2]])
Matrix ([[-2, 2, -2, 1], [-1, -3, -2, -2], [-1, -1, -2, -3]])
Matrix ([[3, -1, -3, -1], [9, -3, -9, -3], [-3, 1, 3, 1]])
```

➢ 5.3　行列式

从集合 $\{1, 2, \cdots, n\}$ 中不重复地选取 n 个数并按一定顺序排列，称为一个 n 次置换。所有 n 次置换的集合记作 P_n，其中的元素可表示为 $(p_1, p_2, \cdots, p_n)$。我们将 $(1, 2, \cdots, n)$ 称为恒等置换。对于 $i \neq j$，将置换的第 i 个数与第 j 个数交换的操作

$$(p_1, \cdots, p_i, \cdots, p_j, \cdots, p_n) \mapsto (p_1, \cdots, p_j, \cdots, p_i, \cdots, p_n)$$

称为互换（或转置）。例如，5 次置换（5, 1, 2, 3, 4），可以像

$$(1, 2, 3, 4, 5) \mapsto (5, 2, 3, 4, 1) \mapsto (5, 1, 3, 4, 2) \mapsto (5, 1, 2, 4, 3) \mapsto (5, 1, 2, 3, 4)$$

从恒等置换（1, 2, 3, 4, 5）经过 4 次互换得到。由此可见，任何置换都可以通过对恒等置换反复进行互换而得到。我们将通过偶数次互换得到的置换称为偶置换，通过奇数次互换得到的置换称为奇置换。下面来证明：任意一个置换只能是偶置换或奇置换之一，不能同时是两者。对于 n 个变量 x_1，x_2，$\cdots$，x_n，分析函数

$$f(x_1, x_2, \cdots, x_n) \overset{\text{def}}{=\!=} \prod_{i<j} (x_i - x_j)$$

若有

$$f(\cdots, x_i, \cdots, x_j, \cdots) = -f(\cdots, x_j, \cdots, x_i, \cdots) \quad (x_i \text{ 和 } x_j \text{ 的互换})$$

如果 $(p_1, p_2, \cdots, p_n)$ 可以通过从恒等置换重复 s 次互换得到，则

$$f(x_{p_1}, x_{p_2}, \cdots, x_{p_n}) = (-1)^s f(x_1, x_2, \cdots, x_n)$$

成立。如果 $(p_1, p_2, \cdots, p_n)$ 也可以通过从恒等置换重复进行另外的 t 次互换得到，那么 $(-1)^s = (-1)^t$，因此 s 和 t 的奇偶性相同。将

$$\sigma(p_1, p_2, \cdots, p_n) \underset{=\!=}{\text{def}} \begin{cases} 1, (p_1, p_2, \cdots, p_n) & \text{是偶置换时} \\ -1, (p_1, p_2, \cdots, p_n) & \text{是奇置换时} \end{cases}$$

定义为置换的符号。

对于

$$\boldsymbol{A} = \begin{bmatrix} a_{11} & a_{12} & \cdots & a_{1n} \\ a_{21} & a_{22} & \cdots & a_{2n} \\ \vdots & \vdots & \ddots & \vdots \\ a_{n1} & a_{n2} & \cdots & a_{nn} \end{bmatrix}$$

有

$$\begin{vmatrix} a_{11} & a_{12} & \cdots & a_{1n} \\ a_{21} & a_{22} & \cdots & a_{2n} \\ \vdots & \vdots & \ddots & \vdots \\ a_{n1} & a_{n2} & \cdots & a_{nn} \end{vmatrix} \underset{=\!=}{\text{def}} \sum_{(p_1, p_2, \cdots, p_n) \in P_n} \sigma(p_1, p_2, \cdots, p_n) a_{1p_1} a_{2p_2} \cdots a_{np_n}$$

称为 $\boldsymbol{A}$ 的行列式。其中，$\sum\limits_{(p_1, p_2, \cdots, p_n) \in P_n}$ 是 n 次置换的总和。有时也用 $|\boldsymbol{A}|$ 或 $\det(\boldsymbol{A})$ 来表示[1]。

生成置换及其符号的函数，以及根据定义计算行列式的程序如下。

程序：determinant.py。

```
from functools import reduce


```

① det 是 determinant 的简写。

```
4   def P(n):
5       if n == 1:
6           return [([0] , 1)]
7       else:
8           Q=[]
9           for p , s in P(n-1):
10              Q . append((p + [n-1] , s))
11              for i in range(n-1):
12                  q = p + [n-1]
13                  q[i] , q[-1] = q[-1] , q[i]
14                  Q . append ((q , -1*s))
15              returnQ
16
17
18  def prod(L): return reduce (lambda x , y: x*y , L)
19
20
21  def det(A):
22      n = len(A)
23      a = sum([s * prod([A[i] [p[i]] for i in range(n)])
24                  for p , s in P(n)])
25      return a
26
27
28  if __name__ == '__main__':
29      A = [[1 , 2], [2 , 3]]
30      B = [[1 , 2], [2 , 4]]
31      C = [[1 , 2 , 3], [2 , 3 , 4], [3 , 4 , 5]]
32      D = [[1 , 2 , 3], [2 , 3 , 1], [3 , 1 , 2]]
33      print( det(A), det(B), det(C), det(D))
```

第 4 ~ 15 行 递归生成 n 次置换的列表。对于 $n-1$ 次置换的一个 $(p_1, p_2, \cdots, p_{n-1})$，$(p_1, p_2, \cdots, p_{n-1}, n)$ 是具有相同符号的 n 次置换之一。在该置换中，通过将 n 和 p_1，p_2，$\cdots$，p_{n-1} 进行互换，可以得到

$$(n, p_2, \cdots, p_{n-1}, p_1), (p_1, n, \cdots, p_{n-1}, p_2), \cdots, (p_1, p_2, \cdots, n, p_{n-1})$$

n 次置换中 n 与其他元素互换位置的 $n-1$ 个不同符号反转的置换。通过对 $(p_1, p_2, \cdots, p_{n-1})$

进行 $n-1$ 次所有置换的移动，可以生成所有 n 次置换。

第 18 行 这是返回给定列表的所有元素之和的函数，使用了标准库 functools 中定义的函数 reduce。该函数如 reduce(f, L) 一样，有两个参数。其中，第一个参数是的双变量函数 $f(x, y)$；第二个参数是列表 $[a_1, a_2, \cdots, a_n]$，返回

$$f(\cdots f(f(a_1, a_2), a_3)\cdots, a_n)$$

如果 $f(x, y)=x\times y$，那么返回 $a_1\times a_2\times\cdots\times a_n$。

第 21 ~ 25 行 根据行列式的定义，计算行列式的值。

行列式具有以下性质。

（1）转置矩阵的行列式的值与矩阵的行列式的值相同。

$$\begin{vmatrix} a_{11} & \cdots & a_{1n} \\ \vdots & \ddots & \vdots \\ a_{n1} & \cdots & a_{nn} \end{vmatrix} = \begin{vmatrix} a_{11} & \cdots & a_{n1} \\ \vdots & \ddots & \vdots \\ a_{1n} & \cdots & a_{nn} \end{vmatrix}$$

在行列式的公式中，如果将行下标替换为列下标之后，得

$$\begin{vmatrix} a_{11} & a_{21} & \cdots & a_{n1} \\ a_{12} & a_{22} & \cdots & a_{n2} \\ \vdots & \vdots & \ddots & \vdots \\ a_{1n} & a_{2n} & \cdots & a_{nn} \end{vmatrix} = \sum_{(p_1, p_2, \cdots, p_n)\in P_n} \sigma(p_1, p_2, \cdots, p_n)\, a_{p_1 1} a_{p_2 2} \cdots a_{p_n n}$$

对于置换 $(p_1, p_2, \cdots, p_n)$，我们按图 5.2（b）的方式对列进行重新排列，同时保留图 5.2（a）的上下对应关系，如图 5.2 所示。

1	2	$\cdots$	n
p_1	p_2	$\cdots$	p_n

（a）原排列

$\longrightarrow$

q_1	q_2	$\cdots$	q_n
1	2	$\cdots$	n

（b）新排列

图 5.2 排列

此时，可得 $a_{p_1 1} a_{p_2 2} \cdots a_{p_n n} = a_{1 q_1} a_{2 q_2} \cdots a_{n q_n}$，并且 $(q_1, q_2, \cdots, q_n)\in P_n$。同时，我们可以将从图 5.2（a）到图 5.2（b）的置换视为从图 5.2（b）到图 5.2（a）的逆置换，因此可以说 $\sigma(q_1, q_2, \cdots, q_n)=\sigma(p_1, p_2, \cdots, p_n)$。进而得出 $\det(\boldsymbol{A}^{\mathrm{T}})=\det(\boldsymbol{A})$ 成立。

（2）对换行列式的两个行时，符号会发生变化。

$$\begin{matrix} \\ \text{第}i\text{行} \\ \\ \text{第}j\text{行} \\ \\ \end{matrix}\begin{vmatrix} \vdots & & \vdots \\ a_{i1} & \cdots & a_{in} \\ \vdots & & \vdots \\ a_{j1} & \cdots & a_{jn} \\ \vdots & & \vdots \end{vmatrix} = -\begin{vmatrix} \vdots & & \vdots \\ a_{j1} & \cdots & a_{jn} \\ \vdots & & \vdots \\ a_{i1} & \cdots & a_{in} \\ \vdots & & \vdots \end{vmatrix}$$

假设 $i<j$，将 $\boldsymbol{A}$ 的第 i 行和第 j 行对换后的矩阵设为 $\boldsymbol{A}'$。此时，根据

$$\begin{aligned} & \sum_{(p_1,\cdots,p_i,\cdots,p_j,\cdots,p_n)\in P_n} \sigma(p_1,\cdots,p_i,\cdots,p_j,\cdots,p_n)a_{1p_1}\cdots a_{ip_i}\cdots a_{jp_j}\cdots a_{np_n} \\ = & -\sum_{(p_1,\cdots,p_j,\cdots,p_i,\cdots,p_n)\in P_n} \sigma(p_1,\cdots,p_j,\cdots,p_i,\cdots,p_n)a_{1p_1}\cdots a_{jp_j}\cdots a_{ip_i}\cdots a_{np_n} \\ = & -\sum_{(p_1,\cdots,p_i,\cdots,p_j,\cdots,p_n)\in P_n} \sigma(p_1,\cdots,p_i,\cdots,p_j,\cdots,p_n)a_{1p_1}\cdots a_{jp_i}\cdots a_{ip_j}\cdots a_{np_n} \end{aligned}$$

可得 $\det(\boldsymbol{A})=-\det(\boldsymbol{A}')$。

（3）将矩阵的某一行乘以一个标量，得到的矩阵的行列式等于原矩阵的行列式乘以该标量。

$$\begin{matrix} \\ \\ \text{第}i\text{行} \\ \\ \\ \end{matrix}\begin{vmatrix} a_{11} & \cdots & a_{1n} \\ \vdots & & \vdots \\ ca_{i1} & \cdots & ca_{in} \\ \vdots & & \vdots \\ a_{n1} & & a_{nn} \end{vmatrix} = c\begin{vmatrix} a_{11} & \cdots & a_{1n} \\ \vdots & & \vdots \\ a_{i1} & \cdots & a_{in} \\ \vdots & & \vdots \\ a_{n1} & \cdots & a_{nn} \end{vmatrix}$$

设 $\boldsymbol{A}'$ 是只将 $\boldsymbol{A}$ 的第 i 行乘以 c 得到的矩阵。因为

$$\begin{aligned} & \sum_{(p_1,\cdots,p_i,\cdots,p_n)\in P_n} \sigma(p_1,\cdots,p_i,\cdots,p_n)a_{1p_1}\cdots(ca_{ip_i})\cdots a_{np_n} \\ = & \ c\sum_{(p_1,\cdots,p_i,\cdots,p_n)\in P_n} \sigma(p_1,\cdots,p_i,\cdots,p_n)a_{1p_1}\cdots a_{ip_i}\cdots a_{np_n} \end{aligned}$$

所以可得 $\det(\boldsymbol{A}')=c\det(\boldsymbol{A})$。

（4）对于一个矩阵的行列式，如果要在矩阵的一行上采用求和形式，那么行列式是分割该行的两个矩阵的行列式之和。

$$\text{第}i\text{行}\begin{vmatrix} a_{11} & \cdots & a_{1n} \\ \vdots & & \vdots \\ b_1+c_1 & \cdots & b_n+c_n \\ \vdots & & \vdots \\ a_{n1} & \cdots & a_{nn} \end{vmatrix} = \begin{vmatrix} a_{11} & \cdots & a_{1n} \\ \vdots & & \vdots \\ b_1 & \cdots & b_n \\ \vdots & & \vdots \\ a_{n1} & \cdots & a_{1n} \end{vmatrix} + \begin{vmatrix} a_{11} & \cdots & a_{1n} \\ \vdots & & \vdots \\ c_1 & \cdots & c_n \\ \vdots & & \vdots \\ a_{n1} & \cdots & a_{nn} \end{vmatrix}$$

当只有 $\boldsymbol{A}$ 的第 i 行 $a_{ij}=b_j+c_j\,(j=1,2,\cdots,n)$ 时，用 $b_1,b_2,\cdots,b_n$ 替换 $\boldsymbol{A}$ 的第 i 行得到的矩阵和用 $c_1,c_2,\cdots,c_n$ 替换后得到的矩阵分别设为 $\boldsymbol{A}'$ 和 $\boldsymbol{A}''$。

$$\begin{aligned} & \sum_{(p_1,\cdots,p_i,\cdots,p_n)\in P_n} \sigma(p_1,\cdots,p_i,\cdots,p_n)\, a_{1p_1}\cdots(b_{ip_i}+c_{ip_i})\cdots a_{np_i} \\ = & \sum_{(p_1,\cdots,p_i,\cdots,p_n)\in P_n} \sigma(p_1,\cdots,p_i,\cdots,p_n)\, a_{1p_1}\cdots b_{p_i}\cdots a_{np_n} \\ + & \sum_{(p_1,\cdots,p_i,\cdots,p_n)\in P_n} \sigma(p_1,\cdots,p_i,\cdots,p_n)\, a_{1p_1}\cdots c_{p_i}\cdots a_{np_n} \end{aligned}$$

因此，可以说 $\det(A)=\det(A')+\det(A'')$。

（5）矩阵的行列式将另一行的标量倍数加到矩阵的一行时，与矩阵的行列式的值相同。

$$\begin{matrix} \\ \text{第}i\text{行} \\ \\ \text{第}j\text{行} \\ \\ \end{matrix}\begin{vmatrix} \vdots & & \vdots \\ a_{i1} & \cdots & a_{in} \\ \vdots & & \vdots \\ a_{j1} & \cdots & a_{jn} \\ \vdots & & \vdots \end{vmatrix} = \begin{vmatrix} \vdots & & \vdots \\ a_{i1}+ca_{j1} & \cdots & a_{in}+ca_{jn} \\ \vdots & & \vdots \\ a_{j1} & \cdots & a_{jn} \\ \vdots & & \vdots \end{vmatrix}$$

因为性质（2）中两行相等的矩阵的行列式的值是 0。结合性质（3）和性质（4），可推导出性质（5）。

从性质（1）可以看出，即使把行改成列，性质（2）～性质（5）也是成立的。矩阵的初等变换的相关部分可以概括为以下几点。

- 行的初等变换。

将 $\boldsymbol{A}$ 中的某一行和另一行进行对换后，得到的新矩阵的行列式的值是 $-\det(\boldsymbol{A})$。

将 $\boldsymbol{A}$ 中的某一行乘以 c 后，得到的新矩阵的行列式的值是 $c\det(\boldsymbol{A})$。

将 $\boldsymbol{A}$ 中的某一行加上另一行的标量倍数后，得到的新矩阵的行列式的值是 $\det(\boldsymbol{A})$。

● 列的初等变换。

将 $\boldsymbol{A}$ 的某一列和另一列进行对换后，其行列式的值是 $-\det(\boldsymbol{A})$。

将 $\boldsymbol{A}$ 的某一列乘以 c 后，其行列式的值是 $c\det(\boldsymbol{A})$。

将 $\boldsymbol{A}$ 的某一列加上另一列的标量倍数后，其行列式的值是 $\det(\boldsymbol{A})$。

利用这些性质可以计算行列式。在不改变行列式的值的情况下，通过初等变换可以给出以下形状的矩阵，更容易计算行列式。

$$\begin{vmatrix} a_{11} & * & \cdots & * \\ 0 & a_{22} & \ddots & \vdots \\ \vdots & \ddots & \ddots & * \\ 0 & \cdots & 0 & a_{nn} \end{vmatrix} = a_{11}a_{22}\cdots a_{nn}$$

该做法与用初等变换计算阶数时相同，但变为等式变换。将行和列的交换或者行和列乘以 c 时，应乘以 -1 或 $1/c$ 进行修正，这样行列式的值不变。

$$\begin{vmatrix} 1 & 2 & 3 \\ 2 & 3 & 1 \\ 3 & 1 & 2 \end{vmatrix} \overset{\text{第2行}-\text{第1行}\times 2}{=\!=\!=} \begin{vmatrix} 1 & 2 & 3 \\ 0 & -1 & -5 \\ 3 & 1 & 2 \end{vmatrix} \overset{\text{第3行}-\text{第1行}\times 3}{=\!=\!=} \begin{vmatrix} 1 & 2 & 3 \\ 0 & -1 & -5 \\ 0 & 5 & 7 \end{vmatrix}$$

$$\overset{\text{第3行}-\text{第2行}\times 5}{=\!=\!=} \begin{vmatrix} 1 & 2 & 3 \\ 0 & -1 & -5 \\ 0 & 0 & 18 \end{vmatrix} = 1\times(-1)\times 18 = -18$$

与阶数的计算相同，如果在计算过程中遇到了零主元（即对角线上的元素为 0），则交换行或列。

$$\begin{vmatrix} 0 & 2 & 2 \\ 2 & 1 & 2 \\ 3 & 2 & 3 \end{vmatrix} \overset{\text{交换第1行和第2行}}{=\!=\!=} \begin{vmatrix} 2 & 1 & 2 \\ 0 & 2 & 2 \\ 3 & 2 & 3 \end{vmatrix} \overset{\text{第1行}\div 2}{=\!=\!=} \begin{vmatrix} 1 & 1/2 & 1 \\ 0 & 2 & 2 \\ 3 & 2 & 3 \end{vmatrix}$$

任何方阵 $\boldsymbol{A}$ 可以通过行和列的初等变换变为以下矩阵

$$
\boldsymbol{J}_1\boldsymbol{A}\boldsymbol{J}_2=\begin{bmatrix}1 & 0 & \cdots & \cdots & \cdots & 0\\ 0 & \ddots & \ddots & & & \vdots\\ \vdots & \ddots & 1 & \ddots & & \vdots\\ \vdots & & \ddots & 0 & \ddots & \vdots\\ \vdots & & & \ddots & \ddots & 0\\ 0 & \cdots & \cdots & \cdots & 0 & 0\end{bmatrix}
$$

我们假设该矩阵为 $\boldsymbol{J}_0$。因为 $\boldsymbol{J}_0$ 对角线上 1 的个数是 $\boldsymbol{A}$ 的阶数，$\boldsymbol{J}_0$ 的行列式是 0 或 1（当对角线上的元素都是 1 时）。其中，$\boldsymbol{J}_1$ 和 $\boldsymbol{J}_2$ 是初等矩阵，因此，该矩阵可以写成

$$
\boldsymbol{A}=\boldsymbol{J}_1^{-1}\boldsymbol{J}_0\boldsymbol{J}_2^{-1}
$$

初等矩阵的逆矩阵也是初等矩阵，所以 $\boldsymbol{A}$ 可以表示为初等矩阵与 $\boldsymbol{J}_0$ 的乘积。

矩阵的行列式的以下性质很重要：

$$
\det(\boldsymbol{AB})=\det(\boldsymbol{A})\det(\boldsymbol{B})
$$

因为 $\boldsymbol{A}$ 可以用初等矩阵与 $\boldsymbol{J}_0$ 的乘积来表示，因此，只要证明 $\boldsymbol{A}$ 是初等矩阵或 $\boldsymbol{J}_0$，以下等式就成立了。

$$
\det\left(\boldsymbol{E}_1^{(i,j,c)}\boldsymbol{B}\right)=\det(\boldsymbol{B})=\det\left(\boldsymbol{E}_1^{(i,j,c)}\right)\det(\boldsymbol{B})
$$

$$
\det\left(\boldsymbol{E}_2^{(i,j)}\boldsymbol{B}\right)=-\det(\boldsymbol{B})=\det\left(\boldsymbol{E}_2^{(i,j)}\right)\det(\boldsymbol{B})
$$

$$
\det\left(\boldsymbol{E}_3^{(i,c)}\boldsymbol{B}\right)=c\det(\boldsymbol{B})=\det\left(\boldsymbol{E}_3^{(i,c)}\right)\det(\boldsymbol{B})
$$

$\det(\boldsymbol{J}_0)$ 可以是 0 或者 1。当 $\det(\boldsymbol{J}_0)$ 是 1 时，$\boldsymbol{J}_0$ 是单位矩阵，因此可得

$$
\det(\boldsymbol{J}_0\boldsymbol{B})=\det(\boldsymbol{B})=\det(\boldsymbol{J}_0)\det(\boldsymbol{B})
$$

当 $\det(\boldsymbol{J}_0)$ 是 0 时，在 $\boldsymbol{J}_0\boldsymbol{B}$ 中会有一行全为 0，因此可得

$$
\det(\boldsymbol{J}_0\boldsymbol{B})=0=\det(\boldsymbol{J}_0)\det(\boldsymbol{B})
$$

可知 $\boldsymbol{A}$ 是正则矩阵的必要且充分条件是，其行列式不为 0。这是因为，$\boldsymbol{A}$ 是正则矩阵的

必要且充分条件是 $\boldsymbol{J}_0=\boldsymbol{I}$，这相当于 $\det(\boldsymbol{A})\neq 0$。该事实将在后面求解特征方程以找到特征值时会被用到。

在 NumPy 中，已实现了矩阵的行列式计算。代码如下。

```
>>> from numpy.linalg import det
>>> A = [[1, 2], [2, 3]]
>>> B = [[1, 2], [2, 4]]
>>> C = [[1, 2, 3], [2, 3, 4], [3, 4, 5]]
>>> D = [[1, 2, 3], [2, 3, 1], [3, 1, 2]]
>>> det(A), det(B), det(C), det(D)
(-1.0, 0.0, 2.2204460492503185e-16, -18.000000000000004)
```

若根据行列式的定义来计算，所有元素均为整数的行列式应该是整数，但如上所示，结果是实数且有小误差。这是由于在初等变换中将主元素设为 1 时，涉及除法操作，而除法操作可能会引入误差。

在 SymPy 中不会产生误差。而且，它还可以计算带有文字变量的行列式。代码如下。

```
>>> from sympy import *
>>> A = Matrix([[1, 2], [2, 3]])
>>> B = Matrix([[1, 2], [2, 4]])
>>> C = Matrix([[1, 2, 3], [2, 3, 4], [3, 4, 5]])
>>> D = Matrix([[1, 2, 3], [2, 3, 1], [3, 1, 2]])
>>> A.det(), B.det(), C.det(), D.det()
(-1, 0, 0, -18)
>>> a11, a12, a13 = symbols('a11, a12, a13')
>>> a21, a22, a23 = symbols('a21, a22, a23')
>>> a31, a32, a33 = symbols('a31, a32, a33')
>>> E = Matrix([[a11, a12], [a21, a22]])
>>> F = Matrix([[a11, a12, a13], [a21, a22, a23], [a31, a32, a33]])
>>> E.det()
a11*a22 - a12*a21
>>> F.det()
a11*a22*a33 - a11*a23*a32 - a12*a21*a33
+ a12*a23*a31 + a13*a21*a32 - a13*a22*a31
```

问题 5.5　随机创建 10000 个 n 阶方阵，其元素由 0 和 10 之间的整数组成，读者可尝试找出在不同的 n 下有多少个正则矩阵。

问题 5.6 下面是计算行列式问题的程序。使用初等变换来计算行列式的值。

程序：prob_det.py。

```
1  from numpy.random import seed, choice, permutation
2  from sympy import Matrix
3
4
5  def f(P, m, p):
6      while True:
7          A = Matrix(choice(P, (m, m)))
8          if p == 0:
9              if A.det() == 0:
10                 return A
11             elif A.det() != 0:
12                 return A
13
14
15 m = 3
16 seed(2020)
17 for p in permutation(2):
18     print(f([-3, -2, -1, 1, 2, 3], m, p))
```

第 17 行、第 18 行 生成两个矩阵，一个矩阵的行列式值为 0；另一个是非 0 矩阵，顺序随机生成。

运行示例：

```
Matrix([[-3, 1, 1], [1, 3, 1], [-3, 3, -3]])
Matrix([[-2, 1, -1], [-3, 2, 3], [3, -2, -3]])
```

➢ 5.4 迹

对于 n 阶方阵 $\boldsymbol{A}$，其对角元素的总和用 $\mathrm{tr}(\boldsymbol{A})$ 表示，这称为 $\boldsymbol{A}$ 的迹。对于 n 阶方阵 $\boldsymbol{A}$、$\boldsymbol{B}$ 以及 $c \in \mathbb{K}$，下述内容成立。

（1）$\mathrm{tr}(\boldsymbol{A}+\boldsymbol{B})=\mathrm{tr}(\boldsymbol{A})+\mathrm{tr}(\boldsymbol{B})$。　　（2）$\mathrm{tr}(c\boldsymbol{A})=c\,\mathrm{tr}(\boldsymbol{A})$。

（3）$\mathrm{tr}(\boldsymbol{A}^*)=\overline{\mathrm{tr}(\boldsymbol{A})}$。　　（4）$\mathrm{tr}(\boldsymbol{AB})=\mathrm{tr}(\boldsymbol{BA})$。

内容（1）～内容（3）是从定义推论出来的。下面分析内容（4）。若 $\boldsymbol{E}$ 是 n 阶方阵的初等矩阵或对角矩阵，通过简单计算可以得出，$\mathrm{tr}(\boldsymbol{AE})=\mathrm{tr}(\boldsymbol{EA})$。如 5.3 节所述，任何 n 阶方阵 $\boldsymbol{B}$ 都可以用初等矩阵与对角矩阵的乘积来表示，因此通过重复使用上述内容推论，可得 $\mathrm{tr}(\boldsymbol{AB})=\mathrm{tr}(\boldsymbol{BA})$。

所有 n 阶方阵用 $M_n(\mathbb{K})$ 来表示。$\varphi:M_n(\mathbb{K})\to\mathbb{K}$ 满足以下内容。

（1）$\varphi(\boldsymbol{A}+\boldsymbol{B})=\varphi(\boldsymbol{A})+\varphi(\boldsymbol{B})$。　　（2）$\varphi(c\boldsymbol{A})=c\varphi(\boldsymbol{A})$。

（3）$\varphi(\boldsymbol{A}^*)=\overline{\varphi(\boldsymbol{A})}$。　　（4）$\varphi(\boldsymbol{AB})=\varphi(\boldsymbol{BA})$。

在这种情况下，证明存在 $\alpha\in\mathbb{K}$，使得 $\varphi=\alpha\mathrm{tr}$。设 $\boldsymbol{U}_{ij}\in M_n(\mathbb{K})$ 为矩阵，该矩阵只有 (i,j) 的成分是 1，其他成分均为 0。这种矩阵称为单位矩阵。整个单位矩阵是线性空间 $M_n(\mathbb{K})$ 的基。当 $i\neq j$ 时，只要

$$\varphi(\boldsymbol{U}_{ij})=0 \tag{5.1}$$

$$\varphi(\boldsymbol{U}_{ii})=\varphi(\boldsymbol{U}_{jj})\text{（设为}=\alpha\text{）} \tag{5.2}$$

即可。在式（5.1）中，$\boldsymbol{U}_{ij}=\boldsymbol{U}_{ij}\boldsymbol{E}_3^{(j,1)}$ 及 $\boldsymbol{E}_3^{(j,1)}\boldsymbol{U}_{ij}=\boldsymbol{O}$ 通过

$$\varphi(\boldsymbol{U}_{ij})=\varphi\left(\boldsymbol{U}_{ij}\boldsymbol{E}_3^{(j,1)}\right)=\varphi\left(\boldsymbol{E}_3^{(j,1)}\boldsymbol{U}_{ij}\right)=\varphi(\boldsymbol{O})=0$$

得出。在式（5.2）中，$\boldsymbol{U}_{ii}=\boldsymbol{E}_2^{(i,j)}\boldsymbol{U}_{jj}\boldsymbol{E}_2^{(i,j)}$ 及 $\boldsymbol{E}_2^{(i,j)}\boldsymbol{E}_2^{(i,j)}=\boldsymbol{I}$ 通过

$$\varphi(\boldsymbol{U}_{ii})=\varphi\left(\boldsymbol{E}_2^{(i,j)}\boldsymbol{U}_{jj}\boldsymbol{E}_2^{(i,j)}\right)=\varphi\left(\boldsymbol{U}_{jj}\boldsymbol{E}_2^{(i,j)}\boldsymbol{E}_2^{(i,j)}\right)=\varphi(\boldsymbol{U}_{jj})$$

得出。

设 $\varphi:M_n(\mathbb{K})\to\mathbb{K}$ 满足内容（1）～内容（3），除了内容（4）。此时，存在 $\boldsymbol{X}\in M_n(\mathbb{K})$，

则

$$\varphi(\boldsymbol{A})=\operatorname{tr}(\boldsymbol{AX}) \quad (\boldsymbol{A}\in M_n(\mathbb{K}))$$

成立。此时，$\boldsymbol{X}$ 由

$$\boldsymbol{X}=\begin{bmatrix}\varphi(\boldsymbol{U}_{11}) & \varphi(\boldsymbol{U}_{12}) & \cdots & \varphi(\boldsymbol{U}_{1n})\\ \varphi(\boldsymbol{U}_{21}) & \varphi(\boldsymbol{U}_{22}) & \cdots & \varphi(\boldsymbol{U}_{2n})\\ \vdots & \vdots & \ddots & \vdots\\ \varphi(\boldsymbol{U}_{n1}) & \varphi(\boldsymbol{U}_{n2}) & \cdots & \varphi(\boldsymbol{U}_{nn})\end{bmatrix}$$

给定。

问题 5.7 本节叙述的迹相关的三个事实的证明都有一些跳跃和省略。读者可填充它们的证明以做练习之用。

➢ 5.5 联立方程式

本节将分析如何求解下面的联立方程式。

$$\begin{cases}a_{11}x_1+a_{12}x_2+\cdots+a_{1n}x_n=b_1\\ a_{21}x_1+a_{22}x_2+\cdots+a_{2n}x_n=b_2\\ \qquad\qquad\vdots\\ a_{m1}x_1+a_{m2}x_2+\cdots+a_{mn}x_n=b_m\end{cases}$$

因此，可以创建以下表格。

x_1	x_2	$\cdots$	x_n	
a_{11}	a_{12}	$\cdots$	a_{1n}	b_1
a_{21}	a_{22}	$\cdots$	a_{2n}	b_2
$\vdots$	$\vdots$		$\vdots$	
a_{m1}	a_{m2}	$\cdots$	a_{mn}	b_m

其中，行以 x_1，x_2，$\cdots$，x_n 的形式计数，从第 0 行开始，依次为第 1 行，第 2 行，$\cdots$，第 n 行。列以 b_1，b_2，$\cdots$，b_m 的形式计数，从第 1 列开始，依次为第 1 列，第 2 列，$\cdots$，第 $n+1$ 列。该表允许进行以下初等变换。

（1）从第 1 行到第 m 行，可以进行 3 种行的初等变换，该行元素包括 b_i。

（2）可以进行从第 1 列到第 n 列的列交换，该列元素包括 x_j。

这些初等变换是原联立方程式对应的以下等效变换。

1）三种等效变换。

a. 将一个方程式和另一个方程式进行交换。

b. 一个方程式的两边都乘以 $c\,(c \neq 0)$。

c. 将一个方程式的两边乘以 c 再与另一个方程式的两边相加。

2）在所有方程式中，x_i 的项和 x_j 的项被交换，也包括系数。

这些操作进行的变换如下。

$$
\begin{array}{cccccc|c}
x_1' & x_2' & \cdots & x_k' & \cdots & x_n' & \\
\hline
a_{11}' & a_{12}' & \cdots & a_{1k}' & \cdots & a_{1n}' & b_1' \\
0 & a_{22}' & \cdots & a_{2k}' & \cdots & a_{2n}' & b_2' \\
\vdots & \vdots & \ddots & \vdots & & \vdots & \vdots \\
0 & 0 & \cdots & a_{kk}' & \cdots & a_{kn}' & b_k' \\
0 & 0 & \cdots & 0 & \cdots & 0 & b_{k+1}' \\
\vdots & \vdots & & \vdots & & \vdots & \vdots \\
0 & 0 & \cdots & 0 & \cdots & 0 & b_m' \\
\hline
\end{array}
$$

$$a_{11}'a_{22}'\cdots a_{kk}' \neq 0$$

这意味着，联立方程式已被转换为以下内容。

$$
\begin{cases}
a_{11}'x_1' + a_{12}'x_2' + \cdots + a_{1k}'x_k' + \cdots + a_{1n}'x_n' = b_1' \\
\qquad a_{22}'x_2' + \cdots + a_{2k}'x_k' + \cdots + a_{2n}'x_n' = b_2' \\
\qquad\qquad \ddots \qquad\qquad \vdots \;\; \vdots \\
\qquad\qquad a_{kk}'x_k' + \cdots + a_{mn}'x_n' = b_k' \\
\qquad\qquad 0x_k' + \cdots + 0x_n' = b_{k+1}' \\
\qquad\qquad \vdots \qquad\qquad \vdots \;\; \vdots \;\; \vdots \\
\qquad\qquad 0x_k' + \cdots + 0x_n' = b_m'
\end{cases}
$$

如果 $b_{k+1}', \cdots, b_m'$ 中有非 0 数，则该方程式无解。当 $b_{k+1}', \cdots, b_m'$ 都是 0 时，$x_{k+1}', \cdots, x_n'$ 是任意常数。$k = n = m$ 时，只有一个解。

下面用具体示例来验证。我们求解以下方程

$$\begin{cases} x+2y+3z=6 \\ 2x+3y+4z=9 \\ 3x+4y+5z=10 \end{cases}$$

将表变为

$$\begin{array}{ccc|c} x & y & z & \\ \hline 1 & 2 & 3 & 6 \\ 2 & 3 & 4 & 9 \\ 3 & 4 & 5 & 10 \end{array} \xrightarrow{\text{第2行}-\text{第1行}\times 2} \begin{array}{ccc|c} x & y & z & \\ \hline 1 & 2 & 3 & 6 \\ 0 & -1 & -2 & -3 \\ 3 & 4 & 5 & 10 \end{array}$$

$$\xrightarrow{\text{第3行}-\text{第1行}\times 3} \begin{array}{ccc|c} x & y & z & \\ \hline 1 & 2 & 3 & 6 \\ 0 & -1 & -2 & -3 \\ 0 & -2 & -4 & -8 \end{array} \xrightarrow{\text{第3行}-\text{第2行}\times 2} \begin{array}{ccc|c} x & y & z & \\ \hline 1 & 2 & 3 & 6 \\ 0 & -1 & -2 & -3 \\ 0 & 0 & 0 & -2 \end{array}$$

这意味着给定方程式经过等价变换变为

$$\begin{cases} x+2y+3z=6 \\ -y-2z=-3 \\ 0z=-2 \end{cases}$$

由此可知，该联立方程式没有解。若给定的联立方程式为

$$\begin{cases} x+2y+3z=6 \\ 2x+3y+4z=9 \\ 3x+4y+5z=12 \end{cases}$$

那么表最终变为

$$\begin{array}{ccc|c} x & y & z & \\ \hline 1 & 2 & 3 & 6 \\ 0 & -1 & -2 & -3 \\ 0 & 0 & 0 & 0 \end{array}$$

这意味着

$$\begin{cases} x+2y+3z=6 \\ \quad -\ \ y-2z=-3 \\ \qquad\quad 0z=0 \end{cases}$$

从下往上看，首先由于 $0z=0$ ，表示 z 可以是任意常数。然后从上面的方程式可得 $y=3-2z$ ，

将其代入最上面的方程式中得出 $x = z$。解为

$$\begin{cases} x = z \\ y = 3 - 2z \\ z: \text{任意常数} \end{cases}$$

若给定联立方程式变为

$$\begin{cases} x + 2y + 3z = 6 \\ 2x + 3y + \ \ z = 9 \\ 3x + \ \ y + 2z = 12 \end{cases}$$

则表变为

$$\begin{array}{ccc|c} x & y & z & \\ \hline 1 & 2 & 3 & 6 \\ 2 & 3 & 1 & 9 \\ 3 & 1 & 2 & 12 \end{array} \xrightarrow{\text{第2行}-\text{第1行}\times 2} \begin{array}{ccc|c} x & y & z & \\ \hline 1 & 2 & 3 & 6 \\ 0 & -1 & -5 & -3 \\ 3 & 1 & 2 & 12 \end{array}$$

$$\xrightarrow{\text{第3行}-\text{第1行}\times 3} \begin{array}{ccc|c} x & y & z & \\ \hline 1 & 2 & 3 & 6 \\ 0 & -1 & -5 & -3 \\ 0 & -5 & -7 & -6 \end{array} \xrightarrow{\text{第3行}-\text{第2行}\times 5} \begin{array}{ccc|c} x & y & z & \\ \hline 1 & 2 & 3 & 6 \\ 0 & -1 & -5 & -3 \\ 0 & 0 & 18 & 9 \end{array}$$

因此有

$$\begin{cases} x + 2y + 3z = 6 \\ -y - 5z = -3 \\ 18z = 9 \end{cases}$$

从下往上解该联立方程式，可得 $x = 7/2$，$y = 1/2$，$z = 1/2$。

这种解法被称为高斯消元法。其中，表格变换完成之前的操作称为前向消元，而后半部分求解联立方程式的过程则称为回代。在求解联立方程时，前半部分通过消元法进行变形，后半部分通过代入法求解。

第 2 章中已经说明了如何用 SymPy 来解联立方程式。下面用 NumPy 求解联立方程式，需要使用 linalg 模块的 solve 函数。将 $\boldsymbol{A}$ 对应的矩阵和 $\boldsymbol{b}$ 对应的向量作为参数。

```
>>> from numpy.linalg import solve
>>> solve([[1,2,3],[2,3,1],[3,1,2]],[6,9,12])
array([3.5,  0.5,  0.5])
>>> solve([[1,2,3],[2,3,4],[3,4,5]],[6,9,12])
```

```
array ([-2.,   7.,  -2.])
>>>  solve ([[1 ,2 ,3] ,[2 ,3 ,4] ,[3 ,4 ,5]] ,[6 ,9 ,10])
array ([  9 .00719925 e+15 ,  -1.80143985 e+16 ,     9 .00719925 e +15])
```

对于有唯一解的联立方程式，高斯消元法可以给出数值解（由于分数转换为小数表示，可能会产生计算误差）。对于解存在但不唯一的联立方程式，该方法可以给出其中一个解，但无法直接给出通解（即所有可能的解）。而对于无解的联立方程式，程序仍可能输出一个看似合理的“解”，但通常会得到绝对值极大的实数解。这是因为在计算过程中，由于数值误差导致某些本应为零的系数被当作极小值进行了除法运算，从而产生无意义的数值结果。此外，如果尝试求解变量数与方程数不等的联立方程式，即使实际有解，程序也可能因算法限制而报错。

联立方程式可以用矩阵表示为

$$\begin{bmatrix} a_{11} & a_{12} & \cdots & a_{1n} \\ a_{21} & a_{22} & \cdots & a_{2n} \\ \vdots & \vdots & & \vdots \\ a_{m1} & a_{m2} & \cdots & a_{mn} \end{bmatrix}\begin{bmatrix} x_1 \\ x_2 \\ \vdots \\ x_n \end{bmatrix}=\begin{bmatrix} b_1 \\ b_2 \\ \vdots \\ b_m \end{bmatrix}$$

可写成 $\boldsymbol{Ax}=\boldsymbol{b}$ 。假设 $\boldsymbol{A}=\begin{bmatrix}\boldsymbol{a}_1 & \boldsymbol{a}_2 & \cdots & \boldsymbol{a}_n\end{bmatrix}$，则联立方程式可以表示为

$$x_1\boldsymbol{a}_1+x_2\boldsymbol{a}_2+\cdots+x_n\boldsymbol{a}_n=\boldsymbol{b}$$

因此，很容易看出，联立方程式的解存在的必要且充分条件是 $\boldsymbol{b}\in\langle\boldsymbol{a}_1 , \boldsymbol{a}_2 , \cdots , \boldsymbol{a}_n\rangle$。另外，$\boldsymbol{A}$ 称为系数矩阵，$(m , n+1)$ 型矩阵 $\begin{bmatrix}\boldsymbol{a}_1 & \boldsymbol{a}_2 & \cdots & \boldsymbol{a}_n & \boldsymbol{b}\end{bmatrix}$ 称为放大系数矩阵，联立方程式的解存在的必要且充分条件是系数矩阵和放大系数矩阵的阶数相等。

问题 5.8 下面程序随机生成未知数是 x，y，z 的联立方程式。通过改变参数，可以使联立方程式的解存在或不存在，可以唯一存在或无限存在。问题将以 LATEX 数学模式的代码形式输出，解也会同时输出。请尝试使用不同的参数生成的问题进行手动求解。

程序：prob_eqn.py。

```
from numpy . random import seed , choice , shuffle
from sympy import Matrix , latex , solve , zeros
from sympy . abc import x , y , z

```

```
5
6   def f (P , m , n):
7       while True:
8           A = Matrix (choice (P , (3 , 4)))
9           if A[: , :3] . rank() == m and A . rank() == n:
10              break
11      A , b = A[: , :3] , A[: , 3]
12      u = Matrix ([[x] , [y] , [z]])
13      print ( f' {latex(A)} {latex(u)}={latex (b)}')
14      print ( solve (A*u - b , [x , y , z]))
15
16
17  seed (2020 )
18  m, n = 2, 2
19  f ( range (2 , 10), m, n)
```

第 6 ~ 14 行 m 是系数矩阵的阶数，n 是放大系数矩阵的阶数。$\boldsymbol{P}$ 是放大系数矩阵的元素列表。函数将以矩阵形式输出联立方程式，并以 LATEX 格式进行显示，解也同时输出。

第 18 行 若设 m，$n=3$，3，可以得到存在唯一解的联立方程式；若设 m，$n=2$，2，可以得到存在解但不是唯一解的联立方程式；若设 m、$n=2$、3，可以得到无解的联立方程式。

这是由上述程序得到的联立方程式

$$\begin{bmatrix} 7 & 8 & 8 \\ 5 & 8 & 6 \\ 8 & 8 & 9 \end{bmatrix}\begin{bmatrix} x \\ y \\ z \end{bmatrix}=\begin{bmatrix} 3 \\ 5 \\ 2 \end{bmatrix}$$

其解输出为 $\{y:5/4-z/8\,,\,x:-z-1\}$，含义如下：

z 为任意常数，$y=\dfrac{5}{4}-\dfrac{z}{8}$，$x=-z-1$。

➢ 5.6　逆矩阵

初等变换也可以用于计算逆矩阵。假设方阵 $\boldsymbol{A}$ 经过行的初等变换变为单位矩阵是 $\boldsymbol{I}$。也就是说，存在初等矩阵 $\boldsymbol{J}_1$，$\boldsymbol{J}_2$，…，$\boldsymbol{J}_n$，使得

$$\boldsymbol{J}_n\cdots\boldsymbol{J}_2\boldsymbol{J}_1\boldsymbol{A}=\boldsymbol{I}$$

此时，我们有

$$A^{-1} = J_n \cdots J_2 J_1$$

当 $\boldsymbol{A}$ 对行进行初等变换时，需要将其记录为初等矩阵。为此，可以将 $\boldsymbol{A}$ 和 $\boldsymbol{I}$ 并排放在一起，并应用相同的初等变换。例如，创建一个类似

$$\left[\begin{array}{ccc|ccc} 1 & 2 & 3 & 1 & 0 & 0 \\ 2 & 3 & 1 & 0 & 1 & 0 \\ 3 & 1 & 2 & 0 & 0 & 1 \end{array}\right]$$

的矩阵，其中竖线左边是要求逆矩阵的矩阵，竖线右边是单位矩阵。下面是使用 SymPy 来表示这个过程的示例代码：

```
>>> from sympy import Matrix
>>> A = Matrix([[1, 2, 3, 1, 0, 0],
               [2, 3, 1, 0, 1, 0],
               [3, 1, 2, 0, 0, 1]])
```

将第 2 行 − 第 1 行 × 2 以及第 3 行 − 第 1 行 × 3。

```
>>> A[1, :] -= A[0, :] * 2; A[2, :] -= A[0, :] * 3; A
Matrix([
[1, 2, 3, 1, 0, 0],
[0, -1, -5, -2, 1, 0],
[0, -5, -7, -3, 0, 1]])
```

通过第 2 行 ÷（−1），将（2, 2）元素设为 1。

```
>>> A[1, :] /= -1; A
Matrix([
[1, 2, 3, 1, 0, 0],
[0, 1, 5, 2, -1, 0],
[0, -5, -7, -3, 0, 1]])
```

通过第 1 行 − 第 2 行 × 2 以及第 3 行 + 第 2 行 × 5，将元素（1, 2）和元素（3, 2）设为 0。

```
>>> A[0, :] -= A[1, :] * 2; A[2, :] += A[1, :] * 5; A
Matrix([
[1, 0, -7, -3, 2, 0],
[0, 1, 5, 2, -1, 0],
[0, 0, 18, 7, -5, 1]])
```

通过第 3 行 ÷18，将（3, 3）元素设为 1。

```
>>> A[2, :] /= 18; A3,
Matrix ([
[1, 0, -7, -3, 2, 0],
[0, 1, 5, 2, -1, 0],
[0, 0, 1, 7/18, -5/18, 1 /18 ]])
>>> A[0, :] += A[2, :] * 7; A[1, :] -= A[2, :] * 5; A
```

通过第 1 行 + 第 3 行 × 7 以及第 2 行 – 第 3 行 × 5，将元素（1,3）和元素（2,3）设为 0。

```
Matrix ([
[1, 0, 0, -5/18, 1/18, 7/18],
[0, 1, 0, 1/18, 7/18, -5/18],
[0, 0, 1, 7/18, -5/18, 1 /18 ]])
```

则矩阵变换为

$$\left[\begin{array}{ccc|ccc} 1 & 0 & 0 & -\frac{5}{18} & \frac{1}{18} & \frac{7}{18} \\ 0 & 1 & 0 & \frac{1}{18} & \frac{7}{18} & -\frac{5}{18} \\ 0 & 0 & 1 & \frac{7}{18} & -\frac{5}{18} & \frac{1}{18} \end{array}\right]$$

当竖线左侧是单位矩阵时，竖线右侧的矩阵就是给定矩阵的逆矩阵。这种方法与之前的初等变换不同的是：必须将所有主元都设为 1，不仅要将对角线下方元素设为 0，对角线上方元素也要设为 0，并且只能使用行的三种初等变换，不能使用列的基本操作。这种求逆矩阵的方法称为高斯 – 若尔当消元法（扫出法）。如果在计算过程中无法继续操作，则说明该矩阵的逆矩阵不存在。

在第 4 章中已经说明了如何用 NumPy 进行数值计算，以及如何用 SymPy 进行公式计算以求解逆矩阵的方法。实际应用时要灵活运用这些方法。

问题 5.9　对于由问题 5.6 中的程序 prob_det.py 生成的矩阵，读者可尝试用高斯 – 若尔当消元法（扫出法）来求逆矩阵，然后将该过程与通过初等变换计算行列式的过程进行比较。

问题 5.10　编写程序，在 NumPy 中用高斯 – 若尔当消元法（扫出法）求逆矩阵，并对随机生成的高阶矩阵与使用 NumPy 提供的求逆函数进行比较，观察计算时间的差异。

从 n 阶方阵 $\boldsymbol{A}$ 中去掉第 i 行和第 j 列中的所有 $2n-1$ 个元素，得到一个 $n-1$ 阶方阵，将

其行列式的值乘以 $(-1)^{i+j}$，结果用 Δ_{ij} 来表示，称为 $\boldsymbol{A}$ 的 (i, j) 余因子，则

$$\boldsymbol{A}' \underline{\underline{\mathrm{def}}} \begin{bmatrix} \Delta_{11} & \Delta_{21} & \cdots & \Delta_{n1} \\ \Delta_{12} & \Delta_{22} & \cdots & \Delta_{n2} \\ \vdots & \vdots & \ddots & \vdots \\ \Delta_{1n} & \Delta_{2n} & \cdots & \Delta_{nn} \end{bmatrix}$$

称为 $\boldsymbol{A}$ 的余因子矩阵。当 $\boldsymbol{A}$ 是正则矩阵时，有

$$\boldsymbol{A}\boldsymbol{A}' = \boldsymbol{A}'\boldsymbol{A} = \det(\boldsymbol{A})\boldsymbol{I}$$

成立。当 $\boldsymbol{A}$ 是正则矩阵时，从余因子矩阵中可以计算逆矩阵。下面用数值实验来验证。

程序：inv.py。

```
from numpy import array, linalg, random

n = 5
A = random.randint(0, 10, (n, n))
K = [[j for j in range(n) if j != i] for i in range(n)]
B = array([[(-1) ** (i+j) * linalg.det(A[K[i], :][:, K[j]]) for i in range(n)]
        for j in range(n)])

print(A.dot(B/linalg.det(A)))
```

以这种方法来计算逆矩阵是不现实的，因为随着矩阵尺寸的增加，需要花费更多的时间进行计算。但是，存在求逆矩阵的公式是非常重要的数学属性。存在逆矩阵的公式意味着联立方程式的解是唯一的情况下，也有一个公式来表示解。该公式称为克拉姆法则公式。

问题 5.11 读者可尝试证明与余因子矩阵相关的方程式。另外，求出联立方程式 $\boldsymbol{Ax} = \boldsymbol{b}$ 的解的公式，其系数矩阵是一个 3 阶正则矩阵（未知数 x，y，z 的解分别用 $\boldsymbol{A}$ 的成分 a_{ij}，$\boldsymbol{b}$ 的成分 b_i 的方程式来表示）。

第 6 章　范数和内积

本章将讲解被称为内积的二元运算，其中，向量和向量的积是标量。从内积开始，向量的大小和正交的概念被引入线性空间中，这是勾股定理等几何学定理成立的空间。另外，还将学习函数空间中函数和函数之间的正交概念，并分析如何让多项式之间进行正交，这也称为傅里叶分析的技术。

在 Python 的应用中，在信号处理和概率、统计方面也存在很多有趣的话题，下面还准备了很多用于数学计算的工具。

➢ 6.1　范数和内积的应用

设 V 为 $\mathbb{K}$ 上的线性空间。对于 $\boldsymbol{x}\in V$，如果定义 $\|\boldsymbol{x}\|\in\mathbb{R}$ 且满足下述范数公理的条件时，函数 $\boldsymbol{x}\mapsto\|\boldsymbol{x}\|$ 称为 V 上的范数。

（1）非负性：$\|\boldsymbol{x}\|\geqslant 0$，等式成立条件是 $\boldsymbol{x}=\boldsymbol{0}$。

（2）绝对齐次性：$\|a\boldsymbol{x}\|=|a|\,\|\boldsymbol{x}\|$。

（3）次可加性：三角不等式 $\|\boldsymbol{x}+\boldsymbol{y}\|\leqslant\|\boldsymbol{x}\|+\|\boldsymbol{y}\|$。

此时，$(V,\|\cdot\|)$ 称为范数空间。对于 $\boldsymbol{x}\in V$，$\|\boldsymbol{x}\|$ 可用于测量向量的大小。另外，对于 $\boldsymbol{x},\boldsymbol{y}\in V$，$\|\boldsymbol{x}-\boldsymbol{y}\|$ 是 $\boldsymbol{x}$ 到 $\boldsymbol{y}$ 的距离。三角不等式是由“三角形任意两边的长度之和大于第三边的长度”这个事实得出的。

问题 6.1　对于 $\boldsymbol{x}=(x_1,x_2,\cdots,x_n)\in\mathbb{K}^n$，证明若假设

$$\|\boldsymbol{x}\|_1 \underset{=\!=}{\text{def}} |x_1|+|x_2|+\cdots+|x_n|,\quad \|\boldsymbol{x}\|_\infty \underset{=\!=}{\text{def}} \max\{x_1,x_2,\cdots,x_n\}$$

成立，则 $\|\cdot\|_1$ 和 $\|\cdot\|_\infty$ 均为 $\mathbb{K}^n$ 上的范数。

对于 $\boldsymbol{x},\boldsymbol{y}\in V$，有 $\langle\boldsymbol{x}|\boldsymbol{y}\rangle\in\mathbb{K}$。当满足以下内积的公理条件时，二元运算 $(x,y)\mapsto$

$\langle \boldsymbol{x}|\boldsymbol{y}\rangle$称为 V 上的内积。

（1）非负性：$\langle \boldsymbol{x}|\boldsymbol{x}\rangle \geqslant 0$，等式成立条件是 $\boldsymbol{x}=\boldsymbol{0}$。

（2）对称性：$\langle \boldsymbol{y}|\boldsymbol{x}\rangle = \overline{\langle \boldsymbol{x}|\boldsymbol{y}\rangle}$。

（3）齐次性：$\langle \boldsymbol{x}|a\boldsymbol{y}\rangle = a\langle \boldsymbol{x}|\boldsymbol{y}\rangle$。

（4）分配律：$\langle \boldsymbol{x}|\boldsymbol{y}+z\rangle = \langle \boldsymbol{x}|\boldsymbol{y}\rangle + \langle \boldsymbol{x}|z\rangle$。

具有内积的线性空间称为内积空间。

在 $\mathbb{K}^n$ 中，$\boldsymbol{x}$，$\boldsymbol{y}\in\mathbb{R}^n$ 被看作列向量［$(n,1)$ 型矩阵］若定义为[①]

$$\langle \boldsymbol{x}|\boldsymbol{y}\rangle \underline{\underline{\mathrm{def}}}\ \boldsymbol{x}^*\boldsymbol{y} = \begin{bmatrix} \overline{x_1} & \overline{x_2} & \cdots & \overline{x_n} \end{bmatrix}\begin{bmatrix} y_1 \\ y_2 \\ \vdots \\ y_n \end{bmatrix} = \sum_{i=1}^{n} \overline{x_i} y_i$$

则满足内积的公理。以这种方式定义的内积叫作 $\mathbb{K}^n$ 上的标准内积。当 $\mathbb{K}=\mathbb{R}$ 时，$\langle \boldsymbol{x}|\boldsymbol{y}\rangle = \boldsymbol{x}^{\mathrm{T}}\boldsymbol{y}$。

问题 6.2 证明 $\mathbb{K}^n$ 上的标准内积满足内积的公理。

以下性质由内积的公理导出。

（5）线性：$\langle \boldsymbol{x}|a\boldsymbol{y}+b\boldsymbol{z}\rangle = a\langle \boldsymbol{x}|\boldsymbol{y}\rangle + b\langle \boldsymbol{x}|\boldsymbol{y}\rangle$。

证明：左边 $=\langle \boldsymbol{x}|a\boldsymbol{y}\rangle + \langle \boldsymbol{x}|b\boldsymbol{y}\rangle =$ 右边。

（6）齐次性：$\langle a\boldsymbol{x}|\boldsymbol{y}\rangle = \bar{a}\langle \boldsymbol{x}|\boldsymbol{y}\rangle$。

证明：左边 $=\overline{\langle \boldsymbol{y}|a\boldsymbol{x}\rangle} = \overline{a\langle \boldsymbol{y}|\boldsymbol{x}\rangle} = \bar{a}\cdot\overline{\langle \boldsymbol{y}|\boldsymbol{x}\rangle} =$ 右边。

① $(1,1)$ 矩阵等同于标量。

（7）分配律：$\langle \boldsymbol{x}+\boldsymbol{y}|z\rangle = \langle \boldsymbol{x}|z\rangle + \langle \boldsymbol{y}|z\rangle$。

证明：左边 $= \overline{\langle z|\boldsymbol{x}+\boldsymbol{y}\rangle} = \overline{\langle z|\boldsymbol{x}\rangle + \langle z|\boldsymbol{y}\rangle} = \overline{\langle z|\boldsymbol{x}\rangle} + \overline{\langle z|\boldsymbol{y}\rangle} =$ 右边。

（8）线性：$\langle a\boldsymbol{x}+b\boldsymbol{y}|z\rangle = \overline{a}\langle \boldsymbol{x}|z\rangle + \overline{b}\langle \boldsymbol{y}|z\rangle$。

证明：左边 $= \langle a\boldsymbol{x}|z\rangle + \langle b\boldsymbol{y}|z\rangle =$ 右边。

当 V 是实线性空间时，条件（2）、条件（6）、条件（8）分别表示如下。

（2）对称性：$\langle \boldsymbol{y}|\boldsymbol{x}\rangle = \langle \boldsymbol{x}|\boldsymbol{y}\rangle$。

（6）齐次性：$\langle a\boldsymbol{x}|\boldsymbol{y}\rangle = a\langle \boldsymbol{x}|\boldsymbol{y}\rangle$。

（8）线性：$\langle a\boldsymbol{x}+b\boldsymbol{y}|z\rangle = a\langle \boldsymbol{x}|z\rangle + b\langle \boldsymbol{y}|z\rangle$。

定理 6.1（施瓦茨不等式）设 V 为内积空间，如果 $\|\boldsymbol{x}\| \underline{\underline{\mathrm{def}}} \sqrt{\langle \boldsymbol{x}|\boldsymbol{x}\rangle}$，那么下述不等式成立。

$$|\langle \boldsymbol{x}|\boldsymbol{y}\rangle| \leqslant \|\boldsymbol{x}\|\|\boldsymbol{y}\|$$

其中，不等式成立条件是 $\boldsymbol{x}$ 和 $\boldsymbol{y}$ 中的一个是另一个的标量倍数。

证明：当 $\boldsymbol{x}=\boldsymbol{0}$ 时，左边 = 右边，而且 $\boldsymbol{x}=0\boldsymbol{y}$，因此定理的观点正确。设 $\boldsymbol{x}\neq\boldsymbol{0}$，作为 $e \underline{\underline{\mathrm{def}}} \boldsymbol{x}/\|\boldsymbol{x}\|$，设 $t \underline{\underline{\mathrm{def}}} \langle e|\boldsymbol{y}\rangle$。此时

$$0 \leqslant \langle \boldsymbol{y}-te|\boldsymbol{y}-te\rangle = \langle \boldsymbol{y}|\boldsymbol{y}\rangle - t\langle \boldsymbol{y}|e\rangle - \overline{t}\langle e|\boldsymbol{y}\rangle + \overline{t}\,t\langle e|e\rangle$$

由于 $\|e\|=1$，通过整理内积的性质求出需要的不等式

$$0 \leqslant \langle \boldsymbol{y}|\boldsymbol{y}\rangle - \langle e|\boldsymbol{y}\rangle\langle \boldsymbol{y}|e\rangle = \langle \boldsymbol{y}|\boldsymbol{y}\rangle - \left\langle \frac{\boldsymbol{x}}{\|\boldsymbol{x}\|}\middle|\boldsymbol{y}\right\rangle\left\langle \boldsymbol{y}\middle|\frac{\boldsymbol{x}}{\|\boldsymbol{x}\|}\right\rangle$$

的成立条件是，由 $\boldsymbol{y}-te=0$ 得出 $\boldsymbol{y}$ 是 $\boldsymbol{x}$ 的标量倍数。

从这个结果可以看出内积空间是范数空间。范数的公理（1）、公理（2）和公理（3）是

$$\begin{aligned}\|x+y\|^2 &= \|x\|^2 + 2\,\mathrm{Re}\left(\langle x|y\rangle\right) + \|y\|^2 \quad （展开\langle x+y|x+y\rangle） \\ &\leqslant \|x\|^2 + 2\left|\langle x|y\rangle\right| + \|y\|^2 \quad （对于复数 z，|\mathrm{Re}\,z| \leqslant |z|） \\ &\leqslant \|x\|^2 + 2\|x\|\|y\| + \|y\|^2 \quad （施瓦茨不等式） \\ &\leqslant \left(\|x\| + \|y\|\right)^2\end{aligned}$$

成立，因此可以通过求两边的平方根得出。

对于 $\boldsymbol{x}$，$\boldsymbol{y} \in V$，$\langle \boldsymbol{x}|\boldsymbol{y}\rangle = 0$ 时，称为 $\boldsymbol{x}$ 和 $\boldsymbol{y}$ 正交，用 $\boldsymbol{x} \perp \boldsymbol{y}$ 来表示。另外，对于 $\boldsymbol{x} \in V$ 和 $S \subseteq V$，$\boldsymbol{x}$ 与 S 的任何向量成正交时，则 $\boldsymbol{x}$ 与 S 正交，用 $\boldsymbol{x} \perp S$ 来表示。$\boldsymbol{x} \in V$ 是 $\boldsymbol{x} \perp V$ 时，必须为 $\boldsymbol{x} = \boldsymbol{0}$。这是因为 $\boldsymbol{x}$ 本身也是正交的，所以 $\langle \boldsymbol{x}|\boldsymbol{x}\rangle = 0$。

问题 6.3 读者可尝试证明对于 $\boldsymbol{x}$，$\boldsymbol{y} \in V$，$\boldsymbol{x} = \boldsymbol{y}$ 的必要且充分条件是对于任意 $z \in V$，$\langle z|\boldsymbol{x}\rangle = \langle z|\boldsymbol{y}\rangle$。

问题 6.4 如上面的范数的三角不等式的证明一样，通过将范数的平方改写为内积，并将其展开，比较两边来证明以下内容。

（1）勾股定理：

$$\boldsymbol{x} \perp \boldsymbol{y} \Rightarrow \|\boldsymbol{x}+\boldsymbol{y}\|^2 = \|\boldsymbol{x}\|^2 + \|\boldsymbol{y}\|^2$$

（2）中线定理或平行四边形法则：

$$\|\boldsymbol{x}+\boldsymbol{y}\|^2 + \|\boldsymbol{x}-\boldsymbol{y}\|^2 = 2\|\boldsymbol{x}\|^2 + 2\|\boldsymbol{y}\|^2$$

（3）极化等式，当 $\mathbb{K} = \mathbb{R}$ 时：

$$\langle \boldsymbol{x}|\boldsymbol{y}\rangle = \frac{1}{4}\left(\|\boldsymbol{x}+\boldsymbol{y}\|^2 - \|\boldsymbol{x}-\boldsymbol{y}\|^2\right)$$

当 $\mathbb{K} = \mathbb{C}$ 时：

$$\langle \boldsymbol{x}|\boldsymbol{y}\rangle = \frac{1}{4}\left(\|\boldsymbol{x}+\boldsymbol{y}\|^2 - \|\boldsymbol{x}-\boldsymbol{y}\|^2 + \mathrm{i}\|\boldsymbol{x}+\mathrm{i}\boldsymbol{y}\|^2 - \mathrm{i}\|\boldsymbol{x}-\mathrm{i}\boldsymbol{y}\|^2\right)$$

从 $\mathbb{K}^n$ 上的标准内积定义的范数：

$$\|\boldsymbol{x}\|_2 \underline{\underline{\mathrm{def}}} \sqrt{\boldsymbol{x}^*\boldsymbol{x}} = \left(\sum_{i=1}^{n}|x_i|^2\right)^{1/2} \qquad \left(\boldsymbol{x}\in\mathbb{K}^n\right)$$

称为欧几里得范数。$\|\cdot\|_1$、$\|\cdot\|_2$、$\|\cdot\|_\infty$ 有时分别称为 l^1 范数、l^2 范数、l^∞ 范数。在 $\mathbb{R}^2$ 中，对于这三个范数，范数小于等于 1 的所有向量（单位面积）如图 6.1 所示。

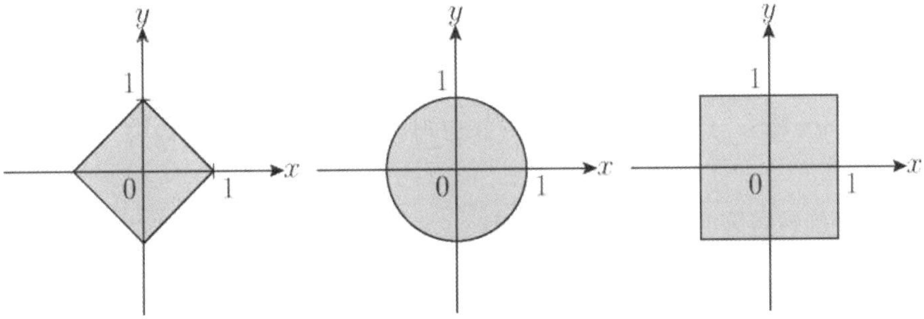

（a）l^1 范数　　（b）l^2 范数　　（c）l^∞ 范数

图 6.1　范数小于或等于 1 的单位面积

在 NumPy 中，对于 $\mathbb{R}^n$ 的标准内积 $\boldsymbol{x}^{\mathrm{T}}\boldsymbol{y}$，也能使用 inner 函数、dot 函数、dot 方法等，作为 $\mathbb{C}^n$ 的标准内积 $\boldsymbol{x}^*\boldsymbol{y}$ 来使用时，需要与复共轭的操作结合起来使用。但是，一旦使用 vdot 函数，就不需要进行复共轭[1]。

```
>>> from numpy import array , dot , inner , conj , vdot
>>> x , y = array ([1+2j , 3+4j]) , array ([4+3j , 2+1j]) ; x , y
(array ([1 . +2 . j , 3 . + 4 . j]) , array ([4 . +3 . j , 2 . +1 . j]))
>>> conj (x) . dot (y) , dot (x . conj() , y) , inner (conj (x) , y)
((20-10j) , (20-10j) , (20-10j))
>>> vdot (x , y) , vdot(1j*x , y) , vdot(x , 1j*y)
((20-10j) , (-10-20j) , (10+20j))
>>> from numpy . linalg import norm
```

① vdot 没有被定义为数组的一个方法。

```
>>> norm (x) , norm (y)
(5.477225575051661 , 5.477225575051661)
```

范数中使用 linalg 模块的函数 norm，可以计算 l^1 范数、l^2 范数、l^∞ 范数。

```
>>> from numpy . linalg import norm
>>> norm ([1 , 2 , 3])
3.7416573867739413
>>> n0rm ([1 , 2 , 3] , ord=1)
6.0
>>> from numpy import inf
>>> norm ([1 , 2 , 3] , ord=inf)
3.0
```

inf 是在 NumPy 中起 ∞ 作用的常量。

问题 6.5 设 $\boldsymbol{x}, \boldsymbol{y} \in \mathbb{R}^2$。关于标准内积和欧几里得范数，请证明下述内容。

（1）设 $\boldsymbol{U}$ 是旋转矩阵时，$\langle \boldsymbol{Ux} | \boldsymbol{Uy} \rangle = \langle \boldsymbol{x} | \boldsymbol{y} \rangle$。

（2）$\langle \boldsymbol{x} | \boldsymbol{y} \rangle = \|\boldsymbol{x}\|_2 \|\boldsymbol{y}\|_2 \cos\omega$，此处 ω 是 $\boldsymbol{x}$ 和 $\boldsymbol{y}$ 形成的角度。

➢ 6.2 标准正交系统和正交投影

设 $\{\boldsymbol{a}_1, \boldsymbol{a}_2, \cdots, \boldsymbol{a}_n\} \subseteq V$。如果 $i \neq j$ 时，$\boldsymbol{a}_i$ 和 $\boldsymbol{a}_j$ 正交，那么 $\{\boldsymbol{a}_1, \boldsymbol{a}_2, \cdots, \boldsymbol{a}_n\}$ 称为正交系统。正交系统 $\{\boldsymbol{a}_1, \boldsymbol{a}_2, \cdots, \boldsymbol{a}_n\}$ 的向量范数全部是 1 时，$\{\boldsymbol{a}_1, \boldsymbol{a}_2, \cdots, \boldsymbol{a}_n\}$ 称为标准正交系统。$\{\boldsymbol{a}_1, \boldsymbol{a}_2, \cdots, \boldsymbol{a}_n\}$ 是标准正交系统时，设

$$x_1\boldsymbol{a}_1 + x_2\boldsymbol{a}_2 + \cdots + x_n\boldsymbol{a}_n = 0$$

对于各 $i = 1, 2, \cdots, n$，取两边的 $\boldsymbol{a}_j$ 和内积，虽然是

$$x_1 \langle \boldsymbol{a}_i | \boldsymbol{a}_1 \rangle + x_2 \langle \boldsymbol{a}_i | \boldsymbol{a}_2 \rangle + \cdots + x_n \langle \boldsymbol{a}_i | \boldsymbol{a}_n \rangle = 0$$

当 $i = j$ 时，$\langle \boldsymbol{a}_i | \boldsymbol{a}_j \rangle$ 必须是 1，否则为 0，因此 $x_i = 0$。所以，标准正交系统是线性独立的。

$\{\boldsymbol{e}_1, \boldsymbol{e}_2, \cdots, \boldsymbol{e}_n\} \subseteq V$是标准正交系统时，设 $W \underline{\underline{\text{def}}} \langle \boldsymbol{e}_1, \boldsymbol{e}_2, \cdots, \boldsymbol{e}_n \rangle$。设$\boldsymbol{x} \in V$是任意的，假设

$$\boldsymbol{y} \underline{\underline{\text{def}}} \sum_{i=1}^{n} \langle \boldsymbol{e}_i | \boldsymbol{x} \rangle \boldsymbol{e}_i$$

则对于各$j = 1, 2, \cdots, n$，有

$$\langle \boldsymbol{e}_j | \boldsymbol{x} - \boldsymbol{y} \rangle = \langle \boldsymbol{e}_j | \boldsymbol{x} \rangle - \sum_{i=1}^{n} \langle \boldsymbol{e}_i | \boldsymbol{x} \rangle \langle \boldsymbol{e}_j | \boldsymbol{e}_i \rangle = \langle \boldsymbol{e}_j | \boldsymbol{x} \rangle - \langle \boldsymbol{e}_j | \boldsymbol{x} \rangle = 0$$

因此，$\boldsymbol{x} - \boldsymbol{y}$与$W$正交。由于对于任意$\boldsymbol{y}' \in W$，$\boldsymbol{y} - \boldsymbol{y}' \in W$，根据勾股定理，可得

$$\|\boldsymbol{x} - \boldsymbol{y}'\|^2 = \|\boldsymbol{x} - \boldsymbol{y} + \boldsymbol{y} - \boldsymbol{y}'\|^2 = \|\boldsymbol{x} - \boldsymbol{y}\|^2 + \|\boldsymbol{y} - \boldsymbol{y}'\|^2 \geqslant \|\boldsymbol{x} - \boldsymbol{y}\|^2$$

即$\boldsymbol{y}$是W的向量中到$\boldsymbol{x}$的最短距离。除了$\boldsymbol{y}$以外，在W向量中，没有其他向量与$\boldsymbol{x}$的距离最短。假设，$\boldsymbol{y}' \in W$，其中$\|\boldsymbol{x} - \boldsymbol{y}\| = \|\boldsymbol{x} - \boldsymbol{y}'\|$，由于

$$\|\boldsymbol{x} - \boldsymbol{y}'\|^2 = \|\boldsymbol{x} - \boldsymbol{y} + \boldsymbol{y} - \boldsymbol{y}'\|^2 = \|\boldsymbol{x} - \boldsymbol{y}\|^2 + \|\boldsymbol{y} - \boldsymbol{y}'\|^2$$

所以$\|\boldsymbol{y} - \boldsymbol{y}'\| = 0$，也就是$\boldsymbol{y}' = \boldsymbol{y}$。$y$用$\mathrm{proj}_W(x)$来表示，这称为$\boldsymbol{x}$在$W$上的正交投影。

考虑$\{\boldsymbol{0}\} \neq W \subseteq V$的子空间，$\boldsymbol{x} \in W$，其中$\boldsymbol{x} \neq 0$。此时，如果假设$\boldsymbol{e}_1 \underline{\underline{\text{def}}} = \dfrac{\boldsymbol{x}}{\|\boldsymbol{x}\|}$，则$\boldsymbol{e}_1$与$\boldsymbol{x}$的方向相同，变为范数为 1 的向量和，该操作称为$\boldsymbol{x}$的正态化。$\{\boldsymbol{e}_i\}$是包括在$W$中的标准正交系统。标准正交系统$\{\boldsymbol{e}_1, \boldsymbol{e}_2, \cdots, \boldsymbol{e}_k\} \subset W$，若不生成$W$，假设 $W' \underline{\underline{\text{def}}} \langle \boldsymbol{e}_1, \boldsymbol{e}_2, \cdots, \boldsymbol{e}_k \rangle$，那么$\boldsymbol{x} \in W$，其中$\boldsymbol{x} \notin W'$。此时

$$\boldsymbol{y} = \boldsymbol{x} - \mathrm{proj}_{W'}(x)$$

不是零向量且与W'是正交的，若将该$\boldsymbol{y}$的正态化设为$\boldsymbol{e}_{k+1}$，则$\{\boldsymbol{e}_1, \boldsymbol{e}_2, \cdots, \boldsymbol{e}_k, \boldsymbol{e}_{k+1}\} \subseteq W$是标准正交系统。如果$W$是有限维度，则该操作将在有限次数结束。此时，标准正交系统就

是 W 的标准正交基。综上所述，有限维度的子空间一定有标准正交基。上述事实及其证明方法使下面两个重要事实成立。

（1）有限维度子空间中存在正交投影[①]。

（2）存在一种算法[②]，可以从给定的有限个向量的集合中构造出可以生成有限维度子空间的标准正交基。该算法称为格拉姆－施密特（Gram–Schmidt）正交化法。

正交投影具有下述性质。

（1）$\text{proj}_W(x)=\sum_{i=1}^{n}\langle \boldsymbol{e}_i|\boldsymbol{x}\rangle \boldsymbol{e}_i$ 不取决于 W 的标准正交基 $\{\boldsymbol{e}_1,\boldsymbol{e}_2,\cdots,\boldsymbol{e}_n\}$ 的取法。

（2）$\boldsymbol{x}-\text{proj}_W(x)\perp W$。

（3）$\|\boldsymbol{x}-\text{proj}_W(x)\|=\min\limits_{y\in W}$。

问题 6.6　读者可以尝试证明 $\text{proj}_W:V\to W$ 是线性映射。

问题 6.7　设 W 是 $\mathbb{R}^2$ 中方程式 $ax+by=0\,(a^2+b^2\neq 0)$ 所代表的直线上的所有点。在图 6.2 中，$\mathbb{R}^2$ 上随机生成一个点 $\boldsymbol{x}$ 被转移到 $\text{proj}_W(x)$，求 proj_W 的矩阵表示。

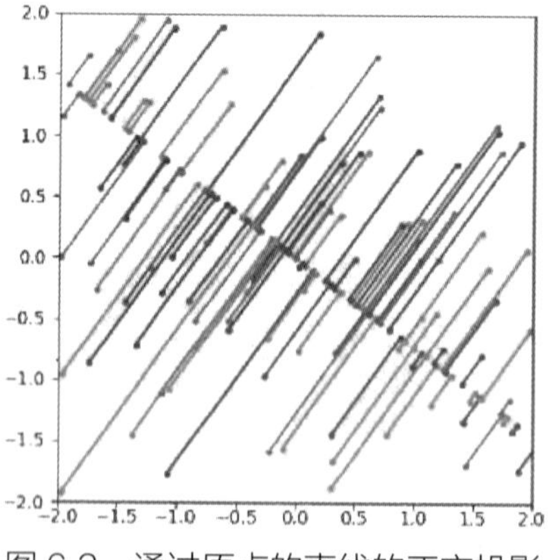

图 6.2　通过原点的直线的正交投影

① 在上述证明中，W 是有限维的，这是至关重要的。V 可以是无限维的。在无限维线性空间的无限维子空间中，可能没有正交投影。

② 在有限次数的操作中完成的实现特定目标的过程称为算法。

程序：proj.py。

```
from numpy import random, array, inner, sqrt
import matplotlib.pyplot as plt

a, b = random.normal(0, 1, 2)
e = array([b, -a]) / sqrt(a ** 2 + b ** 2)
for n in range(100):
    v = random.uniform(-2, 2, 2)
    w = inner(e, v) * e
    plt.plot([v[o], w[o]], [v[1], w[1]])
    plt.scatter([v [O], w[0]], [v [1], w[1]])

plt.axis('scaled'), plt.xlim(-2, 2), plt.ylim(-2, 2), plt.show()
```

标准正交系统 $\{\boldsymbol{e}_1, \boldsymbol{e}_2, \cdots, \boldsymbol{e}_n\} \subseteq V$ 生成 V 时，该标准正交系统称为 V 的标准正交基。此时，若 $W = \langle \boldsymbol{e}_1, \boldsymbol{e}_2, \ldots, \boldsymbol{e}_n \rangle$，则 V 和 W 一致，在 W 的向量中，和 $\boldsymbol{x} \in V$ 的距离最短的向量是 $\boldsymbol{x}$ 本身。因此，在 $\boldsymbol{x}$ 的标准正交基的基础上展开时，有

$$\boldsymbol{x} = \sum_{i=1}^{n} x_i e_i$$

$x_i = \langle \boldsymbol{e}_i | \boldsymbol{x} \rangle (i = 1, 2, \ldots, n)$。这称为 $\boldsymbol{x}$ 的傅里叶展开式，$x_1, x_2, \cdots, x_n$ 称为傅里叶系数。设 $y_1, y_2, \cdots, y_n$ 为 $\boldsymbol{y} \in V$ 的傅里叶系数时，则

$$\langle \boldsymbol{x} | \boldsymbol{y} \rangle = \left\langle \sum_{i=1}^{n} x_i \boldsymbol{e}_i \middle| \sum_{j=1}^{n} y_i \boldsymbol{e}_i \right\rangle = \sum_{i=1}^{n} \sum_{j=1}^{n} \overline{x_i} y_i \langle \boldsymbol{e}_i | \boldsymbol{e}_j \rangle = \sum_{i=1}^{n} \overline{x_i} y_i$$

成立，该等式称为帕塞瓦尔（Parscval）等式。特别是，在帕塞瓦尔等式中，当 $\boldsymbol{x} = \boldsymbol{y}$ 时，

$$\|\boldsymbol{x}\|^2 = \sum_{i=1}^{n} |x_i|^2$$

成立。这个等式称为里斯－费舍尔（Riesz-Fischer）等式。这些事实说明，“有限维的内积空间与考虑了标准内积和欧几里得范数的 $\mathbb{R}^n$，无论是作为线性空间、内积空间还是范数空

间，都是同构的。”

问题 6.8 对于任意 $\boldsymbol{x} \in V$ 和子空间 $W \subseteq V$，证明 $\|\mathrm{proj}_W(\boldsymbol{x})\| \leqslant \|\boldsymbol{x}\|$。

用以下 NumPy 编写的程序说明格拉姆 – 施密特正交化法。

程序：gram — schmidt.py。

```
1   from numpy import array, vdot, sqrt
2
3
4   def proj(x, E, inner=vdot):
5       return sum([inner(e, x) * e for e in E])
6
7
8   def gram_schmidt(A, inner=vdot):
9       E = []
10      while A != []:
11          a = array(A.pop(0))
12          b = a - proj(a, E, inner)
13          normb = sqrt(inner(b, b))
14          if normb >= 1.0e-15:
15              E.append(b / normb)
16      return E
17
18
19  if __name__ == '__main__':
20      A = [[1, 2, 3], [2, 3, 4], [3, 4, 5]]
21      E = gram_schmidt(A)
22      for n, e in enumerate(E):
23          print(f'e{n+1} = {e}')
24      print(array([[vdot(e1, e2) for e2 in E] for e1 in E]))
```

第 4 行、第 5 行 这个函数求出了到标准正交基生成的子空间的正交投影。内积默认是标准内积。有时会用到非标准内积。

第 8 ~ 16 行 定义一个格拉姆 – 施密特正交化法的函数。A 是待正交的向量序列表[①]，E 是空列表。只要 A 不是空列表，就重复以下内容。A.pop(0) 删除 A 的第一个元素，并返回删

① 在格拉姆 – 施密特正交化法中，通过向量的排列方法得到的标准正交系统发生了变化。

除的向量。将其正交代为 a，并添加到 E 的末尾。判断将 a 作为正交化的向量 b 是否为零向量，用 b 的范数是否为 0 来评价。由于计算机内部的计算误差，正确情况可能不是 0，因此在该程序中，小于或等于 10^{-15}，大于或等于 0 以上的数被视为 0。如果判断 b 不是零向量，则将 b 进行正态化，将 append(b/c) 加到 E 的末尾，否则它什么都不做，并返回到重复的开头。A 变成空列表之后结束，返回当时的 E。

第 19 ~ 24 行 当该程序不是库，而是作为主程序被调用时执行的代码。将 $\{(1,2,3),(2,3,4),(3,4,5)\}$ 正交化。

```
e1 = [0.26726124  0.53452248  0.80178373]
e2 = [0.87287156  0.21821789  -0.43643578]
[[1.00000000e+00  1.11022302e-16]
 [1.11022302e-16  1.00000000e+00]]
```

给定向量的集合不是线性独立的。阶数是 2，因此，得到的标准正交系统的向量也是两个三维向量。正交向量之间的内积正确情况下不是 0，会出现 10^{-16} 的误差。

用 VPython 和 Matplotlib 进行三维图形在二维平面上的正交投影的实验，如图 6.3 所示。

程序：proj2d.py。

```
from vpython import proj , curve , vec , hat , arrow , label , box


def proj2d (x , e): return x - proj (x , e)


def draw_fig (c):
    curve (pos=c) , curve (pos=[c[1] , c[6]])
    curve (pos=[c[2] , c[7]]) , curve (pos=[c[3] , c[8]])


o , e , u = vec (0 , 0 , 0) , hat (vec (1 , 2 , 3)) , vec (5 , 5 , 5)
x , y , z = vec (1 , 0 , 0) , vec (0 , 1 , 0) , vec(0 , 0 , 1)
box (axis=e , up=proj2d (y , e),
     width=20 , height=20 , length=0.1 , opacity=0.5)
arrow (axis=3 * e)
for ax , lbl in [(x , 'x') , (y , 'y') , (z , 'z')]
    curve (pos= [-5 * ax , 10 * ax] , color=vec (1 , 1 , 1) -ax)
```

```
19         label (pos=10 * ax , text=lbl)
20         curve (pos=[proj2d (-5 * ax , e) , proj2d (10 * ax , e)] , color=ax)
21         label (pos=proj2d (10 * ax , e) , text=f "{1bl}'")
22 c0 = [o , x , x + y , y , o , z , x + z , x + y + z , y + z , z]
23 c1 = [u + 2 * v for v in c0]
24 c2 = [proj2d (v , e) for v in c1]
25 draw_fig(c1) , draw_fig(c2)
```

第 1 行 VPython 定义了将向量归一化的函数 hat 以及一维投影 proj。

第 4 行 proj2d(x,e) 是 x 在二维平面上的正交投影。e 代表二维平面方向的 l' 范数的向量。

第 7 ~ 9 行 画出由参数 c 给出的图形。

第 12 行 对原点 o、代表二维平面方向的 l' 范数的向量 e，以及代表投影到平面上的图形位置的向量 u 进行定义。

第 13 行 定义三个坐标轴方向的 l' 范数的向量。

第 14 ~ 16 行 绘制二维平面以及面向其正面的单位向量。平面被画成一个半透明的矩形，厚度很小。

第 17 ~ 21 行 画出坐标轴和投影到平面上的直线，分别加上标签。

第 22 行 该参数表示单位立方体的参数。

第 23 行 该参数表示单位立方体与 u 平行移动的图形的参数。

第 24 行 该参数表示投影到平面上的图形。

第 25 行 用 draw_fig 函数画出参数给定的图形。

将用 VPython 绘制的三维空间内的二维平面上的图形尝试绘制在 $\mathbb{R}^2$ 上，如图 6.3 所示。因此，需要在三维空间内的二维平面上设置正交坐标系。

程序：screen.py。

```
from numpy import array
import matplotlib . pyplot as plt
from gram_schmidt import gram_schmidt


def curve (pos , color= (0 , 0 , 0)):
    A = array(pos)
    plt . plot (A[: , 0] , A[: , 1] , color=color)


```

```
11 def draw_fig (c):
12     curve (pos=c) , curve (pos=[c[1] , c[6]])
13     curve (pos=[c[2] , c[7]]) , curve (pos=[c[3] , c[8]])
14
15
16 o , a , u = array ([0 , 0 , 0]) , array ([1 , 2 , 3]) , array ([5 , 5 , 5])
17 x , y , z = array ([1 , 0 , 0]) , array ([0 , 1 , 0]) , array ([0 , 0 , 1])
18 E = array (gram_schmidt ([a , x , y , z]) [1:])
19 for v , t in [(x , "x'") , (y , "y'") , (z , "z'")]:
20     curve (pos=[E . dot (-5 * v) , E . dot (10 * v)] , color=v)
21     plt . text (*E . dot (10 * v) , t , fontsize=24)
22 c0 = [o , x , x + y , y , o , z , x + z , x + y + z , y + z , z]
23 c1 = [u + 2 * v for v in c0]
24 c2 = [E . dot (v) for v in c1]
25 draw_fig (c2) , plt . axis ('equal') , plt . show()
```

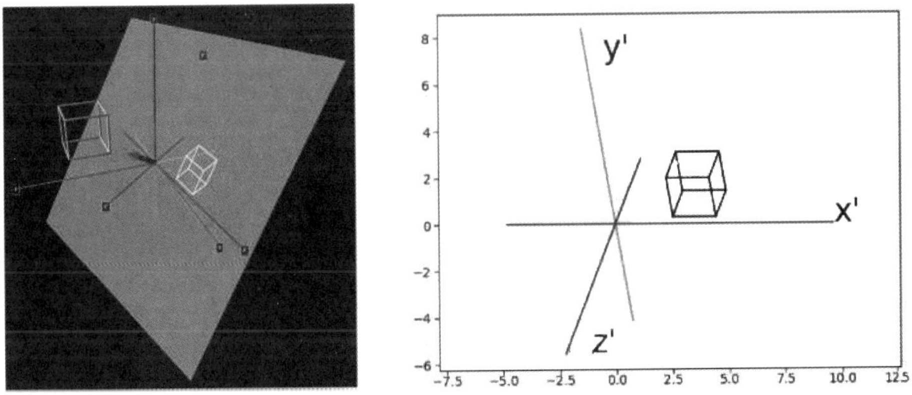

（a）三维空间　　（b）二维平面

图 6.3　对三维图形的平面的正交投影

第 6 ~ 13 行 定义与 proj2d.py 中 draw_fig 格式相同的函数。

第 16 行、第 17 行 在 proj2d.py 中定义相同的向量。但 e 不需要被标准化。

第 18 行 将格拉姆 – 施密特正交化法应用于以 e、x、y、z 的顺序排列的向量。得到的第一个向量是 e 的归一化，另外两个形成一个位于平面上的标准正交系统。将这两个向量放在一起组成数组，设为 E。E 是一个 (2，3) 型矩阵，提取行向量之后，在投影面上形成一个标准正交系，因此对于三维向量 v，使用 E.dot(v) 得到的二维向量是将 v 在投影面上的投影的 $\mathbb{R}^2$ 表示。

第 19 ~ 25 行 大致对应于 proj2d.py 中的第 17 行之后。用 Matplotlib 来绘制。

问题 6.9 通过 VPython，将第 0 章中创建的图像数据正确粘贴到三维空间内经过原点的平面上（图 6.4）。

图 6.4 三维空间中经过原点的平面上的图像

设 V、W 均为 $\mathbb{K}$ 上的内积空间，假设线性映射 $\boldsymbol{f}:V\to W$，设 $\{\boldsymbol{v}_1, \boldsymbol{v}_2, \cdots, \boldsymbol{v}_n\}$ 为 V 的标准正交基。此时，定义

$$\boldsymbol{f}^*(\boldsymbol{y}) \underset{\text{def}}{=\!=} \sum_{i=1}^{n}\langle \boldsymbol{f}(\boldsymbol{v}_i)|\boldsymbol{y}\rangle \boldsymbol{v}_i \qquad (\boldsymbol{y}\in W)$$

对于任意 $\boldsymbol{x}\in V$ 以及 $\boldsymbol{y}\in W$，有

$$\begin{aligned}\langle \boldsymbol{f}^*(\boldsymbol{y})|\boldsymbol{x}\rangle &= \left\langle \sum_{i=1}^{n}\langle \boldsymbol{f}(\boldsymbol{v}_i)|\boldsymbol{y}\rangle \boldsymbol{v}_i \middle| \boldsymbol{x}\right\rangle = \sum_{i=1}^{n}\langle \boldsymbol{y}|\boldsymbol{f}(\boldsymbol{v}_i)\rangle\langle \boldsymbol{v}_i|\boldsymbol{x}\rangle \\ &= \left\langle \boldsymbol{y}\middle|\boldsymbol{f}\left(\sum_{i=1}^{n}\langle \boldsymbol{v}_i|\boldsymbol{x}\rangle \boldsymbol{v}_i\right)\right\rangle = \langle \boldsymbol{y}|\boldsymbol{f}(\boldsymbol{x})\rangle\end{aligned}$$

成立。$\boldsymbol{f}^*$ 称为线性映射、$\boldsymbol{f}$ 的共轭线性映射。

问题 6.10 证明下述内容。

（1）$\boldsymbol{f}^*$ 不取决于 V 的标准正交基 $\{\boldsymbol{v}_1, \boldsymbol{v}_2, \cdots, \boldsymbol{v}_n\}$ 的获取方式。

（2）矩阵 $\boldsymbol{A}$ 被看作是线性映射时，$\boldsymbol{A}$ 的共轭线性映射的矩阵表示是伴随矩阵 $\boldsymbol{A}^*$。

对于 $S \subseteq V$，定义为

$$S^{\perp} \underline{\underline{\text{def}}} \left\{ \boldsymbol{v} \middle| \text{任何} \boldsymbol{x} \in S, \langle \boldsymbol{x} | \boldsymbol{v} \rangle = 0 \right\}$$

这称为 S 的正交补空间。任何时候，$\boldsymbol{0} \in S^{\perp}$。另外，$a, b \in \mathbb{K}$ 和 $\boldsymbol{u}, \boldsymbol{v} \in S^{\perp}$ 时，对于任意 $\boldsymbol{x} \in S$，有

$$\langle \boldsymbol{x} | a\boldsymbol{u} + b\boldsymbol{v} \rangle = a \langle \boldsymbol{x} | \boldsymbol{v} \rangle + b \langle \boldsymbol{x} | \boldsymbol{u} \rangle = 0$$

可得 $a\boldsymbol{u} + b\boldsymbol{v} \in S^{\perp}$。因此，$V$ 的任何子集的正交补空间都是子空间。对于子空间的正交补空间，可以说更强。设 $W \subseteq V$ 为子空间，则有以下内容。

（1）$W \cap W^{\perp} = \{\boldsymbol{0}\}$。

（2）任意 $\boldsymbol{v} \in V$ 都可以被唯一地分解为 $\boldsymbol{v} = \boldsymbol{w} + \boldsymbol{u}$（$\boldsymbol{w} \in W$，$\boldsymbol{u} \in W^{\perp}$）（正交分解）。

（3）$W^{\perp\perp} = W$。

假设 $\boldsymbol{v} \in W \cap W^{\perp}$，$\boldsymbol{v}$ 对自身是正交的，因此 $\langle \boldsymbol{v} | \boldsymbol{v} \rangle = 0$，内容（1）存在。若 $\boldsymbol{w} = \mathrm{proj}_W(\boldsymbol{v})$，$\boldsymbol{u} = \boldsymbol{v} - \mathrm{proj}_W(\boldsymbol{v})$，可得到内容（2）的分解。唯一性在于，如果其他可以分解为 $\boldsymbol{v} = \boldsymbol{w}' + \boldsymbol{u}'$，由 $\boldsymbol{w} + \boldsymbol{u} = \boldsymbol{w}' + \boldsymbol{u}'$，可得 $\boldsymbol{w} - \boldsymbol{w}' = \boldsymbol{u}' - \boldsymbol{u}$，左边是 W 的向量，右边是 $W^{\perp}$ 的向量，从内容（1）开始，这两者必须是 $\boldsymbol{0}$，代表内容（3）。假设 $\boldsymbol{w} \in W$，对于任意 $\boldsymbol{v} \in W^{\perp}$，当 $\boldsymbol{v}$ 和 $\boldsymbol{w}$ 正交时，$W \subseteq W^{\perp\perp}$。另外，设 $\boldsymbol{v} \in W^{\perp\perp}$。从（2）可以分解为 $\boldsymbol{v} = \boldsymbol{w} + \boldsymbol{u}$（$\boldsymbol{w} \in W$，$\boldsymbol{u} \in W^{\perp}$）。此时，由于 $\boldsymbol{u} = \boldsymbol{v} - \boldsymbol{w} \in W^{\perp\perp}$，由内容（1）可得必须 $\boldsymbol{u} = 0$，可以说 $\boldsymbol{v} = W$。因此，也可以说 $W^{\perp\perp} \subseteq W$。

➢ 6.3 函数空间

对于 $a<b$，且 a，$b\in\mathbb{R}$，当 $f:[a,b]\to\mathbb{R}$ 是连续函数时，定义了定积分 $\int_a^b f(x)\mathrm{d}x$，且是有限确定的。定积分还有正值性，即 $f\geqslant 0$ 时有

$$\int_a^b f(x)\mathrm{d}x\geqslant 0\text{（等式成立条件是}f=0\text{）}$$

的性质，以及线性，即性质[①]

$$\int_a^b\left(\alpha f(x)+\beta g(x)\right)\mathrm{d}x=\alpha\int_a^b f(x)\mathrm{d}x+\beta\int_a^b g(x)\mathrm{d}x$$

整个连续函数 $f:[a,b]\to\mathbb{K}$ 用 $C([a,b],\mathbb{K})$ 来表示。$C([a,b],\mathbb{K})$ 是 $\mathbb{K}$ 上的线性空间 $\mathbb{K}^{[a,b]}$ 的子空间。$f\in C([a,b],\mathbb{C})$ 对应的定积分，复数的实部和虚部分开，作为 $f(x)=\mathrm{Re}(f(x))+\mathrm{iIm}(f(x))$，用

$$\int_a^b f(x)\mathrm{d}x\ \underline{\underline{\mathrm{def}}}\ \int_a^b \mathrm{Re}\left(f(x)\mathrm{d}x+i\right)\int_a^b \mathrm{Im}\left(f(x)\right)\mathrm{d}x$$

来定义（i 虚数单位）。

对于 f，$g\in C([a,b],\mathbb{K})$，若定义为

$$\langle f|g\rangle\ \underline{\underline{\mathrm{def}}}\ \int_a^b\overline{f(x)}g(x)\mathrm{d}x$$

则 $(f,g)\mapsto\langle f|g\rangle$ 是 $C([a,b],\mathbb{K})$ 的内积。

问题 6.11 读者可尝试证明上述事实。另外，证明 $C([a,b],\mathbb{K})$ 的范数是按照以下方法定义的。

① 请参考微积分相关教材。为了用更复杂的理论来分析函数空间，需要使用更通用的积分方法即勒贝格积分法，而不是微积分教材中定积分的积分方法——黎曼积分法。

$$\|f\|_1 \stackrel{\text{def}}{=\!=} \int_a^b |f(x)|\,\mathrm{d}x$$

$$\|f\|_2 \stackrel{\text{def}}{=\!=} \left(\int_a^b |f(x)|^2\,\mathrm{d}x\right)^{1/2}$$

$$\|f\|_\infty \stackrel{\text{def}}{=\!=} \max_{a\leqslant x\leqslant b} |f(x)|$$

$\|\cdot\|_1$，$\|\cdot\|_2$，$\|\cdot\|_\infty$ 分别称为 l^1 范数、l^2 范数、l^∞ 范数。

问题 6.12

（1）对于 $f_0(x) \stackrel{\text{def}}{=\!=} 1$、$f_1(x) \stackrel{\text{def}}{=\!=} x$、$f_2(x) \stackrel{\text{def}}{=\!=} x^2$ 中定义的单项式 f_0、f_1、$f_2 \in C([0,1],\mathbb{R})$，请计算内积 $\langle f_m | f_n \rangle (m, n=0,1,2)$，以及范数 $\|f_n\|_1$、$\|f_n\|_2$、$\|f_n\|_\infty$ $(n=0,1,2)$。

（2）对于 $\mathrm{e}_n(x) \stackrel{\text{def}}{=\!=} \mathrm{e}^{\mathrm{i}nx}$ 中定义的在指数函数 $\mathrm{e}_n \in C([0,2\pi],\mathbb{C})$（$n=0,\pm1,\pm2,\cdots$；i 是虚数单位)，计算内积 $\langle \mathrm{e}_m | \mathrm{e}_n \rangle (m, n=-2,-1,0,1,2)$。

（3）将问题（1）和问题（2）的计算结果与使用下述程序计算的结果进行比较。

程序：integral.py。

```
from numpy import array, sqrt


def integral(f, D):
    N = len(D) -1
    w = (D[-1] - D[0]) / N
    x = array([(D[n] + D[n + 1]) / 2 for n in range(N)])
    return sum(f(x)) * w


def inner(f, g, D):
    return integral(lambda x: f(x).conj() * g(x), D)


norm = {
    'L1': lambda f, D: integral(lambda x: abs(f(x)), D),
    'L2': lambda f, D: sqrt(inner(f, f, D)),
```

```
18         'Loo': lambda f, D: max (abs (f (D))),
19 }
20
21 if __name__ == '__main__':
22         from numpy import linspace, pi, sin, cos
23         D = linspace (0, pi, 1001)
24         print (f'<sin | cos> = {inner (sin, cos, D)}')
25         print (f'||f_1||_2 = {norm ["L2"] (lambda x: x, D)}')
```

第 4 ~ 6 行 integral(f, D) 代表定积分 $\int_a^b f(x)\mathrm{d}x$。传递函数对象 f 和将积分区间 $[a, b]$ 分为 N 个相等部分的分点（两端包括在内）的数组 D。数值积分法中使用中点公式①。这是由每个微区间中点的 f 值和区间的宽度乘以长方形的面积之和得出的近似值。

第 11 行、第 12 行 使用函数 integral 来定义内积。

第 15 ~ 19 行 词典中给出了 l^1 范数、l^2 范数的公式。

第 21 ~ 25 行 用 $C([0, \pi], \mathbb{R})$ 计算三角函数 $\sin x$ 和 $\cos x$ 的内积，单项式 x 的 l^2 范数。

运行示例：

```
<sin|cos> = 4.5760562204146845e-17
||f_1||_2 = 3.214875266047432
```

问题 6.13 验证以下方程式。

$$\langle \sin|\cos \rangle = \int_0^{\pi} \sin(x)\cos(x)\mathrm{d}x = 0, \quad \|f_1\|_2 = \sqrt{\int_0^{\pi} x^2 \mathrm{d}x} = \sqrt{\frac{\pi^3}{3}}$$

此外，该定积分在 SymPy 中求解如下：

```
>>> from sympy import integrate, pi, sin, cos, sqrt
>>> from sympy.abc import x
>>> integrate ('sin (x) * cos(x)', [x, 0, pi])
0
>>> sqrt (integrate ('x**2', [x, 0, pi]))
sqrt (3)* pi ** (3/2)/3
```

① 其他已知的数字积分公式有梯形公式和辛普森公式。

注意：被积分函数是由字符串给出的。

➢ 6.4　最小二乘法、三角数列和傅里叶数列

将 $\boldsymbol{x}=(x_1, x_2, \cdots, x_n)\in\mathbb{R}^n$ 定义为

$$\boldsymbol{x}^p \overset{\text{def}}{=\!=} \left(x_1^p, x_2^p, \cdots, x_n^p\right), \quad (p=0, 1, 2, \cdots, k)。$$

对于 $\boldsymbol{y}=(y_1, y_2, \ldots, y_n)$，移动 $a_0, a_1, \cdots, a_k \in \mathbb{R}$，则

$$\left\| a_0 x^0 + a_1 \boldsymbol{x}^1 + \cdots + a_k \boldsymbol{x}^k - \boldsymbol{y} \right\|_2 \rightarrow \text{最小}$$

称为多项式的最小二乘法。若 $W \underset{=\!=}{\text{def}} \left\langle \boldsymbol{x}^0, \boldsymbol{x}^1, \cdots \boldsymbol{x}^k \right\rangle$，则等于 $\boldsymbol{y}_0=\mathrm{proj}_W(\boldsymbol{y})$，因此可以使用格拉姆－施密特正交化法。

程序：lstsqr.py。

```
1  from numpy import linspace, cumsum, vdot, sort
2  from numpy.random import uniform, normal
3  from gram_schmidt import gram_schmidt, proj
4  import matplotlib.pyplot as plt
5
6  n = 20
7  x = sort (uniform (-1, 1, n))
8  z = 4 * x**3 - 3 * x
9  sigma = 0.2
10 y = z + normal (0, sigma, n)
11 E = gram_schmidt ([x**0, x**1, x**2, x**3])
12 y0 = proj (z, E)
13
14 plt.figure (figsize= (15, 5))
15 plt.errorbar (x, z, yerr=sigma, fmt= 'ro')
16 plt.plot (x, y0, color= 'g'), plt.plot (x, y, color= 'b'), plt.show()
```

第 7 行 将 $-1 \sim 1$ 的相同随机数进行排序，创建 $\boldsymbol{x}=(x_1, x_2, \cdots, x_n)$。

第 8 ~ 10 行 设 $z=4x^3-3x$，并设 y 是独立的概率变量所增加的误差，平均值为 0，标准偏差为 σ，服从正态分布。在图 6.5 中，带有误差条的圆圈表示 z 的图形，误差条表示标准偏差。y 实际上是 z 加上误差，是一条“之”字形的折线。

第 11 行、第 12 行 用三次函数将 y 进行最小二乘近似的曲线是 y_0。这种曲线称为回归曲线（如果是直线，称为回归直线）。可以看到它更接近于三次函数所依据的 z。

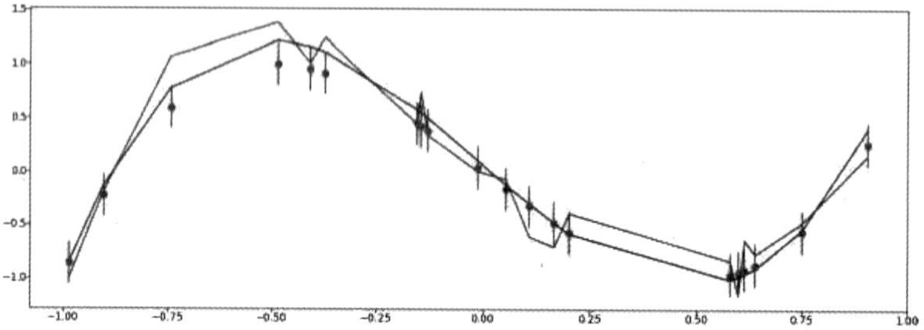

图 6.5 最小二乘近似

对于 $C([0,1],\mathbb{R})$，将引入 6.3 节中的内积，则

$$e_k(t) \underline{\underline{\mathrm{def}}} \begin{cases} \dfrac{\sin(2\pi kt)}{\sqrt{2}} & (k<0) \\ 1 & (k=0) \\ \dfrac{\cos(2\pi kt)}{\sqrt{2}} & (k>0) \end{cases} \qquad k=0,\pm1,\pm2,\cdots$$

$E\ \underline{\underline{\mathrm{def}}}\ \{\cdots,e_{-1},e_0,e_1,\cdots\}$ 是标准正交系统。k 的绝对值（频率）越大，振幅数量越多。也就是说，频率越高波长越短（图 6.6）。对于任意 $f\in C([0,1],\mathbb{R})$，有

$$f_K\ \underline{\underline{\mathrm{def}}}\ \sum_{k=-K}^{K}\langle e_k|f\rangle e_k$$

（该和称为三角数列），可知 $\lim\limits_{K\to\infty}\|f-f_k\|_2$。$f\mapsto f_K$ 是低通滤波器（低域通过滤波器），这是从 $C([0,1],\mathbb{R})$ 到正交系统 $E_K\ \underline{\underline{\mathrm{def}}}\ \{e_{-K},\cdots,e_0,\cdots,e_K\}$ 生成的子空间的正交投影。f_K 可以被认为是去除 f 的高频成分，K 称为截止频率。

问题 6.14 验证 F 是 $C([0,1],\mathbb{R})$ 的标准正交系统。

用计算机处理此问题时，假设函数 g 的定义域 $[0,1]$ n 等分的点为 $0=t_1<t_2<\cdots<t_n<1$，n 维向量 $\boldsymbol{g}=(g(t_1),g(t_2),\cdots,g(t_n))$ 而非函数 g，这称为采样，即将无限维线性空间 $C([0,1],\mathbb{R})$ 投影到 n 维子空间 $\mathbb{K}^n$。设内积是 n 维向量之间的标准内积乘以 $\Delta t=1/n$ 得到的数值。

程序：trigonometric.py。

```
1   from numpy import inner, pi, sin, cos, sqrt, ones
2   from gram_schmidt import proj
3
4
5   def e(k, t):
6       if k < 0:
7           return sin(2 * k * pi * t) * sqrt(2)
8       elif k == 0:
9           return ones(len(t))
10      elif k > 0:
11          return cos(2 * k * pi * t) * sqrt(2)
12
13
14  def lowpass(K, t, f):
15      n = len(t)
16      E_K = [e(k, t) for k in range(-K, K + 1)]
17      return proj(f, E_K, inner=lambda x, y: inner(x, y) / n)
18
19
20  if __name__ == '__main__':
21      from numpy import arange
22      import matplotlib.pyplot as plt
23      t = arange(0, 1, 1 / 1000)
24      fig, ax = plt.subplots(1, 2, figsize=(15, 5))
25      for k in range(-3, 0):
26          ax[0].plot(t, e(k, t))
27      for k in range(4):
28          ax[1].plot(t, e(k, t))
29      plt.show()
```

第 5~11 行 返回 t 给出的对采样点 $t_0,t_1,\cdots,t_{n-1}$ 处的 e_k 进行采样的向量。

第 14 ～ 17 行 给定通过 K 和采样点，返回 f 对应的 f_K。如果 K 等于采样点的数量，那么 $f_K = f$。

第 20 ～ 29 行 这个程序作为主程序被执行时，绘制图形如图 6.6 所示。

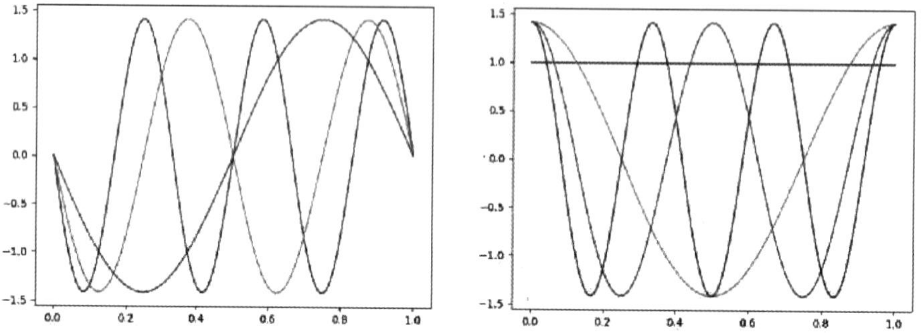

（a）e_{-1}，e_{-2}，e_{-3}　　（b）1，e_1，e_2，e_3

图 6.6　正弦函数和余弦函数

程序：brown.py。

```
1  from numpy import arange , cumsum , sqrt
2  from numpy . random import normal
3  from trigonometric import lowpass
4  # from fourier import lowpass
5  import matplotlib . pyplot as plt
6
7  n = 1000
8  dt = 1 / n
9  t = arange (0 , 1 , dt)
10 f = cumsum (normal (0 , sqrt (dt) , n))
11
12 fig , ax = plt . subplots (3 , 3 , figsize= (16 , 8) , dpi=100)
13 for k , K in enumerate ([0 , 1 , 2 , 4 , 8 , 16 , 32 , 64 , 128]):
14     i , j = divmod (k , 3)
15     f_K = lowpass (K , t , f)
16     ax [i] [j] . plot (t , f) , ax [i] [j] . plot (t , f_K)
17     ax [i] [j] . text (0.1 , 0.5 , f'K = {K}' , fontsize = 20)
18     ax [i] [j] . set_xlim (0 , 1)
19 plt . show ()
```

第 3 行 将上面创建的程序 trigonometric.py 作为库导入 lowpass。

第 7 ~ 10 行 定义包括高频成分在内的连续函数[①]，设为 f。

第 12 ~ 19 行 将 $K = 0$，1，2，4，8，16，32，64，128 对应的 f_K 的图叠加在 g 图上并绘制（图 6.7）。

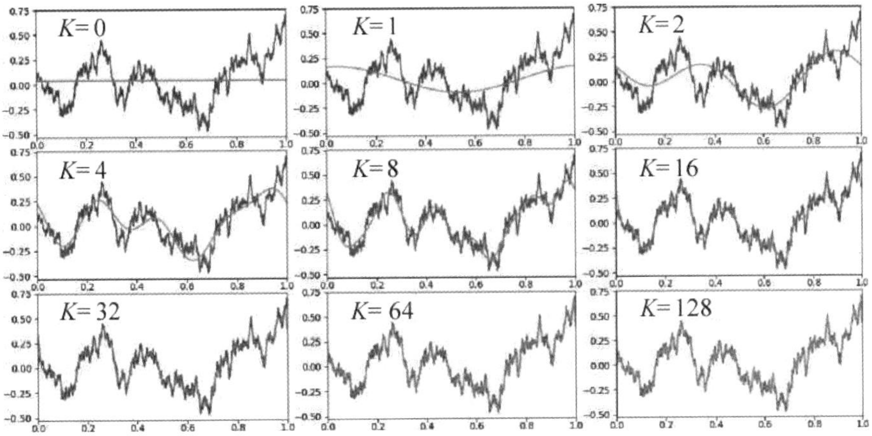

图 6.7　低通滤波器

在复线性空间 $C([0,1],\mathbb{C})$ 中，

$$E \underline{\underline{\text{def}}} \left\{e_k \middle| e_k(t) \underline{\underline{\text{def}}} \exp(2\pi\mathrm{i}kt),\, k=\cdots,-2,-1,0,1,2,\cdots\right\}$$

是标准正交系统。任何 $f \subset C([0,1],\mathbb{C})$ 对应的傅里叶系数是

$$\langle e_k | f\rangle = \int_0^1 e^{-2\pi\mathrm{i}kt} f(t)\,\mathrm{d}t \;(k=\cdots,-2,-1,0,1,2,\cdots)$$

该和称为傅里叶数列，则 $\|f - f_k\|_2 \to 0\,(K\to\infty)$ 成立。

问题 6.15　验证 E 是 $C([0,1],\mathbb{C})$ 的标准正交系统。

同三角数列的情况一样，取样并被有限维度空间的向量替代。n 作为自然数，设 $\Delta t = 1/n$。假设

$$e_k = (e_k(t_0),\, e_k(t_1),\, \cdots,\, e_k(t_{n-1}))$$

则低通滤波器的程序如下。

① 在使用随机数的模拟制作并利用一维布朗运动的样本函数。

程序：fourier.py。

```
1  from numpy import arange , exp , pi , vdot
2  from gram_schmidt import proj
3
4
5  def e (k , t): return exp (2j * pi * k * t)
6
7
8  def lowpass (K , t , Z):
9      dt = 1 / len (t)
10     E_K = [e (k , t) for k in range (-K , K + 1)]
11     return proj (z , E_K , inner=lambda x , y: vdot (x , y) * dt)
12
13
14 if __name__ == '__main__':
15     import matplotlib . pyplot as plt
16     from mpl_toolkits . mplot3d import Axes3D
17     k = 2
18     t = arange (0 , 1 , 1 / 1000)
19     x = [z . real for z in e (k , t)]
20     y = [z . imag for z in e (k , t)]
21     fig = plt . figure ()
22     ax = Axes3D (fig)
23     ax . scatter (t , x , y , s=1)
24     plt . show ()
```

第 11 ~ 24 行 如果给定 k，则在三维图中绘制复数值函数 e_k。$k = 0$，1，2，100，300，500，700，900，998，999 时的图如图 6.8 所示。$t \mapsto \exp(2\pi i t)$ 是周期为 1 的函数，因此 $\exp(2\pi i t) = \exp(2\pi i(t-1))$，则 $e_{1000-k} = e_{-k}$。

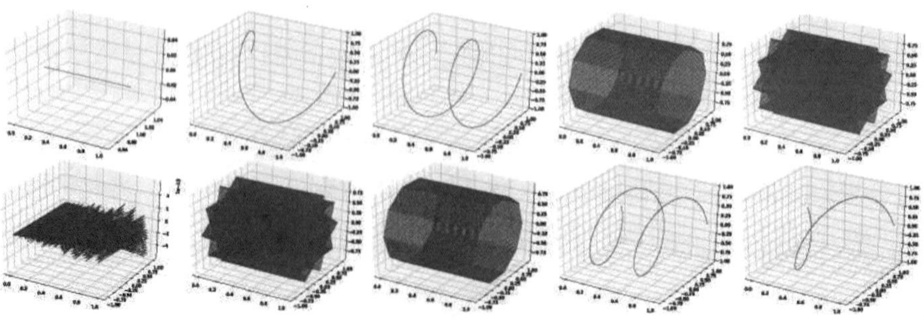

图 6.8 傅里叶数列

问题 6.16 读者可与导入以上程序中定义的 lowpass 一样改写并运行 brown.py 的第 3 行。brown.py 的第 15 行，试图显示 g_K 的图时会发出警告，这是因为 f_K 是复数。若将该行的 f_K 设为 f_K.real，则警告会消失。可尝试在这种情况下同时显示 f_K.imag。

➢ 6.5　正交函数系统

设 $\phi \neq X \subseteq \mathbb{R}$ 是一个区间，$w: X \to [0, \infty)$ 在 X 上的所有位置[①] 都取正值。此时，对于 $f, g \in \mathbb{C}^X$，当

$$\langle f | g \rangle \underset{\text{}}{\overset{\text{def}}{=\!=}} \int_X \overline{f(x)} g(x) w(x) \mathrm{d}x$$

右边的定积分作为有限的值存在时，该值用左边来表示。这种定积分存在于什么条件下呢？这个问题超出了本书的范围，因此不做深入讨论[②]。以下，设 $f(x)$ 和 $g(x)$ 是 x 的多项式。但积分区间是开区间或无限区间，需要一个广义积分。

变量	（1）	（2）	（3）	（4）	（5）
$x \in X$	$-1 \leqslant x \leqslant 1$	$-1 < x < 1$	$-1 \leqslant x \leqslant 1$	$0 \leqslant x \leqslant \infty$	$-\infty < x < \infty$
$w(x)$	1	$1/\sqrt{1-x^2}$	$\sqrt{1-x^2}$	e^x	e^{-x^2}

如果设 X 中定义的整个多项式创建的 $\mathbb{K}$ 上的线型空间为 V，在 V 中，内积由上述定义的积分引入，则

$$f_n(x) \overset{\text{def}}{=\!=} x^n \quad (n = 0, 1, 2, \cdots)$$

的 $\{f_0, f_1, f_2, \cdots\} \subseteq V$ 上应用格拉姆 – 施密特正交化法所得到的正交系统称为正交多项式。正交多项式在 X 和 w（权重函数）的组合中会有所不同，分别称为勒让德多项式、第 1 种切比雪大多项式、第 2 种切比雪大多项式、拉盖尔多项式和埃尔米特多项式。

前面创建了库 gram_schmidt，用于进行格拉姆 – 施密特正交化法，这里将利用该库将函数取样并处理为向量，因此可创建具有有限积分区间的勒让德多项式、第 1 种切比雪夫多项

① 可以在有限的几个点中为 0。

② 该问题与积分的定义有关。

式和第 2 种切比雪夫多项式。

程序：poly_np1.py。

```
1  from numpy import array, linspace, sqrt, ones, pi
2  import matplotlib.pyplot as plt
3  from gram_schmidt import gram_schmidt
4
5  m = 10000
6  D = linspace(-1, 1, m + 1)
7  x = array([(D[n] + D[n + 1]) / 2 for n in range(m)])
8
9  inner = {
10     'Ledendre': lambda f, g: f.dot(g) * 2 / m,
11     'Chebyshev1': lambda f, g: f.dot(g / sqrt(1 - x**2)) * 2 / m,
12     'Chebyshev2': lambda f, g: f.dot(g * sqrt(1 - x**2)) * 2 / m,
13 }
14
15 A = [x ** n for n in range(6)]
16 E = gram_schmidt(A, inner=inner['Ledendre'])
17 for e in E:
18     plt.plot(x, e)
19 plt.show()
```

第 5 ~ 7 行 将 –1 ～ 1 分成 10000 个相等的部分，在每个子区间的中点取样。这么做是为了避免在数值积分中使用中点公式，也是为了防止在第 1 种切比雪夫多项式中的积分区间的两端被积分函数被 0 除。

第 9 ~ 13 行 对于勒让德多项式、第 1 种切比雪夫多项式和第 2 种切比雪夫多项式，创建一个词典，这几行代码代表各自权重函数的内积公式的 lambda 表达式。

第 15 行 该行取样后进行向量化的单项式列表。求解 5 次正交多项式。

第 16 行 进行格拉姆 – 施密特正交化。通过改变名字参数的值，得到所需的正交多项式。这个例子是求勒让德多项式。

第 17 ~ 19 行 绘制所得到的正交多项式的图形，如图 6.9（a）所示。

在 NumPy 的 polynomial 模块中，定义了正交多项式①。下面将通过它来绘制正交多项式的图形。

① 正交多项式在 SciPy 中也有定义。

程序：poly_np2.py。

```
1   from numpy import linspace , exp , sqrt
2   from numpy . polynomial . legendre import Legendre
3   from numpy . polynomial . chebyshev import Chebyshev
4   from numpy . polynomial . laguerre import Laguerre
5   from numpy . polynomial . hermite import Hermite
6   import matplotlib . pyplot as plt
7
8   x1 = linspace (-1 , 1 , 1001)
9   x2 = x1 [1: -1]
10  x3 = linspace (0 , 10 , 1001)
11  x4 = linspace (-3 , 3 , 1001)
12
13  f , x , w = Legendre , x1 , 1
14  # f , x , w = Chebyshev , x2 , 1
15  # f , x , w = Chebyshev , x2 , 1/sprt (1 - x2**2)
16  # f , x , w = Laguerre , x3 , 1
17  # f , x , w = Laguerre , x3 , exp (-x3)
18  # f , x , w = Hermite , x4 , 1
19  # f , x , w = Hermite , x4 , exp (-x4**2)
20  for n in range (6):
21      e = f . basis (n) (x)
22      plt . plot (x , e * w)
23  plt . show ()
```

第 2 ~ 5 行 polynomial 模块中不仅包含每个正交多项式的定义，还包含一些将其应用于数值计算的工具。在这里，将导出仅在画图时需要的。

第 8 行 设勒让德多项式积分区间为 x1。

第 9 行 设第 1 种切比雪夫多项式积分区间为 x2，并去掉 x1 的两端。

第 10 行 拉盖尔多项式积分区间最大是无穷大，这里假设最大为 $x=10$。在这种情况下，权重值是 e^{-10}。

第 11 行 埃尔米特多项式积分区间最大为无穷大，但假设最大为 $x=\pm 3$。在这种情况下，权重的值是 e^{-9}。

第 13 ~ 19 行 取消某一行的注释可使其生效。可以选择多项式的图和多项式乘以权重函数得到的函数。特别是，拉盖尔多项式和埃尔米特多项式的加权函数图能让人更容易了解其特点。

第 20 ~ 23 行 绘制函数图［图 6.9（b）］。在这里，绘制了勒让德多项式。这与用格拉姆－施密特正交化法画的勒让德多项式图形不同。不需要对函数的范数进行正态化（变为 l 范数），而是让 $x=1$ 中的值变为 1。一般来说，这种形式的多项式称为勒让德多项式。

问题 6.17 与其他多项式的图形进行比较。

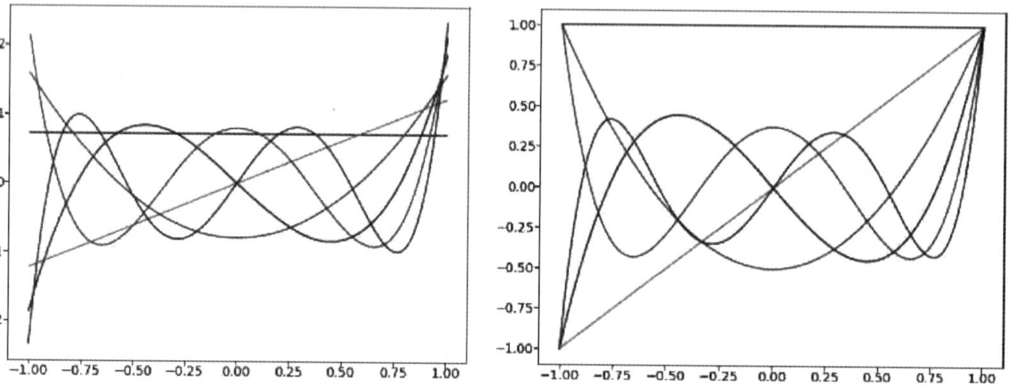

（a）$\|e_n\|=1$ （b）$e_n(1)=1$

图 6.9 勒让德多项式的图

用格拉姆－施密特正交化法进行的正交多项式的计算不是通过数值计算，而是通过数学计算得到精确解。这里将借助 SymPy 来完成，更方便、更快捷。

程序：poly_sp1.py。

```
from sympy import integrate, sqrt, exp, oo
from sympy.abc import x

D = {
    'Ledendre': ((x, -1, 1), 1),
    'Chebyshev1': ((x, -1, 1), 1 / sqrt(1 - x**2),
    'Chebyshev2': ((x, -1, 1), sqrt(1 - x**2)),
    'Laguerre': ((x, 0, oo), exp(-x)),
    'Hermite': ((x, -00, 00), exp(-x**2),
}
dom, weight = D['Ledendre']


```

```
14 def inner (expr1 , expr2):
15     return integrate (f' ({expr1}) * ({expr2}) * ({weight})' , dom)
16
17
18 def gram_schmidt (A):
19     E = []
20     while A != []:
21         a = A . pop (0)
22         b = a - sum ([inner (e , a) * e for e in E])
23         c = sqrt (inner (b , b))
24         E . append (b / c)
25     return E
26
27
28 E = gram_schmidt ([1 , x , x**2 , x**3])
29 for n , e in enumerate (E):
30     print (f'e{n} (x) = {e}')
```

第 1 行 在 SymPy 中，oo 表示 ∞ 的符号。

第 2 行 使用符号 x 作为积分变量。

第 4 ~ 10 行 创建了积分区间和权重函数的字典。

第 11 行 从字典中定义积分区间和权重函数。

第 14 行、第 15 行 参数 exprl 和 expr2 是 x 的多项式，它们通过定积分来计算这两个内积。即使积分区间是无限区间，或者被积分函数在积分区间的两端发散，也可以用广义积分正确地计算定积分。因为 integrate 函数需要将被积分函数作为字符串传递，因此应使用格式化字符串将参数中给出的多项式和权重函数嵌入到字符串中。需要用“(” 和 “)” 括在嵌入方程式的两边以保证运算顺序的正确性。

第 18 ~ 25 行 该函数执行格拉姆 – 施密特正交化。

第 28 ~ 30 行 得到三次勒让德多项式。

```
e0 (x) = sqrt (2)/2
e1 (x) = sqrt (6)*x/2
e2 (x) = 3*sqrt (10)*(x**2 - 1/3)/4
e3 (x) = 5*sqrt (14)*(x**3 - 3*x/5)/4
```

SymPy 中也包含了正交多项式。通过比较，出现了与 NumPy 实验中相同的差异。

程序：poly_sp2.py。

```
from sympy . polys . orthopolys import (
        legendre_poly,
        chebyshevt-poly,
        chebyshevu_poly,
        laguerre_poly,
        hermite_poly,
)
from sympy . abc import x

e = legendre_poly
for n in range (4):
        print (f'e{n} (x) = {e (n , x)}')
```

运行结果：

```
e0 (x) = 1
e1 (x) = x
e2 (x) = 3*x**2/2 - 1/2
e3 (x) = 5*x**3/2 - 3*x/2
```

问题 6.18　读者可尝试将多项式和其他多项式进行比较。另外，验证 NumPy 的结果和 SymPy 的结果几乎是相同的①。

➢ 6.6　向量序列的收敛性

设 $\boldsymbol{x}_m=\left(x_1^{(m)}, x_2^{(m)}, \cdots, x_n^{(m)}\right)\in\mathbb{K}^n\ (m=1,2,3,\cdots)$，则无限列

$$\boldsymbol{x}_1, \boldsymbol{x}_2, \cdots, \boldsymbol{x}_m, \cdots$$

称为向量序列，用 $\{\boldsymbol{x}_m\}_{m=1}^{\infty}$ 表示。对于 $\boldsymbol{x}\in\mathbb{K}^n$，以下互为相同值，条件（1）到条件（4）中的任意一个（因此所有）条件成立时，$\{\boldsymbol{x}_m\}_{m=1}^{\infty}$ 收敛到 $\boldsymbol{x}$ 中，或者说，$\boldsymbol{x}$ 是 $\{\boldsymbol{x}_m\}_{m=1}^{\infty}$ 的极限，表示

① NumPy 的结果是数值解，可能包含错误。

为 $\lim_{m\to\infty}\boldsymbol{x}_m=\boldsymbol{x}$。

（1）$\lim_{m\to\infty}\|\boldsymbol{x}-\boldsymbol{x}_m\|_1=0$。

（2）$\lim_{m\to\infty}\|\boldsymbol{x}-\boldsymbol{x}_m\|_2=0$。

（3）$\lim_{m\to\infty}\|\boldsymbol{x}-\boldsymbol{x}_m\|_\infty=0$。

（4）对于 $i=1$，2，⋯，n，$\lim_{m\to\infty}\left\|x_i-x_i^{(m)}\right\|=0$。

还可以通过以下方式表示。首先，从 $\boldsymbol{x}=(x_1, x_2, \cdots, x_n)\in\mathbb{K}^n$ 中可以看出

$$\left(\max_{1\leqslant i\leqslant n}|x_i|\right)^2=\max_{1\leqslant i\leqslant n}|x_i|^2\leqslant\sum_{i=1}^n|x_i|^2\leqslant\left(\sum_{i=1}^n|x_i|\right)^2\leqslant\left(n\max_{1\leqslant i\leqslant n}|x_i|\right)^2$$

所以

$$\|\boldsymbol{x}\|_\infty\leqslant\|\boldsymbol{x}\|_2\leqslant\|\boldsymbol{x}\|_1\leqslant n\|\boldsymbol{x}\|_\infty$$

成立。为证明条件（1）到条件（2），可以说

$$0\leqslant\lim_{m\to\infty}\|\boldsymbol{x}-\boldsymbol{x}_m\|\leqslant\lim_{m\to\infty}\|\boldsymbol{x}-\boldsymbol{x}_m\|_1=0$$

用同样的方法，可以将条件（2）到条件（3），条件（3）到条件（1）用前面所述的范数大小关系来推导。也就是说，条件（1）、条件（2）和条件（3）互为相同值。条件（1）到条件（4），对于各 $i=1$，2，⋯，n，从

$$0\leqslant\lim_{m\to\infty}\left|x_i-x_i^{(m)}\right|\leqslant\lim_{m\to\infty}\|\boldsymbol{x}-\boldsymbol{x}_m\|_1=0$$

可以看出条件（4）到条件（1）是由

$$\lim_{m\to\infty}\|\boldsymbol{x}-\boldsymbol{x}_m\|_1=\lim_{m\to\infty}\sum_{i=1}^n\left|x_i-x_i^{(m)}\right|=\sum_{i=1}^n\lim_{m\to\infty}\left|x_i-x_i^{(m)}\right|=0$$

得到的。

下述程序显示了向量序列收敛的例子以及此时的三个范数的变化图（图 6.10）。

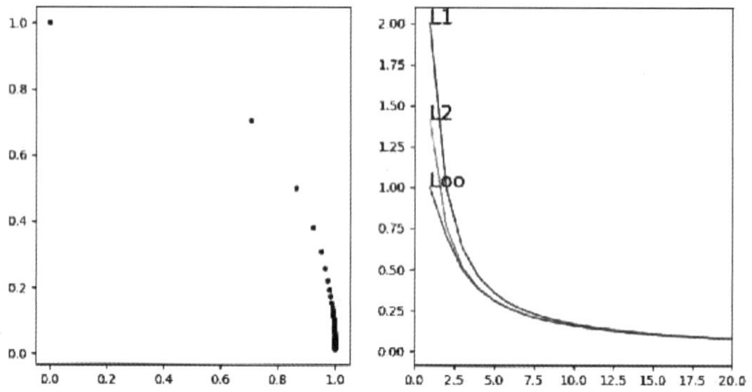

图 6.10 向量序列的收敛

程序：limit.py。

```
from numpy import array , sin , cos , pi , inf
from numpy . linalg import norm
import matplotlib . pyplot as plt


def A (t):
    return array ([[cos (t) , -sin (t)] , [sin (t) , cos(t)]])


x = array ([1 , 0])
P , L1 , L2 , Loo = [] , [] , [] , []
M = range (1 , 100)
for m in M:
    xm = A (pi / 2 / m) . dot (x)
    P . append (xm)
    L1 . append (norm (x - xm , ord=1))
    L2 . append (norm (x - xm))
    Loo . append (norm (x - xm , ord=inf))

fig , ax = plt . subplots (1 , 2 , figsize=(10 , 5))
for p in P:
    ax [0] . plot (p[o] , p[1] , marker='.' , color= 'black')
ax [1] . plot (M , L1) , plt . text (1 , L1 [0] , 'L1' , fontsize=16)
ax [1] . plot (M , L2) , plt . text (1 , L2 [0] , 'L2' , fontsize=16)
ax [1] . plot (M , Loo) , plt . text (1 , Loo [0] , 'Loo' , fontsize=16)
ax [1] . set-x1im (0 , 20)
```

```
plt.show()
```

如果 $\lim_{m\to\infty}\boldsymbol{x}_m=\boldsymbol{x}$，则可以说明以下内容。

（1）对于 $\boldsymbol{y}\in\mathbb{K}^n$，$\lim_{m\to\infty}\langle\boldsymbol{x}_m|\boldsymbol{y}\rangle=\langle\boldsymbol{x}|\boldsymbol{y}\rangle$，利用施瓦茨不等式使

$$0\leqslant\left|\langle\boldsymbol{x}|\boldsymbol{y}\rangle-\langle\boldsymbol{x}_m|\boldsymbol{y}\rangle\right|=\left|\langle\boldsymbol{x}-\boldsymbol{x}_m|\boldsymbol{y}\rangle\right|\leqslant\|\boldsymbol{x}-\boldsymbol{x}_m\|\|\boldsymbol{y}\|$$

成立。

（2）对于任意矩阵 $\boldsymbol{A}$，$\lim_{m\to\infty}\boldsymbol{A}\boldsymbol{x}_m=\boldsymbol{A}\boldsymbol{x}$（仅限于积可以定义时）。这是由于向量 $\boldsymbol{A}\boldsymbol{x}_m$ 的每个成分都会收敛到对应的 $\boldsymbol{A}\boldsymbol{x}$ 的成分中。

6.7　傅里叶分析

在数学中，经常将一个空间表示在另一个同类型的空间，或者投影到子空间，然后研究被表示或投影的空间。这方面的例子是通过 $\mathbb{K}$ 上的 n 维线性空间 V 的一个基，将 V 表示为同构的 $\mathbb{K}^n$ 并进行研究。此时，必须选取好的基，必须对要考虑的问题提供方便。傅里叶分析从广义上讲，是类似于内积空间中的傅里叶展开的想法，是通过表示或投影到线性空间的分析手法。本章讨论的应用示例以及第 10 章讨论的话题从广义上说，都属于傅里叶分析范畴。另外，傅里叶分析从狭义上说，是指傅里叶级数[①] $\sum_{k\in\mathbb{Z}}x_k\mathrm{e}^{2\pi\mathrm{i}kt}$ 和傅里叶积分 $\int_{-\infty}^{\infty}\mathrm{e}^{-2\pi\mathrm{i}k\omega t}x(t)\,\mathrm{d}t$（在这里为 $-\infty<\omega<\infty$）相关的基础理论及其应用[②]。将给定函数 $x(t)$ 用傅里叶级数表示，这称为傅里叶级数展开，这是无限维空间的内积空间中傅里叶展开的特例。另外，通过傅里叶积分将函数 $x(t)$ 设为 ω 的函数称为傅里叶变换。

用计算机计算傅里叶数列时，如 6.4 节所述，将无限数列设为有限数列，然后将定义域分为有限个数，函数被有限维度的向量取代。对于 $f\in C([0,1],\mathbb{C})$ 以及 $k\in\mathbb{Z}$，根据足够大

① 第 6.4 节已经分析有限和，现在分析其极限为无限和的情况。

② 基础理论主要是数学家的工作，其详细讨论了收敛性和积分的存在问题；应用是工程师的工作，代表性的应用示例是电气工程和声学中降噪滤波器的设计等。物理学家介于数学家和工程师之间。物理学的思想往往有助于数学理论研究以及工程应用。傅里叶分析是这方面的典型例子。

的自然数 n，用

$$\int_0^1 \mathrm{e}^{-2\pi ikt} f(t)\,\mathrm{d}t = \sum_{l=0}^{n-1} \mathrm{e}^{-2\pi ikt_l} f(t_l)\,\Delta t$$

来计算积分。其中，当 $\Delta t = 1/n$ 时，设 $t_k = k\Delta t\left(k = 0, 1, \cdots, n-1\right)$。对于 $k \in \mathbb{Z}$，公式

$$e_k(t) \;\underline{\underline{\mathrm{def}}}\; \mathrm{e}^{2\pi ikt} \qquad (0 \leqslant t < 1)$$

被 $\mathbb{C}^n$ 的向量

$$\boldsymbol{e}_k = \frac{1}{\sqrt{n}}\left(\mathrm{e}^{2\pi ikt_0}, \mathrm{e}^{2\pi ikt_1}, \cdots, \mathrm{e}^{2\pi ikt_{n-1}}\right)$$

替代后，在标准内积

$$\left\langle \boldsymbol{e}_k \middle| \boldsymbol{e}_l \right\rangle = \frac{1}{n}\sum_{j=0}^{n-1} e^{2\pi i(l-k)t_j} \qquad \left(k, l = 0, 1, \cdots, n-1\right)$$

中，当 $k = l$ 时，右边值为 1，否则，各项都是复平面上以 0 为中心的圆周上的正 n 角形的顶点，因此总和是 0。进而，$\left\{\boldsymbol{e}_0, \boldsymbol{e}_1, \cdots, \boldsymbol{e}_{n-1}\right\}$ 为 $\mathbb{C}^n$ 的正态正交基。正态正交基 $\left\{\boldsymbol{e}_0, \boldsymbol{e}_1, \cdots, \boldsymbol{e}_{n-1}\right\}$ 的 $x \in \mathbb{C}^n$ 的表示是

$$\hat{\boldsymbol{x}} \;\underline{\underline{\mathrm{def}}}\; \left(\left\langle \boldsymbol{e}_0 \middle| \boldsymbol{x}\right\rangle, \left\langle \boldsymbol{e}_1 \middle| \boldsymbol{x}\right\rangle, \cdots, \left\langle \boldsymbol{e}_{n-1} \middle| \boldsymbol{x}\right\rangle\right)$$

称为 $\boldsymbol{x}$ 的离散傅里叶变换[①]。此时，傅里叶系数的绝对值的平方，即

$$\left|\left\langle \boldsymbol{e}_0 \middle| \boldsymbol{x}\right\rangle\right|^2, \left|\left\langle \boldsymbol{e}_1 \middle| \boldsymbol{x}\right\rangle\right|^2, \cdots, \left|\left\langle \boldsymbol{e}_{n-1} \middle| \boldsymbol{x}\right\rangle\right|^2$$

称为 x 的功率谱。从里斯－费舍尔的方程来看，功率谱的总和等于 $\|\boldsymbol{x}\|_2^2$。

对于 $\boldsymbol{y} = \left(y_0, y_1, \cdots, y_{n-1}\right) \in \mathbb{C}^n$，设

$$\tilde{\boldsymbol{y}} \;\underline{\underline{\mathrm{def}}}\; y_0\boldsymbol{e}_0 + y_1\boldsymbol{e}_1 + \cdots + y_{n-1}\boldsymbol{e}_{n-1}$$

$\tilde{\boldsymbol{y}}$ 称为 $\boldsymbol{y}$ 的离散傅里叶逆变换。$\boldsymbol{x} = \tilde{\hat{\boldsymbol{x}}}$ 是 $\boldsymbol{x}$ 的傅里叶展开。$\boldsymbol{x} \mapsto \hat{\boldsymbol{x}}$ 是 $\mathbb{C}^n$ 和它本身之间的同构映射，$\boldsymbol{y} \mapsto \tilde{\boldsymbol{y}}$ 是它的逆映射。从帕塞瓦尔定理和里斯－费舍尔定理来看，该同构映射保存了

① 傅里叶变换也是有限离散的，所以 t 和 ω 在有限的点中移动，则可得出类似的计算结果。

内积和范数。

问题 6.19　求出离散傅里叶变换的矩阵表示，即从标准基到 $\{\boldsymbol{e}_0, \boldsymbol{e}_1, \cdots, \boldsymbol{e}_{n-1}\}$ 的基转换矩阵。

如 6.4 节所述，用图表示 $\{\boldsymbol{e}_0, \boldsymbol{e}_1, \cdots, \boldsymbol{e}_{n-1}\}$（图 6.8）。因为有 $\boldsymbol{e}_{-1} = \boldsymbol{e}_{n-1}, \boldsymbol{e}_{-2} = \boldsymbol{e}_{n-2}, \cdots$ 这种关系，所以越接近 $\{\boldsymbol{e}_0, \boldsymbol{e}_1, \cdots, \boldsymbol{e}_{n-1}\}$ 的序列中间，频率（图的旋转数）越高。去掉高频元素后的低通滤波器

$$\boldsymbol{x} \mapsto \sum_{k=-K}^{K} \langle \boldsymbol{e}_k | \boldsymbol{x} \rangle \boldsymbol{e}_k$$

是对去掉高频向量后 $\{\boldsymbol{e}_{-K}, \cdots, \boldsymbol{e}_0, \cdots, \boldsymbol{e}_K\}$ 生成的子空间的正交投影。下面用真实的音频数据测试该实验。

以采样率 22050 为例，1s 的音频数据有 22050 个维度。如果这样一个高维向量的低通滤波器，将本章创建的 fourier.py 用作库的话，需要花费很长时间。可以使用快速傅里叶变换①方法快速求出傅里叶系数。在 NumPy 的 fft 模块中，定义了快速傅里叶变换算法的 fft 函数和 ifft 函数。fft 是求傅里叶系数的函数（快速傅里叶变换），ifft 是从傅里叶系数返回到向量的函数（快速傅里叶逆变换）。

不仅要读取 wav 格式的音频数据文件，然后保存为数据，还要定义具有计算数据对应的功率谱以及低通滤波器的方法的类。先说明规范②。设有一个 example.wav 文件,wav 文件是单声道的音频数据。通过假设 S = Sound('example')，在变量 S 中读取音频数据。音频附带的各种数据可以通过以下对象变量③进行引用。

（1）S.len：音频数据采样点的个数（整数）。

（2）S.tmax：音频数据时间（实数，单位是 s）。

（3）S.time：采样点的数组（0 ～ S.tmax 的等差数列）。

---

① 在数学上它与离散傅里叶变换相同，程序的算法是为了加快计算速度而设计的。离散傅里叶变换是通过将一个 n 维向量乘以基变换矩阵得到的，所以所需要的时间与基变换矩阵的成分个数 n^2 成正比，快速傅里叶变换的时间与 $n\log n$ 成正比，相同数字多次出现在基转换矩阵的元素中。

② 规范是一组所需的功能以及这些功能的使用方法。创建一个程序以满足规范的要求称为实现。

③ 一个特定对象的变量，通过前缀对象的名称来引用，如 S。

（4）S.data：音频数据（–1 ～ 1 的实数）的数组。

（5）S.fft：傅里叶系数的数组。

此外，定义了下述方法[1]。

（1）S.power_spectrum (rng)：如果 rng 为 None，则返回所有频带的功率谱；如果 rng 为元组（r_1，r_2），则返回此区间频带的功率谱，作为数据在 Matplotlib 中以图形方式显示。

（2）S.lowpass (K)：返回以 K 为截止频率的低通滤波器的音频数据。同时，音频数据保存为 wav 文件，文件名是原始文件名加上截止频率。

下面是 Sound 类的使用示例。

程序：spectrum.py。

```
1  import matplotlib . pyplot as plt
2  from sound import Sound
3
4  sound1 , sound2 = Sound ('CEG') , Sound ('mono')
5
6  fig , ax = plt . subplots (1 , 2 , figsize=(15 , 5))
7  ax [0] . plot (*sound1 . power_spectrum ((-1000 , 1000)))
8  ax [1] . plot (*sound2 . power_spectrum ())
9  plt . show ()
```

第 4 行 使用第 2 章的实验中用到的音频数据。CEG.wav 是人工创造的和弦，mono.wav 是录制的单声道声音。用删掉后缀名的文件名作为参数，创建两个 Sound 类对象进行比较，引用名字 soundl 和 sound2。

第 7 行 绘制 soundl 的频率小于或等于 1000 的功率谱，如图 6.11（a）所示。C(do)、E(mi) 和 G(so) 的音符频率上出现峰值。

第 8 行 是人类声音的功率谱。在功率谱中心附近和两端为 0，功率谱集中在一定的频率范围中，如图 6.11（b）所示。

① 在对象的类中定义的函数，以对象的名称作为前缀来调用，如 S。

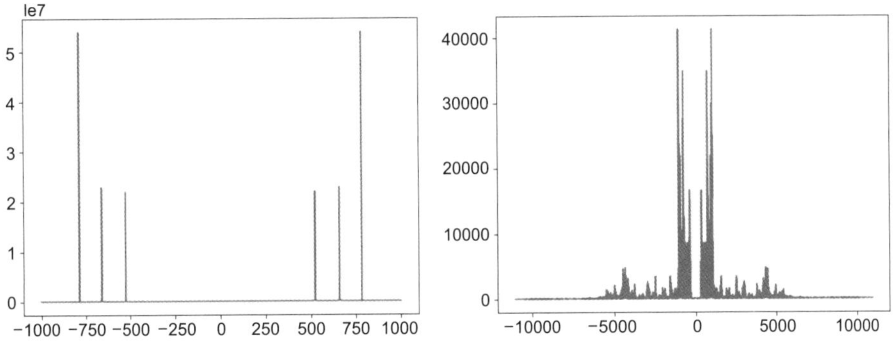

（a）小于或等于 1000 的功率谱　（b）人类声音的功率谱

图 6.11　功率谱

问题 6.20　domiso 音符以相同比率加在一起时，峰值的高度不同，这是因为频率不是整数值。读者可尝试在上述程序的第 7 行中将显示区域扩大并显示到每个 domiso 音符的频率附近（正或负都可以），然后进行观察。

问题 6.21　分析实际功率谱在以 0 为中心，从左到右出现的原因（提示：对于实向量 $\boldsymbol{x} \in \mathbb{R}^n$，对应的离散傅里叶变换 $\hat{\boldsymbol{x}} \in \mathbb{C}^n$ 也是一样的）。

程序：lowpass.py。

```
1   import matplotlib.pyplot as plt
2   from sound import Sound
3
4   sound = Sound('mono')
5   X, Y = sound.time, sound.data
6   Y3000 = sound.lowpass(3000)
7
8   fig, ax = plt.subplots(1, 2, figsize=(10, 5), dpi=100)
9   ax[0].plot(X, Y), ax[0].plot(X, Y3000)
10  ax[0].set_ylim(-1, 1)
11  ax[1].plot(X, Y), ax[1].plot(X, Y3000)
12  ax[1].set_xlim(0.2, 0.21), ax[1].set_ylim(-1, 1)
13  plt.show()
```

第 6 行　将截止频率设为 3000，以创建低通滤波器的声音数据。实际声音保存在 mono3000.wav 中。

第 9 行、第 10 行　原始声音与通过了低通滤波器的声音进行叠加并显示［图 6.12（a）］。

第 11 行、第 12 行 将其中一部分放大并显示[图 6.12（b）]。通过低通滤波器的声音波形有一个相对平滑的曲线，含有高频成分的尖峰被削掉。

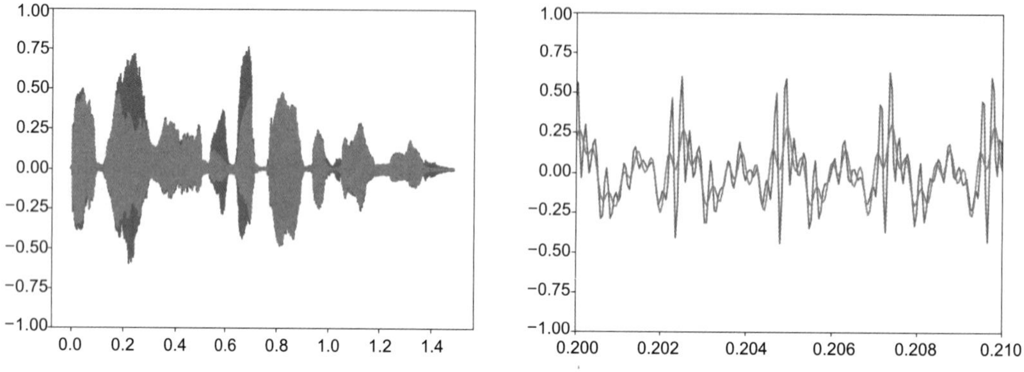

（a）通过滤波器的声音　　　　　　　（b）部分声音放大

图 6.12　音频的低通滤波器

问题 6.22 将 mono3000.wav 的声音与原始声音 mono.wav 进行比较。另外，显示 mono3000.wav 的声音的功率谱。此外，通过实验观察如果改变截止频率会有什么变化。

下面程序是 Sound 类的实现示例。

程序：sound.py。

```
1   from numpy import arange, fft
2   import scipy.io.wavfile as wav
3
4
5   class Sound:
6       def __init__(self, wavfile):
7           self.file = wavfile
8           self.rate, Data = wav.read(f'{wavfile}.wav')
9           dt = 1 / self.rate
10          self.len = len(Data)
11          self.tmax = self.len / self.rate
12          self.time = arange(0, self.tmax, dt)
13          self.data = Data.astype('float') / 32768
14          self.fft = fft.fft(self.data)
15
16      def power_spectrum(self, rng=None):
17          spectrum = abs(self.fft) ** 2
18          if rng is None:
19              r1, r2 = -self.len / 2, self.len / 2
```

```
20          else:
21              r1, r2 = rng[0] * self.tmax, rng[1] * self.tmax
22          R = arange(int(r1), int(r2))
23          return R / self.tmax, spectrum[R]
24
25      def lowpass(self, K):
26          k = int(K * self.tmax)
27          U = self.fft.copy()
28          U[range(k + 1, self.len - k)] = 0
29          V = fft.ifft(U).real
30          Data = (V * 32768).astype('int16')
31          wav.write(f'{self.file}{K}.wav', self.rate, Data)
32          return V
```

第 5 ~ 32 行 是 Sound 类的定义。

第 6 ~ 14 行 是类初始化方法[①]，在对象生成时执行。这里定义了对象变量。生成对象后，调用对象变量和方法时使用的前缀，由于没有为对象命名，因此使用 self 作为临时名称。现在进行快速傅里叶变换。

第 16 ~ 23 行 定义了 power_spectrum 方法。类的方法和普通的函数相同，但第 1 参数使用的 self 是调用 power_spectrum 时使用的前缀，是作为对象生成时的名称。即使在类的定义中，在不同方法之间引用对象变量和其他方法时，也必须使用前缀 self。带有前缀 self 的名称是整个类定义的名称。没有前缀的名称是方法内中的局部名称。

第 25 ~ 32 行 定义了 lowpass 方法。在第 27 行进行复制，以便低通滤波器不会破坏快速傅里叶变换的原始数据。在数组 U 中，元素排列为 $u_0, u_1, \cdots, u_{n-1}$。在第 28 行中对于 $k+1 \leqslant i < n-k$，如果 $u_i = 0$，则将其转换为以下数组：

$$u_0, u_1, \cdots, u_k, 0, 0, \cdots, 0, u_{n-k}, \cdots, u_{n-1}$$

在第 29 行中进行离散傅里叶逆变换。这是以复数为元素的数组，虚部为 0，但仍然是复数类型，因此提取实部，这就是通过低通滤波器的数据。

问题 6.23　通过显示 fft.ifft(U).imag 的图形，读者可尝试验证第 29 行中的离散傅里叶逆变换的结果是一个数组，其元素为复数，虚部是 0。另外，证明如果 $\boldsymbol{y}$ 是实向量 $\boldsymbol{x} \in \mathbb{R}^n$ 的离散傅里叶变换 $\hat{\boldsymbol{x}} \in \mathbb{C}^n$ 元素为 0 的部分，则 $\tilde{\boldsymbol{y}} \in \mathbb{R}^n$。

① 在一般的面向对象编程中称为构造函数。从一个类中创建的对象也称为一个实例。类也称为一个实例。

第 7 章　特征值和特征向量

本章将讨论矩阵的特征值问题，它与联立方程式一起是线性代数中的另一个主要课题。在这里，“代数的基本定理”将发挥作用。代数的基本定理是一个描述 n 次方程式的解存在的定理。证明该定理需要高级的分析思维，但并非遥不可及，下面介绍证明的概要。

在应用方面，特征值问题也是非常重要的。在本章中，对于特征值来说，相对比较容易求出 $n = 2$ 或 $n = 3$ 的情况，首先介绍使用 Python 求特征向量的计算过程，然后说明矩阵对角化、矩阵函数等概念和计算方法，最后将引入矩阵范数和相关概念。

➢ 7.1　矩阵的种类

在方阵中，所有非对角成分为 0 的矩阵称为对角矩阵，表示方法如下。

$$\operatorname{diag}(\lambda_1, \lambda_2, \cdots, \lambda_n) \underline{\underline{\text{def}}} \begin{bmatrix} \lambda_1 & 0 & \cdots & 0 \\ 0 & \lambda_2 & \cdots & 0 \\ \vdots & \vdots & \ddots & \vdots \\ 0 & 0 & \cdots & \lambda_n \end{bmatrix}$$

下面使用 NumPy 和 SymPy 表示对角矩阵。

```
>>> import numpy as np
>>> import sympy as sp
>>> np.diag([1, 2, 3])
array([[1, 0, 0],
       [0, 2, 0],
       [0, 0, 3]])
>>> sp.diag(1, 2, 3)
Matrix([
[1, 0, 0],
[0, 2, 0],
[0, 0, 3]])
```

设 $\boldsymbol{A}$ 是方阵，其伴随矩阵为 $\boldsymbol{A}^*$。满足 $\boldsymbol{A}^* = \boldsymbol{A}$ 的矩阵 $\boldsymbol{A}$ 称为埃尔米特矩阵，$\boldsymbol{A}^*\boldsymbol{A} = \boldsymbol{A}\boldsymbol{A}^* = \boldsymbol{I}$，即 $\boldsymbol{A}^* = \boldsymbol{A}^{-1}$ 的矩阵称为单位矩阵。满足 $\boldsymbol{A}^{\mathrm{T}} = \boldsymbol{A}$ 的矩阵称为对称矩阵。成分均为实

数的矩阵称为实数矩阵。在实数矩阵中，埃尔米特矩阵和对称矩阵具有相同的含义。对于实数矩阵来说，单位矩阵通常称为正交矩阵，$\boldsymbol{A}$ 的逆矩阵是 $\boldsymbol{A}^{\mathrm{T}}$。

对于任意 $\boldsymbol{x}$，$\boldsymbol{y}\in\mathbb{K}^n$，$\left\langle \boldsymbol{Ay}\middle|\boldsymbol{x}\right\rangle=\left\langle \boldsymbol{y}\middle|\boldsymbol{Ax}\right\rangle$ 都成立，这是 n 阶方阵 $\boldsymbol{A}$ 是埃尔米特矩阵的必要条件，也是充分条件。从伴随矩阵的性质来看，对于 $\boldsymbol{x}$，$\boldsymbol{y}\in\mathbb{K}^n$，可知 $\left\langle \boldsymbol{y}\middle|\boldsymbol{A}^*\boldsymbol{x}-\boldsymbol{Ax}\right\rangle=0$。因为 $\boldsymbol{y}\in\mathbb{K}^n$ 是任意的，所以可得 $\boldsymbol{A}^*\boldsymbol{x}=\boldsymbol{Ax}$；因为 $\boldsymbol{x}\in\mathbb{K}^n$ 是任意的，所以可得 $\boldsymbol{A}^*=\boldsymbol{A}$。

$\boldsymbol{A}$ 是单位矩阵的意思就是 $\boldsymbol{A}^*\boldsymbol{A}=\boldsymbol{A}\boldsymbol{A}^*=\boldsymbol{I}$。假设 $\boldsymbol{A}=\begin{bmatrix}a_1 & a_2 & \cdots & a_n\end{bmatrix}$，则 $\{a_1, a_2, \cdots, a_n\}$ 是 $\mathbb{K}^n$ 的正态正交基。$\boldsymbol{A}$ 是单位矩阵时，对于任意 $\boldsymbol{x}$，$\boldsymbol{y}\in\mathbb{K}^n$，有 $\left\langle \boldsymbol{Ay}\middle|\boldsymbol{Ax}\right\rangle=\left\langle \boldsymbol{y}\middle|\boldsymbol{x}\right\rangle$，另外有 $\|\boldsymbol{Ax}\|=\|\boldsymbol{x}\|$。也就是说，单位矩阵不改变内积和范数以及正交关系。$\mathbb{R}^2$ 中的旋转矩阵是单位矩阵（正交矩阵）的示例。

n 阶方阵 $\boldsymbol{A}$ 对任意 $\boldsymbol{v}\in\mathbb{K}^n$，满足 $\left\langle \boldsymbol{v}\middle|\boldsymbol{Av}\right\rangle\geqslant 0$ 时，$\boldsymbol{A}$ 称为非负定矩阵或半正定矩阵，特别是，若 $\boldsymbol{v}\neq 0$，$\left\langle \boldsymbol{v}\middle|\boldsymbol{Av}\right\rangle>0$ 时，$\boldsymbol{A}$ 称为正定矩阵。

问题 7.1

（1）假设 $\boldsymbol{A}=\operatorname{diag}(\lambda_1, \lambda_2, \cdots, \lambda_n)$，验证下述内容。

1）$\boldsymbol{A}$ 是埃尔米特矩阵 $\Leftrightarrow \lambda_1, \cdots, \lambda_n\in\mathbb{R}$。

2）$\boldsymbol{A}$ 是单位矩阵 $\Leftrightarrow |\lambda_1|=\cdots=|\lambda_n|=1$。

3）$\boldsymbol{A}$ 是正定矩阵 $\Leftrightarrow \lambda_1, \cdots, \lambda_n>0$。

4）$\boldsymbol{A}$ 是非负定矩阵 $\Leftrightarrow \lambda_1, \cdots, \lambda_n\geqslant 0$。

（2）设 $\boldsymbol{U}$ 是单位矩阵。此时，对于内容 1）～内容 4）的矩阵 $\boldsymbol{A}$，假设 $\boldsymbol{B}=\boldsymbol{U}^*\boldsymbol{AU}$，证明 $\boldsymbol{B}$ 和 $\boldsymbol{A}$ 是种类相同的矩阵。

设 $\mathbb{R}=\mathbb{C}$。在这种情况下，从非负定矩阵中可以导出埃尔米特矩阵。$\boldsymbol{A}$ 是非负定矩阵，$\boldsymbol{x}$，$\boldsymbol{y}\in\mathbb{C}^n$ 是任意的。从简单的计算来看，可知

$$\left\langle x+y\middle|A(x+y)\right\rangle-\left\langle x-y\middle|A(x-y)\right\rangle=2\left\langle x\middle|Ay\right\rangle+2\left\langle y\middle|Ax\right\rangle \quad (7.1)$$

式（7.1）左边是实数，右边可以通过取共轭复数操作变换为

$$2\overline{\left\langle x\middle|Ay\right\rangle}+2\overline{\left\langle y\middle|Ax\right\rangle}=2\left\langle Ay\middle|x\right\rangle+2\left\langle Ax\middle|y\right\rangle=2\left\langle y\middle|A^{*}x\right\rangle+2\left\langle x\middle|A^{*}y\right\rangle$$

这等于式（7.1）的右边相减并除以 2，则

$$\left\langle x\middle|\left(A-A^{*}\right)y\right\rangle+\left\langle y\middle|\left(A-A^{*}\right)x\right\rangle=0$$

成立。$y\in\mathbb{C}^n$ 是任意值，所以从用 iy 替换 y 的方程式中，可得

$$\mathrm{i}\left\langle x\middle|\left(A-A^{*}\right)y\right\rangle-\mathrm{i}\left\langle y\middle|\left(A-A^{*}\right)x\right\rangle=0$$

乘以 i 并与前一个方程式相减，可得

$$2\left\langle x\middle|\left(A-A^{*}\right)y\right\rangle=0$$

因为 x，$y\in\mathbb{C}^n$ 是任意的，所以证明了 $A^{*}=A$。

注意：根据 $\mathbb{K}$ 是 $\mathbb{R}$ 还是 $\mathbb{C}$，矩阵是非负定或正定值的定义有不同的含义。$\mathbb{K}=\mathbb{R}$ 时，$\begin{bmatrix}1 & -1\\ 1 & 1\end{bmatrix}$是

$$\left\langle\begin{bmatrix}x\\y\end{bmatrix}\middle|\begin{bmatrix}1 & -1\\ 1 & 1\end{bmatrix}\begin{bmatrix}x\\y\end{bmatrix}\right\rangle=\left\langle\begin{bmatrix}x\\y\end{bmatrix}\middle|\begin{bmatrix}x-y\\x+y\end{bmatrix}\right\rangle=x^2+y^2$$

因此是正定矩阵。若 $\mathbb{K}=\mathbb{C}$，由于

$$\left\langle\begin{bmatrix}1\\i\end{bmatrix}\middle|\begin{bmatrix}1 & -1\\ 1 & 1\end{bmatrix}\begin{bmatrix}1\\i\end{bmatrix}\right\rangle=\left\langle\begin{bmatrix}1\\i\end{bmatrix}\middle|\begin{bmatrix}1-i\\1+i\end{bmatrix}\right\rangle=2-2\mathrm{i}$$

所以不是正定矩阵。

设 A 为非负定矩阵（$\mathbb{K}=\mathbb{R}$ 时，是非负定对称矩阵）。此时，$(x, y)\mapsto\left\langle x\middle|Ay\right\rangle$ 满足所有性质，除了内积的正定性中的等式成立条件，这和施瓦茨不等式的证明相同，则

$$\left|\left\langle \boldsymbol{Ax}\middle|\boldsymbol{y}\right\rangle\right|^2 \leqslant \left\langle \boldsymbol{x}\middle|\boldsymbol{Ax}\right\rangle\left\langle \boldsymbol{y}\middle|\boldsymbol{Ay}\right\rangle \tag{7.2}$$

成立。对于任意 $\boldsymbol{x}\in\mathbb{K}^n$，若满足 $\left\langle \boldsymbol{x}\middle|\boldsymbol{Ax}\right\rangle=0$，则虽然 $\boldsymbol{A}$ 是非负定矩阵，但从式（7.2）来看，不存在 $\boldsymbol{A}=\boldsymbol{O}$ 之外的矩阵。$\mathbb{K}=\mathbb{R}$ 时，对称性条件无法取消。对任意 $\boldsymbol{x}\in\mathbb{R}^2$，$\boldsymbol{A}=\begin{bmatrix}0 & -1\\ 1 & 0\end{bmatrix}\neq\boldsymbol{O}$ 是 $\left\langle \boldsymbol{x}\middle|\boldsymbol{Ax}\right\rangle=0$ 的非负定矩阵。

设子空间 $W\subseteq\mathbb{K}^n$ 的正交投影是 $\boldsymbol{P}$。将 $\{\boldsymbol{a}_1,\boldsymbol{a}_2,\cdots,\boldsymbol{a}_k\}$ 作为 $\boldsymbol{W}$ 的正态正交基，取 $\mathbb{K}^n$ 的正态正交基 $\{\boldsymbol{a}_1,\boldsymbol{a}_2,\cdots,\boldsymbol{a}_n\}$ 来包括它。对于 $\mathbb{K}^n$，从傅里叶展开得 $\boldsymbol{y}=\sum_{i=1}^{n}\left\langle \boldsymbol{a}_i\middle|\boldsymbol{y}\right\rangle\boldsymbol{a}_i$，因此 $\boldsymbol{Px}=\sum_{i=1}^{k}\left\langle \boldsymbol{a}_i\middle|\boldsymbol{x}\right\rangle\boldsymbol{a}_i$。对于任意 $\boldsymbol{x}$，$\boldsymbol{y}\in\mathbb{K}^n$；有

$$\left\langle \boldsymbol{x}\middle|\boldsymbol{Py}\right\rangle=\left\langle \sum_{j=1}^{n}\left\langle \boldsymbol{a}_j\middle|\boldsymbol{x}\right\rangle\boldsymbol{a}_j\middle|\sum_{i=1}^{k}\left\langle \boldsymbol{a}_i\middle|\boldsymbol{y}\right\rangle\boldsymbol{a}_i\right\rangle=\sum_{i=1}^{k}\left\langle \boldsymbol{x}\middle|\boldsymbol{a}_i\right\rangle\left\langle \boldsymbol{a}_i\middle|\boldsymbol{y}\right\rangle$$

$\left\langle \boldsymbol{Px}\middle|\boldsymbol{y}\right\rangle$ 以及 $\left\langle \boldsymbol{Px}\middle|\boldsymbol{Py}\right\rangle$ 也变换得与右边方程相同。从这个结果可知，$\boldsymbol{P}=\boldsymbol{P}^*=\boldsymbol{P}^2$。因此，正交投影 $\boldsymbol{P}$ 是埃尔米特矩阵，可以说上述方程式中若 $\boldsymbol{x}=\boldsymbol{y}$，则为非负定矩阵。$\boldsymbol{P}=\boldsymbol{P}^*=\boldsymbol{P}^2$ 是指其特征是 $\boldsymbol{P}$ 为正交投影。设 W = range($\boldsymbol{P}$)。对于任意 $\boldsymbol{x}$，$\boldsymbol{y}\in\mathbb{K}^n$，有

$$\begin{aligned}\left\langle \boldsymbol{Px}-\mathrm{proj}_W(\boldsymbol{x})\middle|\boldsymbol{y}\right\rangle&=\left\langle \boldsymbol{Px}\middle|\boldsymbol{y}\right\rangle-\left\langle \mathrm{proj}_W(\boldsymbol{x})\middle|\boldsymbol{y}\right\rangle\\&=\left\langle \boldsymbol{Px}\middle|\boldsymbol{y}\right\rangle-\left\langle \boldsymbol{P}\mathrm{proj}_W(\boldsymbol{x})\middle|\boldsymbol{y}\right\rangle\quad\left(\boldsymbol{P}^2=\boldsymbol{P}\right)\\&=\left\langle \boldsymbol{x}\middle|\boldsymbol{Py}\right\rangle-\left\langle \mathrm{proj}_W(\boldsymbol{x})\middle|\boldsymbol{Py}\right\rangle\quad\left(\boldsymbol{P}^*=\boldsymbol{P}\right)\\&=\left\langle \boldsymbol{x}-\mathrm{proj}_W(\boldsymbol{x})\middle|\boldsymbol{Py}\right\rangle\\&=0\quad\left(\boldsymbol{Py}\in W\text{，以及正交投影}\mathrm{proj}_W\text{的性质}\right)\end{aligned}$$

成立，所以可以说 $\mathrm{proj}_W(x)=\boldsymbol{Px}$。

问题 7.2　读者可尝试证明正交投影 $\boldsymbol{P}$ 的特征值只限于 0 和 1。

➢ 7.2 特征值

对于方阵 $\boldsymbol{A}$，如果满足 $\boldsymbol{Ax}=\lambda\boldsymbol{x}$ 的 $\lambda\in\mathbb{K}$ 以及 $\boldsymbol{x}\neq 0$ 存在时，λ 称为 $\boldsymbol{A}$ 的特征值，$\boldsymbol{x}$ 称为其特征值对应的特征向量。可以考虑特征值的矩阵仅限于方阵。由于 $\boldsymbol{A0}=\lambda\boldsymbol{0}$ 总是成立，因此 $\boldsymbol{x}\neq 0$ 很重要。特征值也可以是 0。例如，$\begin{bmatrix}1 & 0\\0 & 0\end{bmatrix}$ 有 1 和 0 这两个特征值，$(1,0)$ 和 $(0,1)$ 是各自对应的特征向量。因为 $\boldsymbol{Ax}=\lambda\boldsymbol{x}$ 时，$\boldsymbol{A}a\boldsymbol{x}=\lambda a\boldsymbol{x}$，特征向量是非零标量的任意倍数。

$\boldsymbol{Ax}=\lambda\boldsymbol{x}$ 可以变换为 $\boldsymbol{Ax}-\lambda\boldsymbol{x}=0$，此外可以表示为 $(\boldsymbol{A}-\lambda\boldsymbol{I})\boldsymbol{x}=0$。假设

$$\boldsymbol{A}=\begin{bmatrix}a_{11} & a_{12} & \cdots & a_{1n}\\ a_{21} & a_{22} & \cdots & a_{2n}\\ \vdots & \vdots & \ddots & \vdots\\ a_{n1} & a_{n2} & \cdots & a_{nn}\end{bmatrix},\quad \boldsymbol{x}=\begin{bmatrix}x_1\\x_2\\ \vdots\\x_n\end{bmatrix}$$

则

$$\begin{bmatrix}a_{11}-\lambda & a_{12} & \cdots & a_{1n}\\ a_{21} & a_{22}-\lambda & \cdots & a_{2n}\\ \vdots & \vdots & \ddots & \vdots\\ a_{n1} & a_{n2} & \cdots & a_{nn}-\lambda\end{bmatrix}\begin{bmatrix}x_1\\x_2\\ \vdots\\x_n\end{bmatrix}=\begin{bmatrix}0\\0\\ \vdots\\0\end{bmatrix}$$

λ 是 $\boldsymbol{A}$ 的特征值，这表示该联立方程式中存在非零向量的解。而且 $\boldsymbol{A}-\lambda\boldsymbol{I}$ 不是正则矩阵，和 $\det(\boldsymbol{A}-\lambda\boldsymbol{I})=0$ 的值相同。因此，λ 满足

$$\begin{bmatrix}a_{11}-\lambda & a_{12} & \cdots & a_{1n}\\ a_{21} & a_{22}-\lambda & \cdots & a_{2n}\\ \vdots & \vdots & \ddots & \vdots\\ a_{n1} & a_{n2} & \cdots & a_{nn}-\lambda\end{bmatrix}=0$$

是 λ 为 $\boldsymbol{A}$ 的特征值的必要且充分条件。该式是 λ 相关的 n 次方程式，称为 $\boldsymbol{A}$ 的特征方程式或特性方程式。

系数是代数的基本定理：复数的 λ 相关的 n 次方程式为

$$c_n\lambda^n+c_{n-1}\lambda^{n-1}+\cdots+c_1\lambda+c_0=0\ (\ c_n\neq 0\ )$$

正好有 n 个解 α_1，α_2，$\cdots$，$\alpha_n \in \mathbb{C}$（也包括多解），可以进行参数分解，如

$$c_n(\lambda-\alpha_1)(\lambda-\alpha_2)\cdots(\lambda-\alpha_n)=0$$

证明如下：

$$f(x) \underline{\underline{\mathrm{def}}} \ c_n x^n + c_{n-1}x^{n-1} + \cdots c_1 x + c_0 \left(c_n \neq 0\right)$$

证明 $f(x)=0$ 中有解。$|f(x)| \geqslant 0$，所以 $|f(x)|$ 在 $x=z$ 处取最小值 α ①。作为 $\alpha>0$ 导出矛盾 ②。从

$$\begin{aligned} f(x+z) &= c_n(x+z)^n + \cdots + c_1(x+z) + c_0 \\ &= (x\text{的1次以上的多项式}) + f(z) \end{aligned}$$

中，对于适当绝对值是 1 的复数，可以通过 $g(x) \underline{\underline{\mathrm{def}}} \dfrac{\sigma f(x+z)}{\alpha}$，即

$$g(x) = c_n' x^n + \cdots + c_1' x + 1$$

表现为 $|g(x)|$ 在 $x=0$ 处可以取最小值 1。其中，如果 $c_{n-1}' = \cdots = c_1' = 0$，则 $c_n' x^n + 1 = 0$ 有解，这是矛盾的。c_{n-1}'，$\cdots$，c_1' 中有非零值，在该非零值中，最小的下标为 c_m'，则 $\beta = \left(-c_m'\right)^{1/m}$。

如果 $h(x) \underline{\underline{\mathrm{def}}} \ g\left(\dfrac{x}{\beta}\right)$，那么可以表示为 $h(x) = c_n'' x^n + \cdots + c_{m+1}'' x^{m+1} - x^m + 1$，$|h(x)|$ 在 $x=0$ 处取最小值 1。对于 $x \in \mathbb{R}$，可以表示为

$$|h(x)|^2 = \overline{h(x)} h(x) = x^{m+1} H(x) - 2x^m + 1$$

其中，$H(x) \in \mathbb{R}$，而且是 x 的多项式。由于 $x \to 0$ 时 $xH(x) \to 0$，$x>0$ 越接近 0，也可以是 $xH(x) < 2$。此时，变为

$$|h(x)|^2 = x^m \left(xH(x) - 2\right) + 1 < 1$$

① 需要讨论最小值的存在。该证明可归结为“实值连续函数在 $\mathbb{C}$ 的有界封闭子集上有一个最小值”。

② 如果知道复变函数理论，则 $f(x)^{-1}$ 是一个定义在整个复平面上的有界正则函数，所以它是一个常数函数。

这和 $h(x)$ 的最小值是 1 相矛盾。

该定理只保证其存在，但没有说明求解方法。另一个定理是，在 5 次方程式中（5 次以上的方程式也是）没有解的公式[①]。没有公式的意思是，就像 2 次方程式解的公式那样，对于任何方程式都通用，如果只通过固定顺序进行加法、乘法和平方根的有限次重复，是不可能求出解的。另外，通过在固定步骤中进行有限次数的加法和乘法来解连续 1 次方程式，该步骤称为消除法，如克拉默法则公式。

为了求特征值，只需解特征方程式，所以代数的基本定理保证了特征值的存在。如果知道了特征值，相应的特征向量可以通过解联立方程式找到。考虑特征值的问题时，除非另有说明，否则考虑复线性空间，即使是实数矩阵，也可能具有复数的特征值。由于标量倍数的任意性，有无限个特征对应的特征向量，但当说“特征值对应的特征向量的个数”时，也是指线性独立的个数。

问题 7.3 证明矩阵 $\boldsymbol{A}$ 是正则矩阵的必要且充分条件是 $\boldsymbol{A}$ 的特征值没有 0。

下面实际求出 2 阶方阵 $\boldsymbol{A}$ 的特征值和特征向量。阶数是 0 的矩阵只是零矩阵，该矩阵的特征值是 0，所有非零向量的向量是特征值 0 对应的特征向量，因此得到 2 个线性独立特征向量。如果矩阵的阶数是 1，非 kernel($\boldsymbol{A}$) 的零向量是特征值 0 对应的特征向量。另外，range($\boldsymbol{A}$) 的向量[②]而非零向量，都是 0 以外的特征值对应的特征向量。特别是，对一维子空间的正交投影有 2 个特征值，0 和 1，相应的特征向量之间是正交的。下面分析阶数是 2 的矩阵。首先是只有一个特征值的情况。由于特征方程式的形式是 $(\lambda-a)^2=0$，因此当 $a\neq 0$，$b\neq 0$ 时，有

$$（1）\begin{bmatrix} a & 0 \\ 0 & a \end{bmatrix},\qquad （2）\begin{bmatrix} a & b \\ 0 & a \end{bmatrix}\text{或}\begin{bmatrix} a & 0 \\ b & a \end{bmatrix}$$

的模式。a 都是特征值。在（1）中，所有非零的向量都是特征向量，因此有两个线性独立的特征向量。由（2）可得

$$\begin{cases} ax+by=ax \\ 0x+ay=ay \end{cases}\text{或}\begin{cases} ax+0y=ax \\ bx+ay=ay \end{cases}$$

① 这个证明需要一个比代数基本定理的证明更困难的论证。

② $\boldsymbol{A}$ 的列向量的标量倍数。

左边矩阵的 (1 , 0) ，右边矩阵的 (0 , 1) 分别是除标量倍数之外的唯一向量。如果有 2 个非零的不同特征值，各自的特征向量是线性独立的，阶数必须为 2。假设 ***A*** 是实数矩阵，分为两种情况，一种情况是有两个实数特征值，另一种情况是有两个相互共轭的复数。以下程序随机创建了这样的矩阵。

程序：prob1.py。

```
1  from sympy import Matrix
2  from numpy.random import choice
3  
4  N = [-3, -2, -1, 1, 2, 3]
5  
6  def f( truth ):
7      while True :
8          A = Matrix ( choice (N, (2 , 2)))
9          eigenvals = A . eigenvals ()
10         if len ( eigenvals ) == 2 and not 0 in eigenvals :
11             if all ([ x. is_real for x in eigenvals ]) == truth :
12                 print( eigenvals )
13                 return A
```

第 4 行 *N* 给出了要用于生成矩阵元素的数字。为了不成为简单的问题，可以除以 0，为了不让计算过于复杂，将其作为绝对值小的整数。

第 6 ~ 13 行 参数是 True 或 False，产生的问题中，特征值分别为两个不同的实数和一个复数。重复以下步骤，会得到一个符合条件的矩阵。第 8 行随机创建一个以 *N* 为元素的 2 阶方阵。第 9 行使用一个方法来求 *A* 的特征值，返回一个以特征值为键，以特征值的重叠度 ① 为值的字典。第 10 行验证 2 个特征值以及 0 不是特征值。第 11 行中的特征值都是实数。如果符合这些条件，则特征值的字典将显示出来，并返回当时的矩阵。求以下程序中的问题。

```
>>> f( True )
{- sqrt (2) - 1: 1, -1 + sqrt (2): 1}
Matrix ([
[1, 2],
[1, -1]])
>>> f( False )
```

① 在本节后面作说明。

```
{1 - 3*I: 1， 1 + 3* I: 1}
Matrix ([
[1， 3]
[-3， 1]])
```

问题 7.4 将上述程序中生成的问题的特征值和特征向量借助计算机来解答。另外，利用计算机来求相同问题。

3 阶方阵计算有些复杂，因此借助计算机的帮助。设

$$\boldsymbol{A}=\begin{bmatrix}3 & -4 & 2\\ 2 & -3 & 2\\ 3 & -6 & 4\end{bmatrix}$$

```
>>> from sympy import *
>>> A = Matrix ([[3， -4， 2]， [2， -3， 2]， [3， -6， 4]])
>>> f = det( A - var(' lmd ') * eye (3)); f
-14* lmd + (3 - lmd )*(4 - lmd )*(- lmd - 3) + 38
>>> expand ( f)
- lmd**3 + 4* lmd **2 - 5* lmd + 2
>>> factor( f)
-( lmd - 2)*( lmd - 1)**2
```

可以在语句中使用 var。eye(3) 代表单位矩阵 $\boldsymbol{I}_3$。特征方程式可以进行因式分解，能看出 $\lambda=1$ 、$\lambda=2$ 是特征值。求每个特征值 λ 相应的特征向量。求联立方程式 $(\boldsymbol{A}-\lambda\boldsymbol{I})\boldsymbol{v}=\boldsymbol{0}$ 的非零向量的解。当 $\boldsymbol{x}=(x,y,z)$ 时，设 $\boldsymbol{w}:\lambda\mapsto(\boldsymbol{A}-\lambda\boldsymbol{I})\boldsymbol{v}$。在 SymPy 中创建一个以符号作为变量的 Lambda 表达式。

```
>>> v = Matrix ([ var('x'), var('y'), var('z')]); v
Matrix ([
[x],
[y],
[z]])
>>> w = Lambda ( lmd , ( A - lmd * eye (3)) * v); w
Lambda ( lmd , Matrix ([
[ x *(3 - lmd ) - 4* y + 2* z],
[2* x + y*(- lmd - 3) + 2* z],
[ 3* x - 6* y + z *(4 - lmd )]]))
```

$\boldsymbol{w}(1)=\mathbf{0}$，即 $(\boldsymbol{A}-1\cdot\boldsymbol{I})\boldsymbol{v}=\mathbf{0}$，对 x，y，z 求解，将所得解代入 $\boldsymbol{v}$。

```
>>> ans = solve ( w (1)); ans
{ x: 2* y - z}
>>> v. subs ( ans )
Matrix ([
[2* y - z],
[        y],
[        z ]])
```

平面 $x=2y-z$ 上的非零向量是特征值 1 对应的特征向量。从这里可以选取两个线性独立的向量，如 $(2,1,0)$ 和 $(-1,0,1)$。对于特征值 $\lambda=2$，从以下代码中可以得到 $(2,2,3)$。

```
>>> ans = solve ( w (2)); ans
{ y: 2* z/3 , x: 2* z /3}
>>> v. subs ( ans )
Matrix ([
[2* z/3],
[2* z/3],
[     z ]])
```

SymPy 中有直接求特征值的方法。代码如下。

```
>>> A. eigenvals ()
{2: 1 , 1: 2}
```

解是字典形式的，键是解，这个值是多解的重叠度。

SymPy 也有同时求特征值和特征向量的方法。

```
>>> A. eigenvects ()
[(1 , 2 , [ Matrix ([
[2],
[1],
[0]]) , Matrix ([
[-1],
[0],
[1]])]) , (2 , 1 , [ Matrix ([
[2/3] ,
[2/3] ,
[ 1 ]])])]
```

结果返回列表，这个列表的要素是两个元组：

$$\left(1.2\,,\left[\left(2\,,1\,,0\right),\left(-1\,,0\,,1\right)\right]\right)$$

和

$$\left(2.1\,,\left(2/3\,,2/3\,,0\right)\right)$$

各元组的元素依次为特征值、重叠度和特征向量（列向量）的列表。

重叠度是指特征方程式的多解重叠的个数。若特征值不同，则对应的特征向量是线性独立的。对于同一个特征值，存在多个线性独立的特征向量时，由它们生成的子空间中任何一个不是零向量的向量是特征向量。该子空间称为特征值 λ 的特有空间。特有空间的维度不一定与重叠度一致。具体内容将在第 8 章中讨论。

在 NumPy 中，使用 linalg 模块的函数 eig 计算特征值和特征向量，代码如下（一部分输出被格式化）。

```
>>> from numpy.linalg import eig, norm
>>> A = [[3, -2, 2], [2, -1, 4], [2, -2, 1]]
>>> lmd, vec = eig(A)
>>> lmd
array([1.+0.j, 1.+2.j, 1.-2.j])
>>> vec[:, 0]
array([7.07106781e-01+0.j, 7.07106781e-01+0.j,
       -3.35214071e-16+0.j])
>>> vec[:, 1]
array([-0.47434165-0.15811388j, -0.79056942+0.j,
       -0.15811388-0.31622777j])
>>> vec[:, 2]
array([-0.47434165+0.15811388j, -0.79056942-0.j,
       -0.15811388+0.31622777j])
>>> [norm(vec[:, n]) for n in range(3)]
[0.9999999999999999, 1.0000000000000002, 1.0000000000000002]
```

在上述代码中，特征向量被正态化。

下面的程序比较了使用 SymPy 和 NumPy 解决矩阵特征值问题的结果，该矩阵具有重复的特征值。

程序：eig2.py。

```
1  import sympy as sp
2  import numpy as np
3
4  A = [[1, 1], [0, 1]]
5  a = sp.Matrix(A).eigenvects()
6  b = np.linalg.eig(A)
7  print(f''' SymPy
8  eigen value: {a[0][0]}
9  multiplicity: {a[0][1]}
10 eigen vector:
11 {a[0][2][0]}
12
13 NumPy
14 eigen values: {b[0][0]}, {b[0][1]}
15 eigen vectors:
16 {b[1][:, 0]}
17 {b[1][:, 1]}''')
```

第 4 行 检查 $\boldsymbol{A}=\begin{bmatrix}1 & 1\\ 0 & 1\end{bmatrix}$ 的特征值、特征向量。

第 5 行 设 a 是 SymPy 的 Matrix 类的 eigenvects 方法的结果。

第 6 行 设 b 是 NumPy 的 linalg 模块的 eig 函数的结果。

第 7 ~ 17 行 调用一个 print 函数。如果跨几行的字符串中使用三连引用符（'''）或（"""），新的一行将被原样反映出来。将其字符串作为格式化字符串，对 a 和 b 的结果进行格式化并输出。

运行结果：

```
SymPy
eigen value: 1
multiplicity: 2
eigen vector:
Matrix([[1], [0]])

NumPy
eigen values: 1.0, 1.0
eigen vectors:
```

```
[1.  0. ]
[ -1 .00000000 e +00   2 .22044605 e -16]
```

矩阵 $\boldsymbol{A}$ 的特征值是 1，重复次数是 2，除标量倍数外，对应的特征向量只有 1 个 $(1,0)$。在 SymPy 中也返回这样的结果。在 NumPy 中，获得两个具有相同特征值（1 和 1）的向量、与前者特征值 1 对应的特征向量 $(1,0)$ 和与后者特征值 1 对应的特征向量 $(-1,0)$（包括微小误差）的标量倍数。

问题 7.5 下面是一个程序及其执行的例子，其随机生成一个 3 阶方阵，其特征方程式可以进行因式分解，并且有整数的特征值。计算该程序生成的矩阵的特征值和特征向量，无须借助计算机。

程序：prob2.py。

```
1   from  sympy  import  Matrix ,  Symbol ,  factor_list ,  factor
2   from  numpy . random  import  choice
3
4   D  =  [-5 ,  -4 ,  -3 ,  -2 ,  -1 ,  1 ,  2 ,  3 ,  4 ,  5]
5
6
7   def  f():
8       while  True :
9           A  =  Matrix ( choice (D,  (3 ,  3)))
10          cp  =  A. charpoly ( Symbol(' lmd '))
11          F  =  factor_list( cp)
12          if  len ( F [1])  ==  3:
13              print( f' det( A  -  lmd * I)  =  { factor( cp )}\ nA  =  { A}')
14              return  A
```

第 10 行 charpoly 是求特征方程式的方法。设方程式中使用的符号为参数。

第 11 行 factor_list 的长度是进行因式分解时不同因式的个数。

第 12 行 因式的个数是 3 时，特征方程式有 3 个不同的整数解。

第 13 行 将进行因式分解的特征方程式显示出来。

运行示例：

```
>>>  f()
det( A  -  lmd * I)  =  lmd *( lmd  +  2)*( lmd  +  8)
A  =  Matrix ([[-5 ,  -1 ,  4],  [2 ,  -1 ,  -5],  [5 ,  1 ,  -4]])
```

```
Matrix ([
[-5， -1， 4]
[ 2， -1， -5]
[ 5， 1， -4]])
```

➢ 7.3　对角化

对于 $\boldsymbol{A}$ 的不同特征值 $\lambda_1, \lambda_2, \cdots, \lambda_k$，与这些特征值对应的特征向量分别表示为 $\boldsymbol{v}_1, \boldsymbol{v}_2, \cdots, \boldsymbol{v}_k$，这些向量是线性独立的这一观点，可通过数学归纳法来证明。这个说法是正确的，当 $k=1$ 时，由非零向量的一个向量组成的集合是线性独立的。$\boldsymbol{v}_1, \boldsymbol{v}_2, \cdots, \boldsymbol{v}_k$ 是线性独立的，有一个 $\boldsymbol{A}$ 的特征值 λ_{k+1} 与 $\lambda_1, \lambda_2, \cdots, \lambda_k$ 中的任何一个都不同，其特征值对应的特征向量为 v_{k+1}，假设向量可以表示为

$$\boldsymbol{v}_{k+1} = a_1\boldsymbol{v}_1 + \cdots + a_k v_k \quad \cdots \tag{7.3}$$

将 $\boldsymbol{A}$ 应用于两边，将式（7.3）代入

$$\lambda_{k+1}\boldsymbol{v}_{k+1} = a_1\lambda_1\boldsymbol{v}_1 + \cdots + a_k\lambda_k\boldsymbol{v}_k$$

中，整理后可得

$$a_1(\lambda_{k+1} - \lambda_1)\boldsymbol{v}_1 + \cdots + a_k(\lambda_{k+1} - \lambda_k)\boldsymbol{v}_k = \boldsymbol{0}$$

$\{\boldsymbol{v}_1, \cdots, \boldsymbol{v}_k\}$ 是线性独立的，因此虽然系数都是 0，但因为 λ_{k+1} 和 $\lambda_1, \lambda_2, \cdots, \lambda_k$ 的任何一个都不同，所以说必须是 $a_1 = \cdots = a_k = 0$。从 (*) 可以看出，$\boldsymbol{v}_{k+1} = \boldsymbol{0}$，这是一个矛盾。因此，$\boldsymbol{v}_{k+1}$ 在 $\boldsymbol{v}_1, \boldsymbol{v}_2, \cdots, \boldsymbol{v}_k$ 的线性组合中无法书写，$\{\boldsymbol{v}_1, \boldsymbol{v}_2, \cdots, \boldsymbol{v}_k, \boldsymbol{v}_{k+1}\}$ 是线性独立的。上述情况表明，当 $k+1$ 时，该说法正确。

对于方阵 $\boldsymbol{A}$，如果存在　个正则矩阵 $\boldsymbol{V}$，当 $\boldsymbol{V}^{-1}\boldsymbol{AV}$ 为对角矩阵时，称 $\boldsymbol{A}$ 是可对角化的。$\boldsymbol{A}$ 是可对角化的必要且充分条件是，可以取由 $\boldsymbol{A}$ 的特征向量组成的基。设存在一个正则矩阵 $\boldsymbol{V}$，$\boldsymbol{V}^{-1}\boldsymbol{AV} = \mathrm{diag}(\lambda_1, \lambda_2, \cdots, \lambda_n)$（必要性）。此时可以看出，对于标准基 $\{\boldsymbol{e}_1, \boldsymbol{e}_2, \cdots, \boldsymbol{e}_n\}$，可以说 $\boldsymbol{V}^{-1}\boldsymbol{AVe}_i = \lambda_i\boldsymbol{e}_i$，所以将 $\boldsymbol{V}$ 应用于两边时，则 $\boldsymbol{AVe}_i = \lambda_i\boldsymbol{Ve}_i$，可知 $\{\boldsymbol{Ve}_1, \boldsymbol{Ve}_2, \cdots, \boldsymbol{Ve}_n\}$ 是由 $\boldsymbol{A}$ 的特征向量构成的基。对于由 $\boldsymbol{A}$ 的特征向量组成的基

$\{\boldsymbol{v}_1, \boldsymbol{v}_2, \cdots, \boldsymbol{v}_n\}$，这些作为列向量排列形成的矩阵为 $\boldsymbol{V}$（充分性）。由于

$$\boldsymbol{V} = [\boldsymbol{v}_1 \quad \boldsymbol{v}_2 \quad \cdots \quad \boldsymbol{v}_n]$$
$$\boldsymbol{AV} = [\lambda_1\boldsymbol{v}_1 \quad \lambda_2\boldsymbol{v}_2 \quad \cdots \quad \lambda_n\boldsymbol{v}_n]$$
$$\boldsymbol{V}^{-1}\boldsymbol{AV} = [\lambda_1\boldsymbol{e}_1 \quad \lambda_2\boldsymbol{e}_2 \quad \cdots \quad \lambda_n\boldsymbol{e}_n]$$

所以 $\boldsymbol{A}$ 被正则矩阵 $\boldsymbol{V}$ 对角化。这里 $\boldsymbol{V}$ 是基变换矩阵。对角化 $\boldsymbol{A}$ 时，对角线上排列的是特征值，如果有重复次数，则根据重复次数被排成相同特征值。可以看出，$\boldsymbol{A}$ 的特征方程式与 $\mathrm{diag}(\lambda_1, \lambda_2, \cdots, \lambda_n)$ 的特征方程式一致，特征值的重叠度和特有空间的维相等。

如果 n 阶方阵 $\boldsymbol{A}$ 有 n 个不同的特征值，则各特征值对应的特征向量集合就是一个基，因为是线性独立的，所以 $\boldsymbol{A}$ 是可对角化的。执行问题 7.5 中用到的程序，会产生有 3 个不同特征值的矩阵，因此将用它来说明对角化的方法。执行 prob1.py。

```
>>> A = f()
( lambda - 5)*( lambda + 3)*( lambda + 6)
Matrix ([[-5 , 4 , 1], [3 , 2 , 3], [5 , 1 , -1]])
```

将该矩阵进行对角化。求特征向量，并创建将这些作为列向量的矩阵 $\boldsymbol{V}$。

```
>>> X = A. eigenvects ()
>>> u, v, w = [v for x in X for v in x [2]]
>>> V = u. row_join ( v). row_join ( w); V
Matrix ([
[ -1 , -7/22 , 5/6] ,
[ 0, -9/22 , 11/6] ,
[ 1,      1 ,     1]])
```

可以通过 $\boldsymbol{V}$ 进行对角化。

```
>>> V **( -1) * A * V
Matrix ([
[ -6 , 0 , 0],
[ 0 , -3 , 0],
[ 0 , 0 , 5]])
```

其中，对角线排列的数是特征值。如果改变特征向量的排列方法，对角线的排列也会发生变化。

问题 7.6　读者可尝试生成另一个矩阵，用同样的操作将其对角化。

问题 7.7　矩阵 $\boldsymbol{A}$ 是可对角化的，设是 $\boldsymbol{V}^{-1}\boldsymbol{A}\boldsymbol{V}=\mathrm{diag}(\lambda_1, \lambda_2, \cdots, \lambda_n)$。此时，证明下述内容。

（1）$\mathrm{rank}(\boldsymbol{A})$ 等于 λ_1，λ_2，…，λ_n 中非 0 的个数。

（2）$\det(\boldsymbol{A})$ 等于 λ_1，λ_2，…，λ_n 的积。

（3）$\mathrm{Tr}(\boldsymbol{A})$ 等于 λ_1，λ_2，…，λ_n 的和。

（4）如果 $\boldsymbol{A}$ 是正则矩阵，则 $\boldsymbol{A}^{-1}=\boldsymbol{V}\mathrm{diag}(\lambda_1^{-1}, \lambda_2^{-1}, \cdots, \lambda_n^{-1})\boldsymbol{V}^{-1}$。

如果矩阵 $\boldsymbol{A}$ 满足 $\boldsymbol{A}^*\boldsymbol{A}=\boldsymbol{A}\boldsymbol{A}^*$，则 $\boldsymbol{A}$ 称为正态矩阵。埃尔米特矩阵、单位矩阵是正态矩阵的例子。

如果 $\boldsymbol{A}$ 是实数矩阵，正态矩阵的条件是 $\boldsymbol{A}^{\mathrm{T}}\boldsymbol{A}=\boldsymbol{A}\boldsymbol{A}^{\mathrm{T}}$。对称矩阵、正交矩阵是正态矩阵。在 2 阶实数方阵的情况下，还有什么是正态矩阵呢？设 $\boldsymbol{A}=\begin{bmatrix} a & b \\ c & d \end{bmatrix}$，解 a，b，c，d 相关的方程式 $\boldsymbol{A}^{\mathrm{T}}\boldsymbol{A}=\boldsymbol{A}\boldsymbol{A}^{\mathrm{T}}$。

运行示例：

```
>>> from sympy import *
>>> from sympy.abc import a, b, c, d
>>> A = Matrix([[a, b], [c, d]])
>>> solve(A.T * A - A * A.T)
[{b: c}, {b: -c, a: d}, {b: 0, c: 0}]
```

解有 3 种情况。第 1 种情况是 $b=c$，$\boldsymbol{A}$ 是对称矩阵。第 2 种情况是 $b=-c$ 且 $a=d$，$\boldsymbol{A}$ 的列向量（行向量）是正交系统[1]。第 3 种情况是 $b=c=0$，$\boldsymbol{A}$ 是对角矩阵。

问题 7.8　不使用 SymPy 来验证上述结果。

对于正态矩阵 $\boldsymbol{A}$，可以推出下列内容。λ 是 $\boldsymbol{A}$ 的特征值，设其对应的特征向量是 $\boldsymbol{v}$。由

① 如果它是一个正态系统，也是一个正交矩阵。

于 $\boldsymbol{Av}-\lambda\boldsymbol{v}=\boldsymbol{0}$，则从

$$\begin{aligned}0&=\|\boldsymbol{Av}-\lambda\boldsymbol{v}\|^2=\langle\boldsymbol{Av}-\lambda\boldsymbol{v}|\boldsymbol{Av}-\lambda\boldsymbol{v}\rangle\\&=\langle\boldsymbol{Av}|\boldsymbol{Av}\rangle-\langle\boldsymbol{Av}|\lambda\boldsymbol{v}\rangle-\langle\lambda\boldsymbol{v}|\boldsymbol{Av}\rangle+\langle\lambda\boldsymbol{v}|\lambda\boldsymbol{v}\rangle\\&=\langle\boldsymbol{A}^*\boldsymbol{Av}|\boldsymbol{v}\rangle-\langle\bar{\lambda}\boldsymbol{v}|\boldsymbol{A}^*\boldsymbol{v}\rangle-\langle\boldsymbol{A}^*\boldsymbol{v}|\bar{\lambda}\boldsymbol{v}\rangle+\langle\bar{\lambda}\boldsymbol{v}|\bar{\lambda}\boldsymbol{v}\rangle\\&=\langle\boldsymbol{AA}^*\boldsymbol{v}|\boldsymbol{v}\rangle-\langle\bar{\lambda}\boldsymbol{v}|\boldsymbol{A}^*\boldsymbol{v}\rangle-\langle\boldsymbol{A}^*\boldsymbol{v}|\bar{\lambda}\boldsymbol{v}\rangle+\langle\bar{\lambda}\boldsymbol{v}|\bar{\lambda}\boldsymbol{v}\rangle\\&=\langle\boldsymbol{A}^*\boldsymbol{v}|\boldsymbol{A}^*\boldsymbol{v}\rangle-\langle\bar{\lambda}\boldsymbol{v}|\boldsymbol{A}^*\boldsymbol{v}\rangle-\langle\boldsymbol{A}^*\boldsymbol{v}|\bar{\lambda}\boldsymbol{v}\rangle+\langle\bar{\lambda}\boldsymbol{v}|\bar{\lambda}\boldsymbol{v}\rangle\\&=\langle\boldsymbol{A}^*\boldsymbol{v}-\bar{\lambda}\boldsymbol{v}|\boldsymbol{A}^*\boldsymbol{v}-\bar{\lambda}\boldsymbol{v}\rangle=\|\boldsymbol{A}^*\boldsymbol{v}-\bar{\lambda}\boldsymbol{v}\|^2\end{aligned}$$

中，可得 $\boldsymbol{A}^*\boldsymbol{v}-\bar{\lambda}\boldsymbol{v}=\boldsymbol{0}$。也就是说，可以说明下述内容。

$$\lambda\text{ 是 }\boldsymbol{A}\text{ 的特征值，对应的特征向量是 }\boldsymbol{v}$$
$$\Rightarrow\ \bar{\lambda}\text{ 是 }\boldsymbol{A}^*\text{ 的特征值，对应的特征向量是 }\boldsymbol{v}$$

另外，设 λ，μ 为 $\boldsymbol{A}$ 的不同特征值，对应的特征向量分别为 $\boldsymbol{v}$，$\boldsymbol{w}$。此时有

$$\lambda\langle\boldsymbol{v}|\boldsymbol{w}\rangle=\langle\bar{\lambda}\boldsymbol{v}|\boldsymbol{w}\rangle=\langle\boldsymbol{A}^*\boldsymbol{v}|\boldsymbol{w}\rangle=\langle\boldsymbol{v}|\boldsymbol{Aw}\rangle=\langle\boldsymbol{v}|\mu\boldsymbol{w}\rangle=\mu\langle\boldsymbol{v}|\boldsymbol{w}\rangle$$

由于 $\lambda\neq\mu$，则 $\langle\boldsymbol{v}|\boldsymbol{w}\rangle=0$ 说明 $\boldsymbol{A}$ 的不同特征值对应的特征向量是相互正交的。

设 $\boldsymbol{A}$ 的所有不同特征值为 λ_1，…，λ_k，对应的特征空间分别设为 $\boldsymbol{W}_1$，…，$\boldsymbol{W}_k$。$i\neq j$ 时，$\boldsymbol{W}_i$ 和 $\boldsymbol{W}_j$ 是正交的。创建每个 $\boldsymbol{W}_i$ 的正态正交基，全部集合是由 $\boldsymbol{A}$ 的特征值组成的 $\mathbb{C}^n$ 的正态正交系统。由此生成的子空间设为 $\boldsymbol{W}$。通过后退法表示 $\boldsymbol{W}=\mathbb{C}^n$。假设情况并非如此，则 $\boldsymbol{W}^\perp\neq\{0\}$。任意 $\boldsymbol{v}\in\boldsymbol{W}^\perp$ 对于任意 $\boldsymbol{w}\in\boldsymbol{W}_i$ 都是

$$\langle\boldsymbol{w}|\boldsymbol{Av}\rangle=\langle\boldsymbol{A}^*\boldsymbol{w}|\boldsymbol{v}\rangle=\langle\bar{\lambda}_i\boldsymbol{w}|\boldsymbol{v}\rangle=\lambda_i\langle\boldsymbol{w}|\boldsymbol{v}\rangle=0$$

因此 $\boldsymbol{Av}\in\boldsymbol{W}^\perp$。也就是说，$\boldsymbol{A}:\boldsymbol{v}\mapsto\boldsymbol{Av}$ 是从 $\boldsymbol{W}^\perp$ 到自身的线性映射。将通过 $\boldsymbol{W}^\perp$ 的基 $\{\boldsymbol{v}_1,\cdots,\boldsymbol{v}_l\}$ 表示出来的该线性映射的矩阵表示设为 $\boldsymbol{B}$。根据代数的基本定理，矩阵 $\boldsymbol{B}$ 具有特征值 μ 和特征向量 $\boldsymbol{x}=(x_1,\cdots,x_l)$。$\boldsymbol{B}$ 将 $\boldsymbol{x}=(x_1,\cdots,x_l)$ 转换为 $\mu\boldsymbol{x}=(\mu x_1,\cdots,\mu x_l)$，$\boldsymbol{A}$

将 $x_1\boldsymbol{v}_1+\cdots+x_k\boldsymbol{v}_l$ 转换为 $\mu x_1\boldsymbol{v}_1+\cdots+\mu x_k\boldsymbol{v}_l$。因此，$x_1\boldsymbol{v}_1+\cdots+x_k\boldsymbol{v}_l$ 是 $\boldsymbol{A}$ 的特征值 μ 对应的特征向量，μ 应该是 $\lambda_1,\cdots,\lambda_k$ 中的任意一个，但由于 $x_1\boldsymbol{v}_1+\cdots+x_k\boldsymbol{v}_l$ 不属于任何 $\boldsymbol{W}_i$，就会出现矛盾，因此可以取由 $\boldsymbol{A}$ 的特征向量组成的 $\mathbb{C}^n$ 的正态正交基。$\{\boldsymbol{u}_1,\boldsymbol{u}_2,\cdots,\boldsymbol{u}_n\}$ 是 $\mathbb{C}^n$ 的正态正交基，由 $\boldsymbol{A}$ 的特征向量组成。此时，可以排列这些列向量，则

$$\boldsymbol{U} \underline{\underline{\text{def}}} \begin{bmatrix}\boldsymbol{u}_1 & \boldsymbol{u}_2 & \cdots & \boldsymbol{u}_n\end{bmatrix}$$

是单位矩阵。因此，可以说明 $\boldsymbol{A}$ 可以通过单位矩阵进行对角化。$\boldsymbol{U}$ 是一个正态正交基的基变换[①]矩阵。

将正态矩阵 $\boldsymbol{A}=\begin{bmatrix} i & i \\ -i & i\end{bmatrix}$ 进行对角化。为了慎重起见，需验证正态矩阵。代码如下。

```
>>> from sympy import *
>>> A = Matrix ([[ I, I], [-I, I]])
>>> A * A. H - A. H * A
Matrix ([
[0 , 0],
[0 , 0]])
```

求特征值的特征向量。代码如下。

```
>>> X = A. eigenvects (); X
[(-1 + I, 1 , [ Matrix ([
[- I],
[ 1]])]), (1 + I, 1 , [ Matrix ([
[I],
[1]])])]
```

提取正态化的特征向量，创建矩阵 $\boldsymbol{U}$。$\boldsymbol{U}^*\boldsymbol{AU}$ 是对角化的结果，特征值按对角线排列。代码如下。

```
>>> B = [v / v. norm () for x in X for v in x [2]]
>>> U = B [0]. row_join ( B [1]); U
Matrix ([
[- sqrt (2)* I/2 , sqrt (2)* I/2],
```

① 即单元变换。单元变换保存了内积和范数。

```
[     sqrt (2)/2 ,      sqrt (2 )/2 ]])
>>>  simplify ( U. H  *  A  *  U)
Matrix ([
[-1  +  I,       0],
[          0 , 1 + I]])
```

问题 7.9 设 $\boldsymbol{A}$ 为正态矩阵。验证下述内容。

（1）$\boldsymbol{A}$ 是埃尔米特矩阵 $\Leftrightarrow \lambda_1, \cdots, \lambda_n \in \mathbb{R}$。

（2）$\boldsymbol{A}$ 是单位矩阵 $\Leftrightarrow |\lambda_1| = \cdots = |\lambda_n| = 1$。

（3）$\boldsymbol{A}$ 是正定矩阵 $\Leftrightarrow \lambda_1, \cdots, \lambda_n > 0$。

（4）$\boldsymbol{A}$ 是非负定矩阵 $\Leftrightarrow \lambda_1, \cdots, \lambda_n \geqslant 0$。

（5）$\boldsymbol{A}$ 是正交投影 $\Leftrightarrow \lambda_1, \cdots, \lambda_n = 0, 1$。

$\mathbb{K} = \mathbb{R}$ 时，对称矩阵 $\boldsymbol{A}$ 是正交矩阵，是可对角化的。这是因为 $\boldsymbol{A}$ 是埃尔米特矩阵，特征值 λ 是实数，特征向量也可以从 $\mathbb{R}^n$ 中找到。从将埃尔米特矩阵 $\boldsymbol{A}$ 对角化的单位矩阵 $\boldsymbol{U}$ 的创建方法来看，$\boldsymbol{U}$ 是实数矩阵。因此，$\boldsymbol{U}$ 是正交矩阵。不难看出，对称正定值（非负定）矩阵的特征值均为正（非负）。如果没有对称性，就不会成立。正交矩阵的特征值一般不是实数。旋转 $\begin{bmatrix} \cos\theta & -\sin\theta \\ \sin\theta & \cos\theta \end{bmatrix}$ 是正交矩阵，但只要不是 $\theta = n\pi$（n 是整数），$\mathbb{R}^2$ 中就没有特征向量。因此，要将正交矩阵对角化，一般需要单位矩阵。

将埃尔米特矩阵 $\boldsymbol{A} = \begin{bmatrix} 0 & 1 & 2 \\ 1 & 2 & 0 \\ 2 & 0 & 1 \end{bmatrix}$ 进行对角化。代码如下。

```
>>>  from  sympy  import  *
>>>  A  =  Matrix ([[0 ,  1 ,  2] ,  [1 ,  2 ,  0] ,  [2 ,  0 ,  1]])
>>>  X  =  A . eigenvects ()
>>>  [x [0]  for  x  in  X]
[3 ,  -sqrt(3) ,  sqrt(3)]
```

特征值是 1 和 $\pm\sqrt{3}$ 。将特有向量正常化、创建正交矩阵 ***U***。代码如下。

```
>>> B = [simplify(v) for x in X for v in x[2]]
>>> C = [simplify(b / b.norm()) for b in B]
>>> U = C[0].row_join(C[1]).row_join(C[2]); U
Matrix([
[sqrt(3)/3, -1/2 - sqrt(3)/6, 1/2 - sqrt(3)/6],
[sqrt(3)/3, 1/2 - sqrt(3)/6, -1/2 - sqrt(3)/6],
[sqrt(3)/3,           sqrt(3)/3,          sqrt(3)/3]])
```

可以用 ***U*** 进行对角化。代码如下。

```
>>> simplify(U.T * A * U)
Matrix([
[3,         0,         0],
[0, -sqrt(3),         0],
[0,         0, sqrt(3)]])
```

这是在实数正态矩阵中具有复特征值的例子。代码如下。

```
>>> A = Matrix([[I, I], [-I, I]])
>>> X = A.eigenvects()
>>> [x[0] for x in X]
[-1 + I, 1 + I]
>>> B = [simplify(v) for x in X for v in x[2]]
>>> C = [simplify(b / b.norm()) for b in B]
>>> U = C[0].row_join(C[1]); U
Matrix([
[-sqrt(2)*I/2, sqrt(2)*I/2],
[    sqrt(2)/2,   sqrt(2)/2]])
>>> simplify(U.H * A * U)
Matrix([
[-1 + I,      0],
[      0, 1 + I]])
```

在 SymPy 的 Matrix 类中定义了正态矩阵对应的正则矩阵的对角化方法。代码如下。

```
>>> A.diagonalize()
(Matrix([
[-I, I],
[ 1, 1]]), Matrix([
[1 - I,      0],
```

```
37  [    0,   1 + I]]))
```

NumPy 的 linalg 模块中有关于求特征值、特征向量的函数 eig，可用于使用正则矩阵的对角化。另外，对于埃尔米特矩阵，函数 eigh 可以用于单位矩阵的对角化。

```
1   >>> from numpy import *
2   >>> A = array([[1, 2, 3], [2, 3, 4], [3, 4, 5]])
3   >>> Lmd, V = linalg.eig(A); Lmd
4   array([ 9.62347538e+00, -6.23475383e-01, 5.02863969e-16])
5   >>> linalg.inv(V).dot(A.dot(V))
6   array([[ 9.62347538e+00, -3.55271368e-15, 2.09591804e-15],
7          [ 4.44089210e-16, -6.23475383e-01, -4.38613236e-16],
8          [ 1.33226763e-15,  1.66533454e-16,  3.94430453e-31]])
9   >>> B = array([[1j, 1j], [-1j, 1j]])
10  >>> Lmd, V = linalg.eigh(A); Lmd
11  array([-1., 1.])
12  >>> V.T.conj().dot(A.dot(V))
13  array([[-1.+1.j, 0.+0.j],
14         [ 0.+0.j, 1.+1.j]])
```

问题 7.10 下述程序随机生成了 2 阶的实数正态矩阵。将该程序生成的矩阵用单位矩阵进行对角化。

程序：prob3.py。

```
1   from sympy import *
2   from numpy.random import choice
3   
4   N = [-3, -2, -1, 1, 2, 3]
5   
6   
7   def g(symmetric = True):
8       if symmetric:
9           a, b, d = choice(N, 3)
10          return Matrix([[a, b], [b, d]])
11      else:
12          a, b = choice(N, 2)
13          return Matrix([[a, b], [-b, a]])
```

如果 g 的参数是 True，则生成对称矩阵（默认为 True）；如果 g 的参数是 False，则生成非对称矩阵。

```
>>>  g()
Matrix ([
[-1 ,3],
[3 ,  2]])
>>>  g( False )
Matrix ([
[-1 ,   2],
[-2 ,  -1]])
```

7.4　矩阵范数和矩阵函数

从现在起，除非另有说明，$\mathbb{K}^n$ 向量的 l^2 范数（欧几里得范数）用 $\|\cdot\|_2$ 表示，否则用 $\|\cdot\|$ 表示。

设 $\boldsymbol{A}$ 为 n 阶方阵。将向量 $\boldsymbol{x}\in\mathbb{K}^n$ 在 $\|\boldsymbol{x}\|=1$ 的范围[①] 内移动时，$\|\boldsymbol{Ax}\|$ 的上限[②] 用 $\|\boldsymbol{A}\|$ 来表示，称为矩阵范数。对于任意 $\boldsymbol{x}\in\mathbb{K}^n$，有

$$\|\boldsymbol{Ax}\|\leqslant\|\boldsymbol{A}\|\,\|\boldsymbol{x}\|$$

成立。这是因为在 $\boldsymbol{x}=0$ 时不等式成立，$\boldsymbol{x}\neq 0$ 时，$\left\|\dfrac{\boldsymbol{x}}{\|\boldsymbol{x}\|}\right\|=1$，因此从 $\|\boldsymbol{A}\|$ 的定义得出 $\left\|A\dfrac{\boldsymbol{x}}{\|\boldsymbol{x}\|}\right\|\leqslant\|\boldsymbol{A}\|$，两边乘以 $\|\boldsymbol{x}\|$，将得到理想的不等式。

设 $\boldsymbol{A}$ 为实数方阵。此时，需要清楚是在 $\mathbb{R}^n$ 内还是在 $\mathbb{C}^n$ 内，矩阵范数的定义中 $\|\boldsymbol{x}\|=1$ 即 x 的移动范围不同。$z\in\mathbb{C}^n$ 可以根据 $\boldsymbol{x}$，$\boldsymbol{y}\in\mathbb{R}^n$ 分解为 $z=\boldsymbol{x}+i\boldsymbol{y}$ 的实部和纯虚部，此

---

① $\|\boldsymbol{x}\|\leqslant 1$的范围，即单位圆可能被移动。

② 由于存在可达 2 的上限 $\boldsymbol{x}$，所以它是一个最大值。如果试图用数字来解决它，就变成了一个具有二次方程式的制约条件（$\|\boldsymbol{x}\|^2=1$）的二次方程式的最大值问题$\|\boldsymbol{Ax}\|^2$。这里可以用“有限维规范空间中的单位圆是紧凑的”和“紧凑集合上的实际数值的连续函数有一个最大值”这一事实。

时 $\|z\|^2 = \|x\|^2 + \|y\|^2$。$Az = Ax + \mathrm{i}Ay$ 变成了实部和纯虚部的分解。如果是在 $\mathbb{R}^n$ 范围内的矩阵范数，则用 $\|A\|_{\mathbb{R}}$ 来表示；如果是在 $\mathbb{C}^n$ 范围内的矩阵范数，则用 $\|A\|_{\mathbb{C}}$ 来表示。很明显 $\|A\|_{\mathbb{R}} \leqslant \|A\|_{\mathbb{C}}$。反之，从以下内容得出

$$\|A\|_{\mathbb{C}}^2 = \max_{\|z\|^2=1} \|Az\|^2 = \max_{\|x\|^2+\|y\|^2=1} \left(\|Ax\|^2 + \|Ay\|^2\right) \leqslant \max_{\|x\|^2+\|y\|^2=1} \left(\|Ax\|_{\mathbb{R}}^2 \|x\|^2 + \|A\|_{\mathbb{R}}^2 \|y\|^2\right) = \|A\|_{\mathbb{R}}^2$$

因此，在 $\mathbb{R}^n$ 范围内的矩阵范数和在 $\mathbb{C}^n$ 范围内的矩阵范数是一致的。

当 $x \in \mathbb{R}^2$，2 阶的实数方阵 A 在 $\|x\| = 1$ 的范围内移动时，x 在以原点为中心的单位圆上移动。对于几个矩阵，中心的单位圆上的点被 A 转移到了哪个点呢？可在二维坐标平面上用图形说明。单位圆上的点以及被转移的点用箭头来表示，有实数特征值时，正态化的特征向量乘以相应的特征向量也会显示出来。

程序：unitcircle.py。

```
from numpy import array, arange, pi, sin, cos, isreal
from numpy.linalg import eig
import matplotlib.pyplot as plt


def arrow(p, v, c=(0, 0, 0), w=0.02):
    plt.quiver(p[0], p[1], v[0], v[1], units='xy', scale=1,
               color=c, width=w)


n = 3
A = [array([[1, -2], [2, 2]]),
     array([[3, 1], [1, 3]]),
     array([[2, 1], [0, 2]]),
     array([[2, 1], [0, 3]])]
T = arange(0, 2 * pi, pi / 500)
U = array([(cos(t), sin(t)) for t in T])
V = array([A[n].dot(u) for u in U])
plt.plot(U[:, 0], U[:, 1])
plt.plot(V[:, 0], V[:, 1])
for u, v in zip(U[::20], V[::20]):
```

```
22          arrow (u , v - u)
23   o = array ([0 , 0])
24   Lmd , Vec = eig (A [n])
25   if isreal (Lmd [0]):
26          arrow (o , Lmd [0] * Vec [: , 0] , c= (1 , 0 , 0) , w=0.1)
27   if isreal (Lmd [1]):
28          arrow (o , Lmd [1] * Vec [: , 1] , c=(0 , 1 , 0) , w=0.1)
29   plt . axis ( 'scaled' ) , plt . xlim (-4 , 4) , plt . ylim (-4 , 4) , plt . show()
```

第 11 ~ 15 行 $n = 0，1，2，3$，$\boldsymbol{A}_n$ 分别表示以下矩阵。

$$\boldsymbol{A}_0 = \begin{bmatrix} 1 & -2 \\ 2 & 2 \end{bmatrix},\quad \boldsymbol{A}_1 = \begin{bmatrix} 3 & 1 \\ 1 & 3 \end{bmatrix},\quad \boldsymbol{A}_2 = \begin{bmatrix} 2 & 1 \\ 0 & 2 \end{bmatrix},\quad \boldsymbol{A}_3 = \begin{bmatrix} 2 & 1 \\ 0 & 3 \end{bmatrix}$$

第 16 行、第 17 行 将数组设为 U，该数组的要素是单位圆周上的 1000 个点，绘制这些点。

第 18 行、第 19 行 设 V 是 U 点被 $\boldsymbol{A}_n$ 移动的点，并绘制这些点。

第 21 行、第 22 行 U 点和 V 点的对应关系用箭头来表示。由于很难看到所有点的对应关系，因此每 20 个显示一次。

第 25 ~ 28 行 在有实数特征值的情况下，对应的正态化特征向量乘以特征值，用箭头表示。

用 $n = 0，1，2，3$ 对应的 $\boldsymbol{A}_n$ 所绘制的图形如图 7.1 所示。因为单位圆周上的向量 $\boldsymbol{x}$ 和 $\boldsymbol{A}_0\boldsymbol{x}$ 不是实数倍数的关系，所以 $\boldsymbol{A}_0$ 没有实数特征值（但有复数特征值）。$\boldsymbol{A}_1$ 是埃尔米特矩阵，有 2 个与实数特征值对应的实数特征向量。这些特征向量是正交的。因为 $\boldsymbol{A}_2$ 的特征方程式有多解，所以只有 1 个特征值。特有空间是一维的。$\boldsymbol{A}_3$ 有 2 个实数特征值，所以不是正态矩阵，对应的特征向量不是正交的。不管是哪个矩阵，椭圆最长的半径大小为矩阵范数。

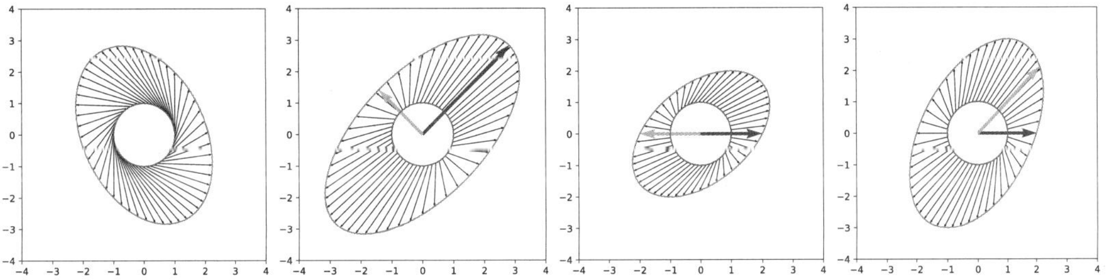

图 7.1　矩阵导致的单位圆的移动位置

对于矩阵范数，以下情况成立。

（1）$\|A\| \geqslant 0$，则不等式成立的条件是 $A = O$。

（2）$\|cA\| = |c|\|A\|$。

（3）$\|A + B\| \leqslant \|A\| + \|B\|$。

（4）$\|AB\| \leqslant \|A\|\|B\|$。

（5）$\|A^*\| = \|A\|$。

（6）$\|A^* A\| = \|A\|^2$。

情况（1）～情况（4）为练习问题，下面说明情况（5）。因为对于 $x \in \mathbb{K}^n$，有

$$\begin{aligned}\|Ax\|^2 = \langle Ax | Ax \rangle = \langle A^* Ax | x \rangle \leqslant \|A^* Ax\| \|x\| \\ \leqslant \|A^* A\|\|x\|\|x\| \leqslant \|A^*\|\|A\|\|x\|^2\end{aligned}$$

如果考虑让 x 在范数为 1 的范围内移动，则可得 $\|A\|^2 \leqslant \|A^*\|\|A\|$。因此，也可以是 $\|A^*\| \leqslant \|A\|$。如果不考虑 A 而考虑 A^* 的话，由 $A^{**} = A$，可得 $\|A\| \leqslant \|A^*\|$。因此，证明了情况（5）。从下面内容可以得到情况（6）。

$$\begin{aligned}\|A\|^2 = \left(\max_{\|x\|=1} \|Ax\|\right)^2 = \max_{\|x\|=1} \|Ax\|^2 = \max_{\|x\|=1} \langle Ax | Ax \rangle \\ = \max_{\|x\|=1} \langle A^* Ax | x \rangle \leqslant = \max_{\|x\|=1} \|A^* Ax\|\|x\| \leqslant \|A^* A\|\end{aligned}$$

如果考虑 A 的特征值 λ 对应的正态化特征向量 x，$|\lambda|^2 = \|Ax\|^2 \leqslant \|A\|^2$，因此如果用 $\rho(A)$ 来表示 A 的特征值的绝对值最大值，则 $\rho(A) \leqslant \|A\|$ 成立。$\rho(A)$ 称为 A 的谱半径。

A 是正态矩阵时，$\|A\| = \rho(A)$。由于 A 是正态矩阵，可以取由 A 的特征向量组成的 $\mathbb{C}^n$ 的正态正交基 $\{x_1, x_2, \cdots, x_n\}$。设 x_i 是特征值 λ_i 对应的特征向量（$i = 1, 2, \cdots, n$）。如果考虑范数 1 的向量 x 的傅里叶展开 $x = a_1 x_1 + a_2 x_2 + \cdots + a_n x_n$，则

$$|a_1|^2 + |a_2|^2 + \cdots + |a_n|^2 = 1$$

对于有 $\boldsymbol{A}$ 的重复次数的 n 个特征值 λ_1，λ_2，⋯，λ_n，由于

$$|a_1|^2|\lambda_1|^2+|a_2|^2|\lambda_2|^2+\cdots+|a_n|^2|\lambda_n|^2=\|\boldsymbol{Ax}\|^2\leqslant\|\boldsymbol{A}\|^2$$

因此在等号左边如果假设绝对值最大的特征值是 λ_i，则等号左边的最大值为 $|\lambda_i|^2$，可得 $\|\boldsymbol{A}\|=\rho(\boldsymbol{A})$。

如果 $\boldsymbol{A}$ 是埃尔米特矩阵，则 $\|\boldsymbol{A}\|$ 或 $-\|\boldsymbol{A}\|$ 是特征值，对于对应的正态化特征向量，可得 $\|\boldsymbol{A}\|=\|\boldsymbol{Ax}\|$。

对于 n 阶方阵 $\boldsymbol{A}$，定义为

$$N(\boldsymbol{A})\ \underline{\underline{\text{def}}}\ \max_{\|\boldsymbol{x}\|=1}\left|\langle\boldsymbol{x}|\boldsymbol{Ax}\rangle\right|$$

称为 $\boldsymbol{A}$ 的数域半径。对于任意 $\boldsymbol{x}\in\mathbb{C}^n$，有

$$\left|\langle\boldsymbol{x}|\boldsymbol{Ax}\rangle\right|\leqslant\|\boldsymbol{x}\|\|\boldsymbol{Ax}\|\leqslant\|\boldsymbol{A}\|\|\boldsymbol{x}\|^2$$

因此 $N(\boldsymbol{A})\leqslant\|\boldsymbol{A}\|$。特别是，如果 $\boldsymbol{A}$ 是埃尔米特矩阵，则可得 $\|\boldsymbol{A}\|=N(\boldsymbol{A})$。实际上，因为

$$\|\boldsymbol{A}\|=\max_{\|\boldsymbol{x}\|=1}\|\boldsymbol{Ax}\|=\max_{\|\boldsymbol{x}\|=1}\max_{\|\boldsymbol{y}\|=1}\left|\langle\boldsymbol{x}|\boldsymbol{Ay}\rangle\right|$$

所以当 $\|\boldsymbol{x}\|=\|\boldsymbol{y}\|=1$ 时，最好证明 $\left|\langle\boldsymbol{x}|\boldsymbol{Ay}\rangle\right|\leqslant N(\boldsymbol{A})$。容易看出，对于任意 $\boldsymbol{x}\in\mathbb{C}^n$，$\left|\langle\boldsymbol{x}|\boldsymbol{Ax}\rangle\right|\leqslant N(\boldsymbol{A})\|\boldsymbol{x}\|^2$。使用 $\boldsymbol{A}$ 是埃尔米特矩阵和中线定理，可以说明以下内容。

$$\begin{aligned}\left|\mathrm{Re}\langle\boldsymbol{x}|\boldsymbol{Ay}\rangle\right|&=\frac{1}{4}\left|\langle\boldsymbol{x}+\boldsymbol{y}|\boldsymbol{A}(\boldsymbol{x}+\boldsymbol{y})\rangle-\langle\boldsymbol{x}-\boldsymbol{y}|\boldsymbol{A}(\boldsymbol{x}-\boldsymbol{y})\rangle\right|\\&\leqslant\frac{1}{4}\left(\left|\langle\boldsymbol{x}+\boldsymbol{y}|\boldsymbol{A}(\boldsymbol{x}+\boldsymbol{y})\rangle\right|+\left|\langle\boldsymbol{x}-\boldsymbol{y}|\boldsymbol{A}(\boldsymbol{x}-\boldsymbol{y})\rangle\right|\right)\\&=\frac{N(\boldsymbol{A})}{4}\left(\|\boldsymbol{x}+\boldsymbol{y}\|^2+\|\boldsymbol{x}-\boldsymbol{y}\|^2\right)\\&=\frac{N(\boldsymbol{A})}{2}\left(\|\boldsymbol{x}\|^2+\|\boldsymbol{y}\|^2\right)\end{aligned}$$

因此，$\|\boldsymbol{x}\|=\|\boldsymbol{y}\|=1$ 时，可得出 $\left|\mathrm{Re}\langle\boldsymbol{x}|\boldsymbol{Ay}\rangle\right|\leqslant N(\boldsymbol{A})$。因为 $\|\boldsymbol{x}\|=\|\boldsymbol{y}\|=1$ 是任意的，所以作为 $\langle\boldsymbol{x}|\boldsymbol{Ay}\rangle=\left|\langle\boldsymbol{x}|\boldsymbol{Ay}\rangle\right|e^{i\theta}$，可得 $\left|\langle\boldsymbol{x}|\boldsymbol{Ay}\rangle\right|=\langle e^{i\theta}\boldsymbol{x}|\boldsymbol{Ay}\rangle\leqslant N(\boldsymbol{A})$。

以下程序比较了矩阵范数、谱半径和数域半径。

程序：matrixnorm.py。

```
1  from numpy import array, arange, pi, sin, cos
2  from numpy.linalg import eig, norm
3
4  M = [array([[1, 2], [2, 1]]),
5       array([[1, 2], [-2, 1]]),
6       array([[1, 2], [3, 4]])]
7  T = arange(0, 2 * pi, pi / 500)
8  U = array([(cos(t), sin(t)) for t in T])
9  for A in M:
10     r1 = max([abs((A.dot(u)).dot(u)) for u in U])
11     r2 = max([abs(e) for e in eig(A)[0]])
12     r3 = max([norm(A.dot(u)) for u in U])
13     print(f'{A}: num ={r1:.2f}, spec ={r2:.2f}, norm ={r3:.2f}')
```

第 4 ~ 6 行 列出了埃尔米特矩阵、正态矩阵、常规但不是埃尔米特矩阵，以及非正态矩阵的示例。

第 9 ~ 13 行 对于每个矩阵，求数域半径、谱半径和矩阵范数，并显示到小数点后两位。

运行结果：

```
[[1 2]
 [2 1]]: num =3.00, spec =3.00, norm =3.00
[[ 1  2]
 [-2  1]]: num =1.00, spec =2.24, norm =2.24
[[1 2]
 [3 4]]: num =5.42, spec =5.37, norm =5.46
```

在埃尔米特矩阵中，这 3 个值一致。在非埃尔米特矩阵的正态矩阵中，谱半径和矩阵范数一致。在非正态矩阵的矩阵中，这 3 个值都不同。

矩阵范数与矩阵分量之间的关系为

$$\frac{1}{n^2}\sum_{i=1}^{n}\sum_{j=1}^{n}\left|a_{ij}\right| \leqslant \|\boldsymbol{A}\| \leqslant \sum_{i=1}^{n}\sum_{j=1}^{n}\left|a_{ij}\right|$$

对于不等式的左边，$\mathbb{K}^n$ 的标准基 $\{\boldsymbol{e}_1, \boldsymbol{e}_2, \cdots, \boldsymbol{e}_n\}$ 可以从

$$\left|a_{ij}\right|=\left|\left\langle \boldsymbol{A}\boldsymbol{e}_i \middle| \boldsymbol{e}_j\right\rangle\right|\leqslant\|\boldsymbol{A}\|\left(i\text{ , }j=1\text{ , }2\text{ , }\cdots\text{ , }n\right)$$

导出。对于不等式的右边，当$\|\boldsymbol{x}\|=1$时，由于

$$\|\boldsymbol{A}\boldsymbol{x}\|^2=\sum_{i=1}^{n}\left|\sum_{j=1}^{n}a_{ij}x_j\right|^2\leqslant\left(\sum_{i=1}^{n}\left|\sum_{j=1}^{n}a_{ij}x_j\right|\right)^2$$
$$\leqslant\left(\sum_{i=1}^{n}\sum_{j=1}^{n}\left|a_{ij}\right|\left|x_j\right|\right)^2\leqslant\left(\sum_{i=1}^{n}\sum_{j=1}^{n}\left|a_{ij}\right|\right)^2$$

所以对于左边的 $\boldsymbol{x}$，通过取上限可以得出。

对于 n 阶方阵的无限列 $\left\{\boldsymbol{A}_k\right\}_{k=1}^{\infty}$ 和 $\boldsymbol{A}_\infty$，当

$$\lim_{k\to\infty}\|\boldsymbol{A}_\infty-\boldsymbol{A}_k\|=0$$

时，称为 $\left\{\boldsymbol{A}_k\right\}_{k=1}^{\infty}$ 收敛在 $\boldsymbol{A}_\infty$ 中。该收敛性的必要且充分条件是，对于侧重 $\left\{\boldsymbol{A}_k\right\}_{k=1}^{\infty}$ 和 $\boldsymbol{A}_\infty$ 的 $(i\text{ , }j)$ 元素的数列 $\left\{a_{ij}^{(k)}\right\}_{k=1}^{\infty}$ 和 $a_{ij}^{(\infty)}$，为

$$\lim_{k\to\infty}\left|a_{ij}^{(\infty)}-a_{ij}^{(k)}\right|=0\quad\left(i\text{ , }j=1\text{ , }2\text{ , }\cdots\text{ , }n\right)$$

也就是说，数列 $\left\{a_{ij}^{(k)}\right\}_{k=1}^{\infty}$ 收敛于 $a_{ij}^{(\infty)}$ 中可以通过前面的不等式导出。

$\left\{\boldsymbol{A}_k\right\}_{k=1}^{\infty}$ 满足 $\lim\limits_{k\text{ , }k'\to\infty}\|\boldsymbol{A}_{k'}-\boldsymbol{A}_k\|=0$ 时，$\left\{\boldsymbol{A}_k\right\}_{k=1}^{\infty}$ 称为柯西（Cauchy）列。与极限相同，柯西列与以下事实相同，即对丁每个 i，j – 1，2，…，n，数列 $\left\{a_{ij}^{(k)}\right\}_{k=1}^{\infty}$ 是柯西列，即 $\lim\limits_{k\text{ , }k'\to\infty}\left|a_{ij}^{(k')}-a_{ij}^{(k)}\right|=0$。此时，从 $\mathbb{K}$ 的完整性[①]中可得，对于每个 i，$j=1$，2，…，n，$a_{ij}^{(\infty)}$ 存在，最终 $\lim\limits_{k\to\infty}\left|a_{ij}^{(\infty)}-a_{ij}^{(k)}\right|=0$。如果将第（$i$，$j$）个元素是 $a_{ij}^{(\infty)}$ 的矩阵设为 $\boldsymbol{A}_\infty$，可以导出 $\lim\limits_{k\to\infty}\|\boldsymbol{A}_\infty-\boldsymbol{A}_k\|=0$。这一属性称为 n 阶方阵所创造的空间的完整性。

① 任何柯西列具有收敛的特性称为完整性。

对于多项式 $p(x)=c_k x^k+c_{k-1}x^{k-1}+\cdots+c_1 x+c_0$ 以及方阵 $\boldsymbol{A}$，将矩阵的多项式在

$$p(\boldsymbol{A}) \underline{\underline{\text{def}}}\ c_k\boldsymbol{A}^k+c_{k-1}\boldsymbol{A}^{k-1}+\cdots+c_1\boldsymbol{A}+c_0\boldsymbol{I}$$

中定义。对角矩阵 $\Lambda=\operatorname{diag}(\lambda_1, \lambda_2, \cdots, \lambda_n)$ 的多项式为

$$p(\Lambda)=\operatorname{diag}(p(\lambda_1), p(\lambda_2), \cdots, p(\lambda_n))$$

然后 $\boldsymbol{A}$ 可以和 $\Lambda=\boldsymbol{V}^{-1}\boldsymbol{A}\boldsymbol{V}$ 进行对角化时，有

$$p(\boldsymbol{A})=\boldsymbol{V}p(\Lambda)\boldsymbol{V}^{-1}$$

成立。

设 $\{\boldsymbol{A}_k\}$ 是 $\sum_{k=1}^{\infty}\|\boldsymbol{A}_k\|<\infty$。此时，如果 $K<K'$，则

$$\left\|\sum_{k=1}^{K'}\boldsymbol{A}_k-\sum_{k=1}^{K}\boldsymbol{A}_k\right\|=\left\|\sum_{k=K+1}^{K'}\boldsymbol{A}_k\right\|\leqslant\sum_{k=K+1}^{K'}\|\boldsymbol{A}_k\|\to 0(K, K'\to\infty)$$

所以有限部分和 $\left\{\sum_{k=1}^{K}\boldsymbol{A}_k\right\}$ 是柯西列，具有极限性，极限用 $\sum_{k=1}^{\infty}\boldsymbol{A}_k$ 来表示。

例如，可以说 $\|\boldsymbol{A}^n\|\leqslant\|\boldsymbol{A}\|^n$，因此当 $K<K'$ 时，有

$$\sum_{n=0}^{K}\left\|\frac{\boldsymbol{A}^n}{n!}\right\|\leqslant\sum_{n=0}^{K'}\frac{\|\boldsymbol{A}^n\|}{n!}$$

将右边设为 $K'\to\infty$，左边设为 $K\to\infty$，可以得出

$$\sum_{n=0}^{\infty}\left\|\frac{\boldsymbol{A}^n}{n!}\right\|\leqslant\sum_{n=0}^{\infty}\frac{\|\boldsymbol{A}^n\|}{n!}=\mathrm{e}^{\|\boldsymbol{A}\|}<\infty$$

因此，存在 $\sum_{n=0}^{\infty}\frac{\boldsymbol{A}^n}{n!}$，该矩阵用 $\mathrm{e}^{\boldsymbol{A}}$ 或 $\exp(\boldsymbol{A})$ 来表示，称为矩阵的指数函数。

这表明，如果方阵 $\boldsymbol{A}$ 和 $\boldsymbol{B}$ 是可交换的，那么 $\|\mathrm{e}^{\boldsymbol{A}+\boldsymbol{B}}-\mathrm{e}^{\boldsymbol{A}}\mathrm{e}^{\boldsymbol{B}}\|$ 成立。定义了 $\mathrm{e}^{\boldsymbol{A}}$、$\mathrm{e}^{\boldsymbol{B}}$ 及 $\mathrm{e}^{\boldsymbol{A}+\boldsymbol{B}}$ 的无限数列的有限部分，分别用 $\boldsymbol{A}_N$、$\boldsymbol{B}_N$ 及 $\boldsymbol{C}_N$ 来表示。证明 $\|\mathrm{e}^{\boldsymbol{A}+\boldsymbol{B}}-\mathrm{e}^{\boldsymbol{A}}\mathrm{e}^{\boldsymbol{B}}\|=0$。

$$\|\mathrm{e}^{\boldsymbol{A}}\mathrm{e}^{\boldsymbol{B}}-\mathrm{e}^{\boldsymbol{A}+\boldsymbol{B}}\|=\|\mathrm{e}^{\boldsymbol{A}}\mathrm{e}^{\boldsymbol{B}}-\boldsymbol{A}_N\boldsymbol{B}_N+\boldsymbol{A}_N\boldsymbol{B}_N-\boldsymbol{C}_N+\boldsymbol{C}_N-\mathrm{e}^{\boldsymbol{A}+\boldsymbol{B}}\|$$

$$\leqslant\left\|e^{A}e^{B}-A_{N}B_{N}\right\|+\left\|A_{N}B_{N}-C_{N}\right\|+\left\|C_{N}-e^{A+B}\right\|$$

$N\to\infty$ 时，不等式右边的第 3 项为 0。另外，第 1 项也由

$$\begin{aligned}\left\|e^{A}e^{B}-A_{N}B_{N}\right\|&=\left\|e^{A}e^{B}-e^{A}B_{N}+e^{A}B_{N}-A_{N}B_{N}\right\|\\&\leqslant\left\|e^{A}e^{B}-e^{A}B_{N}\right\|+\left\|e^{A}B_{N}-A_{N}B_{N}\right\|\\&=\left\|e^{A}\left(e^{B}-B_{N}\right)\right\|+\left\|\left(e^{A}-A_{N}\right)B_{N}\right\|\\&=\left\|e^{A}\right\|\left\|e^{B}-B_{N}\right\|+\left\|e^{A}-A_{N}\right\|\left\|B_{N}\right\|\end{aligned}$$

变为 0。第 2 项为 0，因为 A 和 B 是可交换的，因此有

$$\left\|\sum_{m=0}^{N}\frac{A^{m}}{m!}\cdot\sum_{n=0}^{N}\frac{B^{n}}{n!}-\sum_{l=0}^{N}\frac{\left(A+B\right)^{l}}{l!}\right\|\leqslant\sum_{m+n>N}\left\|\frac{A^{m}B^{n}}{m!n!}\right\|$$

$$\leqslant\sum_{m+n>N}\frac{\left\|A\right\|^{m}\left\|B\right\|^{n}}{m!n!}=\sum_{m=0}^{N}\frac{\left\|A\right\|^{m}}{m!}\cdot\sum_{n=0}^{N}\frac{\left\|B\right\|^{n}}{n!}-\sum_{l=0}^{N}\frac{\left\|A+B\right\|^{l}}{l!}$$

成立，从 $e^{\|A\|}e^{\|B\|}=e^{\|A\|+\|B\|}$ 中可以导出。

如果 A 可以和 $V^{-1}AV=\mathrm{diag}\left(\lambda_{1},\lambda_{2},\cdots,\lambda_{n}\right)$ 进行对角化，则以下情况成立。

$$e^{A}=\exp\left(A\right)=V\mathrm{diag}\left(e^{\lambda_{1}},e^{\lambda_{2}},\cdots,e^{\lambda_{n}}\right)V^{-1}$$

下面用 NumPy 的两种方法，即幂数列和对角化的方法来对埃尔米特矩阵的 e^{A} 进行计算并比较。

程序：exp_np.py。

```
from numpy import matrix, e, exp, diag
from numpy.linalg import eigh

A = matrix([[1, 2], [2, 1]])
m, B = 1, 0
for n in range(10):
    B += A ** n / m
    m *= n + 1
print(B)

a = eigh(A)
S, V = diag(e** a[0]), a[1]
```

```
13 print( V * S * V.H)
14
15 print (exp (A))
```

第 4 行 为了更容易表示矩阵运算，使用 matrix 类而不是数组。

第 5 ~ 9 行 这是用幂数列进行的计算。无限和被有限和截断。如果改变 n 的上限，那么截断误差将发生变化。

第 11 ~ 13 行 这是用埃尔米特矩阵对角化进行的计算。

第 15 行 检查是否支持矩阵的指数函数。

运行结果：

```
[[10.21563602   9.84775683 ]
 [ 9 .84775683  10.21563602 ]]
[[10.22670818   9.85882874 ]
 [ 9.85882874  10.22670818 ]]
[[ 2.71828183    7.3890561]
 [7.3890561      2.71828183]]
```

在 $n=9$ 为上限时，截断误差约为 0.01。exp(A) 不是矩阵的指数函数，而是每个成分的指数函数。另外，e**a 是错误的。

问题 7.12 设 $\boldsymbol{A}=\begin{bmatrix}1 & 2\\ 2 & 1\end{bmatrix}$，使用对角化来计算 $\boldsymbol{A}^n\left(n=1,2,\cdots\right)$ 的一般项和 $\exp(\boldsymbol{A})$。下面是使用 SymPy 进行计算的结果。

```
>>> from sympy import Matrix, E
>>> var ('n')
n
>>> A = Matrix ([[1, 2], [2, 1]])
>>> A**n
Matrix ([
[(-1)**n/2 + 3**n/2, -(-1)**n/2 + 3**n/2],
[-(-1)**n/2 + 3**n/2, (-1)**n/2 + 3**n/2]])
>>> E**A
Matrix ([
[ exp(-1)/2 + exp(3)/2, -exp (-1)/2 + exp (3)/2],
[-exp(-1)/2 + exp(3)/2, exp (-1)/2 + exp(3)/2]])
```

问题 7.11 $\boldsymbol{A}$ 是 n 阶方阵，读者可尝试证明 $1 > \|\boldsymbol{A}\|$ 时，$\boldsymbol{I}-\boldsymbol{A}$ 是正则矩阵，则

$$(\boldsymbol{I}-\boldsymbol{A})^{-1} = \sum_{n=0}^{\infty} \boldsymbol{A}^n$$

提示：证明 $(\boldsymbol{I}-\boldsymbol{A})\sum_{n=0}^{\infty}\boldsymbol{A}^n = \boldsymbol{I}$ 的左边在形式上可以变换为 $\sum_{n=0}^{\infty}\boldsymbol{A}^n - \sum_{n=1}^{\infty}\boldsymbol{A}^n$，但这一点需要慎重。需要评价以下方程式（或者提前证明无限和相关的分配法则）。

$$0 \leqslant \left\|(\boldsymbol{I}-\boldsymbol{A})\sum_{n=1}^{\infty}\boldsymbol{A}^n - \boldsymbol{I}\right\| \leqslant \|\boldsymbol{I}-\boldsymbol{A}\|\left\|\sum_{n=0}^{\infty}\boldsymbol{A}^n - \sum_{n=0}^{k}\boldsymbol{A}^n\right\| + \|\boldsymbol{A}\|^{k+1}$$

第 8 章　若尔当标准型和矩阵的谱集

矩阵可对角化的必要且充分条件是，可以在特征向量的集合中创建基。在本章的前半部分，将学习若尔当（Jordan）标准型和若尔当（Jordan）分解，对于任意矩阵，包括非对角化矩阵，都是对这个事实的概括。本章将使用 Python 来代替计算器说明这些计算的意义，如果只用纸和笔来计算这些矩阵的大小就会相当烦琐，另外，还要创建一个程序来生成相对容易计算的练习。

在本章的后半部分，将观察矩阵的所有特征值在复平面内的形状（称为谱集）。最终目标是证明弗罗贝尼乌斯 - 佩龙定理（Frobonius–Perron theorem），涉及成分全部是正的矩阵的谱集。该定理需要一个证明，其难度明显高于本书涉及的定理。因此，需要利用矩阵相关的解析学性质。弗罗贝尼乌斯 - 佩龙定理的结果有多种应用，其中一些将在第 9 章介绍。

8.1　直和分解

设 V 是 $\mathbb{K}$ 上的线性空间。设 $\{\mathbf{0}\} \neq X_1, X_2, \cdots, X_k \subseteq V$ 均为子空间，对于非零向量的任意 $\boldsymbol{x}_1 \in X_1, \boldsymbol{x}_2 \in X_2, \cdots, \boldsymbol{x}_k \in X_k$，如果 $\{\boldsymbol{x}_1, \boldsymbol{x}_2, \cdots, \boldsymbol{x}_k\}$ 总是线性独立的，子空间的族 $\{X_1, X_2, \cdots, X_k\}$ 称为线性独立的，则

$$X_1 \oplus X_2 \oplus \cdots \oplus X_k \underline{\underline{\text{def}}} \{\boldsymbol{x}_1 + \boldsymbol{x}_2 + \cdots + \boldsymbol{x}_k \mid \boldsymbol{x}_1 \in X_1, \boldsymbol{x}_2 \in X_2, \cdots, \boldsymbol{x}_k \in X_k\}$$

是子空间，称为 $\{X_1, X_2, \cdots, X_k\}$ 的直和（direct sum）。

问题 8.1 读者可尝试证明对于子空间 X，$Y \subseteq V$，$\{X, Y\}$ 为线性独立的必要且充分条件是 $X \cap Y = \{0\}$。

问题 8.2 验证对于子空间 X，Y，$Z \subseteq \mathbb{V}$，$\{X, Y, Z\}$ 是线性独立时，则

$$X \oplus Y \oplus Z = (X \oplus Y) \oplus Z = X \oplus (Y \oplus Z)$$

成立。另外，分析 $\{X, Y, Z\}$ 为线性独立的必要且充分条件是否为 $X \cap Y \cap Z = \{0\}$。

$\boldsymbol{f}:V \to V$ 设为线性映射。子空间 $X \subseteq V$ 满足 $\boldsymbol{f}(X) \subseteq X$ 时，X 称为 $\boldsymbol{A}$ 的不变子空间。此时，如果定义

$$\boldsymbol{f}\restriction_X(\boldsymbol{x}) \underline{\underline{\mathrm{def}}}\ \boldsymbol{f}(\boldsymbol{x}) \quad (\boldsymbol{x} \in X)$$

则 $\boldsymbol{f}\restriction_X : X \to X$。

V 子空间的族 $\{X_1, X_2, \cdots, X_k\}$ 是线性独立的，设 $W = X_1 \oplus X_2 \oplus \cdots \oplus X_k$。对于线性映射 $\boldsymbol{f}_i : X_i \to X_i$,（$i=1$，2，…，$k$），根据

$$\begin{aligned}&(\boldsymbol{f}_1 \oplus \boldsymbol{f}_2 \oplus \cdots \oplus \boldsymbol{f}_k)(\boldsymbol{x}_1 + \boldsymbol{x}_2 + \cdots + \boldsymbol{x}_k)\\ \underline{\underline{\mathrm{def}}}\ &\boldsymbol{f}_1(\boldsymbol{x}_1) + \boldsymbol{f}_2(\boldsymbol{x}_2) + \cdots + \boldsymbol{f}_k(\boldsymbol{x}_k) \quad (\boldsymbol{x}_1 \in X_1, \boldsymbol{x}_2 \in X_2, \cdots, \boldsymbol{x}_k \in X_k)\end{aligned}$$

线性映射可以定义为

$$\boldsymbol{f}_1 \oplus \boldsymbol{f}_2 \oplus \cdots \oplus \boldsymbol{f}_k : W \to W$$

称为线性映射的直和。设 $\boldsymbol{f} = \boldsymbol{f}_1 \oplus \boldsymbol{f}_2 \oplus \cdots \oplus \boldsymbol{f}_k$。各 X_i 是有限维，基设为 E_i（$i = 1, 2, \cdots, k$），通过线性映射 $\boldsymbol{f}_i$ 的基 E_i 进行的矩阵表示设为 $\boldsymbol{A}_i$（$i=1$，2，…，k）。此时，$E = E_1 \cup E_2 \cup \cdots \cup E_k$ 是 W 的基。通过线性映射 $\boldsymbol{f}$ 的基 E 进行的矩阵表示为

$$\left[\begin{array}{c|c|c|c} \boldsymbol{A}_1 & \boldsymbol{O} & \cdots & \boldsymbol{O} \\ \hline \boldsymbol{O} & \boldsymbol{A}_2 & \ddots & \vdots \\ \hline \vdots & \ddots & \ddots & \boldsymbol{O} \\ \hline \boldsymbol{O} & \cdots & \boldsymbol{O} & \boldsymbol{A}_k \end{array}\right]$$

称为矩阵的直和，用 $\boldsymbol{A}_1 \oplus \boldsymbol{A}_2 \oplus \cdots \oplus \boldsymbol{A}_k$ 来表示。

作为 $W = X_1 \oplus X_2 \oplus \cdots \oplus X_k$，设 $\boldsymbol{f} : W \to W$。每个 X_i 是 $\boldsymbol{f}$ 的不变子空间时（$i=1$，2，…，k），$\{X_1, X_2, \cdots, X_k\}$ 称为 $\boldsymbol{f}$ 互换。此时，有

$$\boldsymbol{f} = \boldsymbol{f}\restriction_{X_1} \oplus \boldsymbol{f}\restriction_{X_2} \oplus \cdots \oplus \boldsymbol{f}\restriction_{X_k}$$

成立，称为 $\boldsymbol{f}$ 的直和分解。

考虑任意线性映射 $\boldsymbol{f}:V \to V$。$\boldsymbol{f}^n : V \to V$ 归纳性的定义为

$$f^k \underset{=\!=}{\text{def}} \begin{cases} I & , \quad k=0 \\ f \circ f^{k-1}, & k=1,2,\cdots \end{cases}$$

（不等式映射）。其中，I 是恒等映射；$f \circ f^{k-1}$ 是合成映射。

设 V 为有限维。对于 $k=1$，2，⋯若定义为

$$K^{(k)} \underset{=\!=}{\text{def}} \text{kernel}\left(f^k\right), \quad R^{(k)} \underset{=\!=}{\text{def}} \text{range}\left(f^k\right)$$

则下述包含关系

$$\{0\} = K^{(0)} \subseteq K^{(1)} \subseteq K^{(2)} \subseteq \cdots \subseteq K^{(k)} \subseteq \cdots$$
$$V = R^{(0)} \supseteq R^{(1)} \supseteq R^{(2)} \supseteq \cdots \supseteq R^{(k)} \supseteq \cdots$$

成立。由于 V 为有限维，所以若设

$$K \underset{=\!=}{\text{def}} \bigcup_{k=0}^{\infty} K^{(k)}, \; R \underset{=\!=}{\text{def}} \bigcap_{k=0}^{\infty} R^{(k)}$$

则存在 k_1，k_2，使

$$K^{(k_1)} = K^{(k_1+1)} = K^{(k_1+2)} = \cdots = K$$
$$R^{(k_2)} = R^{(k_2+1)} = R^{(k_2+2)} = \cdots = R$$

此时，K 和 R 均为 f 的不变子空间。证明了 $V = K \oplus R$。设 $k_0 \underset{=\!=}{\text{def}} \max\{k_1, k_2\}$。$f\restriction_R : R \to R$ 是满射。如果从有限维线性空间到相同线性空间的线性映射是满射的，则也是单射的数，因此它们的合成映射 $(f\restriction_R)^{k_0} : R \to R$ 是双射。设 $u \in V$ 是任意的。假设 $v = f^{k_0}(u)$，则 $v \in R$，所以满足 $v = f^{k_0}(w)$ 的 $w \in R$ 唯一存在。假定 $f^{k0}(u-w)=0$，所以 $u-w \in \text{kernel}\left(f^{\text{h}_0}\right) = K$。因此，任意 $u \in V$［如 $u=(u-w)+w$］可以用 K 的向量和 R 的向量之和来表示。因为 $K \cap R = \{0\}$，该分解是唯一的，因此证明了 $V = K \oplus R$。$\{K, R\}$ 与 f 互换，所以可以表示为 $f = f\restriction_K \oplus f\restriction_R$。

设 $K^{(k-1)} \subsetneq K^{(k)}$。$\{x_1, \cdots, x_i\} \subseteq K^{(k)}$ 是线性独立的，$\langle x_1, \cdots, x_i \rangle$ 和 $K^{(k-1)}$ 是子空间之间线性独立的。此时，证明了

$$\left\{\boldsymbol{x}_1, \cdots, \boldsymbol{x}_i, \boldsymbol{f}(\boldsymbol{x}_1), \cdots, \boldsymbol{f}(\boldsymbol{x}_i), \cdots, \boldsymbol{f}^{k-1}(\boldsymbol{x}_1), \cdots, \boldsymbol{f}^{k-1}(\boldsymbol{x}_i)\right\} \subseteq K^{(k)}$$

是线性独立的。设这些向量的线性组合

$$a_1\boldsymbol{x}_1 + \cdots + a_i\boldsymbol{x}_i + b_1\boldsymbol{f}(\boldsymbol{x}_1) + \cdots + b_i\boldsymbol{f}(\boldsymbol{x}_i) + c_1\boldsymbol{f}^2(\boldsymbol{x}_1) + \cdots \tag{8.1}$$

为零向量。此时，如果应用 $\boldsymbol{f}^{k-1}$，则

$$\boldsymbol{f}^{k-1}(a_1\boldsymbol{x}_1 + \cdots + a_i\boldsymbol{x}_i) = \boldsymbol{0}$$

所以 $a_1\boldsymbol{x}_1 + \cdots + a_i\boldsymbol{x}_i \in K^{(k-1)}$，即 $a_1\boldsymbol{x}_1 + \cdots + a_i\boldsymbol{x}_i = 0$，可得 $a_1 = \cdots = a_i = 0$。接下来，如果在式（8.1）的基础上应用 $\boldsymbol{f}^{k-2}$，由

$$\boldsymbol{f}^{k-2}\left(b_1\boldsymbol{f}(\boldsymbol{x}_1) + \cdots + b_i\boldsymbol{f}(\boldsymbol{x}_i)\right) = \boldsymbol{f}^{k-1}(b_1\boldsymbol{x}_1 + \cdots + b_i\boldsymbol{x}_i) = \boldsymbol{0}$$

同样可以推导出 $b_1 = \cdots = b_i = 0$。如果重复这样做，就能得到理想的结果。

➢ 8.2　若尔当分解

本节设 $\boldsymbol{A}$ 是 n 阶方阵，是 $\mathbb{C}^n$ 上的线性映射。$\boldsymbol{A}$ 有 m 个不同的特征值 λ_1，λ_2，…，λ_m，每个特征值的重叠度设为 n_1，n_2，…，n_m。$\boldsymbol{A}$ 的特征方程式是

$$(\lambda_1 - \lambda)^{n_1}(\lambda_2 - \lambda)^{n_2}\cdots(\lambda_m - \lambda)^{n_m} - 0$$

其中，$n_1 + n_2 + \cdots + n_m = n$。特征值 λ_i 的特征空间可以表示为 $\operatorname{kernel}(\boldsymbol{A} - \lambda_i\boldsymbol{I})$。$\operatorname{kernel}\left((\boldsymbol{A} - \lambda_i\boldsymbol{I})^{n_i}\right)$ 称为 $\boldsymbol{A}$ 的特征值 λ_i 对应的广义特征空间。

若

$$K_i^{(k)} \underline{\underline{\text{def}}} \ \text{kernel}\left(\left(\boldsymbol{A}-\lambda_i\boldsymbol{I}\right)^k\right)(k=0,1,2,\cdots)$$
$$R_i^{(k)} \underline{\underline{\text{def}}} \ \text{range}\left(\left(\boldsymbol{A}-\lambda_i\boldsymbol{I}\right)^k\right)(k=0,1,2,\cdots)$$

设

$$K_i \ \underline{\underline{\text{def}}} \bigcup_{k=0}^{\infty} K_i^{(k)}, \ R_i \ \underline{\underline{\text{def}}} \bigcap_{k=0}^{\infty} R_i^{(k)}$$

注意：在 8.1 节中，由于 $\{K_i, R_i\}$ 与 $\boldsymbol{A}-\lambda_i\boldsymbol{I}$ 互换，因此 $\{K_i, R_i\}$ 也与 $\boldsymbol{A}$ 互换。

由于 K_i 包括 λ_i 的所有特征向量，所以 R_i 绝不包括 λ_i 的特征向量。另外，K_i 绝不包括 λ_i 之外的特征值对应的特征向量。因为若假设为 $i \neq j$ 满足 $\boldsymbol{Ax}=\lambda_j\boldsymbol{x}$ 的非零向量 $\boldsymbol{x} \in K_i$ 存在，则根据

$$\left(\boldsymbol{A}-\lambda_i\boldsymbol{I}\right)\boldsymbol{x}=\boldsymbol{Ax}-\lambda_i\boldsymbol{x}=\lambda_j\boldsymbol{x}-\lambda_i\boldsymbol{x}=\left(\lambda_j-\lambda_i\right)\boldsymbol{x}$$

对于任意 $k=1$，2，…，有

$$\left(\boldsymbol{A}-\lambda_i\boldsymbol{I}\right)^k\boldsymbol{x}=\left(\lambda_j-\lambda_i\right)^k\boldsymbol{x} \neq 0$$

成立，所以 $\boldsymbol{x} \notin K_i$，这是矛盾的。

$\{K_1, R_1\}$ 与 $\boldsymbol{A}$ 是互换的，因此，作为线性映射的 $\boldsymbol{A}$ 可以进行直和分解①，即

$$\boldsymbol{A}=\boldsymbol{A}\restriction_{K_1} \oplus \boldsymbol{A}\restriction_{R_1}$$

设 $\{e_1, e_2, \cdots, e_{n'}\}$ 为 K_1 的基，该基的 $\boldsymbol{A}\restriction_{K_1}$ 的矩阵表示设为 $\boldsymbol{K}_1$。另外，设 $\{e_{n'+1}, e_{n'+2}, \cdots, e_n\}$ 为 R_1 的基，该基的 $\boldsymbol{A}\restriction_{R_1}$ 的矩阵表示设为 $\boldsymbol{R}_1$。此时，将各自基的元素作为列向量形成的正则矩阵为

$$\boldsymbol{V}_1 \ \underline{\underline{\text{def}}} \left[e_1 \quad e_2 \quad \cdots \quad e_{n'} \quad e_{n'+1} \quad e_{n'+2} \quad \cdots \quad e_n\right]$$

① 由于等号右边不是矩阵而是线性映射，这里的等号表示作为线性映射它们是相等的。

作为以上线性映射的 $\boldsymbol{A}$ 的直和分解，可以通过

$$\boldsymbol{V}_1^{-1}\boldsymbol{A}\boldsymbol{V}_1 = \boldsymbol{K}_1 \oplus \boldsymbol{R}_1$$

和矩阵的直和来表示。

此时，$\boldsymbol{K}_1$ 有唯一特征值 λ_1，$\boldsymbol{R}_1$ 的所有特征值为 $\lambda_2, \cdots, \lambda_m$。$\boldsymbol{A}$ 的特征方程式是 $\boldsymbol{K}_1$ 的特征方程式和 $\boldsymbol{R}_1$ 的特征方程式之和，所以 $\boldsymbol{K}_1$ 的特征方程式是 $(\lambda-\lambda_1)^{n_1}=0$，可以说 $\boldsymbol{K}_1$ 是 n_1 阶方阵。因此 K_1 的维 n' 等于 n_1。

用 $\boldsymbol{R}_1$ 代替 $\boldsymbol{A}$ 并进行与上述相同的讨论，根据特征方程式为 $(\lambda-\lambda_2)^{n_2}=0$ 的矩阵 $\boldsymbol{K}_2$、特征方程式为 $(\lambda_2-\lambda)^{n_2}\cdots(\lambda_m-\lambda)^{n_m}-0$ 的矩阵 $\boldsymbol{R}_2$ 以及正则矩阵 $\boldsymbol{V}_2$，可以表示为

$$\boldsymbol{V}_2^{-1}\boldsymbol{R}_1\boldsymbol{V}_2 = \boldsymbol{K}_2 \oplus \boldsymbol{R}_2 \tag{8.2}$$

将式（8.2）进行归纳性重复。如果将 K_1，K_2，…，K_m 的基按顺序排列为 $\boldsymbol{V}$，可以表示为

$$\boldsymbol{V}^{-1}\boldsymbol{A}\boldsymbol{V} = \boldsymbol{K}_1 \oplus \boldsymbol{K}_2 \oplus \cdots \oplus \boldsymbol{K}_m$$

设 k_i 是最小的 k，使 $K_i^{(k)}=K_i$。由于 $K_i^{(k_i-1)}=K_i$ 是 $K_i^{(k_i)}$ 的真实子空间，所以 $\boldsymbol{x}\in K_i^{(k_i)} \setminus K_i^{(k_i-1)}$ 存在。从 8.1 节中可知

$$\left\{\boldsymbol{x}, (\boldsymbol{A}-\lambda_i\boldsymbol{I})\boldsymbol{x}, \cdots, (\boldsymbol{A}-\lambda_i\boldsymbol{I})^{k_i-1}\boldsymbol{x}\right\}$$

是线性独立的。因此，$K_i^{(k_i)}$ 的维大于或等于 k_i。由于 K_i 的维是 n_i，所以 $k_i \leqslant n_i$，可知 $K_i^{(n_i)}=K_i$。也就是说，由于对任意 $\boldsymbol{x}\in K_i$，$(\boldsymbol{A}-\lambda_i\boldsymbol{I}_i)^{n_i}\boldsymbol{x}=\boldsymbol{0}$，所以 $(\boldsymbol{K}-\lambda_i\boldsymbol{I}_i)^{n_i}\boldsymbol{x}=\boldsymbol{O}$（其中，$\boldsymbol{I}_i$ 是 n_i 阶单位矩阵）。

将上述内容归纳后，可以说明下述内容。

（1）K_1，K_2，…，K_m 是 $\boldsymbol{A}$ 的特征值 λ_1，λ_2，…，λ_m 的广义特征空间，每个维度与对应特征值的重叠度相等，可以直和分解为

$$\mathrm{C}^n = K_1 \oplus K_2 \oplus \cdots \theta K_m$$

（2）$\{K_1, K_2, \cdots, K_m\}$ 与 $\boldsymbol{A}$ 互换，$\boldsymbol{A}$ 可以进行类似转换，则

$$\boldsymbol{V}^{-1}\boldsymbol{A}\boldsymbol{V} = \boldsymbol{K}_1 \oplus \boldsymbol{K}_2 \oplus \cdots \oplus \boldsymbol{K}_m$$

其中，$\boldsymbol{K}_i$ 是只有一个特征值 λ_i 的 n_i 阶方阵，是满足 $(\boldsymbol{K}_i - \lambda_i \boldsymbol{I})^{n_i} = \boldsymbol{O}$（$i=1, 2, \cdots, m$）的。

下面用下述程序生成的 $\boldsymbol{A}$ 来说明对 $\boldsymbol{A}$ 求广义特征空间的方法。

程序：jordan.py。

```
1  from sympy import *
2  from numpy.random import seed, permutation
3  from functools import reduce
4
5  A = diag(1, 2, 2, 2, 2, 3, 3, 3, 3, 3)
6  A[1, 2] = A[3, 4] = A[5, 6] = A[7, 8] = A[8, 9] = 1
7
8  seed(123)
9  for n in range(10):
10     P = permutation(10)
11     for i, j in [(P[2*k], P[2*k + 1]) for k in range(5)]:
12         A[:, j] += A[:, i]
13         A[i, :] -= A[j, :]
14
15 B = Lambda(S('lmd'), A - S('lmd') * eye(10))
16 x = Matrix(var('x0, x1, x2, x3, x4, x5, x6, x7, x8, x9'))
17 y = Matrix(var('y0, y1, y2, y3, y4, y5, y6, y7, y8, y9'))
18 z = Matrix(var('z0, z1, z2, z3, z4, z5, z6, z7, z8, z9'))
```

第 4 ~ 13 行 生成 10 阶方阵 $\boldsymbol{A}$。

第 14 ~ 18 行 定义如下。

$$\begin{aligned}
\boldsymbol{B}(\lambda) &\ \underline{\underline{\mathrm{def}}}\ \boldsymbol{A} - \lambda \boldsymbol{I} \\
\boldsymbol{x} &\ \underline{\underline{\mathrm{def}}}\ (x_0, x_1, x_2, x_3, x_4, x_5, x_6, x_7, x_8, x_9) \\
\boldsymbol{y} &\ \underline{\underline{\mathrm{def}}}\ (y_0, y_1, y_2, y_3, y_4, y_5, y_6, y_7, y_8, y_9) \\
\boldsymbol{z} &\ \underline{\underline{\mathrm{def}}}\ (z_0, z_1, z_2, z_3, z_4, z_5, z_6, z_7, z_8, z_9)
\end{aligned}$$

执行该程序后，在交互模式下进行计算。显示生成的矩阵 $\boldsymbol{A}$ 并检查特征值。

```
>>> A
Matrix ([
[35, 28, 24,  6, 26, 16, -6, 14, 26, 42],
[-5,  -8,  -9,-24,-21,  -2, -5,  -3,  -5,-17],
[11, 14, 10,  5,  7,   8,  2,  6, 13, 13],
[ 5,  2,   4,  2,  5,   1, -3,  1,   2,  7],
[ 1,  4,   4,  6,  8,   0, -1,  2,   0,  5],
[19, 11, 14, 19, 25,  13,  6,  7, 16, 31],
[ 8, 11,  5,  7,  6,   7,  7,  5,  11, 10],
[ 6, 16, 14, 40, 34,   2,  8,  7,   6, 26],
[-27, -19,-16,  -6, -19, -16, -2, -11, -22,-33],
[-20, -21,-19,-11, -22,  -9,  5, -10, -15,-28]])
>>> A . charpoly ()
PurePoly (lambda**10  -  24*lambda**9  +  257*lambda**8  -
1616*lambda**7  +  6603*lambda**6  -  18304*lambda**5  +
34827*lambda**4  -  44856*lambda**3  +  37368*lambda**2  -
18144*lambda  +  3888 ,  lambda ,  domain='ZZ')
>>> factor (_)
(lambda  -  3)**5*(lambda  -  2)**4*(lambda  -  1)
```

特征值是 $\lambda_1=1$ ， $\lambda_2=2$ ， $\lambda_3=3$ ，重叠度是 $n_1=1$ ， $n_2=4$ ， $n_3=5$ 。

求特征值 $\lambda_1=1$ 的广义特征空间 K_1。求解 $\boldsymbol{B}(1)\,\boldsymbol{x}=0$ 并令解为 $\boldsymbol{x}=\boldsymbol{a}_1$ 。其中 $\boldsymbol{a}_1$ 是特征值 1 对应的特征向量。代码如下。

```
>>> a1  =  x . subs (solve(B (1)  *  x));  a1
Matrix ([
[    - x9 /3] ,
[   5*x9 /3],
[        - x9],
[            0],
[     - x9 /3],
[   8*x9 /3],
[     - x9 /3],
[  -8*x9 /3],
[      -2*x9],
[           x9]])
```

$\boldsymbol{a}_1$ 是特征值 1 的特征空间 $K_1^{(1)}$ 的向量的一般形式。由于 $\boldsymbol{a}_1$ 包含一个任意常数 x_9，所以 $K_1^{(1)}$ 一维的。由于 $n_1=1$ ，所以 $K_1=K_1^{(1)}$ ，$\boldsymbol{a}_1$ 也是广义特征空间 K_1 的向量的一般形式。

求特征值 $\lambda_2 = 2$ 的广义特征空间 K_2。求解 $\boldsymbol{B}(2)\boldsymbol{x} = \boldsymbol{0}$ 并令解为 $\boldsymbol{x} = \boldsymbol{a}_2$ 。$\boldsymbol{a}_2$ 是特征值 2 对应的特征向量。代码如下。

```
>>> a2 = x . subs (solve (B (2) * x)); a2
Matrix ([
[           -x8 / 3 - x9],
[    -5*x8 / 12 + x9 / 4],
[ 17*x8 / 12 - 5*x9 / 4],
[      -3*x8 / 4 + x9 / 4],
[        x8 / 12 - x9 / 4],
[-29*x8 / 12 + 5*x9 / 4],
[          4*x8 / 3 - x9 ],
[        5*x8 / 6 - x9 / 2],
[                      x8],
[                      x9]])
```

$\boldsymbol{a}_2$ 是特征值 2 的特征空间 $K_2^{(1)}$ 的向量的一般形式。由于 $\boldsymbol{a}_2$ 包括两个任意常数 x_8 和 x_9，所以特征空间 $K_2^{(1)}$ 是二维的。由于 $n_2 = 4$ ，所以 $K_2^{(1)}$ 是 K_2 的子集。

求解 $\boldsymbol{B}(2)\boldsymbol{y} = \boldsymbol{a}_2$ ，得到 $\boldsymbol{y} = \boldsymbol{b}_2$ 。其中 $(\boldsymbol{A} - 2\boldsymbol{I})^2 \boldsymbol{b}_2 = \boldsymbol{0}$ 。

```
>>> b2 = y . subs (solve(B(2) * y - a2)); b2
Matrix ([
[                               2*y7 - 2*y8] ,
[y6 / 6 + y7 / 12 - 17*y8 / 24 + 11*y9 / 24] ,
[ 5*y6 / 6 + 5*y7 / 12 - y8 / 24 - 5*y9 / 24] ,
[   -y6 / 2 + 5*y7 / 4 - 9*y8 / 8 + 3*y9 / 8],
[                -2*y7 + 7*y8 / 4 - 5*y9 / 4],
[                  -y6 - 5*y7 / 2 + y8 - y9],
[                                         y6],
[                                         y7],
[                                         y8],
[                                         y9]])
```

$\boldsymbol{b}_2$ 是 $K_2^{(2)}$ 的向量的一般形式。$\boldsymbol{b}_2$ 包括 4 个任意常数 $y_6 \sim y_9$，$K_2^{(2)}$ 是四维的。由于 $n_2 = 4$ ，所以 $K_2^{(2)} = K_2$ ，$\boldsymbol{b}_2$ 也是广义特征空间 K_2 向量的一般形式。

求特征值 $\lambda_3 = 3$ 的广义特征空间 K_3。求解 $\boldsymbol{B}(3)\boldsymbol{x} = \boldsymbol{0}$ 并令解为 $\boldsymbol{x} = \boldsymbol{a}_3$ 。

```
>>> a3 = x.subs(solve(B(3) * x)); a3
Matrix([
[               -2*x9],
[      -x8/3 + x9/3],
[-2*x8/3 + 5*x9/3],
[    x8/3 - 4*x9/3],
[                   0],
[                 -x8],
[-2*x8/3 + 5*x9/3],
[ 2*x8/3 - 2*x9/3],
[                  x8],
[                  x9]])
```

$\boldsymbol{a}_3$ 是特征值 3 的特征空间 $K_3^{(1)}$ 的向量的一般形式。$\boldsymbol{a}_3$ 包括两个任意常数 x_8 和 x_9，所以特征空间 $K_3^{(1)}$ 是二维的，不等于重叠度 $n_3 = 5$ 。

求解 $\boldsymbol{B}(3)\,\boldsymbol{y} = \boldsymbol{a}_3$ ，得到 $\boldsymbol{y} = \boldsymbol{b}_3$ ，其中 $(\boldsymbol{A} - 3\boldsymbol{I})^2\,\boldsymbol{b}_3 = \boldsymbol{0}$ 。

```
>>> b3 = y.subs(solve(B(3) * y - a3)); b3
Matrix([
[        -y6/2 + y7 - y8 - y9/2],
[                         -y7/2],
[7*y6/6 - y7/3 + y8/3 - y9/2],
[         -2*y6/3 + y7/3 - y8/3],
[  y6/6 - y7/3 + y8/3 - y9/2],
[       -y6/3 - 5*y7/6 - 2*y8/3],
[                            y6],
[                            y7],
[                            y8],
[                            y9]])
```

$\boldsymbol{b}_3$ 是 $K_3^{(2)}$ 的向量的一般形式。$\boldsymbol{b}_3$ 包括四个任意常数 $y_6 \sim y_9$，所以 $K_3^{(2)}$ 是四维的，并不等于重叠度 $n_3 = 5$ 。

求解 $\boldsymbol{B}(3)\,\boldsymbol{z} = \boldsymbol{b}_3$ ，得到 $\boldsymbol{z} = \boldsymbol{c}_3$ ，其中，$(\boldsymbol{A} - 3\boldsymbol{I})^3\,\boldsymbol{c}_3 = \boldsymbol{0}$ 。

```
>>> c3 = z.subs(solve(B(3) * z - b3)); c3
Matrix([
[-15*z5/11 - 21*z6/22 - 3*z7/22 - 21*z8/11 - z9/2],
```

```
[                3*z5 / 11  +  z6 / 11  -  3*z7 / 11  +  2*z8 / 11],
[   -z5 / 11  +  25*z6 / 22  -  9*z7 / 22  +  3*z8 / 11  -  z9 / 2],
[           -8*z5 / 11  -  10*z6 / 11  -  3*z7 / 11  -  9*z8 / 11],
[                             z5  +  z6 / 2  +  z7 / 2  +  z8  -  z9 / 2],
[                                                                          z5],
[                                                                          z6],
[                                                                          z7],
[                                                                          z8],
[                                                                          z9]])
```

$\boldsymbol{c}_3$ 是 $K_3^{(3)}$ 的向量的一般形式。$\boldsymbol{c}_3$ 包括五个任意常数 $z_5 \sim z_9$，$K_3^{(3)}$ 是五维的。$n_3 = 5$，所以 $K_3^{(2)} = K_3$，$\boldsymbol{c}_3$ 也是广义特征空间 K_3 的向量的一般形式。

$K_1 = K_1^{(1)}$ 是一维的，由 $\boldsymbol{a}_1$ 形式的向量组成，x_9 为任意常数。将仅由代入了 $x_9 = 1$ 的向量 $\boldsymbol{v}_0$ 组成的集合作为 K_1 的基（图 8.1）。

```
>>> v0 = a1.subs({x9 : 1})
```

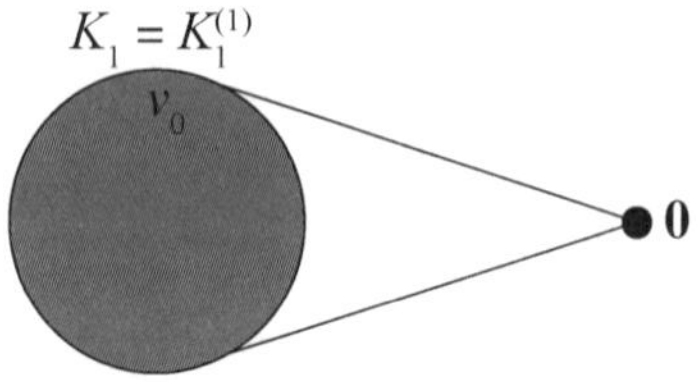

图 8.1　K_1 的基

$K_1^{(1)}$ 是二维的，$K_2^{(2)} = K_2$ 是四维的。在线性独立中可以找到 $K_2^{(2)} \backslash K_2^{(1)}$ 的向量。属于 $K_2^{(1)}$ 向量是以 x_8，x_9 为任意常数的向量 $\boldsymbol{a}_2$，属于 $K_2^{(2)}$ 的向量是以 y_6，y_7，y_8，y_9 为任意常数的向量 $\boldsymbol{b}_2$。$\boldsymbol{a}_2$ 是 $\boldsymbol{b}_2$ 的特例。假设 $x_8 = x_9 = 0$，则 $\boldsymbol{a}_2$ 为零向量，因此如果选择 $y_8 = y_9 = 0$ 的非零向量 $\boldsymbol{b}_2$，则它不属于 $K_2^{(1)}$。将 $y_6 = 1$，$y_7 = 0$，$y_8 = y_9 = 0$ 赋值为 $\boldsymbol{v}_1$。设 $\boldsymbol{v}_2 = \boldsymbol{B}(2)\boldsymbol{v}_1$。

```
>>> v1 = b2.subs({ y6 : 1, y7 : 0, y8 : 0, y9 : 0})
>>> v2 = B(2) * v1
```

还有一个 $K_2^{(2)} \backslash K_2^{(1)}$ 向量，作为与 $\boldsymbol{v}_2$ 线性独立的向量，可以得到将 $y_6 = 0$，$y_7 = 1$，$y_8 = y_9 = 0$ 赋值的 $\boldsymbol{v}_3$。设 $\boldsymbol{v}_4 = \boldsymbol{B}(2)\boldsymbol{v}_3$。

```
>>> v3 = b2.subs({y6:0, y7:1, y8:0, y9:0})
>>> v4 = B(2) * v3
```

$\{\boldsymbol{v}_1, \boldsymbol{v}_2, \boldsymbol{v}_3, \boldsymbol{v}_4\}$是线性独立的，是 K_2 的基（图 8.2）。

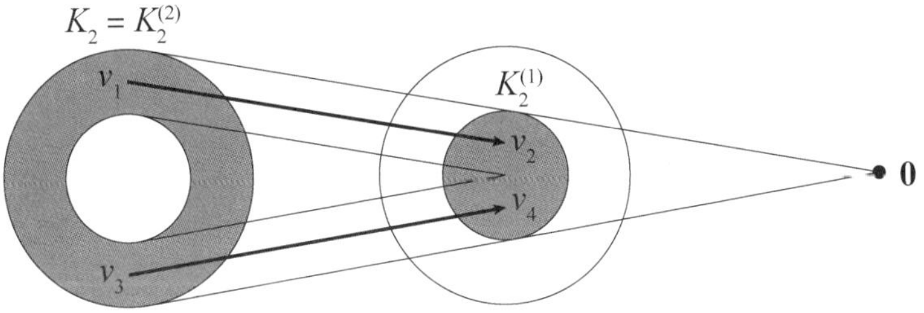

图 8.2　K_2 的基

$K_3^{(1)}$ 是二维的，$K_3^{(2)}$ 是四维的，$K_3^{(3)} = K_3$ 是五维的。由于 $K_3^{(3)}$ 和 $K_3^{(2)}$ 的维的差是 1，所以从 $K_3^{(3)} \setminus K_3^{(2)}$ 中选择一个向量。比较 $\boldsymbol{c}_3$ 的向量形式和 $\boldsymbol{b}_3$ 的向量形式，设代入了 $z_5 = 1$，$z_6 = z_7 = z_8 = z_9 = 0$ 的 $\boldsymbol{c}_3$ 为 $\boldsymbol{v}_5$，$\boldsymbol{v}_6 = \boldsymbol{B}(3)\boldsymbol{v}_5$，$\boldsymbol{v}_7 = \boldsymbol{B}(3)\boldsymbol{v}_6$。

```
>>> v5 = c3.subs({z5: 1, z6: 0, z7: 0, z8: 0, z9: 0})
>>> v6 = B(3) * v5
>>> v7 = B(3) * V6
```

虽然 $\boldsymbol{v}_6 \in K_3^{(2)}$，$\boldsymbol{v}_7 \in K_3^{(1)}$，由于 $K_3^{(1)}$ 是二维的，$K_3^{(2)}$ 是四维的，因此从 $K_3^{(2)}$ 中找出与 $\boldsymbol{v}_6$ 线性独立的向量。设代入了 $y_6 = 1$，$y_7 = y_8 = y_9 = 0$ 的 $\boldsymbol{b}_3$ 为 $\boldsymbol{v}_8$，设 $\boldsymbol{v}_8 = \boldsymbol{B}(3)\boldsymbol{v}_8$。

```
>>> v8 = b3.subs({y6: 1, y7: 0, y8: 0, y9: 0})
>>> v9 = B(3) * v8
```

$\{\boldsymbol{v}_5, \boldsymbol{v}_6, \boldsymbol{v}_7, \boldsymbol{v}_8, \boldsymbol{v}_9\}$是线性独立的，是 K_3 的基（图 8.3）。

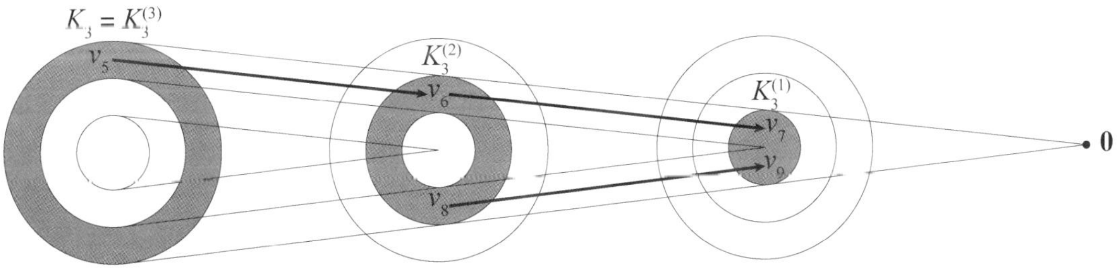

图 8.3　K_3 的基

根据 $\boldsymbol{V}=\begin{bmatrix}\boldsymbol{v}_0 & \boldsymbol{v}_1 & \boldsymbol{v}_2 & \boldsymbol{v}_3 & \boldsymbol{v}_4 & \boldsymbol{v}_5 & \boldsymbol{v}_6 & \boldsymbol{v}_7 & \boldsymbol{v}_8 & \boldsymbol{v}_9\end{bmatrix}$，计算 $\boldsymbol{V}^{-1}\boldsymbol{A}\boldsymbol{V}$。

```
>>> L = [v0, v1, v2, v3, v4, v5, v6, v7, v8, v9]
>>> V = reduce(lambda x, y: x.row_join(y), L)
>>> V**(-1) * A * V
Matrix([
[1, 0, 0, 0, 0, 0, 0, 0, 0, 0],
[0, 2, 0, 0, 0, 0, 0, 0, 0, 0],
[0, 1, 2, 0, 0, 0, 0, 0, 0, 0],
[0, 0, 0, 2, 0, 0, 0, 0, 0, 0],
[0, 0, 0, 1, 2, 0, 0, 0, 0, 0],
[0, 0, 0, 0, 0, 3, 0, 0, 0, 0],
[0, 0, 0, 0, 0, 1, 3, 0, 0, 0],
[0, 0, 0, 0, 0, 0, 1, 3, 0, 0],
[0, 0, 0, 0, 0, 0, 0, 0, 3, 0],
[0, 0, 0, 0, 0, 0, 0, 0, 1, 3],
```

可以得到对角线下有 1 的矩阵。从

$$\boldsymbol{A}\boldsymbol{v}_0-\boldsymbol{v}_0=\boldsymbol{B}(1)\,\boldsymbol{v}_0=0\boldsymbol{v}_0$$

$$\begin{aligned}
\boldsymbol{A}\boldsymbol{v}_1-2\boldsymbol{v}_1&=\boldsymbol{B}(2)\,\boldsymbol{v}_1=0\boldsymbol{v}_1+1\boldsymbol{v}_2+0\boldsymbol{v}_3+0\boldsymbol{v}_4\\
\boldsymbol{A}\boldsymbol{v}_2-2\boldsymbol{v}_2&=\boldsymbol{B}(2)\,\boldsymbol{v}_2=0\boldsymbol{v}_1+0\boldsymbol{v}_2+0\boldsymbol{v}_3+0\boldsymbol{v}_4\\
\boldsymbol{A}\boldsymbol{v}_3-2\boldsymbol{v}_3&=\boldsymbol{B}(2)\,\boldsymbol{v}_3=0\boldsymbol{v}_1+0\boldsymbol{v}_2+0\boldsymbol{v}_3+1\boldsymbol{v}_4\\
\boldsymbol{A}\boldsymbol{v}_4-2\boldsymbol{v}_4&=\boldsymbol{B}(2)\,\boldsymbol{v}_4=0\boldsymbol{v}_1+0\boldsymbol{v}_2+0\boldsymbol{v}_3+0\boldsymbol{v}_4
\end{aligned}$$

$$\begin{aligned}
\boldsymbol{A}\boldsymbol{v}_5-3\boldsymbol{v}_5&=\boldsymbol{B}(3)\,\boldsymbol{v}_5=0\boldsymbol{v}_5+1\boldsymbol{v}_6+0\boldsymbol{v}_7+0\boldsymbol{v}_8+0\boldsymbol{v}_9\\
\boldsymbol{A}\boldsymbol{v}_6-3\boldsymbol{v}_6&=\boldsymbol{B}(3)\,\boldsymbol{v}_6=0\boldsymbol{v}_5+0\boldsymbol{v}_6+1\boldsymbol{v}_7+0\boldsymbol{v}_8+0\boldsymbol{v}_9\\
\boldsymbol{A}\boldsymbol{v}_7-3\boldsymbol{v}_7&=\boldsymbol{B}(3)\,\boldsymbol{v}_7=0\boldsymbol{v}_5+0\boldsymbol{v}_6+0\boldsymbol{v}_7+0\boldsymbol{v}_8+0\boldsymbol{v}_9\\
\boldsymbol{A}\boldsymbol{v}_8-3\boldsymbol{v}_8&=\boldsymbol{B}(3)\,\boldsymbol{v}_8=0\boldsymbol{v}_5+0\boldsymbol{v}_6+0\boldsymbol{v}_7+0\boldsymbol{v}_8+1\boldsymbol{v}_9\\
\boldsymbol{A}\boldsymbol{v}_9-3\boldsymbol{v}_9&=\boldsymbol{B}(3)\,\boldsymbol{v}_9=0\boldsymbol{v}_5+0\boldsymbol{v}_6+0\boldsymbol{v}_7+0\boldsymbol{v}_8+0\boldsymbol{v}_9
\end{aligned}$$

中，可得

$$V^{-1}AV=\left[\begin{array}{c|c|c} A_1 & & \\ \hline & A_2 & \\ \hline & & A_3 \end{array}\right]=\left[\begin{array}{c|cccc|ccccc} 1 & 0 & 0 & 0 & 0 & 0 & 0 & 0 & 0 & 0 \\ \hline 0 & 2 & 0 & 0 & 0 & 0 & 0 & 0 & 0 & 0 \\ 0 & 1 & 2 & 0 & 0 & 0 & 0 & 0 & 0 & 0 \\ 0 & 0 & 0 & 2 & 0 & 0 & 0 & 0 & 0 & 0 \\ 0 & 0 & 0 & 1 & 2 & 0 & 0 & 0 & 0 & 0 \\ \hline 0 & 0 & 0 & 0 & 0 & 3 & 0 & 0 & 0 & 0 \\ 0 & 0 & 0 & 0 & 0 & 1 & 3 & 0 & 0 & 0 \\ 0 & 0 & 0 & 0 & 0 & 0 & 1 & 3 & 0 & 0 \\ 0 & 0 & 0 & 0 & 0 & 0 & 0 & 0 & 3 & 0 \\ 0 & 0 & 0 & 0 & 0 & 0 & 0 & 0 & 1 & 3 \end{array}\right]$$

仔细观察后，A_2 和 A_3 可以区分为

$$A_2=\left[\begin{array}{cc|cc} 2 & 0 & 0 & 0 \\ 1 & 2 & 0 & 0 \\ \hline 0 & 0 & 2 & 0 \\ 0 & 0 & 1 & 2 \end{array}\right],\quad A_3=\left[\begin{array}{ccc|cc} 3 & 0 & 0 & 0 & 0 \\ 1 & 3 & 0 & 0 & 0 \\ 0 & 1 & 3 & 0 & 0 \\ \hline 0 & 0 & 0 & 3 & 0 \\ 0 & 0 & 0 & 1 & 3 \end{array}\right]$$

型的矩阵，称为若尔当细胞。

$$\begin{bmatrix} \lambda & 0 & \cdots & \cdots & 0 \\ 1 & \ddots & \ddots & & \vdots \\ 0 & \ddots & \ddots & \ddots & \vdots \\ \vdots & \ddots & \ddots & \ddots & 0 \\ 0 & \cdots & 0 & 1 & \lambda \end{bmatrix}$$

任何方阵都可以通过基转换为若尔当标准型，其中若尔当细胞是按对角线排列的。

创建若尔当标准型的正则矩阵时，按 $v_0 \sim v_9$ 的排列方法存在任意性。例如，排列为

$$U=\begin{bmatrix} v_0 & v_4 & v_3 & v_2 & v_1 & v_9 & v_8 & v_7 & v_6 & v_5 \end{bmatrix}$$

时计算 $U^{-1}AU$，则若尔当标准型如下。

```
>>> L = [v0, v4, v3, v2, v1, v9, v8, v7, v6, v5]
>>> U = reduce(lambda x, y: x.row_join(y), L)
>>> U**(-1) * A * U
Matrix([
[1, 0, 0, 0, 0, 0, 0, 0, 0, 0],
[0, 2, 1, 0, 0, 0, 0, 0, 0, 0],
[0, 0, 2, 0, 0, 0, 0, 0, 0, 0],
[0, 0, 0, 2, 1, 0, 0, 0, 0, 0],
[0, 0, 0, 0, 2, 0, 0, 0, 0, 0],
[0, 0, 0, 0, 0, 3, 1, 0, 0, 0],
[0, 0, 0, 0, 0, 0, 3, 0, 0, 0],
[0, 0, 0, 0, 0, 0, 0, 3, 1, 0],
[0, 0, 0, 0, 0, 0, 0, 0, 3, 1],
[0, 0, 0, 0, 0, 0, 0, 0, 0, 3]])
```

1 出现在若尔当细胞对角线一行的（右边列）元素中。若尔当细胞的排列顺序也有任意性。

问题 8.3 以下程序旨在创建若尔当标准型以及若尔当分解的练习。可手算解答该程序创建的问题。

程序：jordan2.py。

```
from sympy import Matrix, diag
from numpy.random import permutation

X = Matrix([[1, 1, 0], [0, 1, 0], [0, 0, 2]])
Y = Matrix([[2, 1, 0], [0, 2, 1], [0, 0, 2]])
Z = Matrix([[2, 1, 0], [0, 2, 0], [0, 0, 2]])

while True:
    A = X.copy()
    while 0 in A:
        i, j, _ = permutation(3)
        A[:, j] += A[:, i]
        A[i, :] -= A[j, :]
        if max(abs(A)) >= 10:
            break
    if max(abs(A)) < 10:
        break
```

```
18
19 U, J = A.jordan_form ()
20 print ( f' A = {A}' )
21 print ( f' U = {U}' )
22 print ( f' U**(-1)*A*U = {J}' )
23 C = U * diag (J[0, 0], J[1, 1], J[2, 2]) * U**(-1)
24 B = A - C
25 print (f' B = {B}')
26 print (f' C = {C}')
```

第 4 ~ 6 行 在 3 阶方阵中准备了 3 种若尔当标准型，它们不对等。这里的问题是要随机创建分别对等的矩阵。

第 8 ~ 17 行 如果进行第 j 列加第 i 列的操作以及从第 i 行减掉第 j 行的操作，矩阵仍然对等，应随机进行几次这样的操作。如果创建了一个矩阵，成分中没有 0，而且所有成分都是正或负的个位数，就把它用于问题。通过改写第 9 行，可以创建不同若尔当标准型的问题。

第 19 行 可以用矩阵类的方法 jordan_form 求若尔当标准型。

第 23 ~ 26 行 求若尔当分解（见 8.3 节）。

运行结果：

```
A = Matrix ([[2, 1, 1], [-2, -2, -4], [1, 2, 4]])
U = Matrix ([[1, 1, 0], [-2, 0, -1], [1, 0, 1]])
U**( -1)* A* U = Matrix ([[1, 1, 0], [0, 1, 0], [0, 0, 2]])
B = Matrix ([[1, 1, 1], [-2, -2, -2], [1, 1, 1]])
C = Matrix ([[1, 0, 0], [0, 0, -2], [0, 1, 3]])
```

➢ 8.3　若尔当分解和矩阵的幂

当 $\boldsymbol{B}^k=\boldsymbol{O}$ 的 k 存在时，$\boldsymbol{B}$ 称为幂零矩阵。$\boldsymbol{K}_i-\lambda_i\boldsymbol{I}_i$ 是幂零矩阵（$\boldsymbol{I}_i$ 是 n_i 阶方阵的单位矩阵），则

$$
\begin{aligned}
\boldsymbol{A}&=\boldsymbol{V}\left(\boldsymbol{K}_1\oplus\boldsymbol{K}_2\oplus\cdots\oplus\boldsymbol{K}_m\right)\boldsymbol{V}^{-1}\\
&=\boldsymbol{V}\left(\left(\boldsymbol{K}_1-\lambda_1\boldsymbol{I}_1\right)\oplus\left(\boldsymbol{K}_2-\lambda_2\boldsymbol{I}_2\right)\oplus\cdots\oplus\left(\boldsymbol{K}_m-\lambda_m\boldsymbol{I}_m\right)\right)\boldsymbol{V}^{-1}\\
&\quad+\boldsymbol{V}\left(\lambda_1\boldsymbol{I}_1\oplus\lambda_2\boldsymbol{I}_2\oplus\cdots\oplus\lambda_m\boldsymbol{I}_m\right)\boldsymbol{V}^{-1}
\end{aligned}
$$

若设最右边表示为 $\boldsymbol{B}+\boldsymbol{C}$，则 $\boldsymbol{A}$ 可以由幂零矩阵 $\boldsymbol{B}$ 和可对角化的矩阵 $\boldsymbol{C}$ 之和来表示。在这里，意味着 $\boldsymbol{BC}=\boldsymbol{CB}$ 成立，$\boldsymbol{B}$ 和 $\boldsymbol{C}$ 是互换的。这样，$\boldsymbol{A}$ 的分解是唯一的。这是因为，设通过互换的幂零矩阵 $\boldsymbol{B}$ 以及可对角化的矩阵 $\boldsymbol{C}$，可以分解为 $\boldsymbol{A}=\boldsymbol{B}+\boldsymbol{C}$。$\boldsymbol{A}$ 和 $\boldsymbol{B}$ 是对换的，$\boldsymbol{A}-\lambda_i\boldsymbol{I}$ 和 $\boldsymbol{B}$ 也是互换的。因此，对于任意 $\boldsymbol{x}\in K_i$，有

$$\left(\boldsymbol{A}-\lambda_i\boldsymbol{I}\right)^{n_i}\boldsymbol{Bx}=\boldsymbol{B}\left(\boldsymbol{A}-\lambda_i\boldsymbol{I}\right)^{n_i}\boldsymbol{x}=0$$

所以 $\boldsymbol{Bx}\in K_i$。也就是说，由于 $\boldsymbol{A}$ 的整个广义特征空间和 $\boldsymbol{B}$ 互换，所以可以表示为 $\boldsymbol{V}^{-1}\boldsymbol{BV}=\boldsymbol{B}_1\oplus\boldsymbol{B}_2\oplus\cdots\oplus\boldsymbol{B}_m$。对 $\boldsymbol{C}$ 的论证也完全相同，可以表示为 $\boldsymbol{V}^{-1}\boldsymbol{CV}=\boldsymbol{C}_1\oplus\boldsymbol{C}_2\oplus\cdots\oplus\boldsymbol{C}_m$。此时，$\boldsymbol{K}_i=\boldsymbol{B}_i+\boldsymbol{C}_i$。因此，有

$$\left(\boldsymbol{K}_i-\lambda_i\boldsymbol{I}_i\right)-\boldsymbol{B}_i=\boldsymbol{C}_i-\lambda_i\boldsymbol{I}_i$$

成立。$\boldsymbol{B}_i$ 和 $\boldsymbol{C}_i$ 是互换的，所以可以说 $\boldsymbol{B}_i$ 和 $\boldsymbol{K}_i$ 也是互换的，左边是幂零矩阵。另外，右边是可对角化的矩阵。唯一可对角化的幂零矩阵是零矩阵。因此，$\boldsymbol{B}_i=\boldsymbol{K}_i-\lambda_1\boldsymbol{I}_i$ 且 $\boldsymbol{C}_i=\lambda_1\boldsymbol{I}_i$，证明了分解的唯一性。如上所述，将 $\boldsymbol{A}$ 用互换的幂零矩阵 $\boldsymbol{B}$ 和可对角化的矩阵 $\boldsymbol{C}$ 之和表示，称为若尔当分解。

如果 $\boldsymbol{C}$ 是对角矩阵，则 $\boldsymbol{C}=\mathrm{diag}\left(\lambda_1, \lambda_2, \cdots, \lambda_n\right)$，对于 $k\in\mathbb{N}$，有

$$\boldsymbol{C}^k=\mathrm{diag}\left(\lambda_1^k, \lambda_1^k, \cdots, \lambda_n^k\right)$$

另外，假设 $\boldsymbol{B}$ 是幂零矩阵，则有

$$\boldsymbol{B}=\begin{bmatrix}0 & 0 & \cdots & \cdots & 0\\ 1 & 0 & \ddots & & \vdots\\ 0 & \ddots & \ddots & \ddots & \vdots\\ \vdots & \ddots & \ddots & \ddots & 0\\ 0 & \cdots & 0 & 1 & 0\end{bmatrix}$$

则

$$\boldsymbol{B}^2=\begin{bmatrix}0&0&\cdots&\cdots&0\\0&0&\ddots&&\vdots\\1&\ddots&\ddots&\ddots&\vdots\\\vdots&\ddots&\ddots&\ddots&0\\0&\cdots&1&0&0\end{bmatrix},\ \cdots,\ \boldsymbol{B}^{n-1}=\begin{bmatrix}0&0&\cdots&\cdots&0\\0&0&\ddots&&\vdots\\0&\ddots&\ddots&\ddots&\vdots\\\vdots&\ddots&\ddots&\ddots&0\\1&\cdots&0&0&0\end{bmatrix}$$

为 $\boldsymbol{B}^n=\boldsymbol{O}$。$\boldsymbol{J}$ 是若尔当细胞时，有

$$\boldsymbol{J}=\begin{bmatrix}a&0&\cdots&\cdots&0\\1&a&\ddots&&\vdots\\0&\ddots&\ddots&\ddots&\vdots\\\vdots&\ddots&\ddots&\ddots&0\\0&\cdots&0&1&a\end{bmatrix}$$

设将 $\boldsymbol{J}$ 进行若尔当分解，所以 $\boldsymbol{J}=a\boldsymbol{I}+\boldsymbol{B}$。在二项展开

$$\boldsymbol{J}^k=\sum_{i=0}^{k}{}_k\mathrm{C}_i a^{k-i}\boldsymbol{B}^i$$

中，当 $k\geqslant n$ 时，$\boldsymbol{B}^k=\boldsymbol{O}$，可得

$$\boldsymbol{J}^k=\sum_{i=0}^{n-1}{}_k\mathrm{C}_i a^{k-i}\boldsymbol{B}^i$$

因此

$$\boldsymbol{J}^k=\begin{bmatrix}a^k&0&\cdots&\cdots&0\\{}_k\mathrm{C}_1a^{k-1}&a^k&\ddots&&\vdots\\{}_k\mathrm{C}_2a^{k-2}&\ddots&\ddots&\ddots&\vdots\\\vdots&\ddots&\ddots&\ddots&0\\{}_k\mathrm{C}_{n-1}a^{k-n+1}&\cdots&{}_k\mathrm{C}_2a^{k-2}&{}_k\mathrm{C}_1a^{k-1}&a^k\end{bmatrix}$$

```
>>> from sympy import Matrix, S
>>> J = Matrix([[S('a'), 0, 0], [1, S('a'), 0], [0, 1, S('a')]])
>>> J
Matrix([
```

```
[a, 0, 0],
[1, a, 0],
[0, 1, a]])
>>> J**2
Matrix ([
[a**2,     0,     0],
[ 2*a,  a**2,     0],
[   1,   2*a,  a**2]])
>>> J**3
Matrix ([
[  a**2,        0,        0],
[3*a**a,     a**2,        0],
[   3*a,  2*a**2,     a**3]])
>>> J**S('k')
Matrix ([
[                         a**k,              0,        0],
[                 a**(k - 1)*k,           a**k,        0],
[a**(k - 2)*k*(k - 1) / 2, a**(k - 1)*k,     a**k]])
```

通过若尔当分解可互换的幂零矩阵 $\boldsymbol{B}$ 和可对角化的矩阵 $\boldsymbol{C}$，一般的 n 阶方阵 $\boldsymbol{A}$ 可写成 $\boldsymbol{A}=\boldsymbol{B}+\boldsymbol{C}$，由于 $\boldsymbol{B}$ 和 $\boldsymbol{C}$ 是互换的，所以可以进行二项式展开，当 $k \geqslant n$ 时，由于 $\boldsymbol{B}^k=\boldsymbol{O}$，因此

$$\boldsymbol{A}^k=(\boldsymbol{B}+\boldsymbol{C})^k=\sum_{i=0}^{k} {}_k\mathrm{C}_i \boldsymbol{B}^i \boldsymbol{C}^{k-i}=\sum_{i=0}^{n-1} {}_k\mathrm{C}_i \boldsymbol{B}^i \boldsymbol{C}^{k-i}$$

➢ 8.4　矩阵的谱集

n 阶方阵 $\boldsymbol{A}$ 在复平面上包含重叠度且有 n 个特征值。$\boldsymbol{A}$ 的整个特征值集称为谱集[1]。谱集包含在圆中，该圆以原点为中心，以 $\boldsymbol{A}$ 的谱半径 $\rho(\boldsymbol{A})$ 为半径。

下面随机生成 100 阶方阵，可以查看谱半径的圆中包含的谱集形状。设 $\boldsymbol{A}$ 为矩阵，其中 100×100 个元素的实部和虚部分别由标准正态分布生成。图 8.4（a）是复数矩阵 $\boldsymbol{A}$ 的谱

① 在一个矩阵中，它是一个有限维线性空间的线性映射，谱集由有限数量的点组成，所有这些点都是特征值。然而，在无限维线性空间的线性映射中，谱集可能会出现在一条连续的曲线或一个有面积的区域。在这种情况下，谱集的点不一定是特征值。

集。图 8.4（b）是实数矩阵 $\boldsymbol{A}+\overline{\boldsymbol{A}}$ 的谱集。围绕实数矩阵的谱集的实轴出现对称现象。

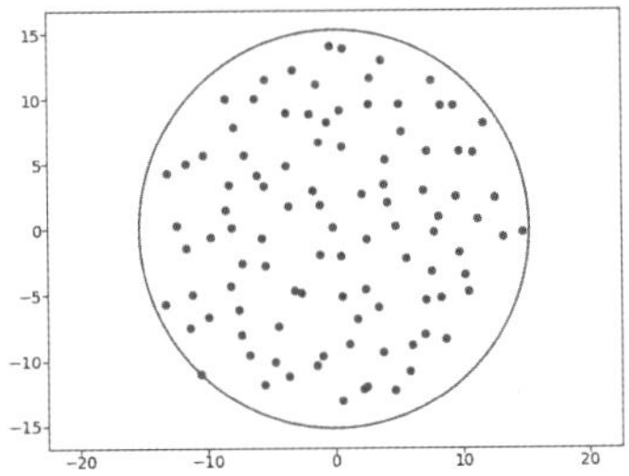

（a）复数矩阵 $\boldsymbol{A}$ 的谱集

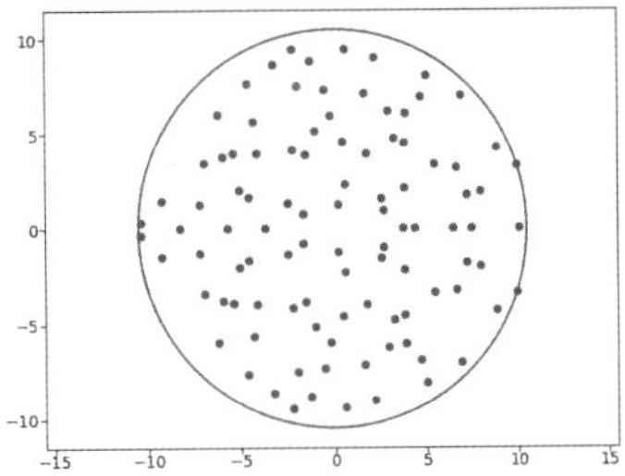

（b）实数矩阵 $\boldsymbol{A}+\overline{\boldsymbol{A}}$ 的谱集

图 8.4　谱集（1）

图 8.5（a）是埃尔米特矩阵 $\boldsymbol{A}+\boldsymbol{A}^*$ 的谱集，位于实轴上。图 8.5（b）是非负定值矩阵 $\boldsymbol{A}^*\boldsymbol{A}$ 的谱集，位于实轴的 0 以上的半线上。

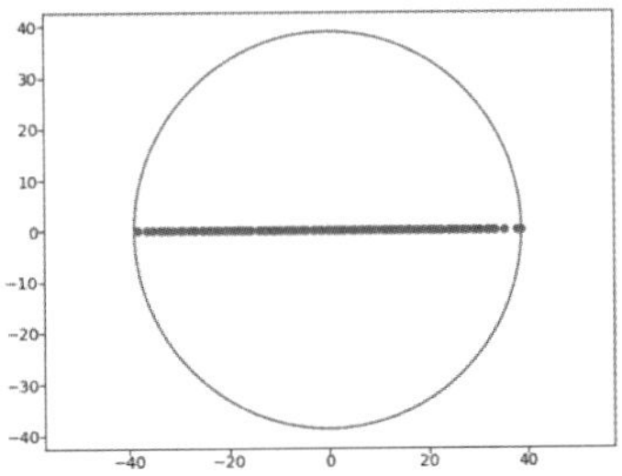

（a）埃尔米特矩阵 $\boldsymbol{A}+\boldsymbol{A}^*$ 的谱集

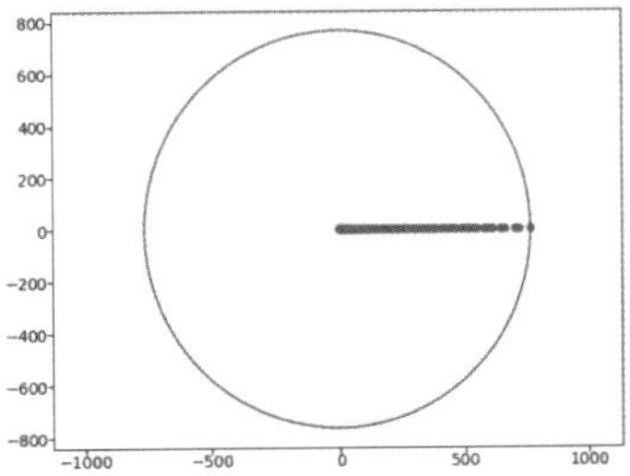

（b）非负定值矩阵 $\boldsymbol{A}^*\boldsymbol{A}$ 的谱集

图 8.5　谱集（2）

图 8.6（a）是单位矩阵的谱集。该矩阵是由埃尔米特矩阵的正态化特征向量创建的。所有的特征值都是绝对值为 1 的复数。图 8.6（b）是正成分矩阵的谱集，取 $\boldsymbol{A}$ 的所有成分的绝对值。

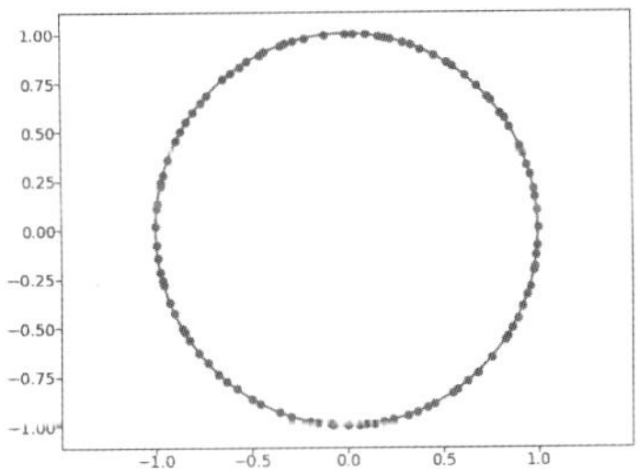

（a）单位矩阵的谱集

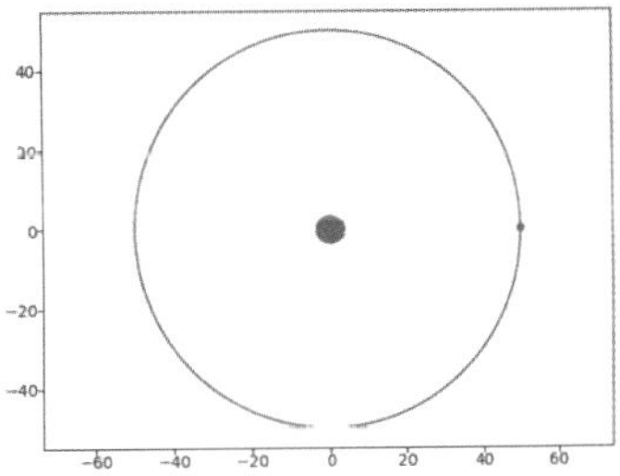

（b）正成分矩阵的谱集

图 8.6　谱集（3）

程序：spectrum.py。

```
from numpy import matrix, pi, sin, cos, linspace
from numpy.random import normal
from numpy.linalg import eig, eigh
import matplotlib.pylab as plt

N = 100
B = normal(0, 1, (N, N, 2))
A = matrix(B[:, :, 0] + 1j * B[:, :, 1])
Real = A + A.conj()
Hermite = A + A.H
PositiveDefinite = A * A.H
PositiveComponents = abs(A)
Unitary = matrix(eigh(Hermite)[1])

X = PositiveComponents
Lmd = eig(X)[0]
r = max(abs(Lmd))

T = linspace(0, 2 * pi, 100)
plt.plot(r * cos(T), r * sin(T))
plt.scatter(Lmd.real, Lmd.imag, s=20)
plt.axis('equal'), plt.show()
```

在正成分矩阵中，在谱半径的圆周上只出现 1 个正的特征值。该现象用弗罗贝尼乌斯－佩龙定理来解释，并将在后面讨论。

设 $\boldsymbol{A}$ 为 n 阶方阵。对于 $|\lambda|>\|\boldsymbol{A}\|$ 的 λ，可容易显示

$$\frac{\boldsymbol{A}^k}{\lambda^k}\to\boldsymbol{O}\quad(k\to\infty)$$

下面证明虽然 $\rho(\boldsymbol{A})\leqslant\|\boldsymbol{A}\|$，但即使把 λ 的条件弱化为 $|\lambda|>\rho(\boldsymbol{A})$，这种收敛也是真的。通过若尔当分解可互换的幂零矩阵 $\boldsymbol{B}$ 以及可对角化的矩阵 $\boldsymbol{C}$，$\boldsymbol{A}$ 可以写成 $\boldsymbol{A}=\boldsymbol{B}+\boldsymbol{C}$。由于 $\boldsymbol{B}$ 和 $\boldsymbol{C}$ 是互换的，所以可以进行二项式展开，因为 $k\geqslant n$ 时 $\boldsymbol{B}^k=\boldsymbol{O}$，所以

$$\frac{\boldsymbol{A}^k}{\lambda^k}=\sum_{i=0}^{n-1}\frac{{}_k\mathrm{C}_i\boldsymbol{B}^i\boldsymbol{C}^{k-i}}{\lambda^k}$$

由于$\|\boldsymbol{C}\|=S(\boldsymbol{C})=\rho(\boldsymbol{A})$，利用矩阵范数的性质得出

$$\left\|\frac{\boldsymbol{A}^k}{\lambda^k}\right\|\leqslant\sum_{i=0}^{n-1}\frac{{}_k\mathrm{C}_i\|\boldsymbol{B}\|^i\rho(\boldsymbol{A})^{k-i}}{|\lambda|^k}$$

其中，$0\leqslant\alpha<1$时，对于每个$i=0$，1，…，$n-1$，因为

$${}_k\mathrm{C}_i\alpha^k\leqslant k^i\alpha^k\to 0\quad(k\to\infty)$$

所以可得到理想的结果。

图 8.7 为随机生成的 3 阶方阵$\boldsymbol{A}$，λ略大于$\boldsymbol{A}$的谱半径，在图中画出$(\boldsymbol{A}/\lambda)^k$的每个元素以及矩阵范数的收敛性情况。

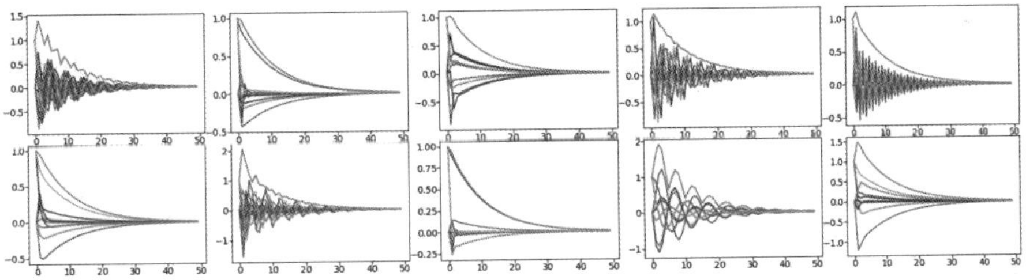

图 8.7　矩阵范数的收敛性

程序：norm.py。

```
from numpy import matrix
from numpy.linalg import eig, norm
from numpy.random import normal
import matplotlib.pyplot as plt

def power(ax, m):
    A = matrix(normal(0, 1, (m, m)))
    lmd = max(abs(eig(A)[0])) * 1.1
    N = range(50)
    P = [(A / lmd)**n for n in N]
```

```
        for  i  in  range (m):
            for  j  in  range (m):
                ax . plot (N,  [B [i ,  j]  for  B  in  P])
        ax . plot (N ,  [norm (B ,  2)  for  B  in  P])

fig ,  axs  =  plt . subplots (2 ,  5 ,  figsize=(20 ,  5))
[power (axs [i] [j],  3)  for  i  in  range (2)  for  j  in  range (5)]
plt . show ()
```

定理 盖尔范德（Gelfand）公式

$$\rho(\boldsymbol{A})=\lim_{k\to\infty}\left\|\boldsymbol{A}^k\right\|^{1/k}$$

证明[①]**：** 假设 λ 是 $\boldsymbol{A}$ 的特征值，$\boldsymbol{x}$ 是相应的正态化特征向量，对于任意 $n\in\mathbb{N}$，因为

$$|\lambda|^k=\left\|\lambda^k\boldsymbol{x}\right\|=\left\|\boldsymbol{A}^k\boldsymbol{x}\right\|\leqslant\left\|\boldsymbol{A}^k\right\|$$

其中，$|\lambda|\leqslant\left\|\boldsymbol{A}^k\right\|^{1/k}$，所以 $\rho(\boldsymbol{A})\leqslant\left\|\boldsymbol{A}^k\right\|^{1/k}$，即

$$\rho(\boldsymbol{A})=\liminf_{k\to\infty}\left\|\boldsymbol{A}^k\right\|^{1/k}$$

如果显示 $\limsup\limits_{n\to\infty}\|\boldsymbol{A}\|\leqslant\rho(\boldsymbol{A})$，那么证明完成了。设 $\lambda>\rho(\boldsymbol{A})$ 是任意的。因为 $\left\|\dfrac{\boldsymbol{A}^k}{\lambda^k}\right\|$ 是 $k\to\infty$ 时收敛于 0，根据以上证明，所以存在 $K>0$，则

$$\frac{\left\|\boldsymbol{A}^k\right\|}{\lambda^k}=\left\|\frac{\boldsymbol{A}^k}{\lambda^k}\right\|\leqslant K<\infty\ (k=1,2,3,\cdots)$$

因此

$$\left\|\boldsymbol{A}^k\right\|^{1/k}\leqslant K^{1/k}\lambda<\infty\ (k=1,2,3,\cdots)$$

---

① 使用了数列的上限和下限的概念。

因为 $k \to \infty$，所以

$$\limsup_{k\to\infty} \left\| A^k \right\|^{1/k} \leqslant \lambda$$

其中，$\lambda > \rho(\boldsymbol{A})$ 是任意的，并且 $\lambda \downarrow \rho(\boldsymbol{A})$，可得

$$\limsup_{k\to\infty} \left\| A^k \right\|^{1/k} \leqslant \rho(\boldsymbol{A})$$

下述程序随机生成 3 阶方阵，可查看盖尔范德公式的收敛情况（图 8.8）。

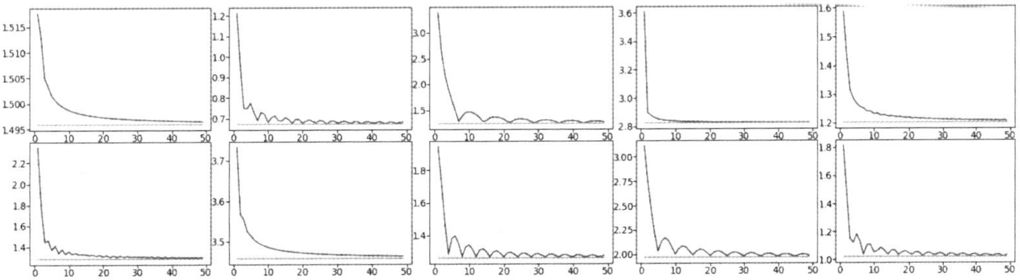

图 8.8　盖尔范德公式

程序：gelfand.py。

```
from numpy import matrix
from numpy.linalg import eig, norm
from numpy.random import normal
import matplotlib.pyplot as plt

def gelfand (ax, m):
    A = matrix (normal (0, 1, (m, m)))
    lmd = max (abs (eig (A) [0]))
    N = range (50)
    P = [A**n for n in N]
    ax.plot (N [1: ], [norm (P [n], 2)**(1 / n) for n in N [1: ]]
    ax.plot ([N [1], N [-1]], [lmd, lmd])

fig, axs = plt.subplots (2, 5, figsize=(20, 5))
[gelfand (axs [i] [j], 3) for i in range (2) for j in range (5)]
plt.show ()
```

➢ 8.5 弗罗贝尼乌斯－佩龙定理

对于$\boldsymbol{x}=(x_1, x_2, \cdots, x_n)\in\mathbb{C}^n$，设$|\boldsymbol{x}|=(|x_1|, |x_2|, \cdots, |x_n|)$。另外，对于$\boldsymbol{x}=(x_1, x_2, \cdots, x_n)\in\mathbb{R}^n$以及$\boldsymbol{y}=(y_1, y_2, \cdots, y_n)\in\mathbb{R}^n$，可标记为

$$
\begin{aligned}
\boldsymbol{x}\leqslant\boldsymbol{y} &\overset{\text{def}}{\Leftrightarrow} \forall i, x_i\leqslant y_i \\
\boldsymbol{x}\leqslant\boldsymbol{y} &\overset{\text{def}}{\Leftrightarrow} \forall i, x_i\leqslant y_i \text{ 或 } \exists i, x_i<y_i \\
&\Leftrightarrow \boldsymbol{x}\leqslant\boldsymbol{y} \text{ 或 } \boldsymbol{x}\neq\boldsymbol{y} \\
\boldsymbol{x}<\boldsymbol{y} &\overset{\text{def}}{\Leftrightarrow} \forall i, x_i<y_i
\end{aligned}
$$

推论 1 如果$\boldsymbol{0}\leqslant\boldsymbol{x}<\boldsymbol{y}$，则$\varepsilon>0$，且$(1+\varepsilon)\boldsymbol{x}<\boldsymbol{y}$成立。

证明： $\boldsymbol{y}-\boldsymbol{x}>0$。$\boldsymbol{y}-\boldsymbol{x}$的成分都是正数，因此设其中的最小成分为$a$（$a>0$）。另外，假设$\boldsymbol{x}$的成分中的最大值为$b$，则$b>0$。此时，由于$a\boldsymbol{x}/b$的成分中的最大值是$a$，设$\varepsilon=a/(2b)>0$，可得$\varepsilon\boldsymbol{x}<\boldsymbol{y}-\boldsymbol{x}$。

推论 2 $\boldsymbol{x}\neq\boldsymbol{0}$且$\boldsymbol{y}>0$，如果$\langle\boldsymbol{y}\|\boldsymbol{x}|\rangle=\langle\langle\boldsymbol{y}|\boldsymbol{x}\rangle\rangle$，则存在$c\neq0$的$c\in\mathbb{C}$，$c\boldsymbol{x}\geqslant\boldsymbol{0}$。

证明： 设$\boldsymbol{x}=(x_1, x_2, \cdots, x_n)$，$\boldsymbol{y}=(y_1, y_2, \cdots, y_n)$，$y_1y_2\cdots y_n>0$，有

$$\sum_{i=1}^{n} y_i|x_i|=\left|\sum_{i=1}^{n} y_i x_i\right|$$

将两边平方后，因为有

$$\sum_{i=1}^{n}\sum_{j=1}^{n} y_i y_j |x_i||x_j|=\sum_{i=1}^{n}\sum_{j=1}^{n} y_i y_j x_i \overline{x_j}$$

所以

$$\sum_{i=1}^{n}\sum_{j=1}^{n} y_i y_j \left(|x_i \overline{x_j}|-x_i\overline{x_j}\right)=0$$

对于各 i，j，由于 $y_i y_j > 0$ 和 $\operatorname{Re}\left(\left|x_i\overline{x_j}\right| - x_i\overline{x_j}\right) \geqslant 0$，所以 $\operatorname{Re}\left(\left|x_i\overline{x_j}\right| - x_i\overline{x_j}\right) = 0$。注意，仅当 $z \geqslant 0$ 时，$z \in \mathbb{C}$ 时 $\operatorname{Re}\left(|z| - z\right) = 0$，因此，对于全部 i，j，可得 $x_i\overline{x_j} \geqslant 0$。从 $x \neq 0$ 推出存在 $x_j \neq 0$ 的 j，因此若 $c = \overline{x_j}$，则可得 $c\boldsymbol{x} \geqslant 0$。

如果 $\boldsymbol{A}$ 是方阵，其中 $\boldsymbol{A}$ 的所有成分是正的，则 $\boldsymbol{A}$ 称为正成分矩阵。注意，正成分矩阵与正定矩阵的名称相似，但这两个是完全不同的概念。

如果存在正则矩阵 $\boldsymbol{V}$，对于矩阵 $\boldsymbol{A}$ 和 $\boldsymbol{B}$，$\boldsymbol{V}^{-1}\boldsymbol{A}\boldsymbol{V} = \boldsymbol{B}$，则 $\boldsymbol{A}$ 和 $\boldsymbol{B}$ 是相似关系。当选择 $\boldsymbol{V}$ 为单位矩阵时，$\boldsymbol{A}$ 和 $\boldsymbol{B}$ 称为单位相同值。

行列式、阶数的值、正则矩阵或可对角化等性质，是类似的矩阵之间所共享的值以及性质。正态矩阵、埃尔米特矩阵、单位矩阵、正交投影或正定矩阵等性质，是单位相同值的矩阵之间所共享的性质。正成分矩阵并不为类似的矩阵所共享，也不为单位相同值的矩阵所共享。

弗罗贝尼乌斯－佩龙定理：对于正成分矩阵 $\boldsymbol{A}$，以下情况成立。

（1）$\boldsymbol{A}$ 的谱半径 $\rho(\boldsymbol{A})$ 是 $\boldsymbol{A}$ 的特征值，可以选为与该特征值对应的特征向量，其成分都是正的。

（2）$\boldsymbol{A}$ 的 $\rho(\boldsymbol{A})$ 之外的特征值的绝对值都小于全部 $\rho(\boldsymbol{A})$。

（3）特征值 $\rho(\boldsymbol{A})$ 的重叠度是 1。

证明： 设 λ 为 $|\lambda| = \rho(\boldsymbol{A})$ 的 $\boldsymbol{A}$ 的特征值，$\boldsymbol{x} = (x_1, x_2, \cdots, x_n)$ 为特征值对应的特征向量。此时，对于每个 i，可得

$$\boldsymbol{A}|\boldsymbol{x}|\text{ 的第 } i \text{ 成分} = \sum_{j=1}^{n} a_{ij}\left|x_j\right| = \sum_{j=1}^{n}\left|a_{ij}x_j\right| \geqslant \left|\sum_{j=1}^{n} a_{ij}x_j\right|$$

$$= \left|\lambda x_i\right| = \rho(\boldsymbol{A})\left|x_i\right| = \rho(\boldsymbol{A})|\boldsymbol{x}|\text{ 的第 } i \text{ 成分} \cdots \quad (*)$$

所以 $\boldsymbol{A}|\boldsymbol{x}| \geqslant \rho(\boldsymbol{A})|\boldsymbol{x}|$ 成立。假设不等式不成立，则

$$\boldsymbol{A}|\boldsymbol{x}| \geqslant \rho(\boldsymbol{A})|\boldsymbol{x}|$$

$\boldsymbol{A}$ 是正成分矩阵，所以

$$\boldsymbol{A}^2|\boldsymbol{x}| > \rho(\boldsymbol{A})\boldsymbol{A}|\boldsymbol{x}|$$

从推论（1）来看，存在一个 $\varepsilon > 0$，则

$$\boldsymbol{A}^2|\boldsymbol{x}| > (1+\varepsilon)\rho(\boldsymbol{A})\boldsymbol{A}|\boldsymbol{x}|$$

$\boldsymbol{A}$ 是正成分矩阵，与两边相乘，可得

$$\boldsymbol{A}^3|\boldsymbol{x}| > (1+\varepsilon)\rho(\boldsymbol{A})\boldsymbol{A}^2|\boldsymbol{x}| > \left((1+\varepsilon)\rho(\boldsymbol{A})\right)^k \boldsymbol{A}|\boldsymbol{x}|$$

重复操作，则可得

$$\boldsymbol{A}^{k+1}|\boldsymbol{x}| > \left((1+\varepsilon)\rho(\boldsymbol{A})\right)^k \boldsymbol{A}|\boldsymbol{x}|$$

这种大小关系在 $\mathbb{R}^n$ 的范数中也被保存，可知因为

$$\begin{array}{ccc} \left\|\boldsymbol{A}^{k+1}|\boldsymbol{x}|\right\| & > & \left\|\left((1+\varepsilon)\rho(\boldsymbol{A})\right)^k \boldsymbol{A}|\boldsymbol{x}|\right\| \\ \wedge\| & & \| \\ \left\|\boldsymbol{A}^k\right\| \cdot \left\|\boldsymbol{A}|\boldsymbol{x}|\right\| & > & \left\|\left((1+\varepsilon)\rho(\boldsymbol{A})\right)^k \cdot \boldsymbol{A}|\boldsymbol{x}|\right\| \end{array}$$

所以从 $\boldsymbol{A}|\boldsymbol{x}| \neq \boldsymbol{0}$，可得

$$\left\|\boldsymbol{A}^k\right\|^{1/k} > (1+\varepsilon)\rho(\boldsymbol{A})$$

其中，假设 $k \to \infty$，根据左边的盖尔范德公式，变为 $\rho(\boldsymbol{A})$，因此矛盾出现，此时显示 $\boldsymbol{A}|\boldsymbol{x}| = \rho(\boldsymbol{A})|\boldsymbol{x}|$。$\boldsymbol{A}$ 是正成分矩阵，因为 $|\boldsymbol{x}| \geqslant \boldsymbol{0}$，所以 $\boldsymbol{A}|\boldsymbol{x}| > \boldsymbol{0}$，$\rho(\boldsymbol{A}) > 0$ 且 $|\boldsymbol{x}| > \boldsymbol{0}$。因此，证明了推论（1）。对于每个 i，因为都是用等号连接的，则

$$\sum_{j=1}^{n} a_{ij}\left|x_j\right| = \left|\sum_{j=1}^{n} a_{ij} x_j\right|$$

所以从推论（2）来看，存在 $c \neq 0$ 的 $c \in \mathbb{C}$ 存在，$c\boldsymbol{x} \geqslant \boldsymbol{0}$。此时，因为

$$\lambda(c\boldsymbol{x}) = \boldsymbol{A}(c\boldsymbol{x}) > 0$$

所以 $\lambda > 0$。因为 $|\lambda| = \rho(\boldsymbol{A})$，所以 $\lambda = \rho(\boldsymbol{A})$，也证明了推论（2）。下面证明推论（3）。首先，证明 $\lambda = \rho(\boldsymbol{A})$ 的特征空间是一维的。$\boldsymbol{x} > \boldsymbol{0}$ 设为 $\boldsymbol{A}$ 的特征值 $\rho(\boldsymbol{A})$ 对应的特征向量，设 $\boldsymbol{x}$ 和线性独立的特征向量 $\boldsymbol{x}'$ 存在。在推论（2）的论证中，$c \neq 0$ 且 $c\boldsymbol{x}' \geqslant \boldsymbol{0}$，存在 $c \in \mathbb{C}$。$\boldsymbol{x}$ 不是 $c\boldsymbol{x}'$ 的标量倍数，所以可以调整 $t \geqslant 0$，至少使 $\boldsymbol{x} - tc\boldsymbol{x}' \geqslant \boldsymbol{0}$ 的一个元素是 0。此时

$$\rho(\boldsymbol{A})(\boldsymbol{x} - tc\boldsymbol{x}') = \boldsymbol{A}(\boldsymbol{x} - tc\boldsymbol{x}') > 0$$

所以 $\boldsymbol{x} - tc\boldsymbol{x}' > \boldsymbol{0}$，这是矛盾的。由于证明了特征空间是一维的，所以若假设广义特征空间至少有二维，则

$$\{0\} \subsetneqq \operatorname{kernel}(\boldsymbol{A} - \lambda\boldsymbol{I}) \subsetneqq \operatorname{kernel}\left((\boldsymbol{A} - \lambda\boldsymbol{I})^2\right)$$

的包含关系成立。因此，$\boldsymbol{0} \neq \boldsymbol{v} \in \operatorname{kernel}(\boldsymbol{A} - \lambda\boldsymbol{I})$ 的 $\boldsymbol{v}$ 和满足 $(\boldsymbol{A} - \lambda\boldsymbol{I})\boldsymbol{u} = \boldsymbol{v}$ 的 $\boldsymbol{u} \in \operatorname{kernel}((\boldsymbol{A} - \lambda\boldsymbol{I})^2)$ 存在。特征值 λ 对应的特征空间是一维的，所以也可以是 $\boldsymbol{v} > \boldsymbol{0}$。另外，由于 $\boldsymbol{A}^{\mathrm{T}}$ 也是正成分矩阵，因此有特征值 $\mu = \rho(\boldsymbol{A}^{\mathrm{T}})$ 和相应的特征向量 $\boldsymbol{w} > \boldsymbol{0}$。此时，$\langle \boldsymbol{v} | \boldsymbol{w} \rangle > 0$，$\lambda\langle \boldsymbol{v} | \boldsymbol{w} \rangle = \langle \lambda\boldsymbol{v} | \boldsymbol{w} \rangle = \langle \boldsymbol{A}\boldsymbol{v} | \boldsymbol{w} \rangle = \langle \boldsymbol{v} | \boldsymbol{A}^{\mathrm{T}}\boldsymbol{w} \rangle = \langle \boldsymbol{v} | \mu\boldsymbol{w} \rangle = \mu\langle \boldsymbol{v} | \boldsymbol{w} \rangle$，所以 $\mu = \lambda$。因为 $\boldsymbol{A}\boldsymbol{u} = \lambda\boldsymbol{u} + \boldsymbol{v}$，若取这两边和 $\boldsymbol{w}$ 的内积，则从 $\langle \boldsymbol{A}\boldsymbol{u} | \boldsymbol{w} \rangle = \langle \lambda\boldsymbol{u} + \boldsymbol{v} | \boldsymbol{w} \rangle$ 中可以得出 $\langle \boldsymbol{v} | \boldsymbol{w} \rangle = 0$，这是矛盾的。

第 9 章　动力学系统

关于随时间变化的变量相关的数理模型在广义上称为动力学系统（dynamical system）。在这里，考虑一个以线性微分方程表示的系统，该系统是时间连续变化和变量确定性变化的。另外，静止的马尔可夫过程的时间是离散变化的，变量是随机变化的动力学系统。无论哪一种，在线性代数的理论中都发挥了很大作用。

从数学上理解动力学系统行为的最重要方法之一，就是由计算机通过数值计算对其进行模拟和可视化。在 Python 的练习中，有很多有趣的例子，下面将选取一些进行讨论。

➢ 9.1　向量和矩阵值函数的微分

随时间变化的 n 个标量值可以用向量值函数 $\boldsymbol{x}:\mathbb{R}\to\mathbb{K}^n$ 来表示。设 $\boldsymbol{x}(t)=\left(x_1(t),x_2(t),\cdots,x_n(t)\right)$。当 $t=t_0$ 时，有 $\boldsymbol{x}_0\in\mathbb{K}^n$，并满足

$$\lim_{\Delta t\to\infty}\left\|\frac{\boldsymbol{x}\left(t_0+\Delta t\right)-\boldsymbol{x}\left(t_0\right)}{\Delta t}-\boldsymbol{x}_0\right\|=0$$

$\boldsymbol{x}(t)$ 在 $t=t_0$ 时是可微的，$\boldsymbol{x}_0$ 用 $\dfrac{\mathrm{d}}{\mathrm{d}t}\boldsymbol{x}\left(t_0\right)$ 来表示，称为 $\boldsymbol{x}(t)$ 在 $t=t_0$ 处的微分。

如果是 $\phi\neq T\subseteq\mathbb{R}$，在任意 $t\in T$ 时 $\boldsymbol{x}(t)$ 都是可微的，则 $\boldsymbol{x}(t)$ 在 T 上是可微的，$t\mapsto\dfrac{\mathrm{d}}{\mathrm{d}t}\boldsymbol{x}(t)$ 在 T 中被定义，即在 $\mathbb{K}^n$ 中取值的函数。该函数称为 $\boldsymbol{x}$ 的导数，用 $\dfrac{\mathrm{d}}{\mathrm{d}t}\boldsymbol{x}$ 或 $\boldsymbol{x}'$ 来表示。可得

$$\boldsymbol{x}'(t)=\left(x_1'(t),x_2'(t),\cdots,x_n'(t)\right)$$

x_i' 是 x_i 的导数。如果是复变函数，则分成实部和虚部并分别取导数。

映射 $\boldsymbol{x}\mapsto\boldsymbol{x}'$ 用 $\dfrac{\mathrm{d}}{\mathrm{d}t}$ 来表示，称为微分算子。微分算子是线性映射，即如果 $\boldsymbol{x}$，$\boldsymbol{y}:T\mapsto\mathbb{C}^n$ 在 T 上是可微的，则对于任意 a，$b\in\mathbb{C}$，有

$$\frac{\mathrm{d}}{\mathrm{d}t}(a\boldsymbol{x}+b\boldsymbol{y})=a\frac{\mathrm{d}}{\mathrm{d}t}\boldsymbol{x}+b\frac{\mathrm{d}}{\mathrm{d}t}\boldsymbol{y}$$

成立。另外，微分算子 $\frac{\mathrm{d}}{\mathrm{d}t}$ 和任意 (m,n) 型矩阵 $\boldsymbol{A}$ 是互换的，即对于可微的 $\boldsymbol{x}:T\mapsto\mathbb{K}^n$，有

$$\frac{\mathrm{d}}{\mathrm{d}t}\boldsymbol{A}\boldsymbol{x}=\boldsymbol{A}\frac{\mathrm{d}}{\mathrm{d}t}\boldsymbol{x}$$

成立。特别是，对于 $\boldsymbol{a}\in\mathbb{K}^n$ 有

$$\frac{\mathrm{d}}{\mathrm{d}t}\langle\boldsymbol{a}|\boldsymbol{x}(t)\rangle=\langle\boldsymbol{a}|\boldsymbol{x}'(t)\rangle \text{ 及 } \frac{\mathrm{d}}{\mathrm{d}t}\langle\boldsymbol{x}(t)|\boldsymbol{a}\rangle=\langle\boldsymbol{x}'(t)|\boldsymbol{a}\rangle$$

值为矩阵的函数，对于

$$\boldsymbol{X}(t)=\begin{bmatrix} x_{11}(t) & x_{12}(t) & \cdots & x_{1n}(t) \\ x_{21}(t) & x_{22}(t) & \cdots & x_{2n}(t) \\ \vdots & \vdots & & \vdots \\ x_{m1}(t) & x_{m2}(t) & \cdots & x_{mn}(t) \end{bmatrix}$$

与向量值函数相同，可以用矩阵范数在极限中定义。此时，可知

$$\frac{\mathrm{d}}{\mathrm{d}t}\boldsymbol{X}(t)=\boldsymbol{X}'(t)=\begin{bmatrix} x'_{11}(t) & x'_{12}(t) & \cdots & x'_{1m}(t) \\ x'_{21}(t) & x'_{22}(t) & \cdots & x'_{2m}(t) \\ \vdots & \vdots & & \vdots \\ x'_{m1}(t) & x'_{m2}(t) & \cdots & x'_{mn}(t) \end{bmatrix}$$

如果 $\boldsymbol{X}'(t)$ 和 $\boldsymbol{Y}'(t)$ 存在，矩阵积 $\boldsymbol{X}(t)\boldsymbol{Y}(t)$ 被定义，那么积的微分方程

$$\frac{\mathrm{d}}{\mathrm{d}t}(\boldsymbol{X}(t)\boldsymbol{Y}(t))=\boldsymbol{X}'(t)\boldsymbol{Y}(t)+\boldsymbol{X}(t)\boldsymbol{Y}'(t)$$

成立。作为另一种情况

$$\frac{\mathrm{d}}{\mathrm{d}t}\langle\boldsymbol{x}(t)|\boldsymbol{y}(t)\rangle=\langle\boldsymbol{x}'(t)|\boldsymbol{y}(t)\rangle+\langle\boldsymbol{x}(t)|\boldsymbol{y}'(t)\rangle$$

成立。

➢ 9.2 牛顿的运动方程式

牛顿的运动方程式是“力 = 质量 × 加速度”。假设有一个连接到弹簧的物体的运动（单一振动）。弹簧收缩时在拉伸方向施加一个力，拉伸时在收缩方向上施加一个力。以平衡位置为原点，在 t 时间的物体位置为 $x(t)$ 时，设施加 $-kx(t)$ 力（k 是弹簧系数）。考虑 x 的微分 $x'(t)=v(t)$ 的速度。加速度是 $v(t)$ 的微分，因此若质量为 m，则牛顿的运动方程式为 $-kx(t)=mv'(t)$。为简单起见，设 $k=m=1$。设位置和速度是随时间 t 变化的量，则以下微分方程组

$$\begin{cases} x'(t)=v(t) \\ v'(t)=-x(t) \end{cases}$$

成立。根据该微分方程组求 $x(t)$ 和 $v(t)$。

第 1 种方法是用计算机对数值求解。可使用欧拉法[①]，它是微分方程组的数值解法之一。从微分的定义来看，由于

$$\begin{cases} x'(t)=\lim\limits_{\Delta t\to 0}\dfrac{x(t+\Delta t)-x(t)}{\Delta t} \\ v'(t)=\lim\limits_{\Delta t\to 0}\dfrac{v(t+\Delta t)-v(t)}{\Delta t} \end{cases}$$

所以 Δt 足够小时，即使没有右边的 $\lim\limits_{\Delta t\to 0}$，等式也近似成立，所以考虑到分母，则微分方程组变为

$$\begin{cases} x(t+\Delta t)\approx x(t)+v(t)\Delta t \\ v(t+\Delta t)\approx v(t)+x(t)\Delta t \end{cases}$$

可以解释为近似到 1 阶的对泰勒展开。设

$$\begin{cases} x(0)=x_0 \\ v(0)=x_0 \end{cases}$$

① 还有一种方法称为龙格 – 库塔法，它是一种比欧拉法更好的近似方法。

这是 0 时间的位置和速度，称为微分方程的初始值。则可由渐进方程

$$\begin{cases} x_k = x_{k-1} + v_{k-1}\Delta t \\ v_k = v_{k-1} - x_{k-1}\Delta t \end{cases}$$

得到 $\{x_k\}$ 和 $\{v_k\}$，分别将 $x(t)$ 以及 $v(t)$ 近似于 $t=0$，Δt，$2\Delta t$，$\cdots$ 采样的值。

程序：newton.py。

```
1  from vpython import *
2
3  Ball = sphere ( color=color . red )
4  Wall = box ( pos = vec (-10 , 0 , 0),
5               length =1 , width =10 , height =10)
6  Spring = helix ( pos = vec (-10 , 0 , 0), length =10)
7  dt , x, v = 0.01 , 2.0 , 0.0
8  while True :
9      rate (1/dt)
10     dx , dv = v * dt , -x * dt
11     x, v = x + dx , v + dv
12     Ball . pos . x , Spring . length = x, 10 + x
```

第 7 行 dt 是 Δt。给出位置 x 和速度 v 的初始条件。

第 8 ~ 12 行 动画是无限循环的。在 rate(1/dt) 中调整速度，使循环每秒执行 $1/\Delta t$ 次。

如果仔细观察动画（图 9.1），可发现振幅逐渐变大。这在物理上违背了能量守恒定律。图 9.2 是将点 $(x(t), v(t))$ 连同时间的变化一起绘制的图。从左边起，设 Δt 为 0.1、0.01、0.001。Δt 的值越接近 0，图形越接近十圆。

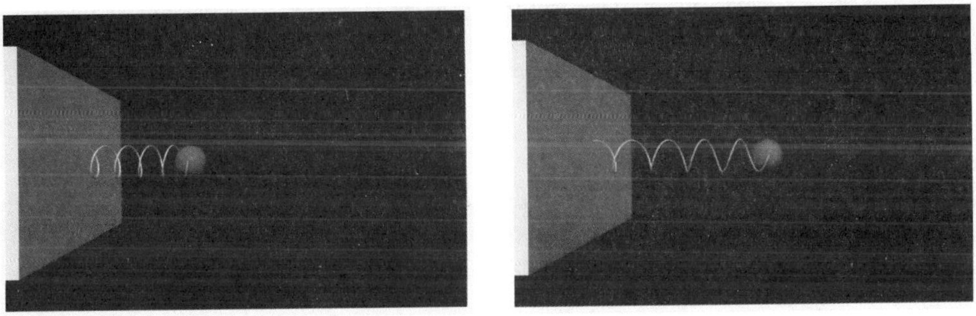

图 9.1　一维单一振动的模拟

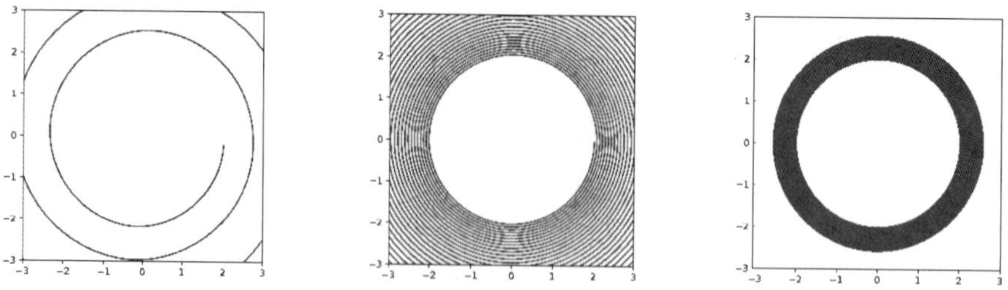

图 9.2　单一振动的位置和速度的轨迹（泰勒展开的 1 次近似情况）

如果使用泰勒展开的 2 次近似，如

$$x(t+\Delta t) \approx x(t) + \frac{x'(t)}{1!}\Delta t + \frac{x''(t)}{2!}\Delta t^2$$

$$= x(t) + v(t)\Delta t - \frac{x(t)}{2}\Delta t^2$$

$$v(t+\Delta t) \approx v(t) + \frac{v'(t)}{1!}\Delta t + \frac{v''(t)}{2!}\Delta t^2$$

$$= v(t) + x(t)\Delta t - \frac{v(t)}{2}\Delta t^2$$

则显示图形如图 9.3 所示（从左起依次是 $\Delta t = 0.1$ 、0.01、0.001）。

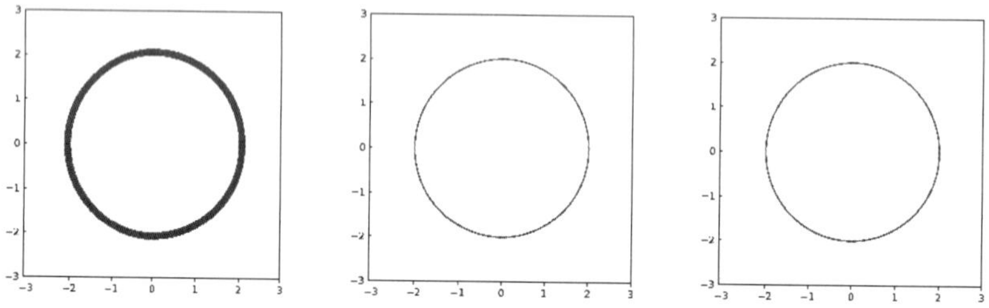

图 9.3　单一振动的位置和速度的轨迹（泰勒展开的 2 次近似情况）

程序：newton2.py。

```
from numpy import arange
import matplotlib.pyplot as plt


def taylor_1st(x, v, dt):
    dx = v * dt
    dv = -x * dt
    return x + dx, v + dv
```

```
9
10
11 def taylor_2nd (x, v, dt):
12     dx = v * dt - x / 2 * dt ** 2
13     dv = -x * dt - v / 2 * dt ** 2
14     return x + dx, v + dv
15
16
17 update = taylor_1st   # taylor_ 2nd
18 dt = 0.1   # 0.01, 0.001
19 path = [(2.0, 0.0)]   # (x, v)
20 for t in arange (0, 500, dt):
21     x, v = path [-1]
22     path . append (update (x, v, dt))
23 plt . plot (*zip (*path))
24 plt . axis ( 'scaled' ), plt . xlim (-3.0, 3.0), plt. ylim (-3.0, 3.0)
25 plt . show ()
```

第 5 ～ 8 行 这是用泰勒展开的 1 次近似更新时间、位置以及速度的公式。

第 11 ～ 14 行 这是用泰勒展开的 2 次近似更新时间、位置以及速度的公式。

第 17 行 将泰勒展开的 1 次近似公式 taylor_1st，或者 2 次近似公式 taylor_2nd 设为更新公式 update。

第 18 行 dt 是 Δt 的值。

第 19 行 将位置和速度的变化记录在列表 path 中。(2.0，0.0) 是位置和速度的初始值。

第 20 ～ 22 行 以 dt 的增量更新时间，t 范围为从 0 到小于 500，并更新位置 x 和速度 v 加到 path 上。

理论上用点 $(x(t), v(t))$ 可以绘制精确的圆。下面通过解题来验证。

$$\frac{\mathrm{d}}{\mathrm{d}t}\begin{bmatrix} x(t) \\ v(t) \end{bmatrix} = \begin{bmatrix} 0 & 1 \\ -1 & 0 \end{bmatrix}\begin{bmatrix} x(t) \\ v(t) \end{bmatrix}$$

其中，将矩阵 $\boldsymbol{A} = \begin{bmatrix} 0 & 1 \\ -1 & 0 \end{bmatrix}$ 进行对角化。代码如下。

```
>>> from sympy import *
>>> A = Matrix ([[0, 1], [-1, 0]])
>>> A. diagonalize ()
```

```
( Matrix ([
[I，  -I],
[1，  1]])， Matrix ([
[-I,  0],
[ 0，  I]]))
```

由于

$$V=\begin{bmatrix} i & -i \\ 1 & 1 \end{bmatrix}，\quad A=V\begin{bmatrix} -i & 0 \\ 0 & i \end{bmatrix}V^{-1}$$

所以，将 V^{-1} 应用在

$$\frac{\mathrm{d}}{\mathrm{d}t}\begin{bmatrix} x(t) \\ v(t) \end{bmatrix}=V\begin{bmatrix} -i & 0 \\ 0 & i \end{bmatrix}V^{-1}\begin{bmatrix} x(t) \\ v(t) \end{bmatrix}$$

两边（线性算子 V^{-1} 和微分算子 $\frac{\mathrm{d}}{\mathrm{d}t}$ 互换），得可

$$\frac{\mathrm{d}}{\mathrm{d}t}V^{-1}\begin{bmatrix} x(t) \\ v(t) \end{bmatrix}=\begin{bmatrix} -i & 0 \\ 0 & i \end{bmatrix}V^{-1}\begin{bmatrix} x(t) \\ v(t) \end{bmatrix}$$

其中，若设

$$\begin{bmatrix} y(t) \\ w(t) \end{bmatrix} \xlongequal{\text{def}} V^{-1}\begin{bmatrix} x(t) \\ v(t) \end{bmatrix}$$

则

$$\frac{\mathrm{d}}{\mathrm{d}t}\begin{bmatrix} y(t) \\ w(t) \end{bmatrix}=\begin{bmatrix} -i & 0 \\ 0 & i \end{bmatrix}\begin{bmatrix} y(t) \\ w(t) \end{bmatrix}$$

这是因为

$$\begin{cases} \dfrac{\mathrm{d}}{\mathrm{d}t}y(t)=-iy(t) \\ \dfrac{\mathrm{d}}{\mathrm{d}t}w(t)=iw(t) \end{cases}$$

这两个独立的变量分离形式的微分方程的解为

$$\begin{cases} y(t)=C_1\mathrm{e}^{-it} \\ w(t)=C_2\mathrm{e}^{it} \end{cases}\text{（}C_1\text{，}C_2\text{是积分常数）}$$

由于

$$V\begin{bmatrix} y(t) \\ w(t) \end{bmatrix} = \begin{bmatrix} x(t) \\ v(t) \end{bmatrix}$$

所以

$$\begin{bmatrix} x(t) \\ v(t) \end{bmatrix} = V\begin{bmatrix} C_1 e^{-it} \\ C_2 e^{it} \end{bmatrix} = \begin{bmatrix} i & -i \\ 1 & 1 \end{bmatrix}\begin{bmatrix} C_1 e^{-it} \\ C_2 e^{it} \end{bmatrix} = \begin{bmatrix} C_1 i e^{-it} - C_2 i e^{it} \\ C_1 e^{-it} + C_2 e^{it} \end{bmatrix}$$

上的 Python 程序的初始条件 $x_0 = 2$， $v_0 = 0$，积分常数。由

$$\begin{cases} x(0) = iC_1 - iC_2 = 2 \\ v(0) = C_1 + C_2 = 0 \end{cases}$$

可得

$$\begin{cases} C_1 = -i \\ C_2 = i \end{cases}$$

$$\begin{cases} x(t) = e^{-it} + e^{it} = 2\cos t \\ v(t) = -ie^{-it} + ie^{it} = -2\sin t \end{cases}$$

这是半径为 2 的圆的方程式。

➢ 9.3　线性微分方程

在 9.2 节中，微分方程的解的轨迹用图形表示（图 9.3）。在这个微分方程中，通过改变初始值，圆的半径会变化，也就是解的轨迹。用更一般的微分方程来分析这种情况。设 $\boldsymbol{A}$ 为方阵。对于 $\boldsymbol{x}:\mathbb{R} \to \mathbb{R}^n$，满足

$$x'(t) = \boldsymbol{A}\boldsymbol{x}(t)$$

时，则称为线性微分方程。这个微分方程有时表示为 $\boldsymbol{x}' = \boldsymbol{A}\boldsymbol{x}$。当 $\boldsymbol{x} \in \mathbb{R}^2$， $\boldsymbol{A} = \begin{bmatrix} 0 & 1 \\ -1 & 0 \end{bmatrix}$时，$\boldsymbol{x}' = \boldsymbol{A}\boldsymbol{x}$ 是 9.2 节中 $\boldsymbol{x}$ 的初始值设为 $\boldsymbol{x}_0 \underline{\underline{\text{def}}}\ \boldsymbol{v}(0)$，设 $\boldsymbol{y}(t)\ \underline{\underline{\text{def}}}\ e^{-t\boldsymbol{A}}\boldsymbol{x}(t)$，则 $\boldsymbol{y}$ 的初始值 $\boldsymbol{y}(0) = \boldsymbol{x}_0$，可得

$$\boldsymbol{y}'(t) = \left(\frac{d}{dt}e^{-t\boldsymbol{A}}\right)\boldsymbol{x}(t) + e^{-t\boldsymbol{A}}\frac{d}{dt}\boldsymbol{x}(t) = -\boldsymbol{A}e^{-t\boldsymbol{A}}\boldsymbol{x}(t) + e^{-t\boldsymbol{A}}\boldsymbol{A}\boldsymbol{x}(t) = 0$$

其中

$$\frac{\mathrm{d}}{\mathrm{d}t}\mathrm{e}^{-tA}=-A\mathrm{e}^{-tA}$$

则

$$\left\|\frac{\mathrm{e}^{-(t+h)A}-\mathrm{e}^{-tA}}{h}+A\mathrm{e}^{-tA}\right\|\leqslant\left\|\mathrm{e}^{-tA}\right\|\left\|\frac{\mathrm{e}^{-tA}-I}{h}+A\right\|$$
$$=\left\|\mathrm{e}^{-tA}\right\|\frac{1}{|h|}\left\|\sum_{n=2}^{\infty}\frac{(-hA)^k}{k!}\right\|\leqslant\left\|\mathrm{e}^{-tA}\right\|\frac{1}{|h|}\sum_{n=2}^{\infty}\frac{|h|^k\|A\|^k}{k!}$$
$$=\left\|\mathrm{e}^{-tA}\right\|\left(\frac{\mathrm{e}^{|h|\|A\|}-1}{|h|}-\|A\|\right)\to 0\,(h\to 0)$$

由 $y'(t)=\mathbf{0}$，可知 $y(t)$ 是常数函数。因为 $y(0)=x_0$，所以 $y(t)=x_0$。因此，线性微分方程的解是

$$x(t)=e^{tA}x_0$$

对于 $x_0\in\mathbb{R}^n$ 集合，$\left\{e^{tA}x_0\,|\,t\in\mathbb{R}\right\}\subseteq\mathbb{R}^n$ 称为微分方程 $x'=Ax$ 的相空间 $\mathbb{R}^n$ 中解的轨迹。应该仔细观察 2 阶实数方阵 A 对应的微分方程在 $x'=Ax$ 的相空间中解的轨迹。由于 A 的特征方程式是实系数，如果有复数解，那么，有一对共轭复数。因此，A 的若尔当标准型可以是以下三种方式之一。

$$\begin{bmatrix}\lambda_1 & 0\\ 0 & \lambda_2\end{bmatrix}\ (\lambda_1,\ \lambda_2\text{是实数}),\ \begin{bmatrix}\lambda & 0\\ 1 & \lambda\end{bmatrix}\ (\lambda\text{是实数}),\ \begin{bmatrix}\lambda & 0\\ 0 & \bar{\lambda}\end{bmatrix}\ (\lambda\text{是复数})$$

则矩阵分别为 J_1、J_2、J_3，A 与它们相等（或者对等）时，以 $-1\leqslant x$，$y\leqslant 1$ 的均匀随机数生成 100 个初始值 $x_0=(x, y)$，以 $-10\leqslant t\leqslant 10$ 来运行 $x(t)=\mathrm{e}^{tA}x_0$。

（1）当 $A=J_1$ 时，则

$$\mathrm{e}^{tA}=\begin{bmatrix}\mathrm{e}^{\lambda_1 t} & 0\\ 0 & \mathrm{e}^{\lambda_2 t}\end{bmatrix}$$

图 9.4 从左到右分别为 (λ_1, λ_2) 在 (1，0)、(1，1)、(1，2) 以及 (1，−1) 时的相空间的轨迹。

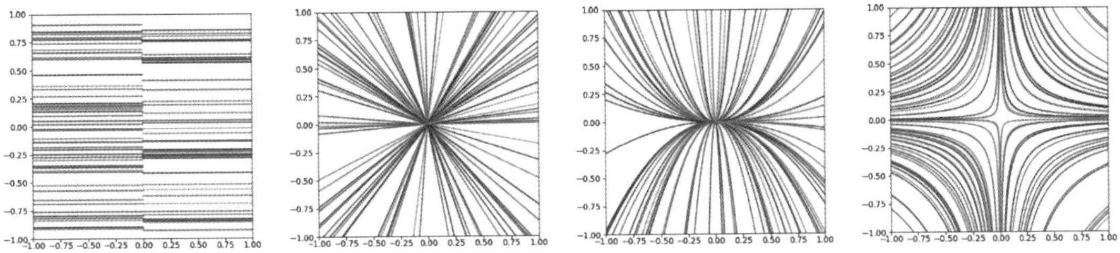

图 9.4　相空间中的解的轨迹（$\boldsymbol{A}$ 具有不同实数特征值时）

（2）当 $\boldsymbol{A}=\boldsymbol{J}_2$ 时，$t\boldsymbol{A}$ 的若尔当标准型是

$$\begin{bmatrix} t\lambda & 0 \\ t & t\lambda \end{bmatrix}=\frac{1}{t}\begin{bmatrix} 1 & 0 \\ 0 & t \end{bmatrix}\begin{bmatrix} t\lambda & 0 \\ 1 & t\lambda \end{bmatrix}\begin{bmatrix} t & 0 \\ 0 & 1 \end{bmatrix}$$

可得

$$\mathrm{e}^{t\boldsymbol{A}}=\frac{1}{t}\begin{bmatrix} 1 & 0 \\ 0 & t \end{bmatrix}\begin{bmatrix} \mathrm{e}^{t\lambda} & 0 \\ \mathrm{e}^{t\lambda} & \mathrm{e}^{t\lambda} \end{bmatrix}\begin{bmatrix} t & 0 \\ 0 & 1 \end{bmatrix}=\begin{bmatrix} \mathrm{e}^{\lambda t} & 0 \\ t\mathrm{e}^{\lambda t} & \mathrm{e}^{\lambda t} \end{bmatrix}$$

图 9.5 是 $\lambda=0$ 时和 $\lambda=1$ 时的相空间中解的轨迹。

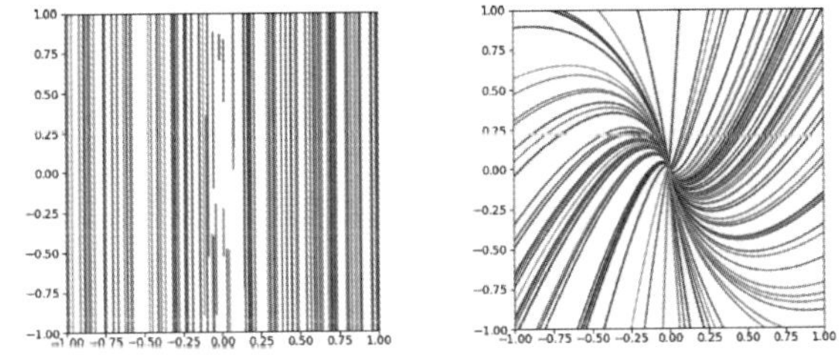

（a）$\lambda=0$　　（b）$\lambda=1$

图 9.5　相空间中解的轨迹（$\boldsymbol{A}$ 不能对角化时）

（3）当 $\boldsymbol{A}=\boldsymbol{J}_3$ 时，$\lambda=a+bi(a,b\in\mathbb{R},b\neq 0)$，若 $\boldsymbol{V}=\begin{bmatrix} 1 & -i \\ 1 & i \end{bmatrix}$，则 $\boldsymbol{V}^{-1}\boldsymbol{J}_3\boldsymbol{V}=\begin{bmatrix} a & b \\ -b & a \end{bmatrix}$（设 $=\boldsymbol{K}$），有

$$\mathrm{e}^{t\boldsymbol{K}}=\boldsymbol{V}^{-1}\mathrm{e}^{t\boldsymbol{J}_3}\boldsymbol{V}=\boldsymbol{V}^{-1}\begin{bmatrix} \mathrm{e}^{\lambda t} & 0 \\ 0 & \mathrm{e}^{\overline{\lambda t}} \end{bmatrix}\boldsymbol{V}$$

$$=\mathrm{e}^{at}\begin{bmatrix} \mathrm{e}^{ibt} & 0 \\ 0 & \mathrm{e}^{-ibt} \end{bmatrix}\boldsymbol{V}=\mathrm{e}^{at}\begin{bmatrix} \cos(bt) & \sin(bt) \\ -\sin(bt) & \cos(bt) \end{bmatrix}$$

读者可考虑 $\boldsymbol{A}=\boldsymbol{K}$ 的情况。图 9.6 是 $a=0$，$b=1$ 时和 $a=b=1$ 时的相空间中的解的轨迹。

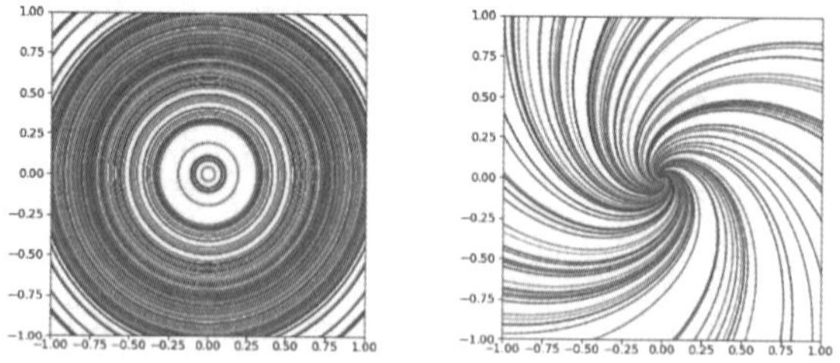

（a）$a=0$，$b=1$　　（b）$a=b=1$

图 9.6　相空间中的解的轨迹（$\boldsymbol{A}$ 具有复数特征值时）

相空间中的解的轨迹是使用以下程序绘制的。

程序：phasesp.py。

```
from numpy import array, arange, exp, sin, cos
from numpy.random import uniform
import matplotlib.pylab as plt


def B1(lmd1, lmd2):
    return lambda t: array([[exp(lmd1 * t), 0],
                            [0, exp(lmd2 * t)]])


def B2(lmd):
    return lambda t: exp(lmd * t) * array([[1, 0], [t, 1]])


def B3(a, b):
    return lambda t: exp(a * t) * array([
        [ cos(b * t), sin(b * t)], [-sin(b * t), cos(b * t)]])


B = B1(1, -1)  # B1(lmd1, lmd2), B2(lmd), B3(a, b)
V = uniform(-1, 1, (100, 2))
T = arange(-10, 10, 0.01)
[plt.plot(*zip(*[B(t).dot(v) for t in T])) for v in V]
plt.axis('scaled'), plt.xlim(-1, 1), plt.ylim(-1, 1)
plt.show()
```

第 6 ~ 8 行 该函数以矩阵值函数 $t \mapsto \mathrm{e}^{tJ_1}$ 为返回值，矩阵值函数的参数为 λ_1、λ_2。

第 11 行、第 12 行 该函数以矩阵值函数 $t \mapsto \mathrm{e}^{tJ_2}$ 为返回值，矩阵值函数的参数为 λ。

第 15 ~ 17 行 该函数以矩阵值函数 $t \mapsto \mathrm{e}^{tK}$ 为返回值，矩阵值函数的参数为 a、b。

第 20 行 选择矩阵 $\boldsymbol{B}(t)$。

第 21 行 假设 $\boldsymbol{V}$ 是从 $[-1,1)\times[-1,1)$ 中随机选择的 100 个点。

第 22 行 设 T 是等差数列中小于 10 项的列表，第 1 项为 -10，差为 0.01。

第 23 行 对于每个 $\boldsymbol{v}\in V$，绘制 $t\in T$ 时的 $\boldsymbol{B}(t)\boldsymbol{v}$ 的轨迹。

如上所述，在 SymPy 中可以计算矩阵的指数函数。但要注意，在 NumPy 中，对矩阵运用函数时，会将函数应用于矩阵的每个元素，因此无法得到矩阵的指数函数。需要注意的是，NumPy 中 Matrix 类的幂运算是通过矩阵乘法计算的，而 Matrix 类的幂运算是通过每个元素计算的。

```
>>> import sympy as sp
>>> import numpy as np
>>> A = [[1, 2], [2, 1]]
>>> sp.exp(sp.Matrix(A))
Matrix([
[ exp(-1)/2 + exp(3)/2, -exp(-1)/2 + exp(3)/2],
[-exp(-1)/2 + exp(3)/2,  exp(-1)/2 + exp(3)/2]])
>>> sp.exp(sp.Matrix(A)).evalf()
Matrix([
[10.2267081821796, 9.85882874100811],
[9.85882874100811, 10.2267081821796]])
>>> np.exp(np.matrix(A))
matrix([[2.71828183, 7.3890561 ],
        [7.3890561 , 2.71828183]])
>>> sp.Matrix(A)**2
Matrix([
[5, 4],
[4, 5]])
>>> np.matrix(A)**2
matrix([[5, 4],
        [4, 5]])
>>> np.array(A)**2
```

```
array ([[1 ,  4],
        [4 ,  1]])
```

➢ 9.4 静止的马尔可夫过程的平衡状态

从过去到未来的天体的运行可以准确确定，这是因为这些运动可由微分方程计算出来。另外，台风路径只能被模糊预测，即只能判断最有可能出现的地点。

有限集 $\Omega=\{\omega_1, \omega_2, \cdots, \omega_n\}$ 的元素称为状态。假设一个系统的状态随时刻 $t=0, 1, 2, \cdots$ 随机变化为 ω_{i_0}， ω_{i_1}， ω_{i_2}， …。若 t 时的状态位于 ω_j，则 $t+1$ 时状态为 ω_i 的概率与 t 无关，t 之前的状态变化也与 ω_j 无关，只能由 ω_j 确定的概率 $P\left(\omega_i \middle| \omega_j\right)$ 来决定。当 $0 \leqslant P\left(\omega_i \middle| \omega_j\right) \leqslant 1$ 时，有

$$\sum_{i=1}^{n} P\left(\omega_i \middle| \omega_j\right)=1 \quad (j=1, 2, \cdots, n)$$

这种随机系统称为静止的马尔可夫过程，$P\left(\omega_i \middle| \omega_j\right)$ 称为状态转移概率。

图 9.7 为状态转移图。当 $P\left(\omega_i \middle| \omega_j\right)>0$ 时，从 ω_j 到 ω_i 用箭头连接，并将值附加在 $P\left(\omega_i \middle| \omega_j\right)$。箭头上被圈起来的 ω_i 称为节点（或节）、箭头称为边（或分支）。

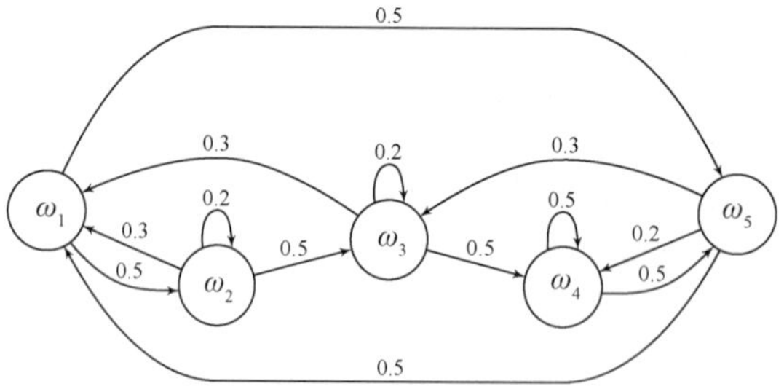

图 9.7　状态转移图

当 $x: \Omega \rightarrow [0, 1]$ 满足

$$\sum_{j=1}^{n} x\left(\omega_i\right)=1$$

时，x 是 Ω 上的概率。特别是对 $\omega_i \in \Omega$，若定义

$$x_i\left(\omega_j\right) \underline{\underline{\mathrm{def}}} \begin{cases}1, & j=i \\ 0, & j \neq i\end{cases}$$

则 x_i 是 Ω 上的概率。ω_i 和 x_i 是一一对应的。因此，Ω 上的概率也叫作状态。概率为 1，ω_i 中的状态为 x_i。对于状态转移概率 P 和概率 x，若定义为

$$(Px)\left(\omega_i\right) \underline{\underline{\mathrm{def}}} \sum_{j=1}^{n} P\left(\omega_i \middle| \omega_j\right) x\left(\omega_j\right) \quad (i=1, 2, \cdots, n)$$

则 Px 是概率。对于状态转移概率 P 和 Q，若定义为

$$(PQ)\left(\omega_i \middle| \omega_j\right) \underline{\underline{\mathrm{def}}} \sum_{k=1}^{n} P\left(\omega_i \middle| \omega_k\right) Q\left(\omega_k \middle| \omega_j\right) \quad (i, j=1, 2, \cdots, n)$$

则 PQ 是状态转移概率。概率 x 和状态转移概率 P 可以通过以下关系，分别和 n 维向量以及 n 阶方阵一一对应。

$$\boldsymbol{x}=\begin{bmatrix} x\left(\omega_1\right) \\ x\left(\omega_2\right) \\ \vdots \\ x\left(\omega_n\right) \end{bmatrix}, \quad \boldsymbol{P}=\begin{bmatrix} P\left(\omega_1 \middle| \omega_1\right) & P\left(\omega_1 \middle| \omega_2\right) & \cdots & P\left(\omega_1 \middle| \omega_n\right) \\ P\left(\omega_2 \middle| \omega_1\right) & P\left(\omega_2 \middle| \omega_2\right) & \cdots & P\left(\omega_2 \middle| \omega_n\right) \\ \vdots & \vdots & \ddots & \vdots \\ P\left(\omega_n \middle| \omega_1\right) & P\left(\omega_n \middle| \omega_2\right) & \cdots & P\left(\omega_n \middle| \omega_n\right) \end{bmatrix}$$

此时，$\boldsymbol{x}$ 称为概率向量，$\boldsymbol{P}$ 称为状态转移矩阵。在上述关系中，概率和状态转移概率随时会被替换为概率向量和概率矩阵。根据该替换，状态转移概率和概率的乘积 Px 对应矩阵和向量乘积 $\boldsymbol{Px}$，状态转移矩阵 $\boldsymbol{P}$ 以及 $\boldsymbol{Q}$ 的乘积 $\boldsymbol{PQ}$ 对应矩阵乘积 $\boldsymbol{PQ}$。

对于状态转移矩阵 $\boldsymbol{P}$，$\boldsymbol{P}^k$ 是状态转移矩阵。对于任意 i，$j=1$，2，…，n，有 $k \in \mathbb{N}$，且 $\boldsymbol{P}^k$ 的 (i, j) 元素为正时，故 $\boldsymbol{P}$ 为不可约。另外，对于任意 $i-1$，2，…，n，$\boldsymbol{P}^k$ 的 (i, i) 元素为正，$k \in \mathbb{N}$ 的最大公约数为 1 时，$\boldsymbol{P}$ 为非周期性。用状态转移图来说，不可约是指任意两个（可以是相同的）节点之间存在路径[①]，非周期性是指在任意节点都存在电路[②]，且它们长

① 箭头指向起点到终点的一连串的边缘。

② 回归自身的路径，长度为路径中的边数。

度的最大公约数是 1。

补充题 如果 $\phi \neq X \subseteq \mathbb{N}$ 的最大公约数是 1，对于求和是封闭的。此时，大于或等于 X 的某个元素的自然数均为 X 的元素。

证明： 由于 X 对于求和运算是封闭的，所以 X 对于任何自然数的倍数，以及以自然数为系数的线性组合也是封闭的。将 X 的元素按从小到大的顺序排列，设相邻数之间差的最小值为 k。用反证法证明 $k=1$ 。假设 $k>1$ ，则存在 x，$x+k \in X$。由于 k 不是 X 的公约数，所以存在 $y \in X$，它不是 k 的倍数，可以写成 $y=mk+n$ ，其中 $0<n<k$ 。由于 X 对于加法运算和自然数倍数运算都是封闭的，因此有 $(m+1)$ $(x+k)$，$(m+1)x+y \in X$。其中，这两个数字之间的差异是

$$(m+1)(x+k)-(m+1)x-y=(m+1)k-y=k-n<k$$

这与 k 的最小性相矛盾。因此，证明了 $k=1$ 。有 x，其中 x，$x+1 \in X$。X 在和中是封闭的，因此 $2x$ ，$2x+1$ ，$2x+2 \in X$。此外，$3x$ ，$3x+1$ ，$3x+2$ ，$3x+3 \in X$，如此重复，可得

$$xx, \quad xx+1, \quad xx+2, \quad xx+x \in X$$

通过把 x，$2x$，$3x$，$\cdots \in X$ 加到这些连续的 $x+1$ 的数字上，可以证明大于或等于 xx 的数字都是 X 的元素。

如果 $\boldsymbol{P}$ 的成分是正成分矩阵，那么 $\boldsymbol{P}$ 是不可约且是非周期性的。反之，如果 $\boldsymbol{P}$ 是不可约且非周期性的，那么从上面的推论可以看出，存在 m 且 $\boldsymbol{P}$ 也是正成分矩阵。

定理 对于不可约且非周期性的状态转移矩阵 $\boldsymbol{P}$，存在唯一的概率向量 $\boldsymbol{x}_1$，且满足 $\boldsymbol{P}\boldsymbol{x}_1=\boldsymbol{x}_1$ 。此外，对于任意概率向量 $\boldsymbol{x}$，有

$$\boldsymbol{P}^m\boldsymbol{x} \to \boldsymbol{x}_1 \quad (m \to \infty)$$

则 $\boldsymbol{x}_1$ 称为 $\boldsymbol{P}$ 的平衡状态。

证明： 令 m 足够大，使 $\boldsymbol{Q}=\boldsymbol{P}^m$ 是正成分矩阵。从弗罗贝尼乌斯 – 佩龙定理来看，以下内容

成立。

（1）$\boldsymbol{Q}$ 的谱半径 $\rho(\boldsymbol{Q})$ 是 $\boldsymbol{Q}$ 的特征值，可以选择一个与该特征值对应的特征向量，其元素都是正的。

（2）$\boldsymbol{Q}$ 的 $\rho(\boldsymbol{Q})$ 之外的特征值的绝对值都小于 $\rho(\boldsymbol{Q})$。

（3）$\rho(\boldsymbol{Q})$ 的广义特征空间是一维的。

$\boldsymbol{P}$ 的特征值包含重叠度，设为 λ_1，λ_2，…，λ_n。$\boldsymbol{Q}$ 的特征值是 λ_1^m，λ_2^m，…，λ_n^m，则 $\rho(\boldsymbol{Q})=\rho(\boldsymbol{P})^m$，也可以是 $\lambda_1^m=\rho(\boldsymbol{P})^m$。设 $\boldsymbol{x}_1$ 为与 $\boldsymbol{P}$ 的特征值 λ_1 对应的特征向量。$\boldsymbol{x}_1$ 也是与 $\boldsymbol{Q}$ 的特征值 λ_1^m 对应的特征向量。在内容（3）中，如果有必要，可将适当的标量乘以 $\boldsymbol{x}_1>0$，$\boldsymbol{x}$ 可以是概率向量。$\lambda_1\boldsymbol{x}_1=\boldsymbol{P}\boldsymbol{x}_1$ 也必须是概率向量，因此 $\lambda_1=\rho(\boldsymbol{P})=1$。另外根据内容（2）以及内容（3），对于 $i\geqslant 2$，$|\lambda_i|^m=|\lambda_i^m|<\rho(\boldsymbol{P})^m$，所以 $|\lambda_i|<\rho(\boldsymbol{P})=1$。与 $\boldsymbol{Q}$ 的特征值 1 对应的特征向量仅限于是 $\boldsymbol{x}_1$ 标量的倍数，所以 $\boldsymbol{P}$ 的特征值 1 对应的特征向量的概率向量也只是 $\boldsymbol{x}_1$。假设 $\boldsymbol{J}=\boldsymbol{V}^{-1}\boldsymbol{P}\boldsymbol{V}$ 为 $\boldsymbol{P}$ 的若尔当标准型，由于特征值 1 的若尔当细胞为 $(1,1)$ 型，1 以外的特征值的绝对值小于 1，所以 $\boldsymbol{J}^m$ 在 $m\to\infty$ 时元素仅在 $(1,1)$，仅成分为 1，其他成分全部为 0 的矩阵 $\boldsymbol{J}_\infty$ 中收敛（若尔当分解）。因此，$\boldsymbol{P}^m=\boldsymbol{V}\boldsymbol{J}^m\boldsymbol{V}^{-1}$ 为 $m\to\infty$ 时，收敛于 $\boldsymbol{P}_\infty=\boldsymbol{V}\boldsymbol{J}_\infty\boldsymbol{V}^{-1}$，但由于

$$\boldsymbol{P}\boldsymbol{P}_\infty=\boldsymbol{P}\lim_{m\to\infty}\boldsymbol{P}^m=\lim_{m\to\infty}\boldsymbol{P}^m=\boldsymbol{P}_\infty$$

所以 $\boldsymbol{P}_\infty$ 的全部列向量是 $\boldsymbol{P}$ 中不变的概率向量。因此，有

$$\boldsymbol{P}_\infty=\begin{bmatrix}x_1 & x_1 & \cdots & x_1\end{bmatrix}$$

可以说对于任意概率向量 $\boldsymbol{x}$，$\boldsymbol{P}_\infty\boldsymbol{x}=\boldsymbol{x}_1$。

将不可约且非周期性、静止的马尔可夫过程的状态转移图看作是双六游戏。设有一个棋

子，该棋子最初被放在任意一个节点上，根据状态转移概率，通过掷骰子来依次改变位置。从上述定理中可以说明如下内容。“掷骰子的次数足够多时，如果用棋子停留在一个节点上的度数（会停留几次）除以掷骰子的次数，将得到一个数字，这个数字近似于几乎静止的马尔可夫过程的平衡状态的概率分布。”这个事实称为静止的马尔可夫过程的尔格特定理。如果把棋子停留的节点度数比称为时间平均，可将根据平衡状态的概率分布生成的节点的平均称为相位平均，那么可以说这是满足尔格特假说和物理学中称为“系统的时间平均与相位平均一致”的规律的数学模型之一。

➢ 9.5　马尔可夫随机场

在马尔可夫过程中，当前状态是随机确定的，它只取决于前一个时间点。马尔可夫随机场是一个系统，其中平面（或者空间）上的点的状态完全由相邻的点的状态决定。在这里讨论马尔可夫随机场的原因有两个：①马尔可夫随机场的稳态是视觉上有趣的例子，稳态是在9.4 节中得到的马尔可夫过程的极限状态；②如果马尔可夫随机场的状态转移概率为矩阵，则是非常大的矩阵，并且是稀疏的矩阵，由于满足了马尔可夫性这个条件，大多数矩阵成分为 0，虽然要依据矩阵理论，但实际大大减少了计算量。

X 为非空有限集，X 是屏幕，X 的元素为像素。下面要将屏幕上的每个像素颜色涂成白色或黑色。图 9.8 是 $X=\{x_1, x_2, x_3\}$ 时的所有图形。如果只有黑色像素的集合，图形可以识别为 X 的子集。如果 $x \in A$，则 A 的像素 x 是黑色的；如果 $x \notin A$，则 A 的像素 x 是白色的。假设有一个概率模型，其中图形 $A \subseteq X$ 是基本事件，使 A 的发生概率 $p(A)>0$。

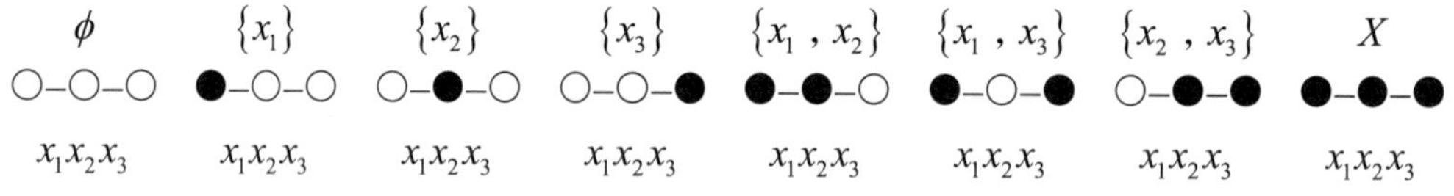

图 9.8　3 P_x 图像

对概率模型进行计算机模拟，是按照给定概率分布 p 发生的概率创建的模型。因此，满足

$$f\left(\frac{1}{t}\right)=\frac{1}{t}f(t)$$

的函数 $f:(0, \infty) \to (0, 1]$ 称为接收函数（图 9.9）。接收函数的例子有

$$f(t)=\frac{t}{1+t}$$

或者

$$f(t)=\min\{t,1\}$$

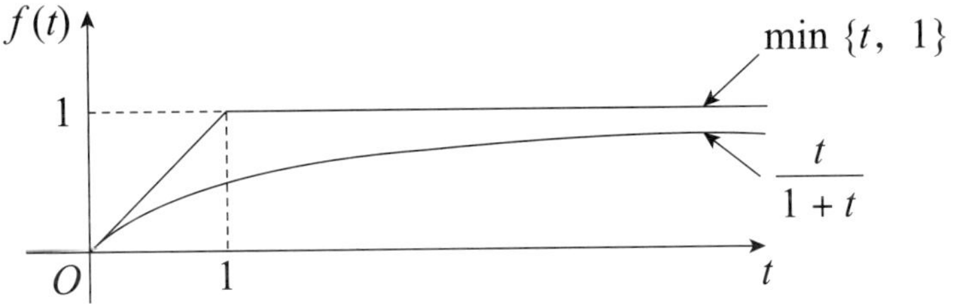

图 9.9　接收函数

固定一个任意的接收函数 f。对于图形 $A\subseteq X$，用 A_x 表示像素 $x\in X$ 的颜色反转图形。A_x 在 $x\in A$ 时等于 $A\setminus\{x\}$（差集，从 A 中去掉 x 得到的图形），在 $x\notin A$ 时等于 $A\cup\{x\}$（并集，x 加入 A 得到的图形）。选择像素 x 时，图形间的状态转移概率 P_x 用

$$P_x(B|A)=\begin{cases} f\left(\dfrac{p(A_x)}{p(A)}\right), B=Ax \\ 1-f\left(\dfrac{p(A_x)}{p(A)}\right), B=A \\ 0\text{，其他} \end{cases}$$

来定义。P_x 称为像素 x 的颜色反转概率。此时，由于

$$\begin{aligned}(P_x p)(A)&=\sum_{B\in X}P_x(A|B)p(B)\\ &-\Gamma_x(A|A_x)p(A_x)+P_x(A_x|A)p(A)\\ &=f\left(\frac{p(A)}{p(A_x)}\right)p(A_x)+\left(1-f\left(\frac{p(A_x)}{p(A)}\right)\right)p(A)\\ &=\frac{p(A)}{p(A_x)}f\left(\frac{p(A_x)}{p(A)}\right)p(A_x)+\left(1-f\left(\frac{p(A_x)}{p(A)}\right)\right)p(A)\\ &=p(A)\end{aligned}$$

因此，p 是状态转移概率 P_x 的平衡状态。以概率 p 生成的图形，经过状态转移概率 P_x 的转移后，还是以概率 p 生成的图形。

假设 $X=\{x_1, x_2, \cdots, x_n\}$，考虑可随机转移图像的方法。假设接收函数为 $0<f<1$。依次扫描 X 的像素，将 x_i 的颜色用反转概率 P_{x_i} 进行反转，可以认为图像转移发生了，状态转移概率 $\boldsymbol{Q}$ 对应于状态转移概率的矩阵积，则

$$\boldsymbol{Q} \underline{\underline{\mathrm{def}}} \boldsymbol{P}_{x_1}\boldsymbol{P}_{x_2}\cdots\boldsymbol{P}_{x_n}$$

定义了概率矩阵 $\boldsymbol{Q}$。从任意的图形 A 到任意的图形 B，如果在 $x_i \in A\triangle B$ 时选择反转，在 $x_i \in A\cap B$ 时选择原样，那么一次扫描可以是正概率进行转移，即 $\boldsymbol{Q}>0$。如果接收函数 $f(x)=\min\{1, x\}$，则该方法不起作用。例如，若 $n=2$，假设 p 为白白，白黑，黑白，黑黑这四个图形出现的概率相同，则以上述方式将改变接收函数的状态，会导致所选像素颜色反转，所以两个像素会交替出现相同颜色和不同颜色。也就是说，$\boldsymbol{Q}$ 是周期性的概率矩阵。可以使用其他方法：不按顺序而是随机扫描画面的像素并决定是否反转。以 $1/(n+1)$ 的概率决定是选择 n 个像素中任意一个像素或者不选择任何像素。如果选择 x_i，那么用反转概率 P_{x_i} 来反转像素 x_i 的颜色；如果没有选任何像素，那么将该操作重复 n 次（像素的个数）。设 $\boldsymbol{I}$ 为单位矩阵，则与

$$\boldsymbol{Q} \underline{\underline{\mathrm{def}}} \frac{1}{n+1}\left(\boldsymbol{I}+\boldsymbol{P}_{x_1}+\boldsymbol{P}_{x_2}+\cdots+\boldsymbol{P}_{x_n}\right)$$

定义的概率矩阵 $\boldsymbol{Q}$ 对应的状态转移概率 Q 可以使图像发生转变。因为 $\boldsymbol{Q}$ 的对角元素是正的，所以是非循环概率矩阵。另外，$A\neq B$ 时，$A\triangle B$ 元素的像素颜色依次进行反转，从 A 转移到 B 的概率是正的，所以 $\boldsymbol{Q}$ 是不可还原的概率矩阵。

任何情况下，p 也是 Q 的平衡状态，所以从 9.4 节的结果来看，对于任意概率向量 $\boldsymbol{q}$，$\boldsymbol{Q}^k\boldsymbol{q}\to\boldsymbol{p}(k\to\infty)$。如果将状态转移概率 Q 反复应用于用任意概率分布选择的图形，那么经过足够多的重复后的图形几乎是概率分布 p 所产生的图形。

以 X 的像素为节点的图结构，若不考虑边的方向，设不存在循环（连接自身的边）和

多重边（连接同一节点的不同分支）。对于 x，$y \in X$ 在 x 和 y 之间存在一条边时，则称 x 和 y 相邻。对于 $x \in X$，与 x 相邻的整个 y 用 ∂x 来表示，称为 x 的邻域。对于 $Y \subset X$，∂Y 表示 $\complement_X Y$ 的元素中至少有一个与 Y 的元素相邻的全部要素称为 Y 的边界。

对于非空 $S \subseteq X$，S 只由一个节点组成，或者属于 S 的任意两个不同的节点彼此相邻，称 S 为独立个体。对于 $A \subseteq X$，设 $S_A = \{ S | S \subseteq A$，且 S 是独立个体$\}$，函数 $I : S_X \to \mathbb{R}$ 称为 X 上的交互。下面分析 X 上的交互 I 以及 $\beta \in \mathbb{R}$。定义

$$V(A) = \sum_{B \in S_A} I(B) \quad (A \subseteq X)\ (\text{其中 } V(\phi) = 0)$$

将 $V(A)$ 称为图形 A 的势能。定义

$$Z = \sum_{A \subseteq X} \mathrm{e}^{\beta V(A)}$$

$$p(A) = \frac{\mathrm{e}^{\beta V(A)}}{Z} \quad (A \subseteq X) \tag{9.1}$$

p 称为吉布斯（Gibbs）状态。若根据 $p(A)$ 的概率来生成图形 A，当 $\beta = 0$ 时，所有图形出现的概率是 $1/2^n$。将式（9.1）右边的分母分子分别除以 $\mathrm{e}^{\beta \max V}$，则都在正方向上逐渐增大时，具有较大势能的图形出现的概率会增加；都在向负方向逐渐减小时，具有较小势能的图形出现的概率会增加。将 p 作为马尔可夫过程的稳态实现时，逐渐扩大或缩小 β 的值，将图形的势能趋近于最大值或最小值，这种方法称为模拟退火算法[①]。

在任何区域 $Y \subseteq X$ 中，Y 外侧的图形形状为 B 的条件下，Y 的内侧的图形形状为 A 的条件概率为

$$p_Y(A|B) = \frac{p(A \cup B)}{\sum_{A' \subseteq Y} p(A' \cup B)} \quad (A \subseteq Y,\ B \subseteq Y^{\complement})$$

① 是指逐渐降低液体或气体物质的温度以达到结晶的过程。模拟在模拟退火中，一个状态随着时间的推移逐渐随机变化，但为了走出局部最小值并以概率 1 达到全局最小值，需要适当地控制温度参数。相比之下，量子计算机可以用来控制温度参数。另外，有人提出了量子退火的概念，即利用量子波动进行状态叠加的退火。

对于任意 $A \subseteq Y$ 和 B，$B' \subseteq \complement_X Y$，证明如果 $B \cap \partial Y = B' \cap \partial Y$，则

$$p_Y(A|B) = p_Y(A|B')$$

该性质称为 p 具有空间的马尔可夫性。证明 $B' = B \cap \partial Y$ 即可。独立个体 C 没有与 Y 和 $\complement_X(Y \cup \partial Y)$ 的共同部分，所以对于任意 $A' \subseteq Y$ 和 $B \subseteq \complement_X Y$，$\mathcal{S}_{A' \cup B}$ 被直接分割为以下 5 种独立个体的族（图 9.10）。

$$\mathcal{S}_{A' \cup B} = \mathcal{S}_1 \cup \mathcal{S}_2 \cup \mathcal{S}_3 \cup \mathcal{S}_4 \cup \mathcal{S}_5$$

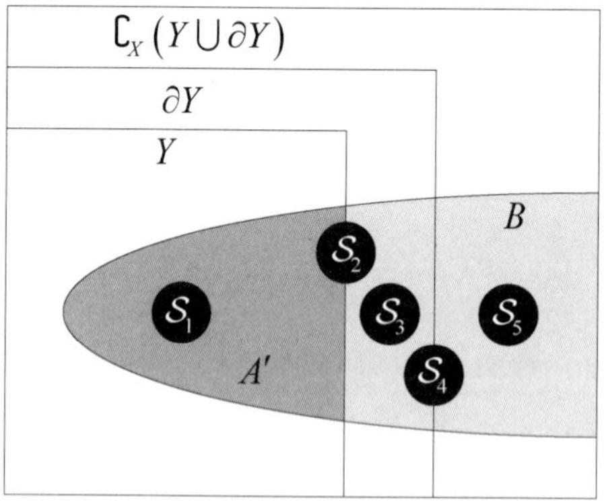

图 9.10　空间的马尔可夫性

$S_1 \in \mathcal{S}_1$ 包含在 Y 中，$S_2 \in \mathcal{S}_2$ 与 Y 和 ∂Y 相交，$S_3 \in \mathcal{S}_3$ 包含在 ∂Y 中，$S_4 \in \mathcal{S}_4$ 与 ∂Y、$(Y \cup \partial Y)^{\complement}$ 相交，$S_5 \in \mathcal{S}_5$ 包含在 $\complement_X(Y \cup \partial Y)$ 中。

$$\mathcal{S}_1 \cup \mathcal{S}_2 \cup \mathcal{S}_3 = \mathcal{S}_{A' \cup (B \cap \partial Y)}$$

注意：$\mathcal{S}_4 \cup \mathcal{S}_5$ 的独立个体和 $A' \subseteq Y$ 不相交。由

$$V(A' \cup B) = \sum_{C \in \mathcal{S}_{A' \cup B}} I(C) = V(A' \cup (B \cap \partial Y)) + \sum_{C \in \mathcal{S}_4 \cup \mathcal{S}_5} I(C)$$

可得

$$p_Y\left(A \mid B\right)=\frac{e^{\beta V(A \cup B)}}{\sum\limits_{A' \subseteq Y} e^{\beta V(A' \cup B)}}=\frac{e^{\beta V(A \cup (B \cap \partial Y))}}{\sum\limits_{A' \subseteq Y} e^{\beta V(A' \cup (B \cap \partial Y))}}=p_Y\left(A \mid B \cap \partial Y\right)$$

该数理模型称为马尔可夫随机场。在马尔可夫随机场中计算

$$\frac{p\left(A_x\right)}{p(A)}=\frac{e^{\beta V(A_x)}}{e^{\beta V(A)}}=e^{\beta(V(A_x)-V(A))}$$

时，只需在 $V\left(A_x\right)-V(A)$ 的值为 $A \cap \partial x$ 的状态下计算，从而可以简化在本节的前半部分所介绍的模拟。

根据吉布斯状态 p 的概率分布生成 X 上的图形，可参考图 9.11 所示网格中排列的有像素的图形。

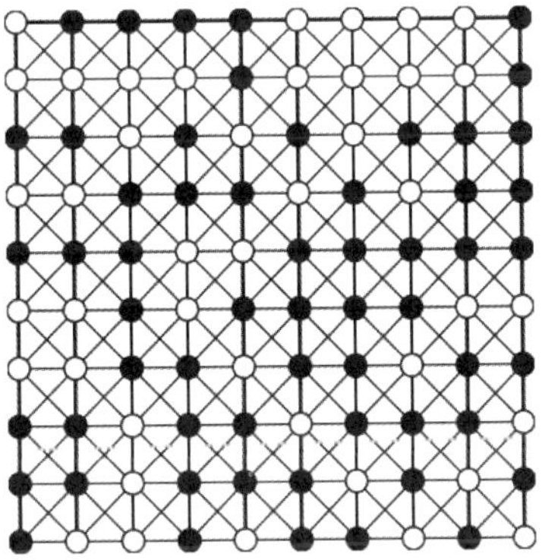

图 9.11　8 网格

在程序中，垂直像素和水平像素的数量 $N=100$，上下左右的像素彼此相邻（环状），因此外围不做特殊处理，所有像素都有 8 个像素相邻。如图 9.12 所示，有 10 种形状单体。

将它们分为由 1 个像素组成的独立个体，分别是像素排列在上下或左右的单体、像素斜排的独立个体、3 个像素组成的单体、4 个像素组成的单体，各组有相同的相互作用。

图 9.12　10 种形状的单体

程序：gibbs.py。

```
from numpy import random, exp, dot
from tkinter import Tk, Canvas
```

```


class Screen:
    def __init__(self, N, size=600):
        self.N = N
        self.unit = size // self.N
        tk = Tk()
        self.canvas = Canvas(tk, width=size, height=size)
        self.canvas.pack()
        self.pallet = ['white', 'black']
        self.matrix = [[self.pixel(i, j) for j in range(N)]
                       for i in range(N)]

    def pixel(self, i, j):
        rect = self.canvas.create_rectangle
        x0, x1 = i * self.unit, (i + 1) * self.unit
        y0, y1 = j * self.unit, (j + 1) * self.unit
        return rect(x0, y0, x1, y1)

    def update(self, X):
        config = self.canvas.itemconfigure
        for i in range(self.N):
            for j in range(self.N):
                c = self.pallet[X[i, j]]
                ij = self.matrix[i][j]
                config(ij, outline=c, fill=c)
        self.canvas.update()


def reverse(X, i, j):
    i0, i1 = i - 1, i + 1
    j0, j1 = j - 1, j + 1
    n, s, w, e = [X[i0, j], X[i1, j], X[i, j0], X[i, j1]]
    nw, ne, sw, se = [X[i0, j0], X[i0, j1], X[i1, j0], X[i1, j1]]

    a = X[i, j]
    b = 1 - 2 * a
    intr1 = b
    intr20 = b * sum([n, s, w, e])
    intr21 = b * sum([nw, ne, sw, se])
    intr3 = b * sum([n * ne, ne * e, e * n, e * se,
                     se * s, s * e, s * sw, sw * w,
```

```
45                               w * s, w * nw, nw * n, n * w])
46     intr4 = b * sum([n * ne * e, e * se * s,
47                               s * sw * w, w * nw * n])
48     return intr1, intr20, intr21, intr3, intr4
49
50
51 N = 100
52 beta = 1.0
53 I = [-4.0, 1.0, 1.0, 0.0, 0.0]
54 scrn = Screen(N)
55 X = random.randint(0, 2, (N, N))
56 while True:
57     for i in range(-1, N   1):
58         for j in range(-1, N - 1):
59             S = reverse(X, i, j)
60             p = exp(beta * dot(I, S))
61             if random.uniform(0.0, 1.0) < p / (1 + p):
62                 X[i, j] = 1 - X[i, j]
63     scrn.update(X)
```

第 2 行 为了将页面的变化实时显示在计算机窗口，使用了 Tkinter 工具。

第 5 ~ 29 行 定义了一个类 Screen，以便于将页面 X 映射到计算机屏幕上。绘制页面使用了 Tkinter 的 Canvas 类（第 10 行）。在 Canvas 中，绘制一个代表像素的小正方形（第 16 ~ 20 行中定义的方法 pixel），将其作为对象存储在 $N \times N$ 的二维列表中（第 13 行、第 14 行定义了类变量 matrix），定义了一个方法 update，用来改变存储在 matrix 上的像素颜色，并引用 X（第 22 ～ 29 行）。

第 32 ~ 48 行 定义了一个函数，以计算对于每种类型的像素 $X[i, j]$，当反转像素 $X[i, j]$ 时，影响单体的个数的增加或减少。$X[i, j]$ 的状态（黑是 1，白是 0）是 a，其邻域的状态以东西南北的变量名进行引用（图 9.13）。

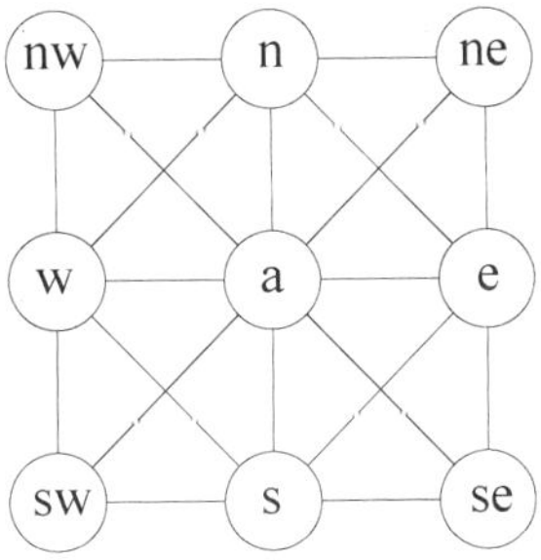

图 9.13　8 邻域

第 51 行 将页面的大小设为 $N \times N$。

第 52 行 定义温度参数 β（即程序中的 beta）。

第 53 行 定义相互作用 I。

第 54 行 生成 Screen 类的对象 scrn。

第 55 行 页面 X 初始状态的每个像素都是随机决定的。

第 56 行 ~ 第 63 行 主循环。计算是在数组 X 上进行的。为了环状扫描整个页面，i 和 j 都以 range(−1，N−1) 的方式变化。若用 range(N) 来改变，在引用屏幕边缘像素的邻域状态时，有时会导致指数错误，但这样效果更好。dot(I，S) 是由于像素 $X[i，j]$ 的反转而产生的势能的差 V。用于计算像素的反转概率的接收函数 $f(t)$ 在这里用了 $t/(1+t)$，即程序中的 $P/(1+P)$（第 61 行）。每次屏幕扫描后，都用 scrn.update(X) 在计算机屏幕中绘制图形。

β 和 I 分别为

beta = 1.0；I = [−4.0，1.0，1.0，0.0，0.0]

beta = 2.0；I = [0.0，1.0，−1.0，0.0，0.0]

beta = 4.0；I = [−2.0，2.0，0.0，−1.0，2.0]

beta = 1.5；I = [−2.0，−1.0，1.0，1.0，−2.0]

经过足够的时间，屏幕如图 9.14 所示。图像在状态转移概率的平衡状态附近发生变化，这些变化后的图形被认为是接近吉布斯状态所生成的图形。

图 9.14　平衡状态

9.6　幺半群和生成矩阵

连续工作的机械在正常工作状态和由于意外故障而维修的状态之间切换、在窗口排队等候的人数的变化，都可以说是一个具有连续时间和离散状态的概率系统的例子。假设有这样一个系统的理想化模型。

设 $\boldsymbol{G}$ 为 n 阶方阵，第 (i, j) 个元素用 $\boldsymbol{G}(i, j)$ 来表示。当 $i \neq j$ 时，$\boldsymbol{G}$ 满足 $\boldsymbol{G}(i, j) \geqslant 0$；而对于任意固定的 j，则将所有 $\boldsymbol{G}(i, j)$ 加起来的总和（即纵向加和）必须等于 0（因此，$\boldsymbol{G}(i, j) \leqslant 0$）。此时，如果定义

$$\boldsymbol{P}_t \underset{=\!=}{\text{def}} \mathrm{e}^{tG} \quad (t \geqslant 0)$$

则下述内容成立。

（1）$\boldsymbol{P}_t$ 是概率矩阵。

（2）$\boldsymbol{P}_{s+t} = \boldsymbol{P}_s \boldsymbol{P}_t$。

（3）$\boldsymbol{P}_t \to \boldsymbol{P}_0 = \boldsymbol{I} \quad (t \downarrow 0)$。

（4）$\dfrac{\boldsymbol{P}_t - \boldsymbol{I}}{t} \to \boldsymbol{G} \quad (t \downarrow 0)$。

下面分别介绍（1）、（2）。

在（1）中，$\boldsymbol{P}_t$ 表示概率矩阵，当 $\Delta t > 0$ 足够小时，可以写成

$$\boldsymbol{P}_{\Delta t} = \boldsymbol{I} + \boldsymbol{G} \cdot \Delta t + \boldsymbol{O}\left(\Delta t^2\right)$$

其中，$\left\|\boldsymbol{O}\left(\Delta t^2\right)\right\| = O\left(\Delta t^2\right)$ 与 $\|\boldsymbol{G} \cdot \Delta t\| = \|G\| \Delta t$ 相比，小到可以忽略不计[①]。$\boldsymbol{O}\left(\Delta t^2\right)$ 的任何成分也都是和 $\boldsymbol{G} \cdot \Delta t$ 的成分相比小到可以忽略不计的量[②]。因此，可以让 $\boldsymbol{G} \cdot \Delta t$ 的对角成分充分接近 0，$\boldsymbol{I} + \boldsymbol{G} \cdot \Delta t$ 对角成分为正。$\boldsymbol{I} + \boldsymbol{G} \cdot \Delta t$ 的非对角成分为非负的，所以 $\boldsymbol{P}_{\Delta t}$ 为非负矩阵。对于任意

① 准确地说应是高位无限小。

② $O(dt)$ 就是所谓的朗道符号。

$t>0$，如果 $k\in\mathbb{N}$ 足够大，$t=k\cdot\Delta t$，且 $\boldsymbol{P}_{\Delta t}$ 是非负矩阵，那么 $\boldsymbol{P}_t=\boldsymbol{P}_{\Delta t}^k$，所以 $\boldsymbol{P}_t$ 也是非负矩阵。对于 $(1,n)$ 型矩阵 $1=\begin{bmatrix}1 & 1 & \cdots & 1\end{bmatrix}$，由于 $1\boldsymbol{G}=0$，当 $k\geqslant 1$ 时，$1\boldsymbol{G}^k=0$，则

$$1\boldsymbol{P}_t=1\exp(t\boldsymbol{G})=\sum_{k=0}^{\infty}\frac{t^k}{k!}1\boldsymbol{G}^k=1\boldsymbol{I}+\sum_{k=1}^{\infty}\frac{t^k}{k!}1\boldsymbol{G}^k=1$$

所以表明了 $\boldsymbol{P}_t$ 是概率矩阵，即固定列的垂直方向的总和为 1。

根据（2）练习以下问题。

$\{\boldsymbol{P}_t\}_{t\geqslant 0}$ 称为幺半群，$\boldsymbol{G}$ 称为生成矩阵。设 $\boldsymbol{P}_t$ 的第 (i,j) 个成分为 $\boldsymbol{P}_t(i,j)$。设 1 径半群在状态集合 $\{0,1,\cdots,n-1\}$ 上随时间 t 的变化而随机移动，当处于状态 i 时，t 秒后状态变为 i 的概率为 $\boldsymbol{P}_t(i,j)$。对于微小时间 Δt，也可以用 $\boldsymbol{I}+\boldsymbol{G}\cdot\Delta t$ 近似地表示 $\boldsymbol{P}_{\Delta t}$，它代表的是状态转移概率在微小时间下的变化。同时，也可以将其视为极限状态下的稳态马尔可夫过程，其中 $\Delta t\to 0$。

对于 $i\neq j$ 的任意 i 和 j，如果存在 $i_1=i$，$i_k=i$ 的列 i_1，i_2，$\cdots$，i_k，当满足

$$\boldsymbol{G}(i_k,i_{k-1})\cdots\boldsymbol{G}(i_3,i_2)\boldsymbol{G}(i_2,i_1)>0$$

时，$\boldsymbol{G}$ 称为不可约矩阵。此时，对于足够小的 $\Delta t>0$，有

$$\boldsymbol{P}_{\frac{\Delta t}{k}}=\boldsymbol{I}+\boldsymbol{G}\cdot\frac{\Delta t}{k}+\boldsymbol{O}\left(\frac{\Delta t^2}{k^2}\right)$$

$i\neq j$ 时两边的 (i,j) 成分为

$$\boldsymbol{P}_{\frac{\Delta t}{k}}(i,j)=\boldsymbol{G}(i,j)\cdot\frac{\Delta t}{k}+O\left(\frac{\Delta t^2}{k^2}\right)$$

因此

$$\begin{aligned}\boldsymbol{P}_{\Delta t}(i,j)&\geqslant\boldsymbol{P}_{\frac{\Delta t}{k}}(i_k,i_{k-1})\cdots\boldsymbol{P}_{\frac{\Delta t}{k}}(i_3,i_2)\boldsymbol{P}_{\frac{\Delta t}{k}}(i_2,i_1)\\&=\boldsymbol{G}(i_k,i_{k-1})\cdots\boldsymbol{G}(i_3,i_2)\boldsymbol{G}(i_2,i_1)\cdot\frac{\Delta t}{k}+O\left(\frac{\Delta t^{k+1}}{k^{k+1}}\right)\end{aligned}$$

右边的第 2 项和第 1 项相比小到可以忽略不计，因此右边是正的，进而左边为正。因此，可得 $\boldsymbol{P}_{\Delta t}(i,j)>0$，即 $\boldsymbol{P}_{\Delta t}(i,i)\geqslant \boldsymbol{P}_{\Delta t/2}(i,j)\boldsymbol{P}_{\Delta t/2}(j,i)>0$。如果 $\boldsymbol{G}$ 是不可预测的，则可以得出 $\boldsymbol{P}_{\Delta t}>\boldsymbol{0}$，而不是足够的 $\Delta t>0$。对于任意 $t>0$，$k\in\mathbb{N}$ 如果足够大，会导出 $\boldsymbol{P}_t=\boldsymbol{P}_{\Delta t}^k>\boldsymbol{0}$。从弗罗贝尼乌斯－佩龙定理来看，$\boldsymbol{P}_t$ 的最大特征值为 1，可以把概率向量当作对应的特征向量。$\boldsymbol{G}$ 的最大特征值为 0，其他特征值均为负。$\boldsymbol{P}_t$ 的最大特征值 1 对应的特征向量是与 $\boldsymbol{G}$ 的最大特征值 0 对应的特征向量。因此，可以说状态转移概率 $\boldsymbol{P}_t$ 的唯一的稳态是与 $\boldsymbol{G}$ 的最大特征值 0 对应的特征向量，对于任何概率向量 $\boldsymbol{x}$，在经过足够的时间后，$\boldsymbol{P}_t\boldsymbol{x}$ 接近于稳态。

在 semigroup.py 程序中，设状态集合为 $\{0,1,2\}$，生成矩阵为

$$\boldsymbol{G}=\begin{bmatrix}-3 & 4 & 0\\ 1 & -4 & 5\\ 2 & 0 & -5\end{bmatrix}$$

的 1 径半群的模拟。将微小时间 Δt 后的状态转移概率 $\boldsymbol{P}_{\Delta t}\approx\boldsymbol{I}+\boldsymbol{G}\cdot\Delta t$ 用状态转移图来表示，如图 9.15 所示。

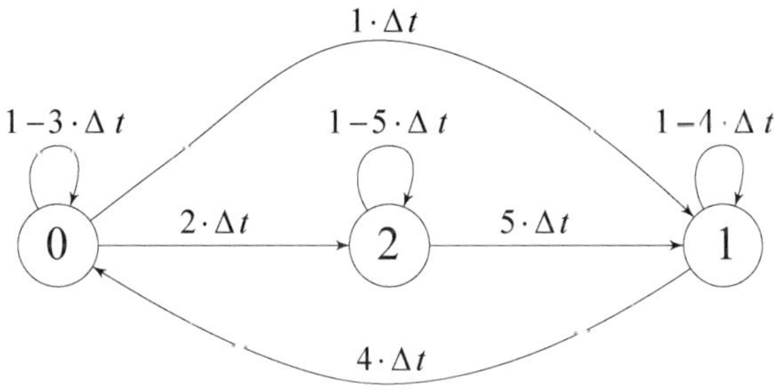

图 9.15　状态转移图

程序：semigroup.py。

```
from numpy import arange, array, eye, exp
from numpy.random import choice, seed
from numpy.linalg import eig
import matplotlib.pyplot as plt

seed(2020)
dt, tmax = 0.01, 1000
T = arange(0.0, tmax, dt)
```

```
9  G = array([[-3, 4, 0], [1, -4, 5], [2, 0, -5]])
10 v = eig(G)[1][:, 0]
11 print(v / sum(v))
12 dP = eye(3) + G * dt
13
14 X = [0]
15 S = [[dt], [], []]
16 for t in T:
17     x = X[-1]
18     y = choice(3, p=dP[:, x])
19     if x == y:
20         S[x][-1] += dt
21     else:
22         S[y].append(dt)
23     X.append(y)
24
25 plt.figure(figsize=(15, 5))
26 plt.plot(T[:2000], X[:2000])
27 plt.yticks(range(3))
28 fig, axs = plt.subplots(1, 3, figsize=(20, 5))
29 for x in range(3):
30         s, n = sum(S[x]), len(S[x])
31         print(s / tmax)
32         m = s / n
33         axs[x].hist(S[x], bins=10)
34         t = arange(0, 3, 0.01)
35         axs[x].plot(t, exp(-t / m) / m * s)
36         axs[x].set_xlim(0, 3), axs[x].set_ylim(0, 600)
37 plt.show()
```

第 7 行、第 8 行 dt 是 Δt。

第 9 行 定义了生成矩阵 $\boldsymbol{G}$。

第 10 行、第 11 行 正态化显示 $\boldsymbol{G}$ 的最大特征值（特征值为 0）的特征向量，以便显示成分的总和。

第 12 行 dP 是 $\boldsymbol{P}_{\Delta t}$ 的近似公式 $\boldsymbol{I}+\boldsymbol{G}\Delta t$ 。

第 14 行 是记录状态变化的列表，初始状态设为 0。

第 15 行 用来测量各状态下停留时间的计数器。

第 16 ~ 23 行 当前状态为 x 时，以 $P_{\Delta t}(y, x)$ 的概率产生 y，并且经过了微小时间 Δt。

第 25 ~ 27 行 该图显示了前 2000 步（20 s）的状态变化（图 9.16），称为 1 径半群的标本函数。

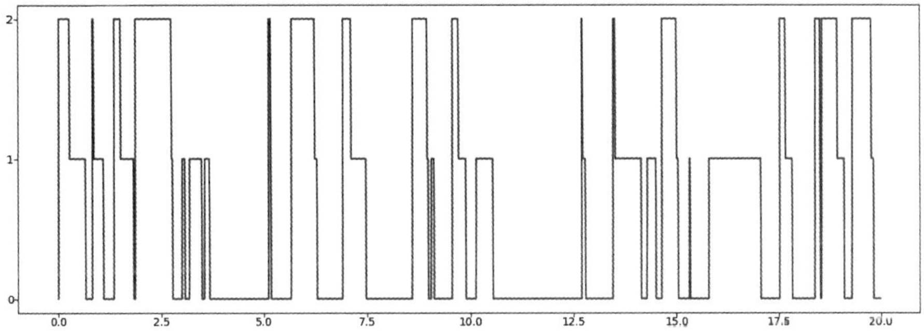

图 9.16　状态变化

第 28 ~ 36 行 对于每个状态，1 次的停留时间（标本函数的各水平部分的长度）的度数分布用直方图来表示（图 9.17）。该分布分别遵循名为指数分布的分布。另外，求各状态的总停留时间的比率。

运行结果：

```
1  [0 .46511628 -0 . j  0 .34883721 -0 . j  0 .18604651 -0 . j]
2  0 .4690599999999994
3  0 .3469999999999995
4  0 .18395000000000028
```

在以上运行结果中，第 1 行是生成矩阵 G 的特征值 0 对应的特征向量（实部用止，虚部用 0 的复数来表示）。这是 P_t 的平衡状态。第 2~4 行中的三个数是从上到下的状态 0、状态 1、状态 2 的总停留时间的比率，值接近于平衡状态。这取决于标本函数，所以有轻微差异。

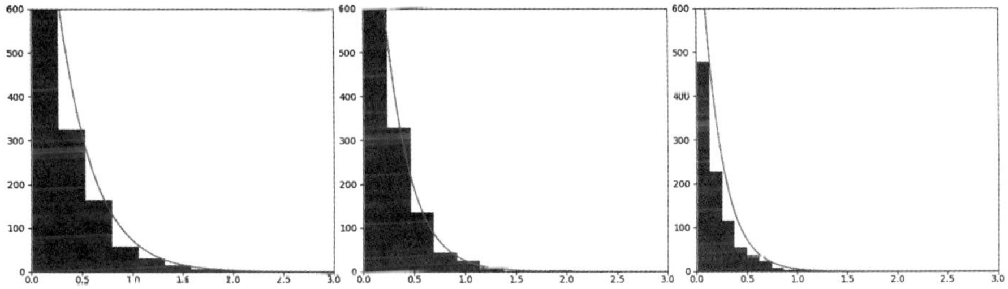

图 9.17　从左起分别为状态 0、状态 1、状态 2 对应的 1 次停留时间的分布

第 10 章　线性代数的应用与发展

本章作为前几章所学内容的总结，将重点讨论奇异值分解和广义逆矩阵及相关主题。这些理论可以看作是对非正交系统傅里叶分析的概括，也可以看作是对非正交矩阵的联立方程式理论。它们与特征值问题密切相关，但由于只出现埃尔米特矩阵（或实对称）的特征值和特征向量，所以在理论上和计算上反而都比较容易处理。

首先，将从解决联立方程式的角度考虑最小二乘法，并引入了广义逆矩阵和奇异值分解作为解决问题的一般方法。其次，还将介绍张量积的概念，即一个向量和一个向量的乘积是一个矩阵，傅里叶展开、矩阵对角化和奇异值分解都涉及张量分解的应用。它与量子力学中的观测量和状态的数学模型也有关联对。矢量值随机变量的张量分解已成为主成分分析和 KL 展开等数据分析和数据压缩的常用工具。根据受噪声等干扰或缺失的时间序列观测数据，通过线性变换推算或预测真值的行为称为线性回归，线性回归应用于各个领域，如天气预报、股票价格预测和机器人控制等。本章将学习如何在 Python 中创建程序来解决这些基于数学理论的问题。

➢ 10.1　联立方程式和最小二乘法

设 $\boldsymbol{A}$ 是一个 (m,n) 型矩阵，则以下情况成立。

（1）$\text{kernel}(\boldsymbol{A}) = \text{range}\left(\boldsymbol{A}^*\right)^{\perp}$。

（2）$\text{kernel}\left(\boldsymbol{A}\right)^{\perp} = \text{range}\left(\boldsymbol{A}^*\right)$。

（3）$\text{range}(\boldsymbol{A}) = \text{kernel}\left(\boldsymbol{A}^*\right)^{\perp}$。

（4）$\text{range}\left(\boldsymbol{A}\right)^{\perp} = \text{kernel}\left(\boldsymbol{A}^*\right)$。

情况（1）是由以下对 $\boldsymbol{x} \in \mathbb{K}^n$ 的等价变换表示的。

$$\boldsymbol{x} \in \text{kernel}(\boldsymbol{A}) \Leftrightarrow \boldsymbol{A}\boldsymbol{x} = \boldsymbol{0}$$

$$\Leftrightarrow \text{对于任意 } \boldsymbol{y} \in \mathbb{K}^m,\ \langle \boldsymbol{y} | \boldsymbol{A}\boldsymbol{x} \rangle = 0$$

$$\Leftrightarrow \text{对于任意}\, \boldsymbol{y} \in \mathbb{K}^m,\ \langle \boldsymbol{A}^* \boldsymbol{y} | \boldsymbol{x} \rangle = 0$$

$$\Leftrightarrow\ \boldsymbol{x} \in \operatorname{range}\left(\boldsymbol{A}^*\right)^{\perp}$$

情况（2）、情况（3）、情况（4）是由情况（1）得到的，利用对矩阵进行两次共轭转置和对子空间进行两次正交互补空间的操作可以分别复原。

从结果可以看出，$x \mapsto \boldsymbol{A}\boldsymbol{x}$ 是 $\operatorname{range}\left(\boldsymbol{A}^*\right)$ 和 $\operatorname{range}(\boldsymbol{A})$ 之间的线性同构映射。因此，$\operatorname{rank}(\boldsymbol{A}) = \operatorname{rank}\left(\boldsymbol{A}^*\right)$。

$\mathbb{K}^m$ 的向量

$$\boldsymbol{a}_1 = \begin{bmatrix} a_{11} \\ a_{21} \\ \vdots \\ a_{m1} \end{bmatrix},\quad \boldsymbol{a}_2 = \begin{bmatrix} a_{12} \\ a_{22} \\ \vdots \\ a_{m2} \end{bmatrix},\quad \cdots,\quad \boldsymbol{a}_n = \begin{bmatrix} a_{1n} \\ a_{2n} \\ \vdots \\ a_{mn} \end{bmatrix},\quad \boldsymbol{b} = \begin{bmatrix} b_1 \\ b_2 \\ \vdots \\ b_m \end{bmatrix}$$

给定时，以 $\{\boldsymbol{a}_1, \boldsymbol{a}_2, \cdots, \boldsymbol{a}_n\}$ 的线性组合来表达 $\boldsymbol{b}$ 的问题。这个问题的解决方案存在的必要充分条件是：$\boldsymbol{b}$ 是 $\{\boldsymbol{a}_1, \boldsymbol{a}_2, \cdots, \boldsymbol{a}_n\}$ 产生的子空间中的一个向量。另外，只要有解存在，其唯一的必要充分条件是 $\{\boldsymbol{a}_1, \boldsymbol{a}_2, \cdots, \boldsymbol{a}_n\}$ 是线性独立的。当不一定有解决方案时，目标是找到在某种意义上是 $\boldsymbol{b}$ 的最佳近似值 $x_1\boldsymbol{a}_1 + x_2\boldsymbol{a}_2 + \cdots + x_n\boldsymbol{a}_n$，或者当解决方案不一定唯一时，找到在某种意义上是标准的解决方案空间。如果 $\{\boldsymbol{a}_1, \boldsymbol{a}_2, \cdots, \boldsymbol{a}_n\}$ 是 $\mathbb{K}^m$ 的标准正交基（$m = n$），那么只是一个傅里叶展开。如果 $\{\boldsymbol{a}_1, \boldsymbol{a}_2, \cdots, \boldsymbol{a}_n\}$ 是 $\mathbb{K}^m$ 的正态正交系统（$m > n$），那么

$$\langle \boldsymbol{a}_1 | \boldsymbol{b} \rangle \boldsymbol{a}_1 + \langle \boldsymbol{a}_2 | \boldsymbol{b} \rangle \boldsymbol{a}_2 + \cdots + \langle \boldsymbol{a}_n | \boldsymbol{b} \rangle \boldsymbol{a}_n$$

是 $\{\boldsymbol{a}_1, \boldsymbol{a}_2, \cdots, \boldsymbol{a}_n\}$ 生成子空间上的 $\boldsymbol{b}$ 的正交投影。在一般情况下

$$A=\begin{bmatrix} a_{11} & a_{12} & \cdots & a_{1n} \\ a_{21} & a_{22} & \cdots & a_{2n} \\ \vdots & \vdots & & \vdots \\ a_{m1} & a_{m2} & \cdots & a_{mn} \end{bmatrix}, \quad x=\begin{bmatrix} x_1 \\ x_2 \\ \vdots \\ x_n \end{bmatrix}$$

问题是找到 $\boldsymbol{Ax}=\boldsymbol{b}$ 的解（如果不存在，则找到近似值）。该问题可以简化为以下的同值问题。

（1）找出 $\boldsymbol{x}\in\mathbb{K}^n$，使 $\|\boldsymbol{b}-\boldsymbol{Ax}\|$ 为最小。

（2）找出满足联立方程 $\boldsymbol{A}^*\boldsymbol{Ax}=\boldsymbol{A}^*\boldsymbol{b}$ 的 $\boldsymbol{x}\in\mathbb{K}^n$。

如果 $\boldsymbol{x}$ 被 $\mathbb{K}^n$ 移动，$\boldsymbol{Ax}$ 就会通过 $\text{range}(\boldsymbol{A})$ 移动。根据满足最短距离定理

$$\|\boldsymbol{b}-\boldsymbol{y}_0\|=\min_{y\in\text{range}(\boldsymbol{A})}\|\boldsymbol{b}-\boldsymbol{y}\|$$

存在唯一的 $\boldsymbol{y}_0\in\text{range}(\boldsymbol{A})$，使 $\boldsymbol{x}_0\in\mathbb{K}^n$ 满足 $\boldsymbol{y}_0=\boldsymbol{Ax}_0$。$\boldsymbol{x}_0$ 是问题（1）的解。由于子空间中的最短点是一个正交投影，所以 $\boldsymbol{b}-\boldsymbol{y}_0$ 正交于 $\text{range}(\boldsymbol{A})$。对于任意 $\boldsymbol{x}\in\mathbb{K}^n$，有

$$0=\langle\boldsymbol{b}-\boldsymbol{Ax}_0|\boldsymbol{Ax}\rangle=\langle\boldsymbol{A}^*(\boldsymbol{b}-\boldsymbol{Ax}_0)|\boldsymbol{x}\rangle$$

所以 $\boldsymbol{A}^*\boldsymbol{b}-\boldsymbol{A}^*\boldsymbol{Ax}_0=\boldsymbol{0}$，而 $\boldsymbol{x}_0$ 也是问题（2）的一个解。相反，问题（2）的解 $\boldsymbol{x}_0$ 也是问题（1）的解。

$\boldsymbol{y}_0=\boldsymbol{Ax}_0$ 的 $\boldsymbol{x}_0\in\mathbb{K}^n$ 不一定是唯一的。然而，如果 $\boldsymbol{x}_1\in\text{kernel}(\boldsymbol{A})$ 和 $\boldsymbol{x}_2\in\text{kernel}(\boldsymbol{A})^\perp$ 需要进行正交分解 $\boldsymbol{x}_0=\boldsymbol{x}_1+\boldsymbol{x}_2$，那么 $\boldsymbol{Ax}_0=\boldsymbol{Ax}_2$ 和 $\|\boldsymbol{x}_0\|\geqslant\|\boldsymbol{x}_2\|$ 成立。因此，$\text{kernel}(\boldsymbol{A})^\perp=\text{range}(\boldsymbol{A}^*)$ 中存在唯一解 $\boldsymbol{x}_2$，而解空间可以表示为 $\boldsymbol{x}_2+\text{kernel}(\boldsymbol{A})$，其中 $\boldsymbol{x}_2$ 是解空间中最小的范数。

假设没有一组定义在集合 X 上并在 $\mathbb{K}$ 中取值的函数集合 $\{\varphi_1,\varphi_2,\cdots,\varphi_n\}$，相对于 $f:X\to\mathbb{K}$ 能表示为

$$f(x)=a_1\varphi_1(x)+a_2\varphi_2(x)+\cdots+a_n\varphi_n(x) \tag{10.1}$$

第 10 章 线性代数的应用与发展

其中 $x_1, x_2, \cdots, x_m \in X$ 称为样本点，每个样本点 x_i 的 $f(x_i)$ 称为样本值。找到所有样本点上都满足（*）的解 $a_1, a_2, \cdots, a_n$。联立方程式的解为

$$\begin{bmatrix} \varphi_1(x_1) & \varphi_2(x_1) & \cdots & \varphi_n(x_1) \\ \varphi_1(x_2) & \varphi_2(x_2) & \cdots & \varphi_n(x_2) \\ \vdots & \vdots & & \vdots \\ \varphi_1(x_m) & \varphi_2(x_m) & \cdots & \varphi_n(x_m) \end{bmatrix} \begin{bmatrix} a_1 \\ a_2 \\ \vdots \\ a_n \end{bmatrix} = \begin{bmatrix} f(x_1) \\ f(x_2) \\ \vdots \\ f(x_m) \end{bmatrix} \quad (10.2)$$

与

$$\sum_{i=1}^{m} \left| f(x_i) - \sum_{j=1}^{n} a_j \varphi_j(x_j) \right|^2 = 0 \quad (10.3)$$

的解也是相同值。当然，在有些情况下，这些问题是无法解决的。在这种情况下，近似解是使式（10.3）的左边（平方误差）最小的解。找到这个近似的解称为最小二乘法。以下程序用 NumPy 解决最小二乘法的问题，NumPy 有一个解决最小二乘法的函数，下面来比较结果。

程序：lstsqr.py。

```
1  from numpy import array, linspace, sqrt, random, linalg
2  import matplotlib.pyplot as plt
3
4  n, m = 30, 1000
5  random.seed(2020)
6  x = linspace(0.0, 1.0, m)
7  w = random.normal(0.0, sqrt(1.0/m), m)
8  y = w.cumsum()
9  tA = array([x**j for j in range(n + 1)])
10 A = tA.T
11 S = linalg.solve(tA.dot(A), tA.dot(y))
12 L = linalg.lstsq(A, y, rcond=None)[0]
13
14 fig, axs = plt.subplots(1, 2, figsize=(15, 5))
15 for ax, B in zip(axs, [S, L]):
16     z = B.dot(tA)
17     ax.plot(x, y), ax.plot(x, z)
18 plt.show()
```

第 4 ~ 9 行 一维布朗运动的样本函数由 30 次的最小乘函数近似，使用将区间 [0，1] 划分为 1000 个相等部分的点作为样本点。

第 11 行 用联立方程 $\boldsymbol{A}^*\boldsymbol{A}\boldsymbol{x}=\boldsymbol{A}^*\boldsymbol{y}$ 解出 linalg.solve。

第 12 行 使用函数 linalg.lstsq 求解最小二乘法的近似值。当阶数变大时，幂运算容易出现信息遗漏等误差，考虑到这点后，当阶数较高时，函数 linalg.lstsq 给出的近似值略好一些（图 10.1）。为了获得更好的近似，应该使用正交多项式[①]。

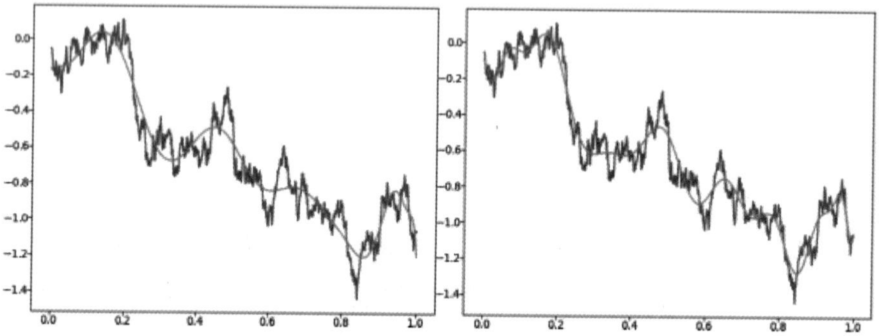

（a）linalg.lstsq　　（b）linalg.solve

图 10.1　用多项式进行最小二乘法近似

一个在二维平面内移动的点可以看作是一个函数 $f:[a\,,\,b]\to\mathbb{R}^2$。当对这个函数应用最小二乘法时，不是把它分成 x 分量和 y 分量的值函数，而是通过把 $\mathbb{R}^2$ 看作一个类似复数平面 $\mathbb{C}$ 的单一的复数值函数，即可进行最小二乘法近似。在本节中，将使用从第 1 章的程序 tablet.py 中获得的数据文件 tablet.txt[②] 来计算一个复杂平面的手写字符，以逼近 $f:[0\,,1]\to\mathbb{C}$。其中，$f(0)$ 是起点；$f(1)$ 是终点；函数 f 代表笔画顺序（图 10.2）。

下面尝试用不同的函数系和不同的函数个数 n 来找一个近似值。样本点是 [0，1] 的分界点，分为 N 个相等的部分。

---

① 单项式 x^n 随着 n 的增加成为接近 0 的函数$-1<x<1$，而切比雪夫多项式和勒让德多项式与三角函数一样，在±1的范围内适度振动。

② 这个文件的名称可以酌情更改。

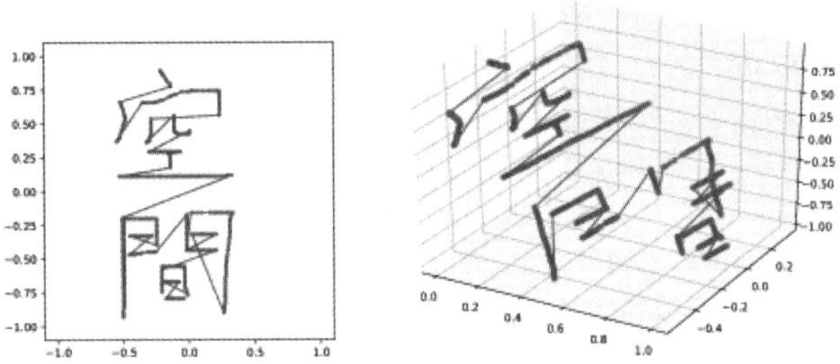

图 10.2　将在复数平面上移动的点看作在 ℂ 上取值的函数

程序：moji.py。

```
1  from numpy import array, linspace, identity, exp, pi, linalg
2  from numpy.polynomial.legendre import Legendre
3  import matplotlib.pyplot as plt
4  
5  with open('tablet.txt', 'r') as fd:
6      y = eval(fd.read())
7  m = len(y)
8  x = linspace(0.0, 1.0, m)
9  
10 
11 def phi1(n):
12     return array([(x >= x0).astype('int')
13                   for x0 in linspace(0, 1, n)]).T
14 
15 
16 def phi2(n):
17     return array([exp(2 * pi * k * 1j * x)
18                   for k in range(-n // 2, n // 2 + 1)]).T
19 
20 
21 def phi3(n):
22     return array([Legendre.basis(j, domain=[0, 1])(x)
23                   for j in range(n)]).T
24 
25 
26 fig, axs = plt.subplots(3, 5, figsize=(15, 8))
27 for i, f in enumerate([phi1, phi2, phi3]):
28     for j, n in enumerate([8, 16, 32, 64, 128]):
```

```
29          ax = axs[i, j]
30          c = linalg.lstsq(f(n), y, rcond = None)[0]
31          z = f(n).dot(c)
32          ax.scatter(z.real, z.imag, s=5), ax.plot(z.real, z.imag)
33          ax.axis('scaled'), ax.set_xlim(-1, 1), ax.set_ylim(-1, 1)
34          ax.tick_params(labelbottom=False, labelleft=False,
35                         color='white')
36  plt.show()
```

第 5 ~ 8 行 从 tablet.txt 文件中读取的复数序列被用作样本值，对应的样本点为 $(x_1, x_2, \cdots, x_m)$，其中 m 是复数序列中的项数，样本点在区间 [0, 1] 上等距分布。

第 11 ~ 23 行 使用了以下三个系列的函数。

- **二元函数：** $[0, 1]n$ 等分后的分点 $x_0 < x_1 < \cdots < x_{n-1} < x_n$ ($x_0 = 0$, $x_n = 1$)，设

$$1_{x_k}(x) = \begin{cases} 0 & x < x_k \\ 1 & x_k \leqslant x \end{cases}, \quad \{1_{x_0}, 1_{x_1}, \cdots, 1_{x_n}\}$$

- **傅里叶数列：** 设 $\mathrm{e}_k(x) = \exp(2\pi ikx)$，则有 $\{\mathrm{e}_{-n/2}, \cdots, \mathrm{e}_{-1}, \mathrm{e}_0, \mathrm{e}_1, \cdots, \mathrm{e}_{n/2}\}$。
- **多项式：** 设 $p_k(x)$ 为 k 次的勒让德多项式①，则有 $\{p_0, p_1, \cdots, p_n\}$。

设各个函数族 $\varphi_1, \varphi_2, \cdots, \varphi_n$ 为 $(m, n+1)$ 型矩阵，有

$$\begin{bmatrix} \varphi_0(x_1) & \varphi_1(x_1) & \cdots & \varphi_n(x_1) \\ \varphi_0(x_2) & \varphi_1(x_2) & \cdots & \varphi_n(x_2) \\ \vdots & \vdots & & \vdots \\ \varphi_0(x_m) & \varphi_1(x_m) & \cdots & \varphi_n(x_m) \end{bmatrix}$$

返回。

第 26 ~ 35 行 绘制出对于三种函数族，$n = 8$，16，32，64 和 128 时的最小二乘法近似函数图（图 10.3）。

① 它也可以利用正交性在傅里叶扩展中计算。该程序的方法没有使用正交性，而是使用了切比雪夫多项式，并不改变结果。

图 10.3　复值函数的最小二乘法近似（从上到下：二元函数、傅里叶数列、多项式）。

➢ 10.2　广义逆矩阵和奇异值分解

对于一个 (m, n) 型矩阵 $\boldsymbol{A}$，range$\left(\boldsymbol{A}^*\right)$ = kernel$(\boldsymbol{A})^{\perp}$ 和 range$(\boldsymbol{A})$ = kernel$\left(\boldsymbol{A}^*\right)^{\perp}$ 上的对曲面的正交投影分别是 $\boldsymbol{P}$ 和 $\boldsymbol{Q}$（图 10.4）。以下内容很容易证明。

（1）$\boldsymbol{A}=\boldsymbol{AP}=\boldsymbol{QA}$。

（2）$\boldsymbol{A}^*=\boldsymbol{A}^*\boldsymbol{Q}=\boldsymbol{PA}^*$。

矩阵 $\boldsymbol{A}$ 所代表的线性图被限制在 range$\left(\boldsymbol{A}^*\right)$ 内，则

$$\boldsymbol{f}(\boldsymbol{x}) \underset{=\!=}{\text{def}} \boldsymbol{Ax}\left(\boldsymbol{x}\in \text{range}\left(\boldsymbol{A}^*\right)\right)$$

是一个线性同构映射 $\boldsymbol{f}$：range$\left(\boldsymbol{A}^*\right)\to$ range$(\boldsymbol{A})$，并且也为

$$\boldsymbol{Ax}=\boldsymbol{f}(\boldsymbol{Px})\left(\boldsymbol{x}\in\mathbb{R}^n\right)$$

对于一个 $\boldsymbol{f}$ 的逆向映射，线性同构映射 $\boldsymbol{f}^{-1}$：range$(\boldsymbol{A})\to$ range$\left(\boldsymbol{A}^*\right)$，有

$$\boldsymbol{g}(\boldsymbol{y}) \underset{=\!=}{\text{def}} \boldsymbol{f}^{-1}(\boldsymbol{Qy})\left(\boldsymbol{y}\in\mathbb{R}^m\right)$$

其定义为这个线性映射的矩阵 $\boldsymbol{A}^{\dagger}$ 表示，称为摩尔·彭罗斯广义逆矩阵（Moore–penrose generalized inverse matrix）。该 (n, m) 型矩阵 $\boldsymbol{A}^{\dagger}$ 满足以下条件：

（3）$\boldsymbol{A}^{\dagger}=\boldsymbol{A}^{\dagger}\boldsymbol{Q}=\boldsymbol{P}\boldsymbol{A}^{\dagger}$。

（4）$\boldsymbol{A}^{\dagger}\boldsymbol{A}=\boldsymbol{P}$。

（5）$\boldsymbol{A}\boldsymbol{A}^{\dagger}=\boldsymbol{Q}$。

（6）$\boldsymbol{A}^{\dagger\dagger}=\boldsymbol{A}$。

（7）$\left(\boldsymbol{A}^{\dagger}\right)^{*}=\left(\boldsymbol{A}^{*}\right)^{\dagger}$。

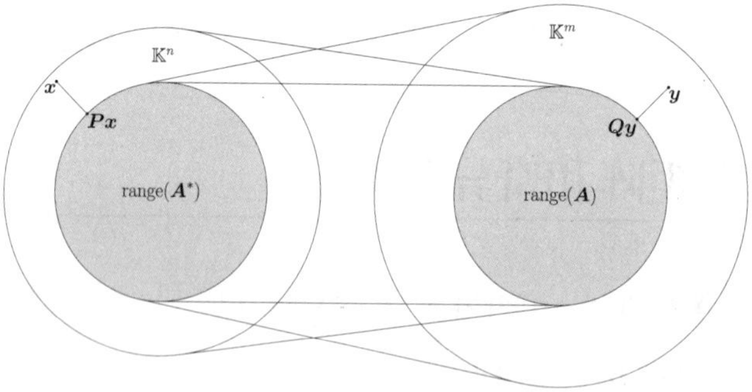

图 10.4　$\boldsymbol{P}$ 和 $\boldsymbol{Q}$ 之间的关系

由于 $\text{range}\left(\boldsymbol{A}^{\dagger}\right)=\text{range}\left(\boldsymbol{A}^{*}\right)$，所以 $\boldsymbol{P}\boldsymbol{A}^{\dagger}=\boldsymbol{A}^{\dagger}$。另外，由于

$$\boldsymbol{A}^{\dagger}\boldsymbol{Q}\boldsymbol{y}=\boldsymbol{f}^{-1}\left(\boldsymbol{Q}\boldsymbol{Q}\boldsymbol{y}\right)=\boldsymbol{f}^{-1}\left(\boldsymbol{Q}\boldsymbol{y}\right)=\boldsymbol{A}^{\dagger}\boldsymbol{y}$$

所以 $\boldsymbol{A}^{\dagger}\boldsymbol{Q}=\boldsymbol{A}^{\dagger}$。对于任意 $\boldsymbol{x}\in\mathbb{K}^{n}$，有

$$\boldsymbol{A}^{\dagger}\boldsymbol{A}\boldsymbol{x}=\boldsymbol{f}^{-1}\left(\boldsymbol{A}\boldsymbol{x}\right)=\boldsymbol{f}^{-1}\left(\boldsymbol{A}\boldsymbol{P}\boldsymbol{x}\right)=\boldsymbol{f}^{-1}\left(\boldsymbol{f}\left(\boldsymbol{P}\boldsymbol{x}\right)\right)=\boldsymbol{P}\boldsymbol{x}$$

所以 $\boldsymbol{A}^{\dagger}\boldsymbol{A}=\boldsymbol{P}$ 成立。对于任意 $\boldsymbol{y}\in\mathbb{Z}^{m}$，有

$$\boldsymbol{A}\boldsymbol{A}^{\dagger}\boldsymbol{y}=\boldsymbol{f}\left(\boldsymbol{f}^{-1}\left(\boldsymbol{Q}\boldsymbol{y}\right)\right)=\boldsymbol{Q}\boldsymbol{y}$$

所以 $\boldsymbol{A}\boldsymbol{A}^{\dagger}=\boldsymbol{Q}$。

反过来说，$\boldsymbol{A}^{\dagger}\boldsymbol{Q}=\boldsymbol{A}^{\dagger}$ 和 $\boldsymbol{A}^{\dagger}\boldsymbol{A}=\boldsymbol{P}$ 的条件被摩尔·彭罗斯广义逆矩阵 $\boldsymbol{A}^{\dagger}$ 所满足。

这也是一个唯一表征 $\boldsymbol{A}^{\dagger}$ 的条件，满足 $\boldsymbol{A}'\boldsymbol{Q}=\boldsymbol{A}'$ 和 $\boldsymbol{A}'\boldsymbol{A}=\boldsymbol{P}$。假设任意 $\boldsymbol{y}\in\mathbb{R}^{m}$，存在使

$\boldsymbol{Qy}=\boldsymbol{Ax}$ 的 $\boldsymbol{x}\in\operatorname{range}\left(\boldsymbol{A}^*\right)$。此时有

$$\boldsymbol{A}'\boldsymbol{y}=\boldsymbol{A}'\boldsymbol{Qy}=\boldsymbol{A}'\boldsymbol{Ax}=\boldsymbol{Px}=\boldsymbol{x}$$

如果用 $\boldsymbol{A}'$ 代替 $\boldsymbol{A}^\dagger$，该方程仍然有效，又称为 $\boldsymbol{A}^\dagger\boldsymbol{y}=\boldsymbol{x}$。所以有 $\boldsymbol{A}'\boldsymbol{y}=\boldsymbol{A}^\dagger\boldsymbol{y}$，并且 $\boldsymbol{y}\in\mathbb{K}^m$ 是任意的。因此，$\boldsymbol{A}'=\boldsymbol{A}^\dagger$。

条件（6）取决于 $\boldsymbol{AP}=\boldsymbol{A}$ 和 $\boldsymbol{AA}^\dagger=\boldsymbol{Q}$，以及广义逆矩阵的唯一性：如果取条件（5）两边的相关矩阵，有 $\left(\boldsymbol{A}^\dagger\right)^*\boldsymbol{A}^*=\boldsymbol{Q}$。另外，由于 $\boldsymbol{A}^*\boldsymbol{Q}=\boldsymbol{A}^*$ 广义逆矩阵的唯一性，结果为 7。

从某种意义上说，广义逆矩阵给出了 10.1 节介绍的最小二乘法问题的唯一解。

$$\boldsymbol{A}^*\boldsymbol{AA}^\dagger\boldsymbol{b}=\boldsymbol{A}^*\boldsymbol{Qb}=\boldsymbol{A}^*\boldsymbol{b}$$

所以 $\boldsymbol{x}=\boldsymbol{A}^\dagger\boldsymbol{b}$ 是联立方程 $\boldsymbol{A}^*\boldsymbol{Ax}=\boldsymbol{A}^*\boldsymbol{b}$ 的解。此外，$\boldsymbol{A}^\dagger\boldsymbol{b}$ 是 $\operatorname{range}\left(\boldsymbol{A}^*\right)$ 内的唯一解。联立方程 $\boldsymbol{A}^*\boldsymbol{Ax}=\boldsymbol{A}^*\boldsymbol{b}$ 的解空间可以表示为 $\boldsymbol{A}^\dagger\boldsymbol{b}+\operatorname{kernel}(\boldsymbol{A})$，其中 $\boldsymbol{A}^\dagger\boldsymbol{b}$ 是解空间中最小的范数。

由于 $\boldsymbol{A}^*\boldsymbol{A}$ 是一个非负定的埃尔米特矩阵，它的非零特征值可以用冗余度表示为 $\sigma_1^2, \sigma_2^2, \cdots, \sigma_k^2$（其中 σ_i 是正实数），使对应的特征向量 $\{\boldsymbol{v}_1, \boldsymbol{v}_2, \cdots, \boldsymbol{v}_k\}$ 成为 $\operatorname{range}\left(\boldsymbol{A}^*\right)=\operatorname{kernel}(\boldsymbol{A})^\perp$ 的标准正交基，即

$$\boldsymbol{w}_i \underline{\underline{\operatorname{def}}} \frac{\boldsymbol{Av}_i}{\sigma_i} \quad (i=1, 2, \cdots, k)$$

那么

$$\left\langle\boldsymbol{w}_i\middle|\boldsymbol{w}_i\right\rangle=\left\langle\frac{\boldsymbol{Av}_i}{\sigma_i}\middle|\frac{\boldsymbol{Av}_j}{\sigma_j}\right\rangle=\frac{\left\langle\boldsymbol{A}^*\boldsymbol{Av}_i\middle|\boldsymbol{v}_j\right\rangle}{\sigma_i\sigma_j}=\frac{\left\langle\sigma_i\boldsymbol{v}_i\middle|\boldsymbol{v}_j\right\rangle}{\sigma_i\sigma_j}=\frac{\sigma_i}{\sigma_j}\left\langle\boldsymbol{v}_i\middle|\boldsymbol{v}_j\right\rangle$$

所以，$\{\boldsymbol{w}_1, \boldsymbol{w}_2, \cdots, \boldsymbol{w}_k\}$ 是 $\operatorname{range}(\boldsymbol{A})=\operatorname{kernel}\left(\boldsymbol{A}^*\right)^\perp$ 的标准正交基。有

$$\boldsymbol{Av}_i=\sigma_i\boldsymbol{w}_i \quad (i=1, 2, \cdots, k)$$

所以线性映射 $\boldsymbol{f}$: $\text{range}\left(\boldsymbol{A}^*\right) \to \text{range}(\boldsymbol{A})$ 的矩阵表示 $\boldsymbol{f}: \boldsymbol{x} \to \boldsymbol{A}\boldsymbol{x}$，以及 $f^{-1}: \text{range}(\boldsymbol{A}) \to \text{range}\left(\boldsymbol{A}^*\right)$ 的矩阵表示，分别如下。

$$\begin{bmatrix} \sigma_1 & 0 & \cdots & 0 \\ 0 & \sigma_2 & \cdots & 0 \\ \vdots & \vdots & \ddots & \vdots \\ 0 & 0 & \cdots & \sigma_k \end{bmatrix}, \begin{bmatrix} 1/\sigma_1 & 0 & \cdots & 0 \\ 0 & 1/\sigma_2 & \cdots & 0 \\ \vdots & \vdots & \ddots & \vdots \\ 0 & 0 & \cdots & 1/\sigma_k \end{bmatrix}$$

让 (n, k) 型矩阵 $\boldsymbol{V}$ 和 (m, k) 型矩阵 $\boldsymbol{W}$ 成为

$$\boldsymbol{V} \underline{\underline{\text{def}}} \begin{bmatrix} \boldsymbol{v}_1 & \boldsymbol{v}_2 & \cdots & \boldsymbol{v}_k \end{bmatrix}, \quad \boldsymbol{W} \underline{\underline{\text{def}}} \begin{bmatrix} \boldsymbol{w}_1 & \boldsymbol{w}_2 & \cdots & \boldsymbol{w}_k \end{bmatrix}$$

设是 $\mathbb{K}^n$ 的一个标准基 $\{\boldsymbol{e}_1, \boldsymbol{e}_2, \cdots, \boldsymbol{e}_n\}$ 和 $\text{range}\left(\boldsymbol{A}^*\right)$ 的一个基 $\{\boldsymbol{v}_1, \boldsymbol{v}_2, \cdots, \boldsymbol{v}_k\}$ 正交投影 $\boldsymbol{P}$ 对 $\text{range}\left(\boldsymbol{A}^*\right)$ 的矩阵表示为

$$\boldsymbol{P}\boldsymbol{e}_i = \sum_{j=1}^{k} \left\langle \boldsymbol{v}_j \middle| \boldsymbol{e}_i \right\rangle \boldsymbol{v}_j = \sum_{j=1}^{k} \overline{v_{ij}} \boldsymbol{v}_j$$

更加接近 $\boldsymbol{V}^*$。$\text{range}(\boldsymbol{A})$ 的基 $\{\boldsymbol{w}_1, \boldsymbol{w}_2, \cdots, \boldsymbol{w}_k\}$ 和 $\mathbb{K}^m$ 的标准基 $\{\boldsymbol{f}_1, \boldsymbol{f}_2, \cdots, \boldsymbol{f}_m\}$ 的 $\mathbb{K}^m$ 是 $\text{range}(\boldsymbol{A})$ 到 $\mathbb{K}^m$ 的嵌入式映射的矩阵表示为

$$\boldsymbol{w}_j = \sum_{i=1}^{h} \left\langle \boldsymbol{f}_i \middle| \boldsymbol{w}_j \right\rangle \boldsymbol{f}_i = \sum_{i=1}^{k} w_{ij} \boldsymbol{f}_i$$

即 $\boldsymbol{W}$。从以上内容来看，下面左边的方程是真的。同样地，右边的方程也是真的。

$$\boldsymbol{A} = \boldsymbol{W} \begin{bmatrix} \sigma_1 & 0 & \cdots & 0 \\ 0 & \sigma_2 & \cdots & 0 \\ \vdots & \vdots & \ddots & \vdots \\ 0 & 0 & \cdots & \sigma_k \end{bmatrix} \boldsymbol{V}^*, \quad \boldsymbol{A}^\dagger = \boldsymbol{V} \begin{bmatrix} 1/\sigma_1 & 0 & \cdots & 0 \\ 0 & 1/\sigma_2 & \cdots & 0 \\ \vdots & \vdots & \ddots & \vdots \\ 0 & 0 & \cdots & 1/\sigma_k \end{bmatrix} \boldsymbol{W}^*$$

奇异值分解定理 设 $\boldsymbol{A}$ 是一个 (m, n) 型矩阵，让 $\boldsymbol{A}^*\boldsymbol{A}$ 的非零特征值的重叠度为

$$\sigma_1^2 \geqslant \sigma_2^2 \geqslant \cdots \geqslant \sigma_k^2 > 0$$（每个 σ_i 是一个正实数）。

那么在这种情况下，$\mathbb{K}^m$ 上的单位矩阵 $\boldsymbol{U}_1$，$\mathbb{K}^n$ 上的单位矩阵 $\boldsymbol{U}_2$，以及存在一个 (m, n) 型的矩阵 Σ，有

$$\boldsymbol{A} = \boldsymbol{U}_1 \Sigma \boldsymbol{U}_2, \quad \Sigma = \left[\begin{array}{ccc|cc} \sigma_1 & \cdots & 0 & \cdots & 0 \\ \vdots & \ddots & \vdots & & \vdots \\ 0 & \cdots & \sigma_k & \cdots & 0 \\ \hline \vdots & \cdots & \vdots & & \vdots \\ 0 & \cdots & 0 & \cdots & 0 \end{array}\right]$$

可以写成 σ_1， σ_2，…， σ_k，称为 $\boldsymbol{A}$ 的奇异值。

证明： $\{\boldsymbol{w}_{k+1}, \boldsymbol{w}_{k+2}, \cdots, \boldsymbol{w}_m\}$ 作为 $\mathrm{kernel}(\boldsymbol{A})$ 的基，$\{\boldsymbol{w}_1, \boldsymbol{w}_2, \cdots, \boldsymbol{w}_k\}$ 作为 $\mathbb{K}^m$ 的基，加上单位矩阵

$$\boldsymbol{U}_1 = \begin{bmatrix} \boldsymbol{w}_1 & \boldsymbol{w}_2 & \cdots & \boldsymbol{w}_k & \boldsymbol{w}_{k+1} & \cdots & \boldsymbol{w}_m \end{bmatrix}$$

是可能的。还有，$\{\boldsymbol{v}_1, \boldsymbol{v}_2, \cdots, \boldsymbol{v}_k\}$ 在内核 $\mathrm{kernel}(\boldsymbol{A}^*)$ 的基 $\{\boldsymbol{v}_{k+1}, \boldsymbol{v}_{k+2}, \cdots, \boldsymbol{v}_n\}$ 一起作为 $\mathbb{K}^n$ 的基，并让单位矩阵 $\boldsymbol{U}_2$ 为

$$\boldsymbol{U}_2^* = \begin{bmatrix} \boldsymbol{v}_1 & \boldsymbol{v}_2 & \cdots & \boldsymbol{v}_k & \boldsymbol{v}_{k+1} & \cdots & \boldsymbol{v}_m \end{bmatrix}$$

$\boldsymbol{A}^*$ 的奇异值分解为 $\boldsymbol{A}^* - \boldsymbol{U}_2^* \Sigma^* \boldsymbol{U}_1^*$，则

$$\boldsymbol{A}^* \boldsymbol{A} = \boldsymbol{U}_2^* \left(\Sigma^* \Sigma\right) \boldsymbol{U}_2, \quad \boldsymbol{A}\boldsymbol{A}^* = \boldsymbol{U}_1 \left(\Sigma \Sigma^*\right) \boldsymbol{U}_1^*$$

因此，$\boldsymbol{A}$ 的奇异值和 $\boldsymbol{A}^*$ 的奇异值是一致的。

(n, m) 型矩阵 $\Sigma^\dagger$ 是 (m, n) 型矩阵 Σ 的转置，其方法是将 Σ 中对角线排列的奇异值替换为它们的反值。因此，$\boldsymbol{A}^\dagger = \boldsymbol{U}_2^* \Sigma^\dagger \boldsymbol{U}_1^*$ 成立。

假设 $\boldsymbol{A}$ 是一个方阵，考虑 $\boldsymbol{A}$ 的奇异值分解

$$|\boldsymbol{A}| \underset{=\!=}{\text{def}} \boldsymbol{U}_2^*\Sigma\boldsymbol{U}_2$$

其中，$|\boldsymbol{A}|$是一个半正定矩阵；$|\boldsymbol{A}|=\left(\boldsymbol{A}^*\boldsymbol{A}\right)^{1/2}$。$\boldsymbol{V} \underset{=\!=}{\text{def}} \boldsymbol{U}_1\boldsymbol{U}_2$ 且以下情况成立。证明以下情况作为练习题。

（1）$\boldsymbol{A}=\boldsymbol{V}|\boldsymbol{A}|$，（2）$|\boldsymbol{A}|=\boldsymbol{V}^*\boldsymbol{A}$，（3）$|\boldsymbol{A}^*|=\boldsymbol{V}|\boldsymbol{A}|\boldsymbol{V}^*$，（4）$|\boldsymbol{A}^*|=\boldsymbol{V}^*|\boldsymbol{A}^*|$。

情况（1）是复数 $z=\mathrm{e}^{\mathrm{i}\theta}|z|$ 对矩阵的极坐标形式表示的一般化。

NumPy 提供了计算摩尔 · 彭罗斯广义逆矩阵和奇异值分解的函数。

```
1   >>> from numpy import array, diag, zeros
2   >>> from numpy.linalg import pinv, svd
3   >>> A = [[1, 2], [3, 4], [5, 6], [7, 8]]
4   >>> pinv(A)
5   array([[-1.00000000e+00, -5.00000000e-01, 1.60786705e-15,
6            5.00000000e-01],
7          [8.50000000e-01, 4.50000000e-01, 5.00000000e-02,
8            -3.50000000e-01]])
9   >>> U1, S, U2 = svd(A)
10  >>> Z = zeros((4, 2))
11  >>> Z[:2, :2] = diag(S)
12  >>> U1.dot(Z.dot(U2))
13  array([[1., 2.],
14         [3., 4.],
15         [5., 6.],
16         [7., 8.]])
```

第 1 行 diag 是一个函数，给定一个一维数组，返回一个代表对角线矩阵的数组，其元素是对角线成分。

第 2 行 摩尔 · 彭罗斯广义逆矩阵 pinv 和奇异值分解 svd 可以在 linalg 模块中找到。

第 3 行 创建一个（4，2）型矩阵 $\boldsymbol{A}$。

第 4 ~ 8 行 $\boldsymbol{A}^\dagger$ 的计算。

第 9 行 如果一个矩阵 $\boldsymbol{A}$ 的奇异值分解是 $\boldsymbol{U}_1\Sigma\boldsymbol{U}_2$，那么 svd(A) 是一个单位矩阵 $\boldsymbol{U}_1$，其特征是返回一个由三个数组组成的元组：对应于 Σ 的数组、Σ 的对角线成分的一维数组，以及对应于单位矩阵 $\boldsymbol{U}_2$ 的数组。

第 10 行、第 11 行 创建对应于 Σ 的矩阵，其奇异值在对角线上排开。

第 12 ~ 16 行 计算 $\boldsymbol{U}_1\Sigma\boldsymbol{U}_2$ 验证 $\boldsymbol{A}$。

➢ 10.3　张量乘积

设 V 和 W 是 $\mathbb{K}$ 上的线性空间，下面分析应如何在 V 和 W 的直积集合 $V\times W$ 上引入一个线性结构。

一种方法称为直和。矢量和由

$$(\boldsymbol{v}_1, \boldsymbol{w}_1)+(\boldsymbol{v}_2, \boldsymbol{w}_2)=(\boldsymbol{v}_1+\boldsymbol{v}_2, \boldsymbol{w}_1+\boldsymbol{w}_2)$$

定义，而标量倍是以

$$a(\boldsymbol{v}, \boldsymbol{w})=(a\boldsymbol{v}, a\boldsymbol{w})$$

定义。用 $\boldsymbol{v}\oplus\boldsymbol{w}$ 表示 $(\boldsymbol{v}, \boldsymbol{w})$，用 $V\oplus W$ 表示 $\boldsymbol{v}\oplus\boldsymbol{w}$ 全体。这称为 V 和 W 的直和。 $\mathbb{K}^m\oplus\mathbb{K}^n$ 是一个线性同构映射

$$(v_1, v_2, \cdots, v_m)\oplus(w_1, w_2, \cdots, w_n)\mapsto(v_1, v_2, \cdots, v_m, w_1, w_2, \cdots, w_n)$$

与 $\mathbb{K}^{m+n}$ 同型。

在 NumPy 中创建一个直和向量。

```
>>> [1, 2] + [3, 4, 5]
[1, 2, 3, 4, 5]
>>> from numpy import array, concatenate
>>> concatenate ([array ([1, 2]), array ([3, 4, 5])])
array ([1, 2, 3, 4, 5])
```

当向量用列表表示时，列表的总和是一个直和，由于数组的总和在 NumPy 中是一个向量的总和，所以用 concatenate 函数来创建一个直和向量。

在 SymPy 中创建一个直和向量。

```
>>> from sympy import Matrix
>>> Matrix ([1, 2]).col_join (Matrix ([3, 4, 5]))
Matrix ([
[1],
[2],
[3],
[4],
```

```
[5]])
>>>  Matrix ([[1 , 2]]) . row_join (Matrix ([[3 , 4 , 5]]))
Matrix ([[1 , 2 , 3 , 4 , 5]])
```

SymPy 对列向量使用 col_join 方法，对行向量使用 row_join 方法。

对于一个 m 阶方阵 $\boldsymbol{A}$ 和一个 n 阶方阵 $\boldsymbol{B}$，以

$$(\boldsymbol{A} \oplus \boldsymbol{B})(\boldsymbol{x} \oplus \boldsymbol{y}) \xlongequal{\text{def}} \boldsymbol{A}\boldsymbol{x} \oplus \boldsymbol{B}\boldsymbol{y}$$

来定义。$\boldsymbol{A} \oplus \boldsymbol{B}$ 的矩阵表示为 $m+n$ 阶的方阵形式$\begin{bmatrix} \boldsymbol{A} & \boldsymbol{O} \\ \boldsymbol{O} & \boldsymbol{B} \end{bmatrix}$，称为矩阵 $\boldsymbol{A}$ 和矩阵 $\boldsymbol{B}$ 的直和。

另一种做法是在 $V \times W$ 上引入一个线性结构，即向量之和是

$$(\boldsymbol{v}_1, \boldsymbol{w}) + (\boldsymbol{v}_2, \boldsymbol{w}) = (\boldsymbol{v}_1 + \boldsymbol{v}_2, \boldsymbol{w})$$
$$(\boldsymbol{v}, \boldsymbol{w}_1) + (\boldsymbol{v}, \boldsymbol{w}_2) = (\boldsymbol{v}, \boldsymbol{w}_1 + \boldsymbol{w}_2)$$

标量倍是

$$a(\boldsymbol{v}, \boldsymbol{w}) = (a\boldsymbol{v}, \boldsymbol{w}) = (\boldsymbol{v}, a\boldsymbol{w})$$

在这种情况下，$V \times W$ 中的一些元素通过 = 连接，尽管它们是不同的有序对①。在这里，有

$$\boldsymbol{v} \otimes \boldsymbol{w} \ \underline{\underline{\text{def}}} \ \left\{(\boldsymbol{v}', \boldsymbol{w}') \middle| (\boldsymbol{v}', \boldsymbol{w}') = (\boldsymbol{v}, \boldsymbol{w})\right\}$$

称为 $\boldsymbol{v}$ 和 $\boldsymbol{w}$ 的张量积。张量积的正式线性组合的表达式为

$$a_1(\boldsymbol{v}_1 \otimes \boldsymbol{w}_1) + a_2(\boldsymbol{v}_2 \otimes \boldsymbol{w}_2) + \cdots + a_n(\boldsymbol{v}_n \otimes \boldsymbol{w}_n)$$

的整个集合。在此

$$(\boldsymbol{v}_1 \otimes \boldsymbol{w}) + (\boldsymbol{v}_2 \otimes \boldsymbol{w}) = (\boldsymbol{v}_1 + \boldsymbol{v}_2) \otimes \boldsymbol{w}$$
$$(\boldsymbol{v} \otimes \boldsymbol{w}_1) + (\boldsymbol{v} \otimes \boldsymbol{w}_2) = \boldsymbol{v} \otimes (\boldsymbol{w}_1 + \boldsymbol{w}_2)$$

和

$$a(\boldsymbol{v} \otimes \boldsymbol{w}) = (a\boldsymbol{v}) \otimes \boldsymbol{w} = \boldsymbol{v} \otimes (a\boldsymbol{w})$$

---

① 准确地说，这个“=”表示等价关系。

是有效的，用 $V \otimes W$ 表示平等标识的空间 1，并且它称为 V 和 W 的张量积数字[①]空间。

$\{\boldsymbol{v}_1, \boldsymbol{v}_2, \cdots, \boldsymbol{v}_m\}$ 是 V 的基，$\{\boldsymbol{w}_1, \boldsymbol{w}_2, \cdots, \boldsymbol{w}_n\}$ 是 W 的基，那么没有两组形式为 $\boldsymbol{v}_i \otimes \boldsymbol{w}_j$ 的全向量是相互相等的，并且是 $V \otimes W$ 的基。

$$\boldsymbol{x} = x_1\boldsymbol{v}_1 + x_2\boldsymbol{v}_2 + \cdots + x_m\boldsymbol{v}_m, \quad \boldsymbol{y} = y_1\boldsymbol{w}_1 + y_2\boldsymbol{w}_2 + \cdots + y_n\boldsymbol{w}_n$$

如果假设

$$\boldsymbol{x} \otimes \boldsymbol{y} = \sum_{i, j} x_i y_j \left(\boldsymbol{v}_i \otimes \boldsymbol{w}_j\right)$$

而 $V \otimes W$ 的任何向量都可以用 $\sum_{i, j} a_{ij}\left(\boldsymbol{v}_i \otimes \boldsymbol{w}_j\right)$ 的形式表示。$V \otimes W$ 是一个线性同态映射，有

$$\sum_{i, j} a_{ij}\left(\boldsymbol{v}_i \otimes \boldsymbol{w}_j\right) \mapsto \begin{bmatrix} a_{11} & a_{12} & \cdots & a_{1n} \\ a_{21} & a_{22} & \cdots & a_{2n} \\ \vdots & \vdots & & \vdots \\ a_{m1} & a_{m2} & \cdots & a_{mn} \end{bmatrix}$$

与整个 (m, n) 型矩阵［用 $M_{\mathbb{K}}(m, n)$ 表示］创建的线性空间同构。特别是，对于 $\mathbb{K}^m \otimes \mathbb{K}^n$，$\boldsymbol{x} \in \mathbb{K}^m$ 和 $\boldsymbol{y} \in \mathbb{K}^n$ 的张量积是 $\boldsymbol{x}$ 和 $\boldsymbol{y}$ 的转置矩阵的矩阵积，其中 $\boldsymbol{x}$ 和 $\boldsymbol{y}$ 分别是 $(m, 1)$ 和 $(n, 1)$ 型矩阵，$\boldsymbol{x}$ 和 $\boldsymbol{y}$ 的转置矩阵的积为

$$\boldsymbol{x} \otimes \boldsymbol{y} \mapsto \boldsymbol{x}\boldsymbol{y}^{\mathrm{T}} = \begin{bmatrix} x_1 \\ x_2 \\ \vdots \\ x_m \end{bmatrix} \begin{bmatrix} y_1 & y_2 & \cdots & y_n \end{bmatrix} = \begin{bmatrix} x_1y_1 & x_1y_2 & \cdots & x_1y_n \\ x_2y_1 & x_2y_2 & \cdots & x_2y_n \\ \vdots & \vdots & & \vdots \\ x_my_1 & x_my_2 & \cdots & x_my_n \end{bmatrix}$$

这种对应关系可以扩展为从 $\mathbb{K}^m \otimes \mathbb{K}^n$ 到 $M_{\mathbb{K}}(m, n)$ 的线性同构，其中 $M_{\mathbb{K}}(m, n)$ 与 $\mathbb{K}^{mn}$ 同构，因此 $\mathbb{K}^m \otimes \mathbb{K}^n$ 与 $\mathbb{K}^{mn}$ 是同构的。

下面用 NumPy 做张量积。

```
>>> x = [1, 2]
>>> y = [3, 4, 5]
>>> [[a * b for b in y] for a in x]
[[3, 4, 5], [6, 8, 10]]
```

① 张量积也称为外积。

```
>>> from numpy import array, outer, tensordot
>>> outer (x, y)
array ([[3, 4, 5],
        [6, 8, 10]])
>>> tensordot (x, y, axes=0)
array ([[3, 4, 5],
        [6, 8, 10]])
```

也可以通过创建列表来理解，可以使用 outer 函数和 tensordot 函数。

在 SymPy 中，可以表示为一个 $\boldsymbol{x}\boldsymbol{y}^{\mathrm{T}}$ 表达式。

```
>>> from sympy import Matrix
>>> x = Matrix ([1, 2])
>>> y = Matrix ([3, 4, 5])
>>> x * y.T
Matrix ([
[3, 4, 5],
[6, 8, 10]])
```

对于一个 m 阶方阵 $\boldsymbol{A}$ 和一个 n 阶方阵 $\boldsymbol{B}$ 来说

$$(\boldsymbol{A}\otimes\boldsymbol{B})(\boldsymbol{x}\otimes\boldsymbol{y})=\boldsymbol{A}\boldsymbol{x}\otimes\boldsymbol{B}\boldsymbol{y}=\boldsymbol{A}\boldsymbol{x}\boldsymbol{y}^{\mathrm{T}}\boldsymbol{B}^{\mathrm{T}}$$

并且线性成立，$\boldsymbol{A}\otimes\boldsymbol{B}$ 的矩阵是一个 mn 阶的方阵，有

$$\begin{bmatrix} a_{11}\boldsymbol{B} & a_{12}\boldsymbol{B} & \cdots & a_{1m}\boldsymbol{B} \\ a_{21}\boldsymbol{B} & a_{22}\boldsymbol{B} & \cdots & a_{2m}\boldsymbol{B} \\ \vdots & \vdots & \ddots & \vdots \\ a_{m1}\boldsymbol{B} & a_{m2}\boldsymbol{B} & \cdots & a_{mn}\boldsymbol{B} \end{bmatrix}$$

的形式①，称为矩阵 $\boldsymbol{A}$ 和矩阵 $\boldsymbol{B}$ 的克罗内克积（Kronecker Product）。

如果 U、V、W 的基数分别为 $\{u_i\}$、$\{v_j\}$、$\{u_k\}$，三个线性空间的张量积 $U\otimes V\otimes W$ 为

$$\left(\sum_i x_i\boldsymbol{u}_i\right)\otimes\left(\sum_j y_j\boldsymbol{v}_j\right)\otimes\left(\sum_k z_k\boldsymbol{w}_k\right)=\sum_{i,j,k} x_i y_j z_k\left(\boldsymbol{u}_i\otimes\boldsymbol{v}_j\otimes\boldsymbol{w}_k\right)$$

① $M_{\mathbb{K}}(m, n)$的$\mathbb{K}^{mn}$。然而，当把矩阵的元素排列成一列时，要从顶部取每一行，并把它们横向排列。

可以用 $U\otimes V\otimes W$ 表示整个形式的向量

$$\sum_{i,j,k} a_{ijk}\left(\boldsymbol{u}_i\otimes\boldsymbol{v}_j\otimes\boldsymbol{w}_k\right)$$

该空间也用 $(U\otimes V)\otimes W$ 和 $U\otimes(V\otimes W)$ 表示。$V\otimes W$ 是一个张量积空间，它的向量是二维数组 $[\![a_{ij}]\!]_{i=1;\ j=1}^{\dim(V);\ \dim(W);}$。$U\otimes V\otimes W$ 是一个张量积空间，它的向量是三维数组 $[\![a_{ijk}]\!]_{i=1;\ j=1;\ k=1}^{\dim(U);\ \dim(V);\ \dim(W)}$。同样，$n$ 阶张量积空间的向量可以用 n 维数组表示。

作为张量积的一个特例，对于 $\boldsymbol{x}\in\mathbb{K}^n$ 和 $\boldsymbol{y}\in\mathbb{K}^m$，由一个 $(m,1)$ 型矩阵和一个 $(n,1)$ 型共轭转置的矩阵积定义，如

$$\boldsymbol{x}\otimes\overline{\boldsymbol{y}}\ \underline{\underline{\mathrm{def}}}\ \boldsymbol{x}\boldsymbol{y}^*=\begin{bmatrix}x_1\\x_2\\\vdots\\x_m\end{bmatrix}\begin{bmatrix}\overline{y_1} & \overline{y_2} & \cdots & \overline{y_n}\end{bmatrix}=\begin{bmatrix}x_1\overline{y_1} & x_1\overline{y_2} & \cdots & x_1\overline{y_n}\\x_2\overline{y_1} & x_2\overline{y_2} & \cdots & x_2\overline{y_n}\\\vdots & \vdots & & \vdots\\x_m\overline{y_1} & x_m\overline{y_2} & \cdots & x_m\overline{y_n}\end{bmatrix}$$

称为 $\boldsymbol{x}$ 和 $\boldsymbol{y}$ 的 Schatten 积。在这种情况下，对于任意 $\boldsymbol{v}\in\mathbb{K}^n$，有

$$\left(\boldsymbol{x}\otimes\overline{\boldsymbol{y}}\right)\boldsymbol{v}=\boldsymbol{x}\boldsymbol{y}^*\boldsymbol{v}=\left\langle\boldsymbol{y}\middle|\boldsymbol{v}\right\rangle\boldsymbol{x}$$

是真的。因此，Schatten 范数是一个等级为 1 的矩阵。特别是，如果 $\boldsymbol{e}\in\mathbb{K}^n$ 且 $\|\boldsymbol{e}\|=1$，那么 $\boldsymbol{e}\otimes\overline{\boldsymbol{e}}$ 是对 $\boldsymbol{e}\in\mathbb{K}^n$ 生成的子空间的正交投影。在这种情况下，正规矩阵是

$$\boldsymbol{A}=\sum_{i=1}^{n}\lambda_i\left(\boldsymbol{e}_i\otimes\overline{\boldsymbol{e}_i}\right)$$

并被分解。其中 $\{\boldsymbol{e}_1,\boldsymbol{e}_2,\cdots,\boldsymbol{e}_n\}$ 是 V 的标准正交基，由 $\boldsymbol{A}$ 的特征向量组成。这种分解称为 $\boldsymbol{A}$ 的光谱分解。正规矩阵的光谱分解只不过是正规矩阵的对角线化。

一个 (m,n) 型矩阵 $\boldsymbol{A}$ 的奇异值分解同样可以通过 $\mathrm{range}(\boldsymbol{A})$ 的标准正交基 $\{\boldsymbol{w}_i\}$ 和 $\mathrm{range}\left(\boldsymbol{A}^*\right)$ 的标准正交基 $\{\boldsymbol{v}_i\}$ 的 Schatten 积来表示

$$A = \sum_{i=1}^{k} \sigma_i \left(w_i \otimes \overline{v_i} \right)$$

其中 k 是 A 的阶数。用内积来表示，与 $x \in V$ 相反的

$$Ax = \sum_{i=1}^{k} \sigma_i \langle v_i | x \rangle w_i$$

同值。

在量子力学中，行向量和列向量之间的共轭转置关系表示为

$$\langle i | = \begin{bmatrix} \overline{x_1} & \overline{x_2} & \cdots & \overline{x_n} \end{bmatrix}, \quad | i \rangle = \begin{bmatrix} x_1 \\ x_2 \\ \vdots \\ x_n \end{bmatrix}$$

并分别用 Bra 向量和 Ket 向量表示；$\mathbb{C}^n$ 的标准正交基 $\{|1\rangle, |2\rangle, \cdots, |n\rangle\}$ 称为纯状态，与 λ_1，λ_2，…，$\lambda_n \in \mathbb{R}$ 相对的埃尔米特矩阵①

$$A = \sum_{i=1}^{n} \lambda_i |i\rangle\langle i|$$

称为可观测的。在这种情况下，当观察到 A 和 λ_i 时，将系统的状态解释为处于 $|i\rangle$。范数为 1 的一个向量 $|\mu\rangle \in \mathbb{C}^n$ 为

$$|\mu\rangle = \mu_1 |1\rangle + \mu_2 |2\rangle + \cdots + \mu_n |n\rangle$$

而傅里叶展开满足 $\sum_{j=1}^{n} |\mu_j|^2 = 1$。其中 $|\mu\rangle$ 为纯状态叠加后的一个混合状态，μ_1，μ_2，…，$\mu_n \in \mathbb{C}$ 称为概率振幅。当系统处于叠加状态时，把对 A 的观测解释为对 λ_i 的观测，概率为 $|\mu_i|^2$，期望值以

① 它本质上与 Schatten 积对频谱分解的表示相同，但有 Bra 向量和 Ket 向量表示法有时对计算很有用。

$$\langle\mu|\boldsymbol{A}|\mu\rangle=\sum_{i=1}^{n}\lambda_i\langle\mu||i\rangle\langle i||\mu\rangle=\sum_{i=1}^{n}\lambda_i|\mu_i|^2$$

方式计算。

$\{|1\rangle,|2\rangle,\cdots,|n\rangle\}$ 作为 $\mathbb{C}^n$ 的标准基础。另一个是以

$$u_{ij}=\frac{1}{\sqrt{n}}\mathrm{e}^{2\pi\sqrt{-1}(i-1)(j-1)/n}\quad(i\text{ , }j=1\text{ , }2\text{ , }\cdots\text{ , }n)$$

作为基础，从

$$|1'\rangle=\begin{bmatrix}u_{11}\\u_{21}\\\vdots\\u_{n1}\end{bmatrix},|2'\rangle=\begin{bmatrix}u_{12}\\u_{22}\\\vdots\\u_{n2}\end{bmatrix},\cdots,|n'\rangle=\begin{bmatrix}u_{1n}\\u_{2n}\\\vdots\\u_{nn}\end{bmatrix}$$

组成的标准正交基 $\{|1'\rangle,|2'\rangle,\cdots,|n'\rangle\}$ 和单位矩阵

$$\boldsymbol{U}=\begin{bmatrix}u_{11}&u_{12}&\cdots&u_{1n}\\u_{21}&u_{22}&\cdots&u_{2n}\\\vdots&\vdots&\ddots&\vdots\\u_{n1}&u_{n2}&\cdots&u_{nn}\end{bmatrix}\text{①}$$

以

$$\boldsymbol{B}\ \underline{\underline{\mathrm{def}}}\ \boldsymbol{UAU}^*=\sum_{i=1}^{n}\lambda_i|i'\rangle\langle i'|$$

一个新的观测点 $\boldsymbol{B}$ 可以被定义。假设观察一个可观察的 $\boldsymbol{A}$，并得到一个可观察的 λ_i。系统的状态是 $|i\rangle$。如果现在观测观测点 $\boldsymbol{B}$，会得到

$$|i\rangle=\sum_{j-1}^{n}\langle j'||i\rangle|j'\rangle=\sum_{j=1}^{n}\overline{u_{ij'}}|j'\text{②}$$

根据任何纯状态 $|j'\rangle$ 都能以相等的概率 $\left|\overline{u_{ij'}}\right|^2=1/n$ 得到，所以期望值为

---

① 对于 $\boldsymbol{x}\in\mathbb{C}^n$，$\boldsymbol{Ux}$ 是 $\boldsymbol{x}$ 的离散傅里叶变换。

② 第 1 个特征是在标准正交基 $\{|j'\rangle\}$ 中的傅里叶展开。

$$\langle i|\boldsymbol{B}|i\rangle=\sum_{j=1}^{n}\lambda_j\left|\overline{u_{ij'}}\right|^2=\frac{1}{n}\sum_{j=1}^{n}\lambda_j$$

这表示即使试图通过观察确定哪种状态 $|i\rangle$ 已经发生，同时知道哪种状态 $|j'\rangle$ 正在发生，但是无论怎样观测都完全是模糊的，所以称为不确定性原理。

➤ 10.4 向量值随机变量的张量表示法

可以在几何概率论的框架内对概率论进行数学上的严格表述。在这里不进行此操作，将把解释限制在一个有限的概率空间内。在几何概率论中，在随机变量和期望值的计算中，总和 Σ 被积分[①] ∫ 所取代，极限运算成为必要，但代数性质几乎没有改变。

一个有限概率空间是指一个有限集合 Ω 和满足 $\sum_{\omega\in\Omega}p(\omega)=1$ 的 $p:\Omega\to[0,1]$ 的一对 (Ω, p)。在这种情况下，Ω 的一个子集称为一个事件，而整个事件集 2^{Ω} 称为一个事件系。与事件 A 相对，用

$$P(A)\ \underline{\underline{\mathrm{def}}}\ \sum_{\omega\in A}p(\omega)$$

定义，就是 A 发生的概率。那么，$X:\Omega\to\mathbb{R}$ 称为 (Ω, p) 上的随机变量，$\omega\in\Omega$ 的 $X(\omega)$ 称为 ω 发生时 X 的实现值。对于一个随机变量 X，有

$$E(X)\ \underline{\underline{\mathrm{def}}}\ \sum_{\omega\in\Omega}X(\omega)p(\omega)$$

称为随机变量 X 的期望值。用 $L(\Omega, p)$ 表示 (Ω, p) 上的整个随机变量集。$aX+bY:\omega\mapsto aX(\omega)+bY(\omega)$，会在 $L(\Omega, p)$ 上得到一个线性结构。$E:L(\Omega, p)\to\mathbb{R}$ 是一个线性映射。对于 X，$Y\in L(\Omega, p)$，可以通过 $XY:\omega\mapsto X(\omega)Y(\omega)$ 定义一个随机变量的乘积，如

$$\langle X|Y\rangle\ \underline{\underline{\mathrm{def}}}\ E(XY)\quad (X, Y\in L(\Omega, p))$$

在 $L(\Omega, p)$ 上定义了一个内积。从内积来看，则

① 勒贝格积分。

$$\|X\| = \sqrt{\langle X | X \rangle} = \sqrt{E\left(X^2\right)}$$

该范数可通过以下方式定义。

对于一个线性空间 V，$\boldsymbol{X}: \Omega \to V$ 称为向量值随机变量。对于向量值随机变量，可以通过

$$E(\boldsymbol{X}) \underline{\underline{\mathrm{def}}} \sum_{\omega \in \Omega} \boldsymbol{X}(\omega) p(\omega)$$

定义期望值。

下面分析掷两个骰子的实验：$\Omega = \{1, \cdots, 6\} \times \{1, \cdots, 6\}$ ①，假设有

$$p\left(\left(\omega_1, \omega_2\right)\right) = \frac{1}{36} \quad \left(\left(\omega_1, \omega_2\right) \in \Omega\right)$$

此时

$$\boldsymbol{X}\left(\left(\omega_1, \omega_2\right)\right) = \begin{bmatrix} \omega_1 + \omega_2 \\ \omega_1 - \omega_2 \end{bmatrix} \quad \left(\left(\omega_1, \omega_2\right) \in \Omega\right)$$

是在 $\mathbb{R}^2$ 中取值的向量值随机变量之一。它代表骰子掷出的总和以及差。下面用 Python 将这个随机模型与数学符号进行匹配表示。

程序：probab1.py。

```
from numpy import array
from numpy . random import randint

N = [1, 2, 3, 4, 5, 6]
Omega = [(w1, w2) for w1 in N for w2 in N]


def omega (): return Omega [randint (len (Omega))]


```

① 没有必要是等概率。

```
def P(w): return 1 / len(Omega)

def X(w): return array([w[0] + w[1], w[0] - w[1]])

def E(X): return sum([X(w) * P(w) for w in Omega])

for n in range(5):
    w = omega()
    print(X(w), end=' ')
print()
print(E(X))
```

运行结果：

```
[9 -1] [2 0] [8 -2] [9 -3] [7 5]
[7.00000000e+00 -8.32667268e-17]
```

期望值的计算方法是

$$E(\boldsymbol{X})=\frac{1}{36}\begin{bmatrix}21\times 6+6\times 21\\ 21\times 6-6\times 21\end{bmatrix}=\begin{bmatrix}7\\ 0\end{bmatrix}$$

如果考虑更多的概率问题，如掷更多的骰子，或者一次又一次地投掷，那么 Ω 会变成一个更大的集合。

计算机生成的随机数也是随机变量，假设在这种情况下，概率空间 Ω 被认为是与计算机内存数量一样大。因为不知道哪个 $\omega\in\Omega$ 实际上已经发生，甚至不知道随机变量 X 是如何定义的，只知道是随机数 $X(\omega)$ 的实现值，以及它具有什么样的概率属性。

用 $L(\Omega, p; V)$ 表示 (Ω, p) 上在 V 中取值的整个向量值随机变量集。如果认为 $X\boldsymbol{v}:\omega\mapsto X(\omega)\boldsymbol{v}$ 为 $X\in L(\Omega, p)$ 和 $\boldsymbol{v}\in V$，那么 $X\boldsymbol{v}\in L(\Omega, p; V)$。$X$ 和 $\boldsymbol{v}$ 的张量积 $X\otimes\boldsymbol{v}$ 和 $X\boldsymbol{v}$ 彼此一一对应[①]，这种对应关系产生了张量积空间 $L(\Omega, p)\otimes V$ 和 $L(\Omega, p; V)$ 作为线性空

① 作为平等关系被保留为张量乘积。

间是同构的。

对于概率空间(Ω_1, p_1)和(Ω_2, p_2)，有根据

$$p_{12}((\omega_1, \omega_2)) \underline{\underline{\text{def}}} \ p_1(\omega_1)p_2(\omega_2) \quad ((\omega_1, \omega_2) \in \Omega_1 \times \Omega_2)$$

的概率空间$(\Omega_1 \times \Omega_2, p_{12})$。对于$X \in L(\Omega_1 \times \Omega_2, p_{12})$，固定任意$\omega_1 \in \Omega$，认为

$$X_1(\omega_1): \omega_2 \to X((\omega_1, \omega_2))$$

时，$X_1(\omega_1) \in L(\Omega_2, p_2)$，其中$X_1$可以看作是一个在向量空间$L(\Omega_2, p_2)$中取值的向量值随机变量。$X$和$X_1$之间的这种对应关系是一种一对一的关系。因此，$L(\Omega_1 \times \Omega_2, p_{12})$与$L(\Omega_1, p_1) \otimes L(\Omega_2, p_2)$是同构的。下面是一个用 Python 表示$X$和$X_1$作为随机变量的关系的例子。

程序：probab2.py。

```
from numpy.random import choice

W1 = W2 = [1, 2, 3, 4, 5, 6]


def X(w): return w[0] + w[1]

def x1(w1): return X((w1, choice(W2)))


for n in range(20):
    w1 = choice(W1)
    print(X1(w1), end=' ')
```

运行结果：

```
9 11 8 10 12 5 8 10 7 5 8 7 8 3 10 8 6 6 5 5
```

$L(\Omega_1 \times \Omega_2, p_{12}; V)$与$L(\Omega_1, p_1) \otimes L(\Omega_2, p_2) \otimes V$同构。在上面讨论的掷两个骰子的例子中，在$\mathbb{R}^2$中取值的整个向量值随机变量与三阶张量积空间$\mathbb{R}^6 \otimes \mathbb{R}^6 \otimes \mathbb{R}^2$同构，因为掷一

个骰子的实验中整个随机变量与 $\mathbb{R}^6$ 同构。

线性空间 V 是有限维，它的基是 $\{\boldsymbol{v}_1, \boldsymbol{v}_2, \cdots, \boldsymbol{v}_m\}$，对于任意 $\omega \in \Omega$，$\boldsymbol{X}(\omega)$ 是基于基的表示

$$\left(X_1(\omega), X_2(\omega), \cdots, X_m(\omega)\right) \in \mathbb{R}^m$$

$X_1, X_2, \cdots, X_n$ 都是随机变量。$\boldsymbol{X}$ 的期望值 $E(\boldsymbol{X}) \in V$ 的表达式为

$$\left(E(X_1), E(X_2), \cdots, E(X_n)\right)$$

线性空间 V 可以用很多方式来思考。例如，(m, n) 型矩阵，如果一个向量值的随机变量为

$$\boldsymbol{X}(\omega) = \begin{bmatrix} X_{11}(\omega) & X_{12}(\omega) & \cdots & X_{1n}(\omega) \\ X_{21}(\omega) & X_{22}(\omega) & \cdots & X_{2n}(\omega) \\ \vdots & \vdots & & \vdots \\ X_{m1}(\omega) & X_{m2}(\omega) & \cdots & X_{mn}(\omega) \end{bmatrix}$$

在整个 $M(m, n)$ 中取值，那么

$$E(\boldsymbol{X}) = \begin{bmatrix} E(X_{11}) & E(X_{12}) & \cdots & E(X_{1n}) \\ E(X_{21}) & E(X_{22}) & \cdots & E(X_{2n}) \\ \vdots & \vdots & & \vdots \\ E(X_{m1}) & E(X_{m2}) & \cdots & E(X_{m1}) \end{bmatrix}$$

在这种情况下，期望值的线性度[①]为

$$E(\boldsymbol{AXB}) = AE(\boldsymbol{X})\boldsymbol{B}$$

其中，$\boldsymbol{A}$ 是一个 (l, m) 型矩阵；$\boldsymbol{B}$ 是一个 (n, k) 型矩阵。

➢ 10.5 主成分分析和 KL 扩展

对于一个在 $\mathbb{R}^n$ 中取值的向量值随机变量 $\boldsymbol{X}$ 来说，为

① 检查 $\boldsymbol{A}$ 和 $\boldsymbol{B}$ 对于一个矩阵单元（一个分量为 1，其他为 0 的矩阵）是否各自成立。

$$\boldsymbol{X}(\omega)=\begin{bmatrix}X_1(\omega)\\X_2(\omega)\\\vdots\\X_n(\omega)\end{bmatrix}\quad(\omega\in\Omega),\quad E(\boldsymbol{X})=\boldsymbol{m}=\begin{bmatrix}m_1\\m_2\\\vdots\\m_n\end{bmatrix}$$

此时，与 (n,n) 型的矩阵中取值的随机变量

$$(\boldsymbol{X}-\boldsymbol{m})(\boldsymbol{X}-\boldsymbol{m})^{\mathrm{T}}(\omega)\ \underline{\underline{\mathrm{def}}}\ (\boldsymbol{X}(\omega)-\boldsymbol{m})(\boldsymbol{X}(\omega)-\boldsymbol{m})^{\mathrm{T}}\quad(\omega\in\Omega)$$

相反，有

$$E\left((\boldsymbol{X}-\boldsymbol{m})(\boldsymbol{X}-\boldsymbol{m})^{\mathrm{T}}\right)$$

称为 $\boldsymbol{X}$ 的协方差矩阵（有时简称为方差矩阵）。该矩阵的对角线元素是 $s_{ii}=E\left((X_i-m_i)^2\right)$，称为随机变量 X_i 的方差。对角线外的元素是 $s_{ij}=E\left((X_i-m_i)(X_j-m_{ij})\right)$，称为随机变量 X_i 和随机变量 X_j 之间的协方差。从施瓦茨不等式可以看出，$|s_{ij}|\leqslant\sqrt{s_{ii}}\sqrt{s_{jj}}$ 成立，所以

$$r=\frac{s_{ij}}{\sqrt{s_{ii}}\sqrt{s_{jj}}}$$

时，可以说 $-1\leqslant r\leqslant 1$。该值称为随机变量 X_i 和随机变量 X_j 之间的相关系数。当 $r>0$ 时，X_i 和 X_j 正相关；当 $r<0$ 时，X_i 和 X_j 负相关；当 $r=0$ 时，X_i 和 X_j 不相关。本节将讨论如何通过改变 $\mathbb{R}^n$ 的基使 $\boldsymbol{X}$ 的不同组成部分的随机变量不相关①。

协方差矩阵是一个 n 阶实数正定对称矩阵，可以表示为 $E\left(\boldsymbol{X}\boldsymbol{X}^{\mathrm{T}}\right)-\boldsymbol{M}\boldsymbol{M}^{\mathrm{T}}$。在正交矩阵 $\boldsymbol{U}$ 中，该矩阵可与

$$\boldsymbol{U}\left(E\left(\boldsymbol{X}\boldsymbol{X}^{\mathrm{T}}\right)-\boldsymbol{m}\boldsymbol{m}^{\mathrm{T}}\right)\boldsymbol{U}^{\mathrm{T}}=\mathrm{diag}\left(\sigma_1^2,\sigma_2^2,\cdots,\sigma_n^2\right)$$

① 还有一种观点认为，不同成分的随机变量应该是相互独立的，称为独立成分分析，它需要一种与主成分分析不同的数学技术。

角线化，左边是预期的线性

$$E\left(\boldsymbol{UX}\left(\boldsymbol{XU}\right)^{\mathrm{T}}\right)-\boldsymbol{Um}\left(\boldsymbol{mU}\right)^{\mathrm{T}}$$

其中 $\boldsymbol{U}$ 是 $\boldsymbol{K}^n$ 的基础转换矩阵，而

$$\boldsymbol{U}^{\mathrm{T}}=\boldsymbol{U}^{-1}=\begin{bmatrix}\boldsymbol{v}_1 & \boldsymbol{v}_2 & \cdots & \boldsymbol{v}_n\end{bmatrix}$$

在 $\mathbb{K}^n$ 的标准正交基 $\{\boldsymbol{v}_1, \boldsymbol{v}_2, \cdots, \boldsymbol{v}_n\}$ 中，$\boldsymbol{UX}$ 是 $\boldsymbol{X}$ 的表示，$\boldsymbol{Um}$ 是 $\boldsymbol{m}$ 的表示。$\boldsymbol{UX}$ 是一个向量值随机变量，$\boldsymbol{Um}$ 是其期望值，其协方差矩阵是对角矩阵 diag $\left(\sigma_1^2, \sigma_2^2, \cdots, \sigma_n^2\right)$。也就是说，通过替换 $\mathbb{R}^n$ 的标准正交基得到的向量值随机变量 $\boldsymbol{UX}$，与不同成分的随机变量的相关性为零。将协方差矩阵对角化，数值大的特征值的特征向量方向，隐藏了更多重要的信息，这种思路称为主成分分析。

假设有一个包含模拟测试结果（成绩数据）的 csv 文件（表 10.1）。下面将用这些数据进行主成分分析。

表 10.1　成绩数据

英语	数学 A	数学 B
95	92	81
94.5	98	56
84	87	84
⋮	⋮	⋮

程序：scatter.py。

```
import numpy as np
import vpython as vp
import matplotlib . pyplot as plt

with open ('data . csv', 'r') as fd:
    lines = fd . readlines ()
data = np . array ([eval (line) for line in lines [1: ]])


```

```
10 def scatter3d(data):
11     o = vp.vec(0, 0, 0)
12     vp.curve(pos=[o, vp.vec(100, 0, 0)], color=vp.color.red)
13     vp.curve(pos=[o, vp.vec(0, 100, 0)], color=vp.color.green)
14     vp.curve(pos=[o, vp.vec(0, 0, 100)], color=vp.color.blue)
15     vp.points(pos=[vp.vec(*a) for a in data], radius=3)
16
17
18 def scatter2d(data):
19     A = data.T
20     fig, axs = plt.subplots(1, 3, figsize=(15, 5))
21     for n, B in enumerate([A[[0, 1]], A[[0, 2]], A[[1, 2]]]):
22         s = B.dot(B.T)
23         cor = s[0, 1] / np.sqrt(s[0, 0]) / np.sqrt(s[1, 1])
24         print(f'{cor:.3}')
25         axs[n].scatter(B[0], B[1])
26     plt.show()
27
28
29 if __name__ == '__main__':
30     scatter3d(data)
31     scatter2d(data)
```

第 5 ~ 7 行 将 csv 格式的文件作为文本文件读取。除了标题行，每行都包含三个用逗号分隔的数字，所以把三维向量转换成学生人数的矩阵。

第 10 ~ 15 行 定义一个在三维空间绘制散点图的函数。

第 18 ~ 26 行 定义一个函数，显示两个科目各自的相关系数和一个二维散点图（相关图）。

第 29 ~ 31 行 绘制一个三维散点图［图 10.5（a）］和一个相关图（图 10.6）。在这里使用的数据中，数学 A 和数学 B 的相关系数最高，为 0.972［图 10.6（c）］，其次是英语和数学 A，为 0.966［图 10.6（a）］，英语和数学 B 为 0.954［图 10.6（b）］。

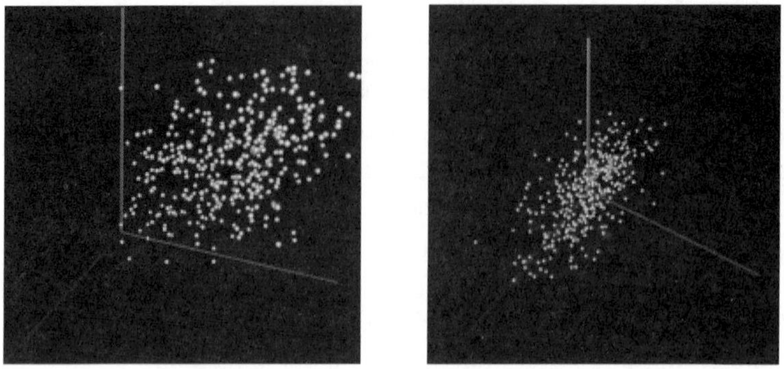

（a）三维散点图（1） （b）三维散点图（2）

图 10.5 三维空间中的散点图

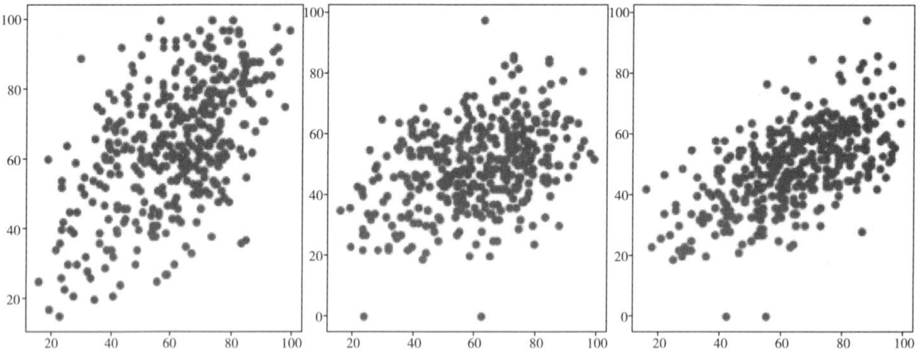

（a）英语和数学 （b）英语和数学 （c）数学 A 和数学 D

图 10.6 二维平面内的散点图

设学生人数为 n，第 i 个学生的成绩为 (x_i, y_i, z_i)，$\Omega=\{1,2,\cdots,n\}$，而 $p(i)=1/n$ $(i=1,2,\cdots,n)$，在概率空间 (Ω, p) 中，随机变量是 $\boldsymbol{X}(i)=(x_i, y_i, z_i)$，那么有

$$E(\boldsymbol{X})=\frac{1}{n}\sum_{i=1}^{n}\begin{bmatrix}x_i\\y_i\\z_i\end{bmatrix}=\begin{bmatrix}\dfrac{1}{n}\sum\limits_{i=1}^{n}x_i\\\dfrac{1}{n}\sum\limits_{i=1}^{n}y_i\\\dfrac{1}{n}\sum\limits_{i=1}^{n}z_i\end{bmatrix}\quad\left(=\begin{bmatrix}m_x\\m_y\\m_z\end{bmatrix}=\boldsymbol{m}\right)$$

以及

$$
\begin{aligned}
&(\boldsymbol{X}-\boldsymbol{m})(\boldsymbol{X}-\boldsymbol{m})^{\mathrm{T}}(i)\\
&=(\boldsymbol{X}(i)-\boldsymbol{m})(\boldsymbol{X}(i)-\boldsymbol{m})^{\mathrm{T}}\\
&=\begin{bmatrix}
(x_i-m_x)(x_i-m_x) & (x_i-m_x)(y_i-m_y) & (x_i-m_x)(z_i-m_z)\\
(y_i-m_y)(x_i-m_x) & (y_i-m_y)(y_i-m_y) & (x_i-m_y)(z_i-m_z)\\
(z_i-m_z)(x_i-m_x) & (z_i-m_z)(y_i-m_y) & (z_i-m_z)(z_i-m_z)
\end{bmatrix}
\end{aligned}
$$

所以，协方差矩阵[1]为

$$
E\left((\boldsymbol{X}-\boldsymbol{m})(\boldsymbol{X}-\boldsymbol{m})^{\mathrm{T}}\right)=\begin{bmatrix}
s_{xx} & s_{xy} & s_{xz}\\
s_{yx} & s_{yy} & s_{yz}\\
s_{zx} & s_{zy} & s_{zz}
\end{bmatrix}
$$

其中假设

$$
s_{xx} \overset{\text{def}}{=\!=} \frac{1}{2}\sum_{i=1}^{n}(x_i-m_x)^2
$$

$$
s_{xy} \overset{\text{def}}{=\!=} \frac{1}{2}\sum_{i=1}^{n}(x_i-m_x)(y_i-m_y)
$$

s_{xz}、s_{yx}、s_{yy}、s_{yz}、s_{zx}、s_{zy}、s_{zz}应以同样的方式定义。

程序：principal.py。

```
from numpy.linalg import eigh
from scatter import data, scatter2d, scatter3d

n = len(data)
mean = sum(data) / n
C = data - mean
A = C.T
AAt = A.dot(C) / n
E, U = eigh(AAt)
print(E)
scatter3d(C.dot(U))
scatter2d(C.dot(U))
```

---

① 在估计一个人口的方差或协方差时，如果数据是从人口中抽取的样本，为了得到一个无偏估计，要除以 $n-1$ 而不是 n。然而，由于这里只对根据协方差矩阵的特征向量的方向和大小来确定特征值的顺序感兴趣，所以以何种方式划分并不重要。

第 1 行 用一个函数来寻找埃尔米特矩阵的特征值和特征向量。使用 eigh 而不是 eig，因为便利的是，特征向量是在一个标准正交基上。

第 5 行 用 mean 表示均值 $\boldsymbol{m}$。

第 5 ~ 7 行 计算协方差矩阵。

第 9 行 显示协方差矩阵的特征值。

第 11 行、第 12 行 单位矩阵 $\boldsymbol{U}$ 用于将坐标转换为三维散点图［图 10.5（b）］和一个相关图（图 10.7）。

$\boldsymbol{a}_1$，$\boldsymbol{a}_2$，⋯，$\boldsymbol{a}_n \in \mathbb{R}^m$ 是随时间变化的 n 维数据，则

$$[\boldsymbol{a}_1 \quad \boldsymbol{a}_2 \quad \cdots \quad \boldsymbol{a}_n] = \boldsymbol{U}\Sigma\boldsymbol{V}$$

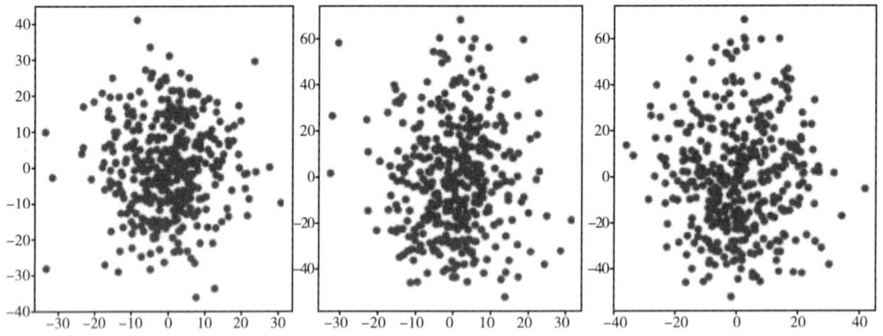

（a）相关图（1）　（b）相关图（2）　（c）相关图（3）

图 10.7 主成分分析后的相关关系

设 e_i 是 $\boldsymbol{U}$ 的一个列向量，φ_{ij} 是 $\boldsymbol{V}$ 的一个组成部分。写为

$$\boldsymbol{a}_j = \sum_{i=1}^{k} s_i \boldsymbol{e}_i \varphi_{ij} \quad (j = 1, 2, \cdots, n)$$

称为 KL 扩展[①]。这表示 $\mathbb{R}^m$ 上随时间变化的运动 $j \mapsto \boldsymbol{a}_j$ 在 $\mathbb{R}^m$ 的一个子空间的直角坐标轴上独立运动，$j \mapsto s_i \boldsymbol{e}_i \varphi_{ij}\ (i = 1, 2, \cdots, k)$ 表示它可以被写成一个总和对于奇异值 $s_1 \geqslant s_2 \geqslant \cdots \geqslant s_k > 0$ 是一个代表贡献大小的量。

① 即 Karhunen-Loeve 扩展。

假设有 n 个变量，这些变量是 k 个隐藏变量的线性组合。可以使用 KL 扩展来寻找隐藏变量。

▶ 程序：KL2.py。

```
1  import numpy as np
2  import matplotlib.pyplot as plt
3  
4  s = 123
5  tmax, N = 100, 1000
6  dt = tmax / N
7  
8  np.random.seed(s)
9  W = np.random.normal(0, dt, (2, N))
10 Noise = np.random.normal(0, 0.25, (4, N))
11 B = W.cumsum(axis=1)
12 P = np.array([[1, 0], [1, 1], [0, 1], [1, -1]])
13 A = P.dot(B) + Noise
14 U, S, V = np.linalg.svd(A)
15 print(S)
16 
17 C = U[:, :2].dot(np.diag(S[:2]).dot(V[:2, :]))
18 fig, axs = plt.subplots(1, 3, figsize=(20, 5))
19 T = np.linspace(0, tmax, N)
20 for i in range(4):
21     axs[0].plot(T, A[i])
22 for i in range(2):
23     axs[1].plot(T, V[i])
24 for i in range(4):
25     axs[2].plot(T, C[i])
26 plt.show()
```

第 8 ~ 13 行 创建两个独立的布朗运动 $b_1(t)$ 和 $b_2(t)$，并且

$$a_1(t)=b_1(t),\ a_2(t)=b_1(t)+b_2(t),\ a_3(t)=b_2(t),\ a_4(t)=b_1(t)-b_2(t)$$

$(t=0, 0.1, 0.2, \cdots, 999.9)$ 并加入更多的噪声，创建 $\boldsymbol{A}$。

第 14 行 对 $\boldsymbol{A}$ 进行奇异值分解。在这个例子中，奇异值约为 97.3、50.3、8.1 和 7.7。因此，有两个大的和两个小的。

第 17 行 将 Σ 的两个小异常值设为 0，然后计算与 Σ' 对应的 $\boldsymbol{U}\Sigma'\boldsymbol{V}$ 。

第 18 ~ 26 行 显示了原始的 4 个数据的运动，从 KL 扩展中得到的 2 个主成分（隐藏变量）的运动，以及从主成分重建的数据的运动（图 10.8）。

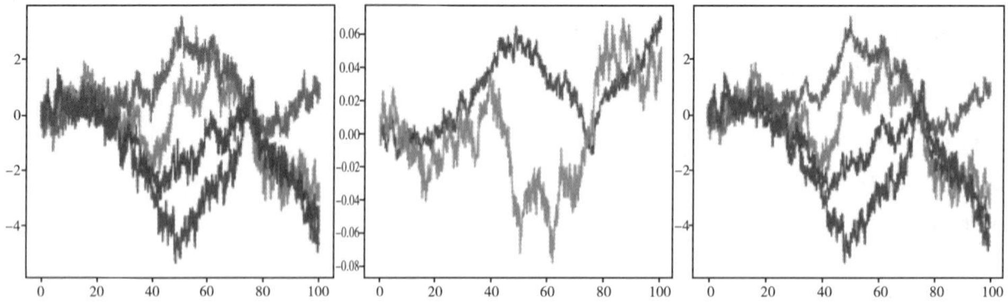

（a）4 个数据的运动　（b）2 个主成分的运动　（c）重建的数据的运动

图 10.8　用给定的数据、两个主成分以及主成分进行重建

第 1 章中讨论的 MNIST 手写字符数据是一个（28，28）型的矩阵 $\boldsymbol{A}_1$，$\boldsymbol{A}_2$，…，$\boldsymbol{A}_N$ 合集。如果将这些图案按字符划分，并计算每个图案的平均值（重心），就会得到图 10.9（a）所示的图像，如果计算所有图案的平均值，就会得到图 10.9（b）所示的图像。设 $\boldsymbol{A}$ 为所有模式的平均值。

对于 (m,n) 型矩阵 $\boldsymbol{A}$ 的奇异值分解 $\boldsymbol{A}=\boldsymbol{U}\Sigma\boldsymbol{V}$，在 Σ 的对角线处保留 d 个奇异值，$d\leqslant k$，其他都设为 0。这里，$\boldsymbol{P}$ 是一个 m 阶的方阵，$\boldsymbol{Q}$ 是一个 n 阶的方阵。在这两种情况下，只有从 $(1,1)$ 到 (d,d) 的对角线分量是 1，其他分量都是 0。

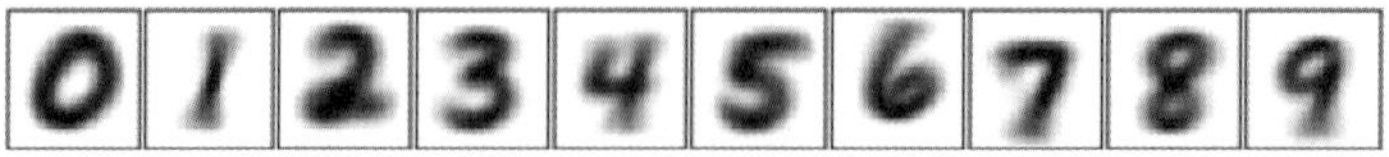

（a）计算每个图案

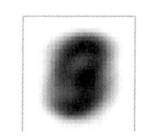

（b）计算所有图案

图 10.9　每个图案数量的平均值和总平均值的矩阵

在这种情况下，有

$$\boldsymbol{U}\Sigma_d\boldsymbol{V}=\boldsymbol{UP}\Sigma\boldsymbol{QV}=\left(\boldsymbol{UPU}^*\right)\boldsymbol{A}\left(\boldsymbol{V}^*\boldsymbol{QV}\right)$$

$\boldsymbol{UPU}^*$ 以及 $\boldsymbol{V}^*\boldsymbol{QV}$ 分别是 $\mathbb{K}^m$ 和 $\mathbb{K}^n$ 上的正交投影。

(m, n) 的矩阵 $\boldsymbol{X}$ 和 $\boldsymbol{Y}$ 的类型为

$$\langle \boldsymbol{X} | \boldsymbol{Y} \rangle \underline{\underline{\text{def}}} \operatorname{Tr}\left(\boldsymbol{X}^*\boldsymbol{Y}\right)$$

可以定义内积，整个 (m, n) 型矩阵 $M_{m,n}(\mathbb{K})$ 就是内积空间。

$$\mathfrak{P}_d \boldsymbol{X} \underline{\underline{\text{def}}} \left(\boldsymbol{UPU}^*\right)\boldsymbol{X}\left(\boldsymbol{V}^*\boldsymbol{QV}\right)$$

那么 $\mathfrak{P}_d^2 = \mathfrak{P}_d$，并且

$$\begin{aligned}\langle \mathfrak{P}_d \boldsymbol{X} | \boldsymbol{Y} \rangle &= \operatorname{Tr}\left(\left(\left(\boldsymbol{UPU}^*\right)\boldsymbol{X}\left(\boldsymbol{V}^*\boldsymbol{QV}\right)\right)^*\boldsymbol{Y}\right)\\ &= \operatorname{Tr}\left(\boldsymbol{X}^*\left(\boldsymbol{UPU}^*\right)\boldsymbol{Y}\left(\boldsymbol{V}^*\boldsymbol{QV}\right)\right) = \langle \boldsymbol{X} | \mathfrak{P}_d \boldsymbol{Y} \rangle\end{aligned}$$

所以 $\mathfrak{P}_d^* = \mathfrak{P}_d$ 也成立。因此，$\mathfrak{P}_d$ 由 $M_{m,n}(\mathbb{K})$ 定义，是一个正交投影到一个 $d \times d$ 维的子空间。

程序：mnist_KL2.py。

```
import numpy as np
import matplotlib.pyplot as plt

cutoff = 28
N = 60000
with open('train-images.bin', 'rb') as fd:
    X = np.fromfile(fd, 'uint8', -1)[16:]
X = X.reshape((N, 28, 28))
with open('train-labels.bin', 'rb') as fd:
    Y = np.fromfile(fd, 'uint8', -1)[8:]
D = {y: [] for y in set(Y)}
for x, y in zip(X, Y):
    D[y].append(x)

A = sum([x.astype('float') for x in X]) / N
U, Sigma, V = np.linalg.svd(A)
print(Sigma)
```

```
18
19
20 def proj(X, U, V, k):
21     U1, V1 = U[:, :k], V[:k, :]
22     P, Q = U1.dot(U1.T), V1.T.dot(V1)
23     return P.dot(X.dot(Q))
24
25
26 fig, axs = plt.subplots(10, 10)
27 for y in D:
28     for k in range(10):
29         ax = axs[y][k]
30         A = D[y][k]
31         B = proj(A, U, V, cutoff)
32         ax.imshow(255 - B, 'gray')
33         ax.tick_params(labelbottom=False, labelleft=False,
34                        color='white')
35 plt.show()
```

第 4 行 cutoff 的数量是 d 的值，28 是最大的。$\mathfrak{P}_{28}$ 是 $M_{m,n}(\mathbb{K})$ 上的一个恒等函数。

第 5 ~ 13 行 加载 MNIST 手写字符数据的所有 60000 个模式。

第 15 ~ 17 行 对所有模式的平均值进行单值分解。由于每个图案是 28×28 的 8 位整数数组，将其转换为实数类型，然后取平均值。

第 20 ~ 23 行 该函数计算给定 d 的正交投影 $\mathfrak{P}_d$。

第 26 ~ 35 行 由 cutoff 给出的 d 上的正交投影 $\mathfrak{P}_d$，取自每个数字的 10 个图案，显示为图像（图 10.10）。

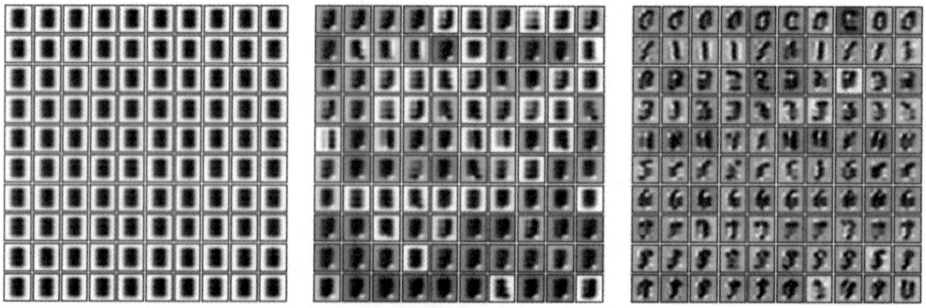

图 10.10　正交投影的图案（d=1，2，4，7，14，28）

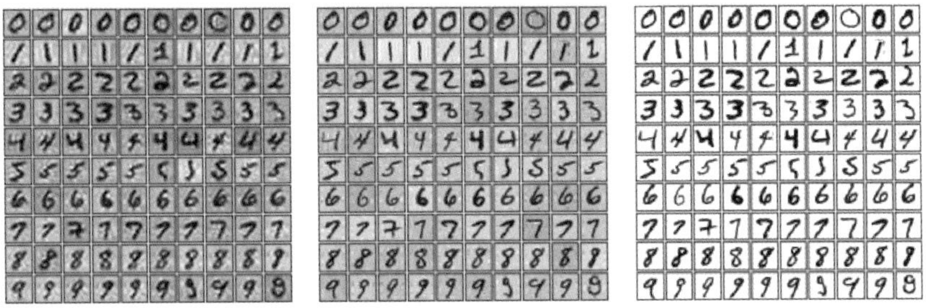

图 10.10 （续）

➢ 10.6　通过线性回归对随机变量的实现进行估计

如果不能直接得知随机变量序列 X_1，X_2，…，X_n 以及它的随机变量的线性组合 Y_1，Y_2，…，Y_m，可知 X_1，X_2，…，X_n 的实现值要通过预测实现。现假设

$$E\left(X_iX_j\right)=\begin{cases}0 & i\neq j\\ 1 & i=j\end{cases}\text{时，}$$

有 X_1，X_2，…，X_n 和 Y_1，Y_2，…，Y_m 是

$$\begin{bmatrix}Y_1\\Y_2\\\vdots\\Y_m\end{bmatrix}=\begin{bmatrix}a_{11} & a_{12} & \cdots & a_{1n}\\a_{21} & a_{22} & \cdots & a_{2n}\\\vdots & \vdots & & \vdots\\a_{m1} & a_{m2} & \cdots & a_{mn}\end{bmatrix}\begin{bmatrix}X_1\\X_2\\\vdots\\X_n\end{bmatrix}$$

假设 $\boldsymbol{A}$ 不一定是正则矩阵，因为如果 $\boldsymbol{A}$ 是正则的，问题就简单了，将两边都乘以 $\boldsymbol{A}$ 的倒数即可。$\{X_1,X_2,\cdots,X_n\}$ 生成的线性空间为 H，$\{Y_1,Y_2,\cdots,Y_m\}$ 生成的线性空间为 K，K 是 H 的子空间。H 可以通过 $\langle U|V\rangle=E(UV)$ 对 U、$V\in H$ 定义一个内积，从这个内积可以进一步定义一个规范。那么，根据假设 $\{X_1,X_2,\cdots,X_n\}$ 是 H 的标准正交基之一。对于每个 X_1，X_2，…，X_n，正交投射到子空间 K 上分别是 Z_1，Z_2，…，Z_n，那么

$$\|X_i-Z_i\|=E\left(\left(X_i-Z_i\right)^2\right)^{1/2}\quad(i=1,2,\cdots,n)$$

是 X_i 和 K 的一个元素之间的最短距离，Z_i 可以写成 Y_1，Y_2，…，Y_n 的线性组合，Z_i 是 X_i 的 Y_1，Y_2，…，Y_n 的最佳推测。可以用标准正交基 $\{X_1, X_2, \cdots, X_n\}$ 来表示 H。X_1，X_2，…，X_n 的表现分别是 $\mathbb{R}^n$ 的标准基础的向量构成 $\boldsymbol{e}_1$，$\boldsymbol{e}_2$，…，$\boldsymbol{e}_n$。另外，Y_1，Y_2，…，Y_m 的表示也各不相同。

$$\boldsymbol{y}_1 = \boldsymbol{A}^{\mathrm{T}}\boldsymbol{e}_1 , \boldsymbol{y}_2 = \boldsymbol{A}^{\mathrm{T}}\boldsymbol{e}_2 , \cdots , \boldsymbol{y}_m = \boldsymbol{A}^{\mathrm{T}}T\boldsymbol{e}_m$$

因此，K 的表示为

$$\langle \boldsymbol{y}_1 , \boldsymbol{y}_2 , \cdots , \boldsymbol{y}_m \rangle = \mathrm{range}\left(\boldsymbol{A}^{\mathrm{T}}\right)$$

而在 $\mathrm{range}\left(\boldsymbol{A}^{\mathrm{T}}\right)$ 上的正交投影是 $\boldsymbol{A}^{\mathrm{T}}\left(\boldsymbol{A}^{\mathrm{T}}\right)^{\dagger} = \left(\boldsymbol{A}^{\dagger}\boldsymbol{A}\right)^{\mathrm{T}}$，所以

$$z_1 = \left(\boldsymbol{A}^{\dagger}\boldsymbol{A}\right)^{\mathrm{T}}\boldsymbol{e}_1 , z_2 = \left(\boldsymbol{A}^{\dagger}\boldsymbol{A}\right)^{\mathrm{T}}\boldsymbol{e}_2 , \cdots , z_m = \left(\boldsymbol{A}^{\dagger}\boldsymbol{A}\right)^{\mathrm{T}}\boldsymbol{e}_m$$

分别为 Z_1，Z_2，…，Z_n。因此，如果把该表征带回原来的空间，则

$$\begin{bmatrix} Z_1 \\ Z_2 \\ \vdots \\ Z_n \end{bmatrix} = \boldsymbol{A}^{\dagger}\boldsymbol{A}\begin{bmatrix} X_1 \\ X_2 \\ \vdots \\ X_n \end{bmatrix} = \boldsymbol{A}^{\dagger}\begin{bmatrix} Y_1 \\ Y_2 \\ \vdots \\ Y_m \end{bmatrix}$$

这就是自然的结果。

例 1 假设 X_1 和 X_2 在 $-0.5 \sim 0.5$ 之间均匀分布，观察到 Y_1 和 Y_2，X_1 和 X_2 分别有标准正态分布误差；X_3 和 X_4 为标准正态分布，则

$$\begin{bmatrix} Y_1 \\ Y_2 \end{bmatrix} = \begin{bmatrix} 1 & 0 & 1 & 0 \\ 0 & 1 & 0 & 1 \end{bmatrix}\begin{bmatrix} X_1 \\ X_2 \\ X_3 \\ X_4 \end{bmatrix}, \quad \begin{bmatrix} 1 & 0 & 1 & 0 \\ 0 & 1 & 0 & 1 \end{bmatrix}^{\dagger} = \begin{bmatrix} 0.5 & 0 \\ 0 & 0.5 \\ 0.5 & 0 \\ 0 & 0.5 \end{bmatrix}$$

和 $Z_1 = 0.5Y_1$，$Z_2 = 0.5Y_2$ 是最佳推测。

程序：estimate1.py。

```
1  from numpy import array, random, linalg
2  import matplotlib.pyplot as plt
3
4  n = 10
5  x1 = [random.uniform(-0.5, 0.5) for n in range(n)]
6  x2 = [random.uniform(-0.5, 0.5) for n in range(n)]
7  x3 = [random.normal(0, 1) for n in range(n)]
8  x4 = [random.normal(0, 1) for n in range(n)]
9  A = array([[1, 0, 1, 0],
10            [0, 1, 0, 1]])
11 y1, y2 = A.dot([x1, x2, x3, x4])
12 B = linalg.pinv(A)
13 z1, z2, z3, z4 = B.dot([y1, y2])
14
15 plt.scatter(x1, x2, s=50, marker='o')
16 plt.scatter(y1, y2, s=50, marker='x')
17 plt.scatter(z1, z2, s=50, marker='s')
18
19 xy = xz = 0
20 for u1, u2, v1, v2, w1, w2 in zip(x1, x2, y1, y2, z1, z2):
21     plt.plot([u1, v1], [u2, v2], color='black')
22     plt.plot([u1, w1], [u2, w2], color='black')
23     xy += (u1 - V1)**2 + (u2 - V2)**2
24     xz += (u1 - w1)**2 + (u2 - w2)**2
25
26 print(f'||x-y||^2 = {xy / n}')
27 print(f'||x-z||^2 = {xz / n}')
28 plt.show()
```

第 5 ~ 8 行 分别对随机变量 $X_1 \sim X_4$ 进行 n 次实现，即 $X_1 \sim X_4$（每个长度为 n 的数组）。这些 $X_1 \sim X_4$ 称为大小为 n 的样本。

第 11 行 从样本 $X_1 \sim X_4$，制作 Y_1 和 Y_2 样本 y_1 和 y_2。

第 12 行、第 13 行 从 Y_1 和 Y_2 的样本，$X_1 \sim X_4$ 的估计值，制作 $Z_1 \sim Z_4$ 的样本 $z_1 \sim z_4$。

第 15 ~ 24 行 从 x_1 和 x_2、y_1 和 y_2、z_1 和 z_2 中各取元素成对，作为真值（u_1，u_2）、观察值（v_1，v_2）和估计值（w_1，w_2），并绘制每个点，用线段分别连接真值和观察值，以及真值和估计值。

第 26 行、第 27 行 计算真值和观察值之间，以及真值和估计值之间的均方误差（图 10.11）。

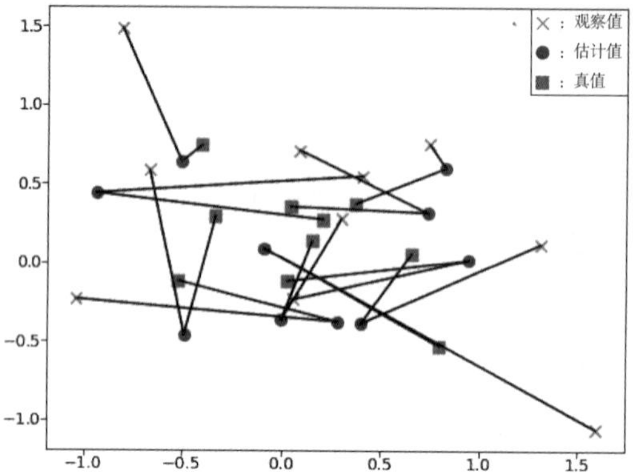

图 10.11　观察值、估计值和真值

运行结果：

```
||x-y||^2  =  1.7952353126663972
||x-z||^2  =  0.36093586643070026
```

例 2 U_1，U_2，…，U_n，V_1，V_2，…，V_n 为服从标准正态分布的独立随机变量序列，并且对于 $\tau,\rho,\sigma>0$，有

$$X_1=\sigma U_1\,,\ X_i=\rho X_{i-1}+\sigma U_i\ (i=2,3,\cdots)$$
$$Y_i=X_i+\tau V_i\ (i=1,2,\cdots)$$

通过 Y_1，Y_2，…，Y_n，估计 X_1，X_2，…，X_n。

$$\begin{bmatrix} Y_1 \\ Y_2 \\ Y_3 \\ \vdots \\ Y_n \end{bmatrix}=\begin{bmatrix} \sigma & 0 & 0 & \cdots & 0 & \tau & 0 & 0 & \cdots & 0 \\ \rho\sigma & \sigma & 0 & \cdots & 0 & 0 & \tau & 0 & \cdots & 0 \\ \rho^2\sigma & \rho\sigma & \sigma & \cdots & 0 & 0 & 0 & \tau & \cdots & 0 \\ \vdots & \vdots & \vdots & \ddots & \vdots & \vdots & \vdots & \vdots & \ddots & \vdots \\ \rho^{n-1}\sigma & \rho^{n-2}\sigma & \rho^{n-3}\sigma & \cdots & \sigma & 0 & 0 & 0 & \cdots & \tau \end{bmatrix}\begin{bmatrix} U_1 \\ \vdots \\ U_n \\ V_1 \\ \vdots \\ V_n \end{bmatrix}$$

通过计算右侧矩阵的广义逆矩阵，得到 Y_1，Y_2，…，Y_n 和 U_1，U_2，…，U_n。可以从 W_1，

W_2, $\cdots$, W_n 中估计它们。根据

$$Z_1 = \sigma W_1, \quad Z_i = \rho Z_{i-1} + \sigma W_i \ (i = 2, 1, \cdots, n)$$

由 Z_1, Z_2, $\cdots$, Z_n 最佳推测到 X_1, X_2, $\cdots$, X_n。

程序：estimate2.py。

```
1   from numpy import zeros, arange, random, linalg
2   import matplotlib.pyplot as plt
3
4   N, rho, sigma, tau = 100, 1.0, 0.1, 0.1
5   random.seed(123)
6
7   x, y = zeros(N), zeros(N)
8   for i in range(N):
9       x[i] = rho*x[i - 1] + sigma*random.normal(0, 1)
10      y[i] = x[i] + tau*random.normal(0, 1)
11
12  A = zeros((N, 2 * N))
13  for i in range(N):
14      for j in range(i + 1):
15          A[i, j] = rho**(i - j) * sigma
16      A[i, N + i] = tau
17  B = linalg.pinv(A)
18
19  v = B.dot(y)
20  z = zeros(N)
21  for i in range(N):
22      z[i] = rho*z[i - 1] + sigma*v[i]
23  print(f'(y-x)^2 = {sum((y-x) ** 2)}')
24  print(f'(z-x)^2 = {sum((z-x) ** 2)}')
25
26  plt.figure(figsize=(20, 5))
27  t = arange(N)
28  plt.plot(t, x, color='red')
29  plt.plot(t, y, color='green')
30  plt.plot(t, z, color='blue')
31  plt.show()
```

第 4 行 设置参数。

第 5 行 设置随机数的类型并使其与下面描述的卡尔曼滤波器估计相同，以便进行比较。

第 7 ~ 10 行 生成 X_1，X_2，…，X_n 和 Y_1，Y_2，…，Y_n 的实现值。

第 12 ~ 17 行 找到用于估计的广义逆矩阵。

第 19 ~ 22 行 实际计算估计值。

运行结果：

```
(y-x)^2  =  1.2353743601911984
(z-x)^2  =  0.43958177113082514
```

真值和观察值之间的平方误差约为 1.2，真值和估计值之间的平方误差约为 0.4，这两者之间的比例是 1/3 左右。

➢ 10.7　卡尔曼滤波器

假设有一个在颠簸的路面上自动驾驶的机器人。机器人使用传感器了解自身的状态，如果路面导致偏离所需的方向，它可以修正方向（图 10.12）。

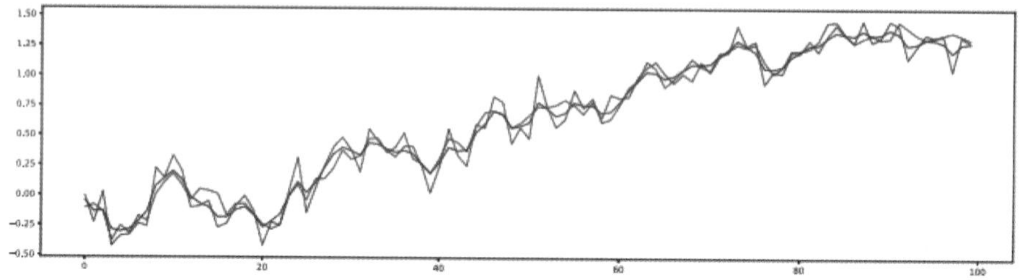

图 10.12　红色为真值，绿色为观察值，蓝色为估计值

注：可参考配套资源中对应的彩色图形。

但是，如果传感器（如摄像头）也因路面而振动呢？其并不总是能输出正确的状态。在这种情况下，从传感器中移除错误的部分并估计出正确的状态是没有意义的，除非是实时进行的。

在 10.6 节例 2 的估计问题中，得知 Y_1，Y_2，…，Y_n 的实现值，估计了 X_1，X_2，…，X_n 的实现值。现在，对于同一个随机模型，在时间 $k=1$，2，…，n 时为同一概率模型，从观测值 Y_k 和先前估计的 X_{k-1} 到 X_k 逐次估计。随机变量 U_1，U_2，…，U_n，V_1，V_2，…，V_n 与之前的相同，而这些由整体生成的线性空间称为 H。

X_1，X_2，…，X_n，Y_1，Y_2，…，Y_n 都是 U_1，U_2，…，U_n，V_1，V_2，…，V_n 的线性组合，成为 H 的向量。对于 X，$Y \in E$，可以通过 $\langle X|Y\rangle = E(XY)$ 定义内积，进一步定义了规范（称为平方平均规范）。请注意，属于 H 的所有随机变量的平均值都是 0，所以属于 H 的两个随机变量如果是独立的，就是正交[①]。

Y_1，Y_2，…，Y_k 生成的子空间用 H_k 表示，用 $\boldsymbol{P}_k$ 表示其正交阴影。相对于 $X \in H$，$\boldsymbol{P}_k(X)$ 用 Y_1，Y_2，…，Y_k 的线性组合表示，在 $Z \in H_k$ 中，$E\left(\left(X-Z\right)^2\right)$ 最小化。预期是 $Z_k \underset{=\!=}{\text{def}} \boldsymbol{P}_k\left(X_k\right)$ 和 $Z_k' \underset{=\!=}{\text{def}} \boldsymbol{P}_{k-1}\left(X_k\right)$，但是，$\boldsymbol{P}_0$ 为零映射。Z_k 是根据 Y_1，Y_2，…，Y_k 对 X_k 的最佳估计，Z_k' 是根据 Y_1，Y_2，…，Y_{k-1} 对 X_k 的最佳估计。则

$$F_k \underset{=\!=}{\text{def}} Y_k - Z_k',\quad a_k \underset{=\!=}{\text{def}} \left\|X_k - Z_k'\right\|^2 \quad (k=1,2,\cdots)$$

其中 $a_1 = \sigma^2$。从勾股定理可得

$$\left\|F_k\right\|^2 = \left\|X_k - Z_k' + \tau V_k\right\|^2 = \left\|X_k - Z_k'\right\|^2 + \left\|\tau V_k\right\|^2 = a_k + \tau^2$$

$Z_k - Z_k'$ 属于 H_k，与 H_{k-1} 正交。有

$$\boldsymbol{P}_{k-1}\left(Y_k\right) = \boldsymbol{P}_{k-1}\left(X_k + \tau V_k\right) = \boldsymbol{P}_{k-1}\left(X_k\right) + \tau \boldsymbol{P}_{k-1}\left(V_k\right) = Z_k'$$

所以 $F_k = Y_k - Z_k' = Y_k - \boldsymbol{P}_{k-1}\left(Y_k\right) \in H_k$ 也是与 H_{k-1} 正交的，F_k 和 H_{k-1} 由于正在生成 H_k，可以把它表示为 $Z_k - Z_k' = b_k F_k$。在这种情况下，有

$$\begin{aligned} b_k \left\|F_k\right\|^2 &= \left\langle Z_k - Z_k' \middle| F_k\right\rangle = \left\langle Z_k \middle| F_k\right\rangle = \left\langle X_k \middle| F_k\right\rangle = \left\langle X_k - Z_k' \middle| F_k\right\rangle \\ &= \left\langle X_k - Z_k' \middle| Y_k - Z_k'\right\rangle = \left\langle X_k - Z_k' \middle| X_k - Z_k'\right\rangle = \left\|X_k - Z_k'\right\|^2 = a_k \end{aligned}$$

因为它是由

① 讨论随机变量的期望值和随机变量的独立性的定义是必要的，但在这里将重点讨论内积、正交性和均方根准则。

$$b_k = \frac{a_k}{\|F_k\|^2} = \frac{a_k}{\tau^2 + a_k}$$

得到，因此

$$Z_k = Z_k' + b_k F_k = Z_k' + \frac{a_k}{\tau^2 + a_k}\left(Y_k - Z_k'\right)$$

如果能得到 a_k 和 Z_k'，就能计算出 Z_k。

$$X_k = \rho X_{k-1} + \sigma U_k \tag{10.4}$$

因此，如果将 $\boldsymbol{P}_{k-1}$ 应用于两边，$\boldsymbol{P}_{k-1}\left(U_k\right)=0$，则

$$Z_k' = \boldsymbol{P}_{k-1}\left(X_k\right) = \rho \boldsymbol{P}_{k-1}\left(X_{k-1}\right) = \rho Z_{k-1} \tag{10.5}$$

既然得到

$$Z_k = \rho Z_{k-1} + \frac{a_k}{\tau^2 + a_k}\left(Y_k - \rho Z_{k-1}\right)$$

差分方程（1）和差分方程（2）来自

$$X_k - Z_k' = \rho\left(X_{k-1} - Z_{k-1}\right) + \sigma U_k$$

由于右边的两个项是正交的，从勾股定理来看

$$\|X_k - Z_k'\|^2 = \rho^2 \|X_{k-1} - Z_{k-1}\|^2 + \sigma^2$$

因此，如果设定 $\|X_k - Z_k\|^2 = c_k$，则

$$a_k = \rho^2 c_{k-1} + \sigma^2$$

可以写出。另外，

$$\left\langle X_k - Z_k \middle| Z_k - Z'_k \right\rangle = \left\langle \boldsymbol{P}_k \left(X_k - Z_k \right) \middle| Z_k - Z'_k \right\rangle = \left\langle Z_k - Z_k \middle| Z_k - Z'_k \right\rangle = 0$$

由于 $X_k - Z_k$ 和 $Z_k - Z'_k$ 是正交的，从毕达哥拉斯定理可以看出

$$\left\| X_k - Z'_k \right\|^2 = \left\| X_k - Z_k \right\|^2 + \left\| Z_k - Z' \right\|^2$$

也就是说，以下情况成立

$$a_k = c_k + \left\| b_k F_k \right\|^2 = c_k + b_k^2 \left(\tau^2 + a_k \right) = c_k + \frac{a_k^2}{\tau^2 + a_k}$$

综上所述，对于 $Z_0 = 0$ 和 $a_1 = \sigma^2$，根据

$$\begin{aligned} Z_k &= \rho Z_{k-1} + \frac{a_k}{\tau^2 + a_k} \left(Y_k - Z_{k-1} \right) \\ c_k &= a_k - \frac{a_k^2}{\tau^2 + a_k} \\ a_{k+1} &= \rho^2 c_k + \sigma^2 \end{aligned}$$

允许 Z_k 被逐次计算。

注意 1 根据计算中间的关系（2），通过 Y_1，Y_2，⋯，Y_k 对 X_{k+1} 的预测（推断）是，利用 Y_1，Y_2，⋯，Y_k 可以看到，只是将 X_k 的滤波器 Z_k 乘以 ρ。

注意 2 假设 σ、τ 和 ρ 随时间变化是恒定的（静止的），但即使 ρ_k 随时间变化（非静止的），差分方程只需要 σ、τ 和 ρ 分别为 σ_k、τ_k 和 ρ_k。然而，这些必须在所有的时间里都已知。

程序：kalman2.py。

```
from numpy import zeros, random
import matplotlib.pyplot as plt

random.seed(123)
N, r, s, t = 100, 1.0, 0.1, 0.1
T = range(N)

x, y, z = zeros(N), zeros(N), zeros(N)
a = s**2
```

```
10 for i in range (N):
11     x [i] = r * x [i - 1] + s * random . normal (0, 1)
12     y [i] = x [i] + t * random . normal (0, 1)
13     z [i] = r * z [i - 1] + a / (t**2 + a) * (y [i] - r * z [i - 1])
14     c = a - a**2 / (t**2 + a)
15     a = r * c + s**2
16 print (f ' (y-x)^2 = {sum ((y-x)**2)}')
17 print (f ' (z-x)^2 = {sum ((z-x)**2)}')
18
19 plt . figure (figsize=(20, 5))
20 plt . plot (T, x, color= 'red')
21 plt . plot (T, y, color= 'green')
22 plt . plot (T, z, color= 'blue')
23 plt . show ()
```

第 9 ~ 16 行 真值 x 和观察值 y 被更新，每次都使用卡尔曼滤波器来估计计算 z。

运行结果：

```
(y-x)^2 = 1.2353743601911977
(z-x)^2 = 0.6170319148795381
```

真值和观察值之间的平方误差约为 1.2，真值和估计值之间的平方误差约为 0.6，是 1/2。线性回归的估计使用整个区间的观察值来获得估计值，而卡尔曼滤波器使用到每个时间的观察值来获得每个时间的估计值（未来的信息不可用）。因此，估计误差变大（图 10.13）。

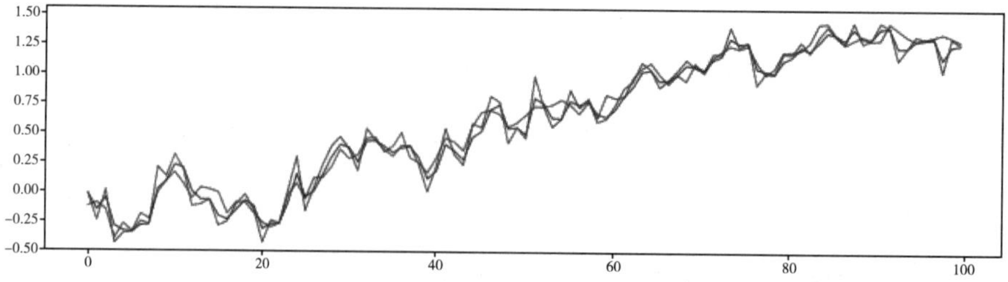

图 10.13　真值、观察值和估计值